图 1.2　《创世纪》(a) 西斯廷教堂

图 1.2　《创世纪》(b) 西斯廷教堂的天花板上《创世纪》

图 1.2　《创世纪》

图 1.2 《创世纪》（c）创造亚当

图 2.1 塔中的"递归"

图 2.2 俄罗斯套娃

图 2.3 佛骨舍利盒

图 2.4　自然中的斐波那契数列

(a)　陆海天反导拦截

(b)　陆基中段反导拦截

图 2.9　曹冲称象

图 3.1　导弹反导拦截系统

图 4.1　找零钱问题

图 6.1　风筝

图 7.2　欧拉（Euler）

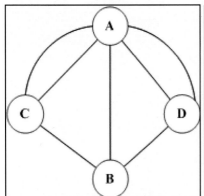

(a)　问题的示意图

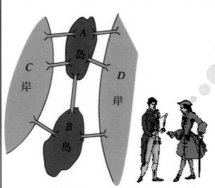

(b)　对应的无向图

图 7.1　七桥问题

21 世纪全国应用型本科计算机案例型规划教材

# 算法设计、分析与应用教程

主　编　李文书　何利力
副主编　叶海荣　韩逢庆　董世都
　　　　黄　海　茅海军

国家自然科学基金、省自然科学基金及钱江人才(B 类)资助项目
(60702069, Y1080851, 31271102, Y12H290045, 2012R10054)

"海洋机电装备技术"浙江省重中之重学科重点实验室
开放基金资助项目
(1203720-N)

浙江省人事厅留学人员科技活动项目
(1104707-M)

浙江省科协育才工程资助项目
宁波市第四批科技项目
(2011B710007)

北京大学出版社
PEKING UNIVERSITY PRESS

# 内 容 简 介

为了适应培养 21 世纪计算机人才的需要，结合我国高等院校教育工作的现状，立足培养学生能跟上国际计算机科学技术的发展水平，更新教学内容和教学方法，本书以算法设计策略为知识单元，系统地介绍计算机算法的设计方法与分析技巧，以期为信息技术相关学科的学生提供广泛而坚实的算法基础知识。本书主要内容包括算法概述、递归与分治策略、动态规划、贪心算法、回溯算法、分支限界算法、图的搜索算法、加密算法与安全机制、P 和 NP 问题等。书中既涉及经典算法及分析，又包括指导 ACM 时练习的相关算法。

本书内容丰富、观点新颖、理论联系实际，采用 C/C++语言描述算法，简明清晰、结构紧凑、可读性强。本书可作为高等院校信息技术相关专业本科生和研究生学习算法设计的教材，也可供广大工程技术人员和自学读者学习参考。

**图书在版编目(CIP)数据**

算法设计、分析与应用教程/李文书，何利力主编. —北京：北京大学出版社，2014.7
(21 世纪全国应用型本科计算机案例型规划教材)
ISBN 978-7-301-24352-7

Ⅰ. ①算… Ⅱ. ①李…②何… Ⅲ. ①电子计算机—算法设计—高等学校—教材②电子计算机—算法分析—高等学校—教材 Ⅳ. ①TP301.6

中国版本图书馆 CIP 数据核字(2014)第 122270 号

| | |
|---|---|
| 书　　　名： | 算法设计、分析与应用教程 |
| 著作责任者： | 李文书　何利力　主编 |
| 策 划 编 辑： | 郑　双 |
| 责 任 编 辑： | 郑　双 |
| 标 准 书 号： | ISBN 978-7-301-24352-7/TP・1337 |
| 出 版 发 行： | 北京大学出版社 |
| 地　　　址： | 北京市海淀区成府路 205 号　　100871 |
| 网　　　址： | http://www.pup.cn　　新浪官方微博：@北京大学出版社 |
| 电 子 信 箱： | pup_6@163.com |
| 电　　　话： | 邮购部 62752015　　发行部 62750672　　编辑部 62750667　　出版部 62754962 |
| 印 刷 者： | 北京虎彩文化传播有限公司 |
| 经 销 者： | 新华书店 |

787 毫米×1092 毫米　16 开本　23.5 印张　彩插 4　536 千字
2014 年 7 月第 1 版　　2020 年 1 月第 3 次印刷

定　　　价：49.00 元

# 21世纪全国应用型本科计算机案例型规划教材

## 专家编审委员会

(按姓名拼音顺序)

# 信息技术的案例型教材建设

## (代丛书序)

### 刘瑞挺

北京大学出版社第六事业部在 2005 年组织编写了《21 世纪全国应用型本科计算机系列实用规划教材》，至今已出版了 50 多种。这些教材出版后，在全国高校引起热烈反响，可谓初战告捷。这使北京大学出版社的计算机教材市场规模迅速扩大，编辑队伍茁壮成长，经济效益明显增强，与各类高校师生的关系更加密切。

2008 年 1 月北京大学出版社第六事业部在北京召开了"21 世纪全国应用型本科计算机案例型教材建设和教学研讨会"。这次会议为编写案例型教材做了深入的探讨和具体的部署，制定了详细的编写目的、丛书特色、内容要求和风格规范。在内容上强调面向应用、能力驱动、精选案例、严把质量；在风格上力求文字精练、脉络清晰、图表明快、版式新颖。这次会议吹响了提高教材质量第二战役的进军号。

案例型教材真能提高教学的质量吗？

是的。著名法国哲学家、数学家勒内·笛卡儿(Rene Descartes，1596—1650)说得好："由一个例子的考察，我们可以抽出一条规律。(From the consideration of an example we can form a rule.)"事实上，他发明的直角坐标系，正是通过生活实例而得到的灵感。据说是在 1619 年夏天，笛卡儿因病住进医院。中午他躺在病床上，苦苦思索一个数学问题时，忽然看到天花板上有一只苍蝇飞来飞去。当时天花板是用木条做成正方形的格子。笛卡儿发现，要说出这只苍蝇在天花板上的位置，只需说出苍蝇在天花板上的第几行和第几列。当苍蝇落在第四行、第五列的那个正方形时，可以用(4，5)来表示这个位置……由此他联想到可用类似的办法来描述一个点在平面上的位置。他高兴地跳下床，喊着"我找到了，找到了"，然而不小心把国际象棋撒了一地。当他的目光落到棋盘上时，又兴奋地一拍大腿："对，对，就是这个图"。笛卡儿锲而不舍的毅力，苦思冥想的钻研，使他开创了解析几何的新纪元。千百年来，代数与几何，井水不犯河水。17 世纪后，数学突飞猛进的发展，在很大程度上归功于笛卡儿坐标系和解析几何学的创立。

这个故事，听起来与阿基米德在浴缸洗澡而发现浮力原理，牛顿在苹果树下遇到苹果落到头上而发现万有引力定律，确有异曲同工之妙。这就证明，一个好的例子往往能激发灵感，由特殊到一般，联想出普遍的规律，即所谓的"一叶知秋"、"见微知著"的意思。

回顾计算机发明的历史，每一台机器、每一颗芯片、每一种操作系统、每一类编程语言、每一个算法、每一套软件、每一款外部设备，无不像闪光的珍珠串在一起。每个案例都闪烁着智慧的火花，是创新思想不竭的源泉。在计算机科学技术领域，这样的案例就像大海岸边的贝壳，俯拾皆是。

事实上，案例研究(Case Study)是现代科学广泛使用的一种方法。Case 包含的意义很广：包括 Example 例子，Instance 事例、示例，Actual State 实际状况，Circumstance 情况、事件、境遇，甚至 Project 项目、工程等。

我们知道在计算机的科学术语中，很多是直接来自日常生活的。例如 Computer 一词早在 1646 年就出现于古代英文字典中，但当时它的意义不是"计算机"而是"计算工人"，即专门从事简单计算的工人。同理，Printer 当时也是"印刷工人"而不是"打印机"。正是由于这些"计算工人"和"印刷工人"常出现计算错误和印刷错误，才激发查尔斯·巴贝奇(Charles Babbage，1791—1871)设计了差分机和分析机，这是最早的专用计算机和通用计算机。这位英国剑桥大学数学教授、机械设计专家、经济学家和哲学家是国际公认的"计算机之父"。

20 世纪 40 年代，人们还用 Calculator 表示计算机器。到电子计算机出现后，才用 Computer 表示计算机。此外，硬件(Hardware)和软件(Software)来自销售人员。总线(Bus)就是公共汽车或大巴，故障和排除故障源自格瑞斯·霍普(Grace Hopper，1906—1992)发现的"飞蛾子"(Bug)和"抓蛾子"或"抓虫子"(Debug)。其他如鼠标、菜单……不胜枚举。至于哲学家进餐问题，理发师睡觉问题更是操作系统文化中脍炙人口的经典。

以计算机为核心的信息技术，从一开始就与应用紧密结合。例如，ENIAC 用于弹道曲线的计算，ARPANET 用于资源共享以及核战争时的可靠通信。即使是非常抽象的图灵机模型，也受益于二战时图灵博士破译纳粹密码工作的关系。

在信息技术中，既有许多成功的案例，也有不少失败的案例；既有先成功而后失败的案例，也有先失败而后成功的案例。好好研究它们的成功经验和失败教训，对于编写案例型教材有重要的意义。

我国正在实现中华民族的伟大复兴，教育是民族振兴的基石。改革开放 30 年来，我国高等教育在数量上、规模上已有相当的发展。当前的重要任务是提高培养人才的质量，必须从学科知识的灌输转变为素质与能力的培养。应当指出，大学课堂在高新技术的武装下，利用 PPT 进行的"高速灌输"、"翻页宣科"有愈演愈烈的趋势，我们不能容忍用"技术"绑架教学，而是让教学工作乘信息技术的东风自由地飞翔。

本系列教材的编写，以学生就业所需的专业知识和操作技能为着眼点，在适度的基础知识与理论体系覆盖下，突出应用型、技能型教学的实用性和可操作性，强化案例教学。本套教材将会有机融入大量最新的示例、实例以及操作性较强的案例，力求提高教材的趣味性和实用性，打破传统教材自身知识框架的封闭性，强化实际操作的训练，使本系列教材做到"教师易教，学生乐学，技能实用"。有了广阔的应用背景，再造计算机案例型教材就有了基础。

我相信北京大学出版社在全国各地高校教师的积极支持下，精心设计，严格把关，一定能够建设出一批符合计算机应用型人才培养模式的、以案例型为创新点和兴奋点的精品教材，并且通过一体化设计、实现多种媒体有机结合的立体化教材，为各门计算机课程配齐电子教案、学习指导、习题解答、课程设计等辅导资料。让我们用锲而不舍的毅力，勤奋好学的钻研，向着共同的目标努力吧！

**刘瑞挺教授**　本系列教材编写指导委员会主任、全国高等院校计算机基础教育研究会副会长、中国计算机学会普及工作委员会顾问、教育部考试中心全国计算机应用技术证书考试委员会副主任、全国计算机等级考试顾问。曾任教育部理科计算机科学教学指导委员会委员、中国计算机学会教育培训委员会副主任。PC Magazine《个人电脑》总编辑、CHIP《新电脑》总顾问、清华大学《计算机教育》总策划。

# 前　言

　　算法作为数学的一个分支已经存在几百年了，然而算法真正焕发青春得到长足的发展还是发生在 20 世纪计算机发明的时代。随着计算机技术的广泛应用，人们越来越清楚地认识到，作为计算机科学与工程最主要的技术——程序设计，其灵魂就是解决问题的算法。

　　很多人对算法学习都有一种"枯燥繁难"的先入为主的感觉。如何有效地学习算法的设计与分析，是本书试图与读者一起探讨的最重要的目标之一。其实，算法都是针对具体问题的，可以说算法无处不在。每个人每天都在使用不同的算法来活出自己的人生。比如，你去食堂买饭会选择一个较短的队列，而有人则可能选择一个推进速度更快的队列；每天起床后，你可能先读一会儿书，再去吃早饭，另外一个人则可能先去吃早饭，然后读书。所有这些行为都是算法问题或算法一部分的体现。也许运行这些算法并没在你的思想意识里，也许你并不知道算法在帮助自己的生活，但它确实是存在的。这些算法也许没有经过精心设计，没有经过仔细分析，但它还是算法！

　　此外，算法的发现问题是由相关的问题驱动的。拿排序来说，因为生活中到处都充满次序，每个人都要接受自己在某个次序里的位置，如各种排名、评估、民意调查等，最后的结果都体现为一个次序。看来，"没有次序无以成方圆"并不是空穴来风。而谈到排序用的方法，人们很自然地想到插入法，因为这种朴素的算法和人的思维方式非常类似，它就是人们打牌时整理手中扑克的算法。但随着数据量的增大，插入排序的效率缺陷迅速变为人们无法容忍的缺点。于是人们发明了归并排序、堆排序、快速排序等，这些排序的方法大大改善了速度，但是人们却并不满足于此。因此，又发明了效率更高的线性排序。

　　因此，本书的特点是以讲故事的形式将概念和算法的精华娓娓道来，然后讨论对应算法的理论基础、特点及其形式表达，最后通过对经典问题和 ACM 问题的设计与分析，让读者由浅入深地理解和消化该章的理论知识。这和我们中国人学习过程的 4 个境界(比、从、北、化)是对应的。其中，"比"就是接受先辈留下的智慧，"从"就是跟随先辈的经验认识世界，"北"就是借鉴先辈的智慧和经验解决现在的问题，而"化"就是融合先辈和自己的经验产生新的知识、解决新的问题。

　　著名数学家华罗庚先生曾经说过，读数学书若不做习题似"入宝山而空返"。先生的意思是说思想不经过实践检验，再好的理论和技能也难以掌握和应用。为此，本书在每个经典问题和 ACM 的算法分析之后，都配有对应问题实现的代码。

　　本书内容主要包括四部分，具体如下：

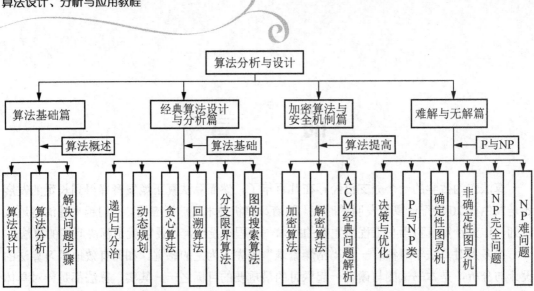

第一部分(第 1 章)为算法基础篇,介绍了算法的基本概念及算法分析的相关基础知识,包括算法的设计、算法的分析、解决问题的一般步骤。

第二部分(第 2～7 章)为经典算法设计与分析篇,介绍了递归与分治、动态规划、贪心算法、回溯算法、分支限界算法及图的搜索算法。以故事起,典型算法设计策略为知识单元,采用算法基本思想、算法描述、算法分析的模式展开,从算法设计和算法分析的理论入手,根据各类算法的基本技术原理,给出算法的分析与证明方法,并将经典算法与 ACM 相结合,实现理论与实践相结合。其中,递归与分治主要包括算法的设计、分析及解决问题的一般步骤等分析;动态规划主要包括递归算法、分治算法及相关 ACM 的经典问题解析;贪心算法主要包括理论基础、贪心选择的性质、求解过程及相关 ACM 的经典问题解析;回溯算法主要包括其中问题的解空间、搜索的解空间、回溯的基本步骤及相关的经典问题(图的 m 着色问题、n 皇后问题、装载问题、0-1 背包问题、旅行商问题、流水作业调度问题等)的解析;分支限界算法主要包括搜索策略、分支结点的选择、限界函数及相关的经典问题(单源最短路径问题、装载问题、0-1 背包问题、旅行商问题、ACM 经典问题等);图的搜索算法主要包括图的广度优先搜索遍历、深度优先搜索遍历、有向图的强连通分支、无向图的又连通分支、流网络与最大流问题及相关的 ACM 经典问题解析。

第三部分(第 8 章)为加密算法与安全机制篇。主要包括 RSA 公钥密码算法、因子分析算法、离散对数密码算法、离散对数算法及相关 ACM 经典问题解析。

第四部分(第 9 章)为难解与无解篇。从决策问题、优化问题出发,介绍图灵机、非确定性图灵机,给出 NP 完全性的理论基础及 NP 完全问题、NP 难问题近似算法的基本技术及分析方法。

本书由李文书、何利力主编,叶海荣、韩逢庆、董世都、黄海、茅海军为副主编,郑军红、邹玉金、刘建平、徐洋洋、盛实旺、赵超、朱宁馨、王柯、谷广兵、史步娥、陈莲娜、奚圣波、刘智等为参编。具体编写分工如下:第 1、2、3、7、9 章及附录由李文书教授编写,第 4 章主要由茅海军副教授编写,第 5、6 章由韩逢庆教授和董世都副教授编写,第 8 章由黄海副教授编写,叶海荣、邹玉金及史步娥对各章的 ACM 经典算法进行编写,何利力教授、郑军红博士和刘建平副教授对各章的编写进行了多次指导与修改。此外,徐洋洋、盛实旺、赵超、朱宁馨、王柯和谷广兵等参加校对书稿、算法实验、课件制作、试题演算等工作，在此一并对他们表示感谢！在写作过程中作者得到了许多教授的帮助和支持，审稿时提出了许多宝贵意见，在此表示衷心的感谢！同时，在本书的编写过程中，得到了北京大学出版社有关同志的关心和大力支持，谨此一并表示衷心的感谢。

　　由于编者水平有限，加之时间仓促，书中难免存在不妥之处，敬请读者指正。本书的程序代码可通过编者电子信箱获得，E-mail 地址：wshlee@163.com。也可以从教学资源网www.pup6.com 下载。

编　者

2014 年 2 月

非淡泊无以明志，非宁静无以致远

# 目　　录

# 第 1 章

# 算 法 概 述

　　算法是计算机学科中最具有方法性的核心概念，是计算机科学领域的基石之一，被誉为计算机学科的灵魂。

　　算法设计的优劣决定软件系统的性能，对算法进行研究能使我们深刻理解问题的本质及可能的求解技术。解决某个问题存在多种方法，寻求最优算法使得问题的解决更为方便和高效。所以我们不仅要为所解决的问题设计有效算法，还需要对算法进行分析，以追求算法性能的最优化。

　　本书涉及算法设计与算法分析两个阶段，算法设计的任务是为解决某一给定问题设计有效方法；算法分析的任务是在比较解决特定问题多种方法优劣的基础上寻求最优方法。算法设计与分析正是分析问题和解决问题的结合。

## 1.1 引　　言

　　"算法"即演算法，中文名称出自《周髀算经》；而英文名称 Algorithm 是由 9 世纪波斯数学家提出的，他在数学上提出了算法这个概念。"算法"原为 algorism，意思是阿拉伯数字的运算法则，在 18 世纪演变为 algorithm。欧几里得算法被人们认为是史上第一个算法。第一次编写程序是 Ada Byron 于 1842 年为巴贝奇分析机编写求解伯努利方程的程序，因此 Ada Byron 被大多数人认为是世界上第一位程序员。查尔斯·巴贝奇(Charles Bahbage)未能完成他的巴贝奇分析机，这个算法未能在巴贝奇分析机上执行。

　　一本早期的德文数学词典 *Vollstandiges Mathematisches Lexicon*《数学大全辞典》，给出了 algorithmus(算法)一词的如下定义："在这个名称之下，组合了四种类型的算术计算的概念，即加法、乘法、减法、除法。"拉丁短语 Algorithmus Infinitesimalis(无限小方法)，在当时就用来表示 Leibnitz(莱布尼茨)所发明的以无限小量进行计算的微积分方法。

　　1950 年左右，algorithm 一词经常同欧几里得算法(Euclid's algorithm)联系在一起。欧几里得算法就是在欧几里得的《几何原本》(*Euclid's Elements*，第Ⅶ卷命题 i 和 ii)中所阐述的求两个数的最大公约数的过程(即辗转相除法)。

20 世纪，英国数学家图灵提出了著名的图灵论题，并提出一种假想的计算机抽象模型，这个模型被称为图灵机。图灵机的出现解决了算法定义的难题，图灵的思想对算法的发展起到了重要作用。

### 1.1.1 算法的描述

20 世纪 50 年代，欧几里得描述了求两个数的最大公约数的对程，被称为欧几里得算法。该算法又称辗转相除法，用于计算两个正整数 $m$、$n$ 的最大公约数。其步骤如下：

步骤 1：如果 $m<n$，则交换 $m$ 和 $n$。

步骤 2：令 $r$ 是 $m/n$ 的余数。

步骤 3：如果 $r = 0$，则输出 $m$；否则令 $m = n$，$n = r$ 并转向步骤 2。

其计算的原理依赖于下面的定理。

定理：$gcd(m, n) = gcd(n, m \bmod n)(m>n$ 且 $m \bmod n$ 不为 0) 。

计算两个数 $m$、$n$ 的最大公约数，其输入为非负整数 $m$ 和 $n$，其中 $m$、$n$ 不同时为零，输出为 $m$ 与 $n$ 的最大公约数。该算法对应的代码如下：

```
//迭代形式
int gcd(int m, int n) {
    if(m<n) gcd(n, m);
    int r;
    while(n! = 0) {
        r = m%n;
        m = n;
        n = r;
    }
    return m;
}
//递归形式
int gcd(int m, int n) {
    if(m<n) gcd(n, m);
    if(n == 0)
        return m;
    else
        return gcd(n, m % n);
}
```

因此，在数学和计算机科学之中，算法(Algorithm)为一个计算的具体步骤，常用于计算、数据处理和自动推理。精确而言，算法是一个表示为有限长列表的有效方法。算法应包含清晰定义的指令用于计算函数。

### 1.1.2 算法的特性

算法设计的先驱者唐纳德·E.克努特(Donald E. Knuth)对算法的特征做了如下描述：

(1) 有穷性(Finiteness)：一个算法必须保证执行有限步之后结束，不能终止的过程不属于算法的范畴。

(2) 确切性(Definiteness)：算法的每一个步骤必须具有确切的定义，即每一步要执行的动作是确切的，是无二义性的。

(3) 可行性(Effectiveness)：一个算法是可行的，就是算法中描述的操作都是可以通过已经实现的基本运算执行有限次来实现。并且，在任何条件下，算法只有唯一的一条执行路径，即对于相同的输入只能得出相同的输出。

(4) 输入(Input)：一个算法必须具有 0 个或多个输入，以刻画运算对象的初始情况。0 个输入适用于算法本身已确定了初始条件的情况。

(5) 输出(Output)：一个算法必须具有一个或多个输出，以反映对输入数据加工后的结果。没有输出的算法是毫无意义的。

其中，前 3 个特性较为集中地表现处理步骤，后两个特性主要涉及输入/输出接口。

算法可用图 1.1 来描述。

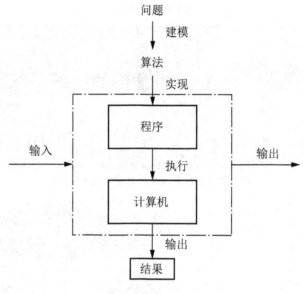

**图 1.1 算法描述**

### 1.1.3 为什么学习算法

1512 年 11 月 1 日，在西斯廷教堂的天花板上，人们看到了世界美术史上最大的壁画之一——《创世纪》。其中最引人瞩目的是上帝与亚当的形象。亚当被创造出来了：一个有成熟的健美体格的美少年，他那洋溢着青春的生命刚刚从睡幻中苏醒，还不能站立起来行动，等待着万能的造物主给他以力量。上帝耶和华被画成一位慈祥的老人，扶着天使们飞来，把有着无限力量的手伸向亚当，而亚当将在握住上帝之手的刹那获得生命和力量，作者以此表现出对解放人的力量的强烈渴望。《创世纪》(见图 1.2)的问世，使当世最伟大的雕塑家米开朗基罗成为与达·芬奇并峙的最伟大的画家。这幅画里隐含着算法。

圣经上写着：神 6 天创造天地万物，第 7 日安歇。对于神创论者来说，这是不可怀疑的事实，但对于进化论者来说，6 天创造一切根本就不可能。那圣经上为什么给出的是 6 天，而不是其他的时间呢。

(a) 西斯廷教堂

(b) 西斯廷教堂天花板上的《创世纪》

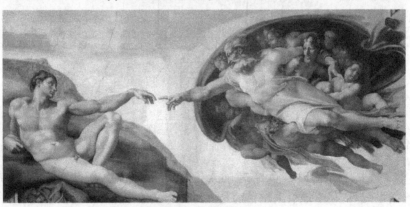

(c) 上帝与亚当

图 1.2　《创世纪》

我们知道，任何一个自然数的约数中都有 1 和它本身，而所有小于它本身的因数称为这个自然数的真约数。例如，6 的所有真约数是 1、2、3；8 的真约数是 1、2、4。如果一个数的真约数之和等于这个自然数本身，则这个自然数就称为完全数，或者完美数。例如，6=1+2+3，因此，6 为完美数；而 $8 \neq 1+2+4$，因此，8 不是完美数。因此，神 6 天创造世界，暗示着该创造是完美的！

以完美数来昭示创造的完美，似乎合情合理，但问题是，完美数只有 6 这一个数吗？如果不是，为什么不使用其他的完美数呢？答案是，完美数虽然不止 6 这一个，但确定数量稀少。一直到现在，数学家探索了 2600 多年，并且现代数学家们还借助了超级计算机，但也仅仅找到了 47 个完美数。其中第 1 个完美数是 6，接下来的 4 个完美分别是 28、496、8128、33550336。

完美数由于其各种神秘属性(真约数之和等于自身只是其中的一个性质)，而受到了特殊的关注。但到底哪些数是完美数则不是一件容易判断的事情。显然，按照完美数的定义，判断一个数是否完美数的不二法则是找出它的所有真约数，然后求和看看其是否等于自身。然而这种方法效率太过低下，因为这意味因式分解，而这是十分困难的。例如第 47 个完美数有 25 956 377 个数位，它的数值为 $2^{43\,112\,608} \times (2^{43\,112\,609} - 1)$。

显然，我们需要新的解决方案，而不是发明或使用新的计算工具！研究这样的问题就可以归结到算法的范畴里，因为如何高效地解决问题是算法要研究的核心课题。故学习算法的原因主要包括如下几部分。

首先，算法是计算机的灵魂。前面已经说过，计算机不能独立于算法而存在，或者说独立于算法的计算机其存在价值要大打折扣。一个程序要完成一个任务，其背后肯定要涉及算法的设计。实际上，程序就是算法的实现，或者说程序是算法的外在体现。学好了算法，就能够设计出更加有效的软件，以更有效的方式完成更为复杂的功能。

其次，算法是数学机械化的一部分，能够帮助我们解决复杂的计算问题，其中有的问题就存在于我们的日常生活中。前面讲过，算法无处不在。实际上，人是躲避不了算法的，每天的日常生活都会涉及算法。例如，如何分配自己的时间才能最有效地完成学习或工作任务就会牵扯到算法。没有算法知识的人，分配的时候多半会源于自发、非科学的处理方法，难以达到高效。

再次，算法作为一种思想，能锻炼我们的思维，使思维变得更清晰、更有逻辑。算法是对事物本质的数学抽象，看似深奥，却体现点点滴滴的朴素思想。虽然真理未必只有一个，但是只要你掌握了其中的一个，你就掌握了全部，这就像是 NP 完全问题一样。因此，学会算法的思想，其意义不仅仅在算法本身，对日后的学习生活也会产生深远的影响。

算法还能帮助人们理解什么是可行的，什么是不可行的。

## 1.2　算法的设计

算法设计的整个过程，可以包含对问题需求的说明、数学模型的拟制、算法的详细设计、算法的正确性验证、算法的实现、算法分析、程序测试和文档资料的编制。

计算机科学家尼克劳斯·沃思曾著过一本著名的书《数据结构+算法=程序》，可见算法在计算机科学界与计算机应用界的地位。

同一问题可用不同算法解决，而一个算法的质量优劣将影响到算法乃至程序的效率。算法分析的目的在于选择适用算法和改进算法。一个算法的评价主要从时间复杂性和空间复杂性来考虑。

算法可大致分为基本算法、数据结构的算法、数论与代数算法、计算几何的算法、图论的算法、动态规划以及数值分析、加密算法、排序算法、检索算法、随机化算法和并行算法。算法大致分为以下三类。

(1) 有限的、确定性算法。这类算法在有限的一段时间内终止。它们可能要花很长时间来执行指定的任务，但仍将在一定的时间内终止。这类算法得出的结果常取决于输入值。

(2) 有限的、非确定算法。这类算法在有限的时间内终止。然而，对于一个(或一些)给定的数值，算法的结果并不是唯一的或确定的。

(3) 无限的算法。指那些由于没有定义终止定义条件，或定义的条件无法由输入的数据满足而不终止运行的算法。通常，无限算法的产生是由于未能确定地定义终止条件。

经典的算法有很多，这里主要列举以下算法。

### 1. 穷举搜索法

穷举搜索法(Exhaustive Search Algorithm)是对可能是解的众多候选解按某种顺序进行逐一枚举和检验，并从中找出那些符合要求的候选解作为问题的解。

穷举算法特点是算法简单，但运行时所花费的时间量大。有些问题所列举出来的情况数目会大得惊人，就是用高速计算机运行，其等待运行结果的时间也将使人无法忍受。我们在用穷举算法解决问题时，应尽可能将明显不符合条件的情况排除在外，以尽快取得问题的解。

### 2. 迭代算法

迭代法(Iterative Algorithm)也称辗转法，是数值分析中通过从一个初始估计出发寻找一系列近似解来解决问题(一般是解方程或者方程组)的过程，为实现这一过程所使用的方法统称为迭代法。其是一种不断用变量的旧值递推新值的过程，跟迭代法相对应的是直接法(或者称为一次解法)，即一次性解决问题。迭代法又分为精确迭代和近似迭代。"二分法"和"牛顿迭代法"属于近似迭代法。

设方程为 $f(x)=0$，用某种数学方法导出等价的形式 $x=g(x)$，然后按以下步骤执行：

(1) 选一个方程的近似根，赋给变量 $x_0$。

(2) 将 $x_0$ 的值保存于变量 $x_1$，然后计算 $g(x_1)$，并将结果存于变量 $x_0$。

(3) 当 $x_0$ 与 $x_1$ 的差的绝对值不小于指定的精度要求时，重复步骤(2)的计算。

若方程有根，并且用上述方法计算出来的近似根序列收敛，则按上述方法求得的 $x_0$ 就认为是方程的根。

### 3. 递推算法

递推算法(Recursive Algorithm)是利用问题本身所具有的一种递推关系求问题解的一种方法。它把问题分成若干步，找出相邻几步的关系，从而达到目的，称为递推法。

设要求问题规模为 $n$ 的解，当 $n=0$ 或 1 时，解或为已知，或能非常方便地得到。能采用递推法构造算法的问题有重要的递推性质，即当得到问题规模为 $i-1$ 的解后，由问题的递推性质，能从已求得的规模为 $1,2,\cdots,i-1$ 的一系列解，构造出问题规模为 $i$ 的解。这样，程序可从 $i=0$ 或 1 出发，重复地，由已知至 $i-1$ 规模的解，通过递推获得规模为 $i$ 的解，直至得到规模为 $n$ 的解。

### 4. 递归算法

递归算法(Recursive Algorithm)是一种直接或者间接地调用自身的算法。在计算机编写程序中，递归算法对解决一大类问题是十分有效的，它往往使算法的描述简洁而且易于理解。

能采用递归描述的算法通常有这样的特征：为求解规模为$n$的问题，设法将它分解成规模较小的问题，然后从这些小问题的解方便地构造出大问题的解，并且这些规模较小的问题也能采用同样的分解和综合方法，分解成规模更小的问题，并从这些更小问题的解构造出规模较大问题的解。特别地，当规模$n = 0$或$1$时，能直接得解。

递归算法解决问题的特点如下：

(1) 递归就是在过程或函数里调用自身。

(2) 在使用递归策略时，必须有一个明确的递归结束条件，称为递归出口。

(3) 递归算法解题通常显得很简洁，但递归算法解题的运行效率较低。

(4) 在递归调用的过程当中系统为每一层的返回点、局部变量等开辟堆栈来存储。递归次数过多容易造成堆栈溢出等。

### 5. 分治算法

分治算法(Divide-and-Conquer Algorithm)是把一个复杂的问题分成两个或更多的相同或相似的子问题，再把子问题分成更小的子问题，直到最后子问题可以简单地直接求解，原问题的解即子问题解的合并。

如果原问题可分割成$k$个子问题($1 < k \leqslant n$)，且这些子问题都可解，并可利用这些子问题的解求出原问题的解，那么这种分治法就是可行的。由分治法产生的子问题往往是原问题的较小模式，这就为使用递归技术提供了方便。在这种情况下，反复应用分治手段，可以使子问题与原问题类型一致而其规模却不断缩小，最终使子问题缩小到很容易直接求出其解。这自然导致递归过程的产生。分治与递归像一对孪生兄弟，经常同时应用在算法设计之中，并由此产生许多高效算法。

分治法所能解决的问题一般具有以下几个特征：

(1) 该问题的规模缩小到一定的程度就可以容易地解决；

(2) 该问题可以分解为若干个规模较小的相同问题，即该问题具有最优子结构性质；

(3) 利用该问题分解出的子问题的解可以合并为该问题的解；

(4) 该问题所分解出的各个子问题是相互独立的，即子问题之间不包含公共的子问题。

### 6. 贪心算法

贪心算法(Greedy Algorithm)也称贪婪算法。它在对问题求解时，总是做出在当前看来是最好的选择。也就是说，它不从整体最优上加以考虑，所得出的仅是在某种意义上的局部最优解。贪心算法不是对所有问题都能得到整体最优解，但对范围相当广泛的许多问题它能产生整体最优解或者是整体最优解的近似解。

贪心算法的基本思路如下：

(1) 建立数学模型来描述问题；

(2) 把求解的问题分成若干个子问题；

(3) 对每一个子问题求解，得到子问题的局部最优解；

(4) 把子问题的局部最优解合成原来解问题的一个解。

### 7. 动态规划算法

动态规划算法(Dynamic Programming Algorithm)是一种在数学和计算机科学中用于求解包含重叠子问题的最优化问题的方法。其基本思想是将原问题分解为相似的子问题，在求解的过程中通过子问题的解求出原问题的解。动态规划的思想是多种算法的基础，被广泛应用于计算机科学和工程领域。

动态规划程序设计是解最优化问题的一种途径、一种方法，而不是一种特殊算法。与前面所述的那些算法不同，它不具有一个标准的数学表达式和明确清晰的解题方法。动态规划程序设计往往是针对最优化问题，由于各种问题的性质不同，确定最优解的条件也互不相同，因而动态规划的设计方法对不同的问题，有各具特色的解题方法，而不存在一种万能的动态规划算法可以解决各类最优化问题。

### 8. 回溯算法

回溯算法(Backtracking Algorithm)是一种选优搜索法，按选优条件向前搜索，以达到目标。当探索到某一步时，发现原先的选择并不优或达不到目标，就回退一步重新选择，这种走不通就退回再走的技术称为回溯法，而满足回溯条件的某个状态的点称为"回溯点"。我们比较熟悉的迷宫问题算法，采用的就是典型的回溯方法。

回溯方法解决问题的过程是先选择某一可能的线索进行试探，每一步试探都有多种方式，将每一种方式都一一试探，如有问题就返回纠正，反复进行这种试探再返回纠正，直到得出全部符合条件的答案或是问题无解为止。由于回溯方法的本质是用深度优先的方法在解的空间树中搜索，所以在算法中都需要建立一个堆栈，用来保存搜索路径。一旦产生的部分解序列不合要求，就要从堆栈中找到回溯的前一个位置，继续试探。

### 9. 分支限界算法

分支限界算法(Branch and Bound Algorithm)是一种在表示问题解空间的树上进行系统搜索的方法。回溯法使用了深度优先策略，而分支限界法一般采用广度优先策略，同时还采用最大收益(或最小损耗)策略来控制搜索的分支。

分支限界法的基本思想是对包含具有约束条件的最优化问题的所有可行解的解(数目有限)空间进行搜索。该算法在具体执行时，把全部可行的解空间不断分割为越来越小的子集(称为分支)，并为每个子集内的解计算一个下界或上界(称为定界)。在每次分支后，对所有界限超出已知可行解的那些子集不再做进一步分支，解的许多子集(即搜索树上的许多结点)就可以不予考虑了，从而缩小了搜索的范围。这一过程一直进行到找出可行解的值不大于任何子集的界限为止。因此，这种算法一般可以求得最优解。

## 1.3 算法的分析

大家还记得高斯计数的典故吧，也许你会感觉到，高斯的计算方法优于那种逐个数加下去的计算方法，但是，你能说出其优越的理由吗？下面我们就来仔细分析。

如果逐个数进行相加，需要相加 99 次。用高斯的办法，先算出 50 对数的加法，然后再进行一次乘法就可以得出。一共需要 50 次加法和 1 次乘法，即 51 次运算。这比起 99 次运算要少了 48 次运算。这里需要注意的是，虽然 50 对数的加法结果一样，但不能将 50 次加法看作一次加法。这是因为，至少在潜意识里还是需要进行加法的，只不过你一眼看出来它们是一样的罢了。如果用计算机来说，则确实需要进行 50 次加法。

高斯的算法为优有一个前提条件，就是乘法运算和加法运算在难度上与时间上是一样的。至少，一次乘法运算比 49 次加法运算要快!如果不是这样，则我们的分析就要打折扣了。但真的是这样吗？如果你学过了计算机的组成与体系结构，也许能够找出这个答案。

现在我们知道，高斯的算法为优不是我们想当然拍脑袋决定的，而是经过了分析后获得的结果，为判断算法的效率而对其进行的此种分析就是算法分析。

但是效率分析并不是算法分析的唯一目的。虽然算法追求的目标是速度，但算法必须首先正确才有存在的意义。

因此，设计算法时，或者对多个算法进行比较时，就要分析它们的正确性和时间效率。这种对算法进行解剖而获得其正确性和时间效率的操作就是算法分析。不过，正确性和时间分析并不是算法分析的唯一任务。如果两个算法的时间效率一样，我们就要对算法实现所使用的空间进行比较，空间使用较少的为优。

有时候，两个算法的时间、空间效率都可能相同或相似，这时候就要分析算法的其他属性，如稳定性、健壮性、实现难度等，并以此来判断到底应该选择哪一个算法。因此，算法分析可以分为如下 3 个方面：

(1) 正确性分析；

(2) 时空效率分析；

(3) 时空特性分析。

## 1.3.1　正确性分析

算法的正确性最为重要。一个正确的算法应当对所有合法的输入数据都能得到应该得到的结果。对于那些简单的算法，可以通过调试验证其正确与否。要精心挑选那些具有"代表性的"，甚至有点"刁钻"的数据进行调试，以保证算法对"所有"的数据都是正确的。一般来说，调试并不能保证算法对所有的数据都是正确，只能保证对部分数据正确，调试只能验证算法有错，不能验证算法无错。要保证算法的正确性，通常要用数据归纳法去证明。

算法的正确性是指假定给定有意义输入，算法经有限时间计算，可产生正确答案。先建立精确命题，证明给出某些输入后算法将产生结果；然后证明这个命题。一个算法的正确性有两方面的含义：解决问题的方法选取是正确的，也就是数据上的正确性；实现这个方法的一系列指令是正确的。在算法分析中我们更看重的是前者。

正确性的 4 个层次如下：程序不含语法错误；程序对几组输入数据能得出满足规格要求的结果；对典型的、苛刻的、还有刁难性的几组输入有正确的结果；对一切合法的输入数据都能产生满足规格要求的结果。

### 1.3.2　时空效率分析

前面说过，速度是算法之魂。因此，一个算法只有正确性并无太多意义。一个让人等上几百年的算法，就是再正确，也不会令我们满意。因此，算法的速度非常重要，甚至在广义上可以判为正确性的一部分。需要注意的是，这里的速度是一个抽象概念，指的是算法计算所需要的步骤，而不是具体的多少小时、多少分钟等。

除了速度外，一个算法在实现的时候需要占用的空间也是一个考虑的因素。本书前面已经说过，算法在很多时候是在计算机上实现的，而在计算机上实现就需要占用空间，这里的空间指的是内存，可以是物理内存，也可以是虚拟内存，但不包括磁盘，因为磁盘便宜使得其不在我们的考虑范围内，占用空间少的优点不只是空间节省。也许大家知道，占用内存少的程序通常能运行得更快，即空间的节省有可能转化为时间的节省。因此，在其他因素相同的情况下，节省空间的算法更优。

算法在计算机上执行运算，需要一定的存储空间存放描述算法的程序和算法所需的数据，计算机完成运算任务需要一定的时间。根据不同的算法写出的程序放在计算机上运行时，所需要的时间和空间是不同的，算法的复杂性是对算法运算所需时间和空间的一种度量。

对于任意给定的问题，设计出复杂性尽可能低的算法是在设计算法时考虑的一个重要目标。当给定的问题已有多种算法时，选择其中复杂性最低者，是在选用算法时应遵循的一个重要准则。算法的复杂性分析对算法的设计或选用有着重要的指导意义和实用价值。

一般从算法中选取一种基本操作，以其重复执行次数作为时间复杂度的依据，它取决于问题的规模 $n$ 和待处理数据的初态。

算法需要占用的存储空间分为 3 部分：输入数据所占用的空间、程序代码所占用的空间和辅助变量所占用的空间。一般，输入数据所占用的空间与算法无关，取决于问题本身；程序代码所占用的空间对不同算法不会有数量级的差别。因此，空间复杂度主要考虑算法执行过程中辅助变量所占用的空间，一般以最坏情况下的空间复杂度作为算法的空间复杂度。

一般程序运行的时间与下列因素有关：

(1) 程序的输入；

(2) 编译的目标代码的质量；

(3) 执行程序机器指令的性质和速度；

(4) 构成程序的算法的时间复杂度。

正因为有如此多的因素，为了能比较客观地评价和比较算法，有必要分析一下各种因素对算法时间的影响以及如何正确处理这些因素。

运行时间是输入规模的函数 $f(n)$，但是要记住 $f(n)$ 不等同于要求的时间复杂度 $T(n)$。由于在实际情况中，程序的输入不是一个确定的值 $n$，而是一个不确定的输入量，$n$ 值是表示输入数据的规模。这就涉及两个重要的概念：最坏时间复杂度和平均时间复杂度。

最坏时间复杂度：规模为 $n$ 的所有输入量程序运行时间的最大值。

平均时间复杂度：规模为 $n$ 的所有输入量程序运行时间的平均值。

由于平均时间复杂度比最坏时间复杂度要复杂，所以常常通过求最坏时间复杂度来表示某个算法的时间复杂度。但是必须要记住这两者是有区别的，也就是说，最坏时间复杂度最小的算法不一定是平均时间复杂度最小的算法。

由于算法的执行时间和运行程序的计算机有着密切的联系，所以 $T(n)$ 不能直接表达成 $n$ 的函数，而要用"阶"来表示。

定义 1：$O(g(n)) = \{f(n) \,|\,$ 若存在正常数 $C$ 和 $n_0$，使得对所有的 $n \geq n_0$，有 $|f(n)| \leq C|g(n)|\}$；

定义 2：$\Omega(g(n)) = \{f(n) \,|\,$ 若存在正常数 $C$ 和 $n_0$，使得对所有的 $n \geq n_0$，有 $|f(n)| \geq C|g(n)|\}$；

定义 3：$\theta(g(n)) = \{f(n) \,|\,$ 若存在正常数 $C_1$，$C_2$ 和 $n_0$，使得对所有的 $n \geq n_0$，有 $C_1|g(n)| \leq |f(n)| \leq C_2|g(n)|\}$。

图 1.3 给出了函数 $f(n)$ 和函数 $g(n)$ 的直观图形。

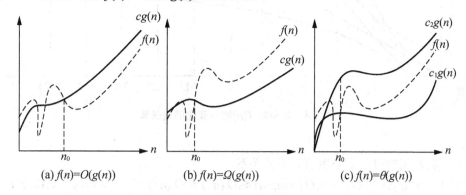

(a) $f(n) = O(g(n))$     (b) $f(n) = \Omega(g(n))$     (c) $f(n) = \theta(g(n))$

**图 1.3　$O$、$\Omega$ 和 $\theta$ 记号的图形例子**

由于存在重要结论 $T_1(n) + T_2(n) = O(\max(f(n), g(n)))$，所以一个程序的时间复杂度是由程序中最复杂的部分组成，这一点是非常有用的。

另外，当算法的时间复杂度 $T(n)$ 与数据个数 $n$ 无关系时，$T(n) \leq c \times 1$，所以此时算法的时间复杂度 $T(n) = O(1)$；当算法的时间复杂度 $T(n)$ 与数据个数 $n$ 为线性关系时，所以此时算法的时间复杂度 $T(n) = O(n)$；依次类推分析一个算法中基本语句执行次数与数据个数的函数关系，就可求出该算法的时间复杂度。

在 C 语言表示的算法中，算法的时间复杂度一般与程序执行的步骤数有关系，一般是所有步骤的时间复杂度相加。所以需要对一些语句的运行时间做出估计。例如：

(1) 算数运算时间为 $O(1)$；

(2) 逻辑预算时间为 $O(1)$；

(3) 赋值运算时间为 $O(1)$；

(4) if 语句的运行时间为测试语句运行时间与后续执行语句运行时间的和；

(5) while 语句的运行时间为每次执行循环体的时间与循环次数之积；

(6) for 语句的运行实际与 while 相似；

(7) return 语句的运行时间为 $O(1)$。

我们希望随着问题规模 $n$ 的增大其时间复杂度是趋于稳定地上升，但上升幅度不能太大。如图 1.4 所示为常见 $T(n)$ 随 $n$ 变化的增长率。

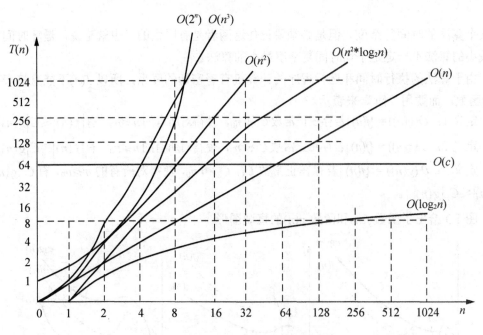

**图 1.4　常见的 $T(n)$ 随 $n$ 变化的增长率**

注：

(1) 一般常用的时间复杂度有如下的关系

$$O(1) \leqslant O(\log_2 n) \leqslant O(n) \leqslant O(n\log_2 n) \leqslant O(n^2) \leqslant O(n^3) \leqslant \ldots \leqslant O(n^k) \leqslant O(2^n)$$

其中，2、4 项中的 2 是对数的底，$k \geqslant 3$。

(2) 使用 $\log(n)$ 或者 $\lg(n)$，没有指明底数

原因在于，对于对数有公式 $\log_x(y) = [\log_m(y)]/[\log_m(x)]$ 成立。其中，$x$、$m$ 是对数的底，而 $m$ 是任何大于 0 且不等于 1 的数。当底数为 10 时，在数学上，习惯简写成 lg。从而有 $O(\log_m(n)) = O([\log_2(n)]/[\log_2(m)]) = O([\log_3(n)]/[\log_3(m)]) = \ldots$，显然 $\log_2(m)$、$\log_3(m)$ 是个常量，可以从括号中提出来，于是有 $O(\log_m(n)) = O(\log_2(n)) = O(\log_3(n)) = \cdots$。我们看到底数不管为 2 还是 3 还是其他任何大于 0 且不等于 1 的数，它们的上界都一样。于是为了统一和简便，都写成 $O(\log(n))$[①]。

接下来通过分析一些算法的实例来了解如何运用这些理论。

**例 1.1**　设数组 $a$ 和 $b$ 在前边部分已赋值，求两个 $n$ 阶矩阵相乘运算算法的时间复杂度

```
for( int i = 0; i< n ; i + + ) {
    for (int j = 0 ; j < n ; j + + ) {
        c [ i ] [ j ] = 0 ;                                           //基本语句1
        for (int k = 0 ; k < n ; k + + )
        c [ i ] [ j ] = c [ i ] [ j ] + a [ i ] [ j ]*b [ k ] [ j ] ; //基本语句2
    }
}
```

---

① $O(\log(n))$ 和 $O(\log n)$ 在本书中是一样的，这里为了区别用了前者，书中后面的章节基本上都是用后者的表示形式。

**解**：设基本语句的执行次数为 $f(n)$，有 $f(n) = c_1 * n^2 + c_2 * n^3$。因 $T(n) = f(n) = c_1 * n^2 + c_2 * n^3 = c * n^3$，其中 $c_1$，$c_2$，$c$ 可为任意常数，所以该算法的时间复杂度为 $O(n^3)$。

**例 1.2** 求下面程序段的时间复杂度

```
int i = 1;
while ( i < = n ) {
    i = i * 3;
}
```

**解**：设第一次循环 $k = 1$，此时 $i = 1*3$；第二次循环 $k = 2$，此时 $i = 1*3*3 = 3^2$；以此类推，第 $T$ 次循环 $k = T$，此时 $i = 3^T$。又 $i \leq n$，即 $3T \leq n$，对此方程两边取对数，则 $T \leq \log_3 n$。从而该程序的时间复杂度为 $O(\log_3 n)$。

### 1.3.3 时空特性分析

除了正确性分析和时空效率分析外，有时候我们还需要进行时空特性分析，例如稳定性、健壮性、实现难易性等。一个算法在实现主要目的的同时，还能实现一些附加目的，那么这种算法就比只实现主要目的的算法更优。例如，在排序时，有的算法是稳定的，即值相等的数据其相对位置保持不变；有的是不稳定的，即相等数据的相对位置在排序的过程中有可能发生变化。那么，稳定的属性就是一个附加属性。

另外，算法还应该考虑到实现的难易性问题。有的算法在抽象上非常精妙，但具体实现起来则可能存在诸如难以理解、难以在计算机上表示、编程困难等问题。这样的算法就不如那种容易理解、容易表示、容易编程的算法好。

有时候，我们会因为算法展现出的某种人性特质而喜欢上它，例如，后面将要讲到的快速排序，即使运气很差，但只要给它一点机会，就能实现很好的效率。这样的算法由于有着我们人所追求的"坚韧不拔"的精神而获得人们的喜欢。当然，这不是我们喜欢快速排序的唯一理由。

## 1.4  解决问题的一般步骤

算法是一系列解决问题的步骤的集合。算法提供了要得到的问题答案必须经历的一系列步骤，这些步骤要求必须是清晰而且可以实现的，这是计算机科学的一个很重要的原则。相比较而言，数学分析、线性代数等一些理论数学学科，它们最关注的地方是一个问题的解是不是存在，解是不是唯一以及解的性质等，而计算机科学则需要提供一个求解的过程，也就是说，在假设解一定存在的前提下执行算法步骤，将可以得到问题的解。

当遇到一个具体问题时，可以参考这些步骤的思路以得到问题的答案。因此可以说，这也是解决一般问题的算法。

如图 1.5 所示给出了这个算法的执行流程。

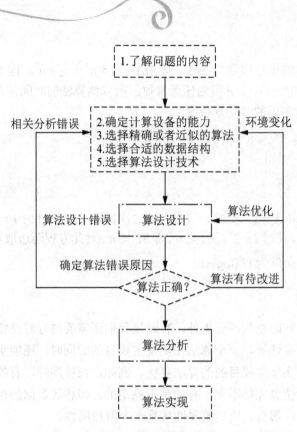

**图 1.5　算法的执行流程**

### 1.　了解问题的内容

当遇到一个问题时，首先要清楚这个问题的所有内容。如果这个问题已经给出了明显的要求，如对成绩排序，那么只需要看看它是属于那一类的问题，然后参考相关的资料。如果问题只是给出一个模糊的要求，如分析广州市的交通情况，那么还需要对这个问题建立模型，然后再考虑如何解决。如果所遇到的问题恰好是本书后面所讨论的常见问题，那么可以通过确定问题所处的具体环境以及要求来选择解决问题的算法。了解问题内容这个步骤是十分重要的，因为只有知道了问题具有什么样的输入，需要得到什么样的输出，问题的解决才可能进行下去。理解了问题是问题求解的关键。

### 2.　确定计算设备的能力

在清楚了解了问题的内容之后，下一步是确定用于解决问题的设备的能力。目前一般使用的计算机都是冯·诺依曼(Von Neumann)体系架构的。它的一个最重要假设是，程序指令的执行是顺序的。针对这一类计算机设计的算法被称为串行算法(Sequential Algorithm)，与之相区别的是所谓的并行计算机以及并行算法(Parallel Algorithms)，指令能够并行的执行，效率当然会大大提高，额外需要考虑的则是指令执行顺序以及同步等问题。并行算法的设计思想有自己相关的理论，这里仅考虑串行算法。确定了体系结构后，下面要考虑的是计算机的处理速度以及存储器容量的问题。如果仅作为练习或者一般的应用，在算法设计的时候并不需要考虑到处理速度与存储容量的问题，因为随着硬件技术的更新换代，现在使用的计算机普遍是高速度以及具备大容量存储的。但是如果设计的算法是用于一个系统的关键部分的程序(所谓关键部分就是被其他模块频繁调用，直接影响系统效率的)，那么速度以及存储器的问题就必须认真考虑。

### 3. 选择精确或者近似的算法

解决问题下一步要考虑的是使用精确的还是近似的算法。并不是每一个可解的问题都有精确的算法，例如求一个数的平方根、求非线性方程的解等。有时候一个问题有精确的解法但是算法执行效率很差，例如旅行家问题。因此，如果待处理的问题涉及上述那些方面，则要考虑是选择精确的还是近似的算法。

### 4. 选择合适的数据结构

有教程提到：程序 = 算法+数据结构(Programs = Algorithm + Data Structures)，由此可以看出数据结构对算法的重要性。例如在处理搜索问题时，对于仅仅进行搜索的算法只需要用到简单的数组即可，如果搜索后伴随着插入删除操作时，那么用链表以及堆等复杂的数据结构的算法更加可取。

本书主要关心的是算法本身而不是算法的数据结构(某些时候数据结构本身会影响算法设计与效率)，因此，后面的算法实现常常采用最简单的数组实现。

### 5. 选择算法设计技术

算法设计技术(Algorithm Design Technique)或者算法设计策略(Algorithm Design Strategy Algorithm)指的是解决一系列不同问题的通用设计思想。常用的设计技术包括分治法(Divide and Conquer Algorithm)、贪婪法(Greedy Technique)、动态规划法(Dynamic Programming Algorithm)、回溯法(Backtracking Algorithm)，分支限定法(Branch and Bound Algorithm)等。

## 1.5 小　结

理解算法的概念是算法设计、算法分析的基础。本章主要介绍了算法的基本概念以及算法必须满足的约束条件，并给出了各种算法问题的分类。学习算法概念的关键在于理解它必须满足有穷性、确切性、可行性以及输入/输出的约束。

算法分析是算法设计中必须进行的过程，对于算法的分析可以遵循某种既定的程序即算法分析框架进行。

算法分析最后需要得到的某一特定算法的关键操作的执行次数，即算法的时间复杂度；如果确切的操作次数求取比较困难，至少得到基本操作执行次数的数量级，也就是算法的渐进时间复杂度。分析中需要注意两类问题分析过程的区别：非递归算法分析关键在于求出各种规模下的操作次数的一个和式；而递归算法关键则是求出规模为 $n$ 的复杂度与规模比 $n$ 小的复杂度之间的递推关系，并需要把得到的递推关系转化为一个通项表达式。本章学习的重点在于算法分析，能够对一般的算法求出算法的时间复杂度，估计算法的渐进时间复杂度，熟练掌握递推关系转化为通项公式的各种方法。

# 1.6 习 题

## 1.6.1 选择题

1. 选出不是算法所必须具备的特征。( )
 A. 有穷性  B. 确切性  C. 高效性  D. 可行性

2. 与算法英文单词 algorithm 具有相同来源的单词是( )。
 A. logarithm  B. algiros  C. arithmos  D. algebra

3. 算法的三种基本结构是( )。
 A. 顺序结构、分支结构、循环结构
 B. 顺序结构、流程结构、循环结构
 C. 顺序结构、分支结构、流程结构
 D. 流程结构、分支结构、循环结构

4. 在学生成绩表中,下列属于主关键字的属性是( )。
 A. 平均成绩  B. 单科成绩  C. 学生学号  D. 班级

5. 从排序过程是否完全在内存中进行,排序问题可以分为( )。
 A. 稳定排序与不稳定排序  B. 内排序与外排序
 C. 直接排序与间接排序  D. 主排序与辅助排序

6. 下列不属于组合问题的是( )。
 A. Euler 的 36 名军官问题  B. 图的 Hamilton 圈
 C. 求二项式展开系数  D. 集合的幂集

7. 根据执行算法的计算机的指令体系结构,算法可以分为( )。
 A. 精确算法与近似算法  B. 串行算法与并行算法
 C. 稳定算法与不稳定算法  D. 32 位算法与 64 位算法

8. 下列( )不是描述算法的工具。
 A. 数据流图  B. 伪代码  C. 自然语言  D. 程序语言

9. 在本章定义的伪代码中,"="表示( )。
 A. 等于  B. 赋值  C. 不等于  D. 比较

10. 下列( )不是衡量算法的标准。
 A. 时间效率  B. 空间效率
 C. 问题的难度  D. 适应能力

## 1.6.2 问答题

1. 什么是算法?算法必须满足哪些约束?

2. 使用你熟悉的编程语言,实现 Euclid 算法及 Sieve 算法。

3. 求解两个数的最大公约数还有其他算法吗?如果有,给出该算法的自然语言表示和伪代码表示。

4. 设计一个算法,计算 $\lfloor \sqrt{n} \rfloor$ 并给出算法的自然语言表示和伪代码表示。

# 第 2 章

# 递归与分治策略

　　"递归"不是"弟子规"，而是出自数学领域的一个术语，它用来描述一种函数关系。简单来说，递归函数蕴含的基本精神可以概括为自规则的反复套用。什么意思呢？让我们来看看图 2.1 所示大雁塔的结构，一共七层，每层的形制完全一样，仅按照一定比例逐层缩减。所以，如果是你当初设计大雁塔，你只需考虑最底层的长宽高、造型、用材等问题，然后再给出一个比例关系就可以了。而且，从理论上讲，你可以用这个一层塔的设计，盖出任意高度的塔来，甚至是通天塔。

图 2.1　塔中的"递归"

　　这"递归"除了可以盖塔，还能做什么？没错，你一定想到俄罗斯套娃和法门寺里装佛骨舍利的盒子，如图 2.2 和图 2.3 所示。

图 2.2　俄罗斯套娃

图 2.3　佛骨舍利盒

当然，本章对递归进行讨论并不是因为我们要盖塔，或者生活中到处都存在递归，而是因为在算法的设计与分析中，递归是一个普遍且难以回避的解题方法。更有意思的是，递归又常常与算法里面的另一个重要概念"分治"(分而治之)紧密联系。事实上，递归在很多时候就是因为分治策略的使用才出现的，可以说，没有递归，就没有分治。分析一个分治策略的优劣经常牵涉对递归表达式的分析。

本章我们就来探讨分治与递归。这两个概念密不可分，它们是算法设计和分析的根本。

# 2.1　递　归　算　法

## 2.1.1　递归的概念

递归算法是一个过程或函数在其定义或说明中又直接或间接调用自身的一种方法，它通常把一个大型复杂的问题层层转化为一个与原问题相似的规模较小的问题来求解。递归策略只需少量的代码就可描述出解题过程所需要的多次重复计算，大大地减少了程序的代码量。

递归的优势在于用有限的语句来定义对象的无限集合。用递归思想写出的程序往往十分简洁易懂。一般来说，递归需要有边界条件、递归前进段和递归返回段。当边界条件不满足时，递归前进；当边界条件满足时，递归返回。注意：在使用递归策略时，必须有一个明确的递归结束条件，称为递归出口，否则递归将无限进行下去(死锁)。

递归算法一般用于解决 3 类问题：

(1) 数据的定义是按递归定义的。例如，Ackerman 函数。

(2) 问题解法用递归算法实现。例如，回溯算法。

(3) 数据的结构形式是按递归定义的。例如，树的遍历、图的搜索。

递归的缺点主要表现在递归算法解题的运行效率较低、空间消耗多，有时还会受到一些软硬件环境条件限制。在递归调用过程中，系统为每一层的返回点、局部变量等开辟了堆栈来存储。递归次数过多容易造成堆栈溢出等。

递归算法是解决问题的一种最自然且合乎逻辑的方式，利用递归算法不需花费太多的精力就能够解决问题，但是程序的执行效率可能会变差。在这种情况下，通常把递归算法转换为非递归算法，如模拟或者递推。

### 2.1.2　具有递归特性的问题

为了反映递归的特性，下面举 3 个经典的例子。

#### 1. 阿克曼(Ackerman)函数

阿克曼函数是非原始递归函数的例子。它需要两个自然数作为输入值。在数学上，阿克曼函数从如下的方法定义：

$$Ack(m,n)=\begin{cases} n+1 & m=0 \\ Ack(m-1,1) & m\neq 0, n=0 \\ Ack(m-1, Ack(m,n-1)) & m\neq 0, n\neq 0 \end{cases}$$

则 Ackerman 函数的算法描述如下：

```
int ack(m, n){
    if(m == 0)
        return n+1;
    else if(n == 0)
        return ack(m-1, 1);
    else
        return ack(m-1, ack(m, n-1));
}
```

#### 2. 斐波那契数列

斐波那契数列的发明者，是意大利数学家列昂纳多·斐波那契(Leonardo Fibonacci，1170-1240)，斐波那契数列(见图 2.4)，又称黄金分割数列，指的是这样一个数列：0, 1, 1, 2, 3, 5, 8, 13, 21, 34, 55, 89, 144 ⋯ 这个数列从第三项开始，每一项都等于前两项之和。

**图 2.4   自然中的斐波那契数列**

在数学上，斐波那契数列以如下递归的方法定义：

$$F(n) = \begin{cases} 1 & n = 0,1 \\ F(n-1) + F(n-2) & n > 1 \end{cases}$$

这是一个递归关系式，说明当 $n > 1$ 时，这个数列的第 $n$ 项的值是它前面两项之和。它用两个较小的自变量函数值定义一个较大的自变量函数值，所以需要两个初始值 $F(0)$ 和 $F(1)$。

(1) Fibonacci 数列的递归算法

```
int fib(int n){
    if(n< = 1)return 1;
    return fib(n-1)+fib(n-2);
}
```

(2) Fibonacci 数列的递推算法

```
int fib[50];                              //采用数组保存中间结果
void fibonacci(int n){
    fib[0] = 1;
    fib[1] = 1;
    for(int i = 2; i< = n;i++){
        fib[i] = fib[i-1] + fib[i-2];
    }
}
```

当 $n = 6$ 时 Fibonacci 数列的递归结构如图 2.5 所示。

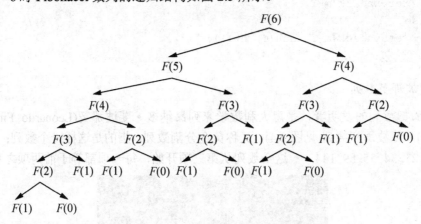

**图 2.5   Fibonacci 算法的递归结构($n$=6)**

注：Fibonacci 数列的非递归定义为 $F(n) = \dfrac{1}{\sqrt{5}}\left[ \left( \dfrac{1+\sqrt{5}}{2} \right)^{n+1} + \left( \dfrac{1-\sqrt{5}}{2} \right)^{n+1} \right]$。

**3. 汉诺塔**

汉诺塔(又称河内塔)问题其实是印度的一个古老的传说。开天辟地的神勃拉玛(和中国的盘古差不多的神)在一个庙里留下了 3 根金刚石的棒,第一根上面套着 64 个圆的金片,最大的一个在底下,其余一个比一个小,依次叠上去,庙里的众僧不倦地把它们一个个地从这根棒搬到另一根棒上,规定可利用中间的一根棒作为帮助,但每次只能搬一个,而且大的不能放在小的上面。计算结果非常恐怖(移动圆片的次数)18446744073709551615,众僧们即便是耗尽毕生精力也不可能完成金片的移动了。

为了实现上面的汉诺塔问题,我们可以描述如下:

有 A、B、C 三个杆如图 2.6 所示。A 杆上有若干个由大到小的圆盘,大的在下面,小的在上面,B 和 C 都是空杆,请把 A 杆上的圆盘都倒到 B 杆或 C 杆上,在倒盘的过程中不可以大的压小的并且一次只能移动一个盘子。

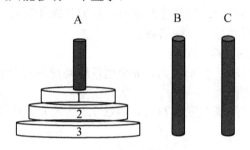

图 2.6　3 阶汉诺塔问题的初始状态

分析:若只有一个盘子,则直接从 A 杆移到 C 杆。若有一个以上的盘子,假设有 $n$ 个,则考虑三个步骤。

第一步,把 $n$-1 个盘子从 A 杆搬到 B 杆(辅助杆),这不是一起搬动,而是符合要求的从一个杆搬到另一个杆;

第二步,将剩下的一个盘从 A 移到空着的 C 上;

第三步,用第一步所说的办法再将 B 杆上的盘子都搬到 C 上。和第一步一样,这步实际上是由一个序列更小的一次仅搬一个盘的操作组成。

由此可得到求解 $n$ 阶汉诺塔问题的代码如下:

```c
void hanoi(int n, char A, char B, char C)    //把前n个通过B从A移到C
{
    if(n == 1)move(1, A, C);
    else{
        hanoi(n-1, A, C, B);                 //把A杆的n-1个盘子通过C杆移到B杆
        move(n, A, C);                       //把A杆的第n个盘子移到C杆并打印
        hanoi(n-1, B, A, C);                 //把B杆的n-1个盘子通过A杆移到C杆
    }
}
void move(int n, char A, char B){            //把n号圆盘从A移到B,并打印出
    printf("Move disk %d from %c to %c\n", n, A, B);
}
```

显然，上述代码中求解汉诺塔问题的函数是一个递归函数，在函数执行过程中需要多次自我调用。递归调用本质上和普通的函数调用没有区别。递归调用时，函数调用一次就被压一次栈，但调用不能无限进行，所以得有一个结束条件，这时返回并不意味着整个函数就退出了，因为还有前面的调用位于栈上，它们还得继续执行后续的代码，然后一层层返回。

### 2.1.3 递归算法分析

当一个算法包含对自身的递归调用过程时，该算法的运行时间复杂度可用递归方程进行描述，求解该递归方程，可得到对该算法时间复杂度的函数度量。求解递归方程一般可采用 3 种方法，即替换方法、递归树法和大师解法。

**1. 替换法**

根据递归规律，将递归公式通过方程展开，反复代换子问题的规模变量，通过多项式整理，以此类推，从而得到递归方程的解。

1) 汉诺塔算法的时间复杂度分析

分析：根据汉诺塔算法，当 $n > 1$ 时，$n$ 个圆盘移动问题可分解为 2 个 $n-1$ 个圆盘的移动和 1 个大圆盘的移动操作。

假设汉诺塔算法的时间复杂度为 $T(n)$，算法 2.3 的递归方程如下：

$$T(n) = \begin{cases} 1 & n = 1 \\ 2T(n-1) + 1 & n > 1 \end{cases}$$

利用替换法求解该方程，可得

$$
\begin{aligned}
T(n) &= 2T(n-1) + 1 \\
&= 2(2T(n-2) + 1) + 1 \\
&= 2^2 T(n-2) + 2 + 1 \\
&= 2^2(2T(n-3) + 1) + 2 + 1 \\
&= 2^3 T(n-3) + 2^2 + 2 + 1 \\
&= \cdots \\
&= 2^k T(n-k) + 2^{k-1} + \cdots + 2 + 1 \\
&= \cdots \\
&= 2^{n-1} T(1) + 2^{n-2} + \cdots + 2 + 1 \\
&= 2^{n-1} + 2^{n-2} + \cdots + 2 + 1 \\
&= 2^n - 1
\end{aligned}
$$

故得该算法的时间复杂度 $T(n) = O(2^n)$。

2) 多路归并排序算法的时间复杂度分析

其递归方程可表述如下：

$$\begin{cases} T(1) = 1 & n = 1 \\ T(n) = aT\left(\dfrac{n}{b}\right) + d(n) & n > 1 \end{cases}$$

对该方程通过替换法求解如下：

$$T(n) = aT(\frac{n}{b}) + d(n)$$

$$= a\left[aT(\frac{n}{b^2}) + d(\frac{n}{b})\right] + d(n)$$

$$= a^2\left[aT(\frac{n}{b^3}) + d(\frac{n}{b^2})\right] + ad(\frac{n}{b}) + d(n)$$

$$= a^3 T(\frac{n}{b^3}) + a^2 d(\frac{n}{b^2}) + ad(\frac{n}{b}) + d(n)$$

$$\cdots\cdots$$

$$= a^i T(\frac{n}{b^i}) + \sum_{j=0}^{i-1} a^i d(\frac{n}{b^j})$$

若 $n = b^k$，可得到 $T(n)$ 解一般形式为

$$T(n) = a^k T(1) + \sum_{j=0}^{k-1} a^j d(b^{k-j})$$

若 $n \neq b^k$，那么存在整数 $k$，使 $k < \lceil \log_b n \rceil$，有

$$T(n) \leqslant a^{\lceil \log_b n \rceil} T(1) + \sum_{j=0}^{\lceil \log_b n \rceil - 1} a^j d(b^{\lceil \log_b n \rceil - j})$$

当 $d(n)$ 为常数时，有

$$T(n) = a^k + c\sum_{i=0}^{k-1} a^i = \begin{cases} O(a^k) = O(n^{\log_b a}) & a \neq 1 \\ O(\log_b a) & a = 1 \end{cases}$$

当 $d(n) = cn$ 时，$c$ 为常数时，有

$$\sum_{i=0}^{k-1} a^i d(n/b^i) = \sum_{i=0}^{k-1} a^i (cn/b^i) = cn\sum_{i=0}^{k-1} (a/b)^i$$

即该递归方程的解为

$$T(n) = a^k T(1) + cn\sum_{i=0}^{\log_b n} r^i$$

其中，$r = \dfrac{a}{b}$。

根据一般递归方程的解，可以得到推论：

$$T(n) = \begin{cases} O(n) & a < b \\ O(n\log_b n) & a = b \\ O(n\log_b n) & a > b \end{cases}$$

证明：

① 当 $a < b$ 时，$r < 1$，$\displaystyle\sum_{i=0}^{\infty} r^i$ 收敛，$cn\displaystyle\sum_{i=0}^{k-1} r^i = O(n)$，$T(n) = n^{\log_b a} + O(n) = O(n)$。

② 当 $a = b$ 时，有 $r = 1$，$cn\displaystyle\sum_{i=0}^{k-1} r^i = cnk = cn\log_b n$，所以 $T(n) = n^{\log_b a} + cn\log_b n = O(n\log_b n)$。

③ 当 $a>b$ 时，则 $cn\sum_{i=0}^{k-1}r^i = cn\dfrac{(a/b)^k}{a/b-1} = c\dfrac{a^k-b^k}{a/b-1} = O(a^k) = O(a^{\log_b n}) = O(n^{\log_b a})$，所以有

$T(n) = n^{\log_b a} + O(n^{\log_b a}) = O(n^{\log_b a})$。

替换法求解递归方程还可以通过如下步骤进行：

① 猜测界限函数。

② 对猜测进行证明，并寻找到猜测中常量 C 的范围。

3) 求解递归方程 $T(n) = 2T(n/2) + n$ 的时间复杂度分析

假设上界为 $O(n\log_2 n)$，对于 $T(n/2)$ 成立，即存在常数 c，有 $T(n/2) \leqslant c(n/2)\log_2(n/2)$。现在需要证明 $T(n) \leqslant cn\log_2 n$。

根据假设，有

$$\begin{aligned}
T(n) = 2T(n/2) + n &\leqslant 2[c(n/2)\log_2(n/2)] + n \\
&= cn\log_2(n/2) + n \\
&= cn\log_2 n - cn\log_2 2 + n \\
&= cn\log_2 n - cn + n \\
&= cn\log_2 n - (c-1)n \\
&\leqslant cn\log_2 n
\end{aligned}$$

当 $c \geqslant 1$ 时，上述结果成立。

下面证明猜测对于边界条件成立，即证明对于选择的常数 c，$T(n) \leqslant cn\log_2 n$ 对于边界条件成立。

假设 $T(1) = 1$ 是递归方程的唯一边界条件，那么对于 $n=1$，$T(1) \leqslant c\times 1\times \log_2 1 = 0$ 与 $T(1) = 1$ 发生矛盾，所以 $T(1) = 1$ 不能作为递归边界条件。

由于递归方程 $T(2) = T(3) = 2T(1) + n$ 得到 $T(2)$ 和 $T(3)$ 均依赖于 $T(1)$，选择 $T(2)$ 和 $T(3)$ 作为归纳证明中的边界条件。由递归方程可得 $T(2) = 4$ 和 $T(3) = 5$。

算法复杂度的渐近表示法只要求对 $n \geqslant n_0$，$T(n) \leqslant cn\log_2 n$ 成立即可，因此可设 $n_0 = 2$，当 $n \geqslant 2$ 时，$T(n) \leqslant cn\log_2 n$ 成立。再选择 $c \geqslant 2$，就会使得 $T(2) \leqslant c\times 2\times \log_2 2$ 和 $T(3) \leqslant c\times 3\times \log_2 3$ 成立，以下对此进行证明。

$$\begin{aligned}
T(n) &= 2T(n/2) + n \\
&= 2(2T(n/2^2) + (n/2)) + n \\
&= 2^2 T(n/2^2) + 2n \\
&\cdots \\
&= 2^k T(n/2^k) + kn
\end{aligned}$$

当 $n = 2^k$ 时，上式可写为 $T(n) = nT(1) + n\log_2 n$，若 $n = 2^k - 1$，则上式展开时用 $T((n+1)/2) + T((n-1)/2)$ 替代 $2T(n/2)$，用 $(n+1)/2 + (n-1)/2$ 代替 $n$，同样可得到 $T(n) = nT(1) + n\log_2 n$。

由递归公式，$T(1) = 1$，则 $T(n) = n + n\log_2 n = n\log_2 2 + n\log_2 n = n\log_2 2n$。

① 当 $n \geqslant 2$ 时，要使得 $T(n) = n\log_2 2n \leqslant cn\log_2 n$，则需 $c \geqslant \log_2 2n/\log_2 n$；

② 当 $n = 2$ 时，由上式 $c \geqslant 2$ 即可；

③ 当 $n = 3$ 时，因 $\log_2 2n/\log_2 n = \log_2 6/\log_2 3 < 2$，此时取 $c \geqslant 2$ 满足条件；

④ 当 $n > 3$ 时，$\lim\limits_{n \to +\infty} \dfrac{\log_2 2n}{\log_2 n} = 1$，此时取 $c \geqslant 2$ 满足条件。

由以上证明，当 $n \geqslant 2$ 和 $c \geqslant 2$ 时，$T(n) \leqslant cn\log_2 n$ 成立。

**2. 递归树法**

对于很多人来说，理解抽象的东西不如理解具体的东西来得容易，而一个递归表达式就是一个抽象的东西，不容易看出其里面所隐含的执行序列和规律，如每层递归的成本。但如果我们将该抽象表达式用图形的方式加以展开，则抽象变具体，就容易理解多了。虽然不是所有抽象的东西都可以用具体的形象来描述，但抽象递归表达式恰恰可以被具体化。

将抽象递归表达式具体化的最佳图形表示就是递归树。该方法在解乘法运算的递归表达式时已经使用过。这种递归树给出的是一个算法递归执行的成本模型。该模型以输入规模为 $n$ 开始，一层层的分解，直到输入规模变为 1 为止。而这个时候的解决方案已经是琐细的了。图 2.7 是表达式 $T(n) = 3T(n/4) + cn^2$ 的递归树。

**1) 构造递归树**

假设 $n$ 为 4 的幂，根据方程的递归关系，递归分解的 3 个子问题的解合并需要的时间为 $cn^2$。现在我们对该递归树进行分析。

**2) 递归树分析**

深度为 $i$ 的结点，其子问题的规模为 $n/4i$，当 $n/4i = 1$ 时，子问题规模为 1，这时位于树的最后一层(即 $i = \log_4 n$)。即在该递归树中，层数从 0 开始算起，第一层的层数为 0，最后一层的层数为 $\log_4 n$，共有 $\log_4 n + 1$ 层。深度对应层数，第一层深度为 0，最后一层深度为 $\log_4 n$，深度一共为 $\log_4 n + 1$。高度则是深度减 1，为 $\log_4 n$。

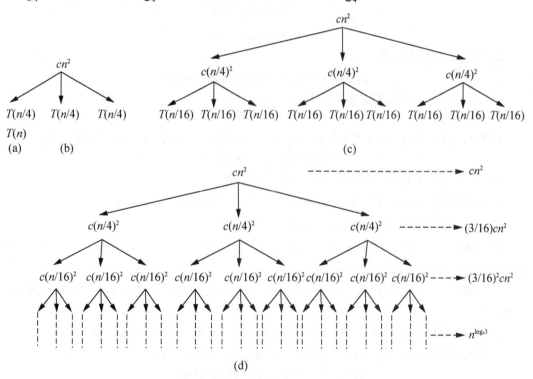

图 2.7 递归树的构造过程

第 $i$ 层的结点数为 $3^i$（每一层的结点数是上一层结点数的 3 倍）。层数为 $i$（$i = 0, 1, \cdots,$ $\log_4 n - 1$）的每个结点的开销为 $c(n/4i)^2$（每一层子问题规模为上一层的）。第 $i$ 层上结点的总开销为 $3^i c(n/4^i)^2 = (3/16)^i cn^2, i = 0,1,\cdots,\log_4 n - 1$。层数为 $\log_4 n$ 的最后一层有 $3^{\log_4 n} = n^{\log_4 3}$ 个结点，每个结点的开销为 $T(1)$，该层总开销为 $n^{\log_4 3} T(1)$，即 $\theta(n^{\log_4 3})$。

将所有层的开销相加得到整棵树的开销如下：

$$T(n) = cn^2 + \frac{3}{16} cn^2 + (\frac{3}{16})^2 cn^2 + \cdots + (\frac{3}{16})^{\log_4 n - 1} cn^2 + \theta(n^{\log_4 3})$$

$$= \sum_{i=0}^{\log_4 n - 1} (\frac{3}{16})^i cn^2 + \theta(n^{\log_4 3})$$

$$\leqslant \sum_{i=0}^{\infty} (\frac{3}{16})^i cn^2 + \theta(n^{\log_4 3})$$

$$= \frac{1}{1 - 3/16} cn^2 + \theta(n^{\log_4 3})$$

$$= \frac{16}{13} cn^2 + \theta(n^{\log_4 3})$$

$$= O(n^2)$$

3）证明猜测解

现在利用替换方法证明我们的猜测是正确的。假设这个界限对于 $T(n/4)$ 成立，即存在某个常数 $d$，$T(n/4) \leqslant d(n/4)^2$ 成立。代入递归方程可得

$$T(n) = 3T(n/4) + cn^2$$

$$\leqslant 3d(n/4)^2 + cn^2$$

$$= (3/16)dn^2 + cn^2$$

当 $c \leqslant (13/16)d$ 时，有

$$T(n) \leqslant (3/16)dn^2 + (13/16)dn^2 = dn^2$$

从而证明根据递归树所猜测的解是正确的。

4）大师解法

定理 1：设 $a \geqslant 1$，$b > 1$ 为常数，$f(n)$ 为一个函数。$T(n)$ 由以下递归方程定义：

$$T(n) = aT(n/b) + f(n)$$

其中，$n$ 为非负整数，则 $T(n)$ 有如下的渐近界限。

① 若对某些常数 $\varepsilon > 0$，有 $f(n) = \theta(n^{\log_b a - \varepsilon})$，那么 $T(n) = \theta(n^{\log_b a})$。

② 若 $f(n) = \theta(n^{\log_b a})$，那么 $T(n) = \theta(n^{\log_b a} \log_2 n)$。

③ 若对某些常数 $\varepsilon > 0$，有 $f(n) = \Omega(n^{\log_b a + \varepsilon})$，且对常数 $c < 1$ 与所有足够大的 $n$，有 $af(n/b) \leqslant cf(n)$，那么 $T(n) = \theta(f(n))$。

在定理 1 中，将函数 $f(n)$ 与函数 $n^{\log_b a}$ 进行比较，递归方程的解由这两个函数中较大的一个决定。

① 第 1 种情形中，函数 $n^{\log_b a}$ 比函数 $f(n)$ 更大，则解为 $T(n) = \theta(n^{\log_b a})$；

② 第 2 种情形中，这两个函数一样大，乘以对数因子，则解为

$$T(n) = \theta(n^{\log_b a} \log_2 n) = \theta(f(n)\log_2 n)$$

③ 第 3 种情况中，$f(n)$ 是较大的函数，则解为

$$T(n) = \theta(f(n))$$

对定理 1 的理解还可以通过构造递归树进行，如图 2.8 所示。

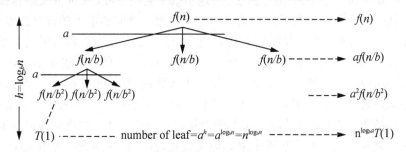

**图 2.8　大师解法的递归树演示**

上面这几种情况的适用情景很多，具有较大的普遍性，可应用于各种分治场合，因此，被称为大师解法。使用上面递归树表示，则大师解法的直观意义就很显然了。

大师解法的第一种情况代表的是递归树的每层成本从根至下呈几何级数增长，成本在叶子一层达到最高，即最后一次递归是整个递归过程中成本最高的一次。因此，递归分治的总成本在渐近趋势上与叶子层成本一样，即成本为 $\theta(n^{\log_b a})$。

大师解法的第二种情况对应的递归树状态是每层成本一样(在渐近趋势上)，即每层成本均为 $n^{\log_b a}$。由于一共有 $\log_2 n$，因此，总成本为每一层的成本乘以 $\log_2 n$，即 $\theta(f(n)\log_2 n)$。

大师解法的第三种情况对应的递归树状态为每层成本呈几何级数递减，树根这一层的成本占主导地位。因此，总成本就是树根层的成本。即 $\theta(f(n))$。

1) 求解递归方程 $T(n) = 4T(n/2) + n$

**解**：由递归方程可得，$a = 4$，$b = 2$ 且 $f(n) = n$。因此，$n^{\log_b a - \varepsilon} = n^{\log_2 4 - \varepsilon} = n^{2 - \varepsilon}$。选取 $0 < \varepsilon < 1$，则

$$f(n) = O(n^{2 - \varepsilon}) = O(n^{\log_2 4 - \varepsilon})$$

此递归方程满足大师解法定理 1 的第 1 种情形，因此有

$$T(n) = \theta(n^{\log_b a}) = \theta(n^{\log_2 4}) = \theta(n^2)$$

2) 求解递归方程 $T(n) = 4T(n/2) + n^2$

**解**：由递归方程可得，$a = 4$，$b = 2$ 且 $f(n) = n^2$。因此，$n^{\log_b a} = n^{\log_2 4} = n^2$。$f(n) = O(n^2) = O(n^{\log_b a})$。

此递归方程满足大师解法定理 1 的第 2 种情形，因此有

$$T(n) = \theta(n^{\log_b a} \log_2 n) = \theta(n^{\log_2 4} \log_2 n) = \theta(n^2 \log_2 n)$$

3) 求解递归方程 $T(n) = 4T(n/2) + n^3$

**解**：由递归方程可得，$a = 4$，$b = 2$ 且 $f(n) = n^3$。因此，$n^{\log_b a + \varepsilon} = n^{\log_2 4 + \varepsilon} = n^{2 + \varepsilon}$。选取 $0 < \varepsilon < 1$，则 $f(n) = O(n^{2 + \varepsilon}) = O(n^{\log_2 4 + \varepsilon})$。此递归方程满足大师解法定理 1 的第 3 种情形。

还需证明 $af(n/b) \leqslant cf(n)$。当选择 $c \geqslant \dfrac{1}{2}$ 时，$(1/2)n^3 \leqslant cn^3$ 成立，即 $4(n/2)^3 \leqslant cn^3 = cf(n)$ 成立。因此，选择 $c$，满足 $1/2 < c < 1$，则 $T(n) = \theta(f(n)) = \theta(n^3)$。

# 2.2　分　治　策　略

讲一个小孩子称大象的故事(见图 2.9)。这小孩子名叫曹冲。曹冲的父亲曹操是个大官，外国人送给他一只大象，他很想知道这只大象有多重，就叫他手下的官员想办法把大象称一称。这可是一件难事。大象是陆地上最大的动物。怎么称法呢？那时候没有那么大的秤，人也没有那么大的力气把大象抬起来。官员们都围着大象发愁，谁也想不出秤象的办法。

正在这个时候，跑出来一个小孩子，站到大人面前说："我有办法，我有办法！"官员们一看，原来是曹操的小儿子曹冲，嘴里不说，心里在想：哼！大人都想不出办法来，一个五六岁的小孩子，会有什么办法！可是千万别瞧不起小孩子，这小小的曹冲就是有办法。他想的办法，就连大人一时也想不出来。他父亲就说："你有办法快说出来让大家听听。"曹冲说："我称给你们看，你们就明白了。"

他叫人牵了大象，跟着他到河边去。河边正好有只空着的大船，曹冲说："把大象牵到船上去。"大象上了船，船就往下沉了一些。曹冲说："齐水面在船帮上划一道记号。"记号划好了以后，曹冲又叫人把大象牵上岸来。接下来曹冲叫人挑了石块，装到大船上去，挑了一担又一担，大船又慢慢地往下沉了。曹冲看见船帮上的记号齐了水面，就叫人把石块又一担一担地挑下船来。这时候，大家明白了：石头装上船和大象装上船，那船下沉到同一记号上，可见，石头和大象是同样的重量；再把这些石块称一称，把所有石块的重量加起来，得到的总和不就是大象的重量了吗？

**图 2.9　曹冲称象**

上面所讲的故事就是分治法的一个例子。分治策略是对于一个规模为 $n$ 的问题，若该问题可以容易地解决(如规模 $n$ 较小)则直接解决，否则将其分解为 $k$ 个规模较小的子问题，这些子问题互相独立且与原问题形式相同。分治策略递归地解这些子问题，然后将各子问题的解合并得到原问题的解。

## 2.2.1　分治法的基本步骤

分治法在每一层递归上都有以下 3 个步骤。

① 分解：将原问题分解为若干个规模较小，相互独立，与原问题形式相同的子问题；

② 解决：若子问题规模较小而容易被解决则直接解，否则递归地解各个子问题；

③ 合并：将各个子问题的解合并为原同题的解。

分治策略的算法设计模式如下所示。

```
divide-and-conquer(P){
    if(|P|<=n0)return adhoc(P);                //解决小规模的问题
    divide P into small substances P1, P2, ..., Pk;    //分解问题
    for(i = 1;i< = k;i++){
        yi = divide-and-conquer(Pi);          //递归的解各子问题
    }
    return merge(y1, ..., yk);                 //将各子问题的解合并为原问题的解
}
```

其中，$|P|$ 表示问题 $P$ 的规模，$n_0$ 为一阈值，表示当问题 $P$ 的规模不超过 $n_0$ 时，问题已容易直接解出，不必再继续分解。adhoc(P)是该分治法中的基本子算法，用于直接解小规模的问题 P。当 P 的规模不超过 $n_0$ 时，直接用算法 adhoc(P)求解。算法 $merge(y_1, y_2, \cdots, y_k)$ 是该分治法中的合并子算法，用于将 $P$ 的子问题 $P_1, P_2, \cdots, P_k$ 的解 $y_1, y_2, \cdots, y_k$ 合并为 P 的解。

分治法的合并步骤是算法的关键所在。有些问题的合并方法比较明显，有些问题合并方法比较复杂，或者是有多种合并方案，或者是合并方案不明显。究竟应该怎样合并，没有统一的模式，需要具体问题具体分析。

根据分治法的分割原则，原问题应该分为多少个子问题才较适宜？各个子问题的规模应该怎样才为适当？这些问题很难予以肯定的回答。但人们从大量实践中发现，在用分治法设计算法时，最好使子问题的规模大致相同。换句话说，将一个问题分成大小相等的 $k$ 个子问题的处理方法是行之有效的。许多问题可以取 $k = 2$。这种使子问题规模大致相等的做法是出自一种平衡(Balancing)子问题的思想，其总是比子问题规模不等的做法要好。

## 2.2.2　分治法的适用条件

分治法所能解决的问题一般具有以下几个特征：

① 该问题的规模缩小到一定的程度就可以容易地解决。

② 该问题可以分解为若干个规模较小的相同的问题，即该问题具有最优子结构性质。

③ 利用该问题分解出的子问题的解可以合并为该问题的解。

④ 该问题所分解出的各个子问题是相互独立的，即子问题之间不包含公共的子问题。

上述第 1 个特征是绝大多数问题都可以满足的，因为问题的计算复杂性一般是随着问题规模的增大而增加；第 2 个特征是应用分治法的前提，它也是大多数问题可以满足的，此特征反映了递归思想的应用；第 3 个特征是关键，能否利用分治法完全取决于问题是否具有第 3 个特征，如果具备了第 1 个和第 2 个特征，而不具备第 3 个特征，则可以考虑贪心法或动态规划法；第 4 个特征涉及分治法的效率，如果各子问题是不独立的，则分治法要做许多不必要的工作，重复地解公共的子问题，此时虽然可用分治法，但一般用动态规划法较好。

### 2.2.3　二分搜索技术

二分搜索算法是运用分治策略的典型例子[①]。给定 $n$ 个元素 $a[0:n-1]$，需要在这 $n$ 个元素中找出一个特定元素 $x$。比较容易想到的是用顺序搜索方法，逐个比较 $a[0:n-1]$ 中的元素，直至找到元素 $x$ 或搜索整个数组后确定 $x$ 不在其中。因此在最坏的情况下，顺序搜索方法需要 $O(n)$ 次比较。二分搜索技术充分利用了 $n$ 个元素已排好序的条件，采用分治策略的思想，在最坏情况下用 $O(\log n)$ 时间完成搜索任务。

二分搜索算法的基本思想是将 $n$ 个元素分成个数大致相同的两半，取 $a[n/2]$ 与 $x$ 作比较。如果 $x = a[n/2]$，则找到 $x$，算法终止。如果 $x < a[n/2]$，则我们只要在数组 $a$ 的左半部分继续搜索 $x$。如果 $x > a[n/2]$，则我们只要在数组 $n$ 的右半部分继续搜索 $x$。

我们得到的利用分治法在有序表中查找元素的二分搜索算法如下所示。其中，数组 $a[\ ]$ 中有 $n$ 个元素，已经按升序排序，待查找的元素 $x$。

```
template<class Type>
int binarySearch(Type a[], const Type&x, int n){
    int left = 0;
    int right = n-1;
    while(1left< = right){
        int middle =(1left+right)/2;
        if(x == a[middle])return middle;
        if(x>a[middle])left = middle+1;
        else right = middle-1;
    }
    return -1;
}
```

每执行一次算法的 while 循环，待搜索数组的大小减小一半。在最坏情况下，while 循环被执行了 $O(\log n)$ 次。循环体内运算需要 $O(1)$ 时间，因此整个算法在最坏情况下的计算时间复杂性为 $O(\log n)$。

### 2.2.4　棋盘覆盖问题

在一个 $2^k \times 2^k$ 个方格组成的棋盘中，若恰有一个方格与其他方格不同，称该方格为特殊方格，且称该棋盘为特殊棋盘(Defective Chessboard)。显然，特殊方格在棋盘中出现的位置有 $4^k$ 种情形，因而有 $4^k$ 种不同的棋盘。

图 2.10(a)中的特殊棋盘是当 $k = 2$ 时 16 个特殊棋盘中一个。在棋盘覆盖问题中，要求用图 2.10(b)所示的 4 种不同形状的 L 形骨牌覆盖给定棋盘上除特殊方格以外的所有方格，且任何两个 L 形骨牌不得重叠覆盖。在任何一个 $2^k \times 2^k$ 的棋盘覆盖中，用到的 L 形骨牌个数为 $(4^k - 1)/3$。

---

① 首先对 $n$ 个元素进行排序，可以使用 c++标准模板库函数 sort( )。

用分治策略，可以设计解棋盘覆盖问题的一个简捷的算法。分治的技巧在于如何划分棋盘，使划分后的子棋盘大小相同，并且每个子棋盘均包含一个特殊方格，从而将原问题分解为规模较小的棋盘覆盖问题。

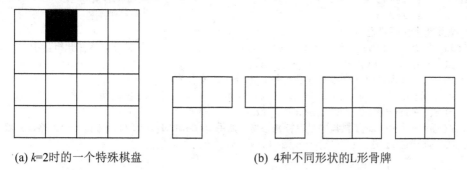

(a) k=2时的一个特殊棋盘             (b) 4种不同形状的L形骨牌

**图 2.10  棋盘覆盖问题示例**

当 $k>0$ 时，将 $2^k \times 2^k$ 的棋盘划分为 4 个 $2^{k-1} \times 2^{k-1}$ 子棋盘，如图 2.11(a)所示。由于原棋盘只有一个特殊方格，这样划分之后，这 4 个较小子棋盘中只有一个子棋盘包含特殊方格，其余 3 个子棋盘中没有特殊方格。为了将这 3 个没有特殊方格的子棋盘转化为特殊棋盘，以便采用递归方法求解，可以用一个 L 形骨牌覆盖这 3 个较小棋盘的会合处，如图 2.11(b)所示，从而将原问题转化为 4 个较小规模的棋盘覆盖问题。递归地使用这种划分策略，直至将棋盘分割为1×1的子棋盘。

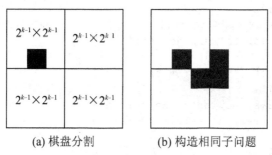

(a) 棋盘分割          (b) 构造相同子问题

**图 2.11  棋盘分割示意图**

采用分治算法解决棋盘覆盖问题的数据结构如下。

令 size = $2^k$，表示棋盘的规格。

① 棋盘：使用二维数组表示：

```
int board[1025][1025];
```

为了方便递归调用，将数组 board 设为全局变量。board[0][0]是棋盘的左上角方格。

② 子棋盘：由棋盘左上角的坐标 tr、tc 和棋盘大小 s 表示。

③ 特殊方格：在二维数组中的坐标位置是(dr, dc)。

④ L 形骨牌：用到的 L 形骨牌个数为 $(4^k-1)/3$，将所有 L 形骨牌从 1 开始连续编号，用一个全局变量表示：

```
static int tile = 1;
```

通过以上分析，实现棋盘覆盖问题的分治策略算法如下：

```
void chessBoard(int tr, int tc, int dr, int dc, int size){
    if(size == 1)return;
    sleep(500);
    int t = tile++;                                          //L形骨牌号
    int s = size/2;                                          //分割棋盘
    // 覆盖左上角子棋盘
    if(dr < tr + s && dc < tc + s)                           //特殊方格在此棋盘中
        chessBoard(tr, tc, dr, dc, s);
    else {   //此棋盘中无特殊方格用t号L形骨牌覆盖右下角
        board[tr + s - 1][tc + s - 1] = t;                   //覆盖其余方格
        chessBoard(tr, tc, tr+s-1, tc+s-1, s);
        //递归过程中，此子棋盘中没有特殊方格，调用DrawSubBoard()函数画一个方格，并填充颜色
        drawSubBoard(tr+s-1, tc+s-1, m_dw, t);
    }
    // 覆盖右上角子棋盘
    if(dr < tr + s && dc >= tc + s)                          //特殊方格在此棋盘中
        chessBoard(tr, tc+s, dr, dc, s);
    else {   // 此棋盘中无特殊方格，用t号L形骨牌覆盖左下角
        board[tr + s - 1][tc + s] = t;
        // 覆盖其余方格
        chessBoard(tr, tc+s, tr+s-1, tc+s, s);
        drawSubBoard(tr+s-1, tc+s, m_dw, t);
    }
    // 覆盖左下角子棋盘
    if(dr >= tr + s && dc < tc + s)                          //特殊方格在此棋盘中
        chessBoard(tr+s, tc, dr, dc, s);
    else {                                                   //用t号L形骨牌覆盖右上角
        board[tr + s][tc + s - 1] = t;
        // 覆盖其余方格
        chessBoard(tr+s, tc, tr+s, tc+s-1, s);
        drawSubBoard(tr+s, tc+s-1, m_dw, t);
    }
    // 覆盖右下角子棋盘
    if(dr >= tr + s && dc >= tc + s)                         //特殊方格在此棋盘中
        chessBoard(tr+s, tc+s, dr, dc, s);
    else {                                                   //用t号L形骨牌覆盖左上角
        board[tr + s][tc + s] = t;
        // 覆盖其余方格
        chessBoard(tr+s, tc+s, tr+s, tc+s, s);
        drawSubBoard(tr+s, tc+s, m_dw, t);
    }
}
```

上述算法中，用一个二维整形数组 board 表示棋盘。board[0][0]是棋盘的左上角方格。tile 是算法中的一个全局整形变量，用来表示 L 形骨牌的编号，其初始值为 0。形参($tr$, $tc$)是棋盘中左上角的方格坐标；形参($dr$, $dc$)是特殊方格所在的坐标；形参 $size$ 是棋盘的行数或列数。

设 $T(k)$ 是上述算法覆盖一个 $2^k \times 2^k$ 棋盘所需的时间，则从算法的分治策略可知，$T(k)$

满足如下递归式：

$$T(k)=\begin{cases} O(1) & k=0 \\ 4T(k-1)+O(1) & k>0 \end{cases}$$

解此递归方程可得 $T(k)=O(4^k)$ 。

由于覆盖一个 $2^k\times 2^k$ 棋盘所需的骨牌个数为 $(4^k-1)/3$ ，故该算法是一个在渐近意义下的最优算法。

### 2.2.5　快速排序

快速排序(Quicksort)是对冒泡排序的一种改进，由 C. A. R. Hoare 在 1962 年提出，它的基本思想是：通过一趟排序将要排序的数据分割成独立的两部分，其中一部分的所有数据都比另外一部分的所有数据都要小，然后再按此方法对这两部分数据分别进行快速排序，整个排序过程可以递归进行，以此达到整个数据变成有序序列。

而快速排序的问题描述：对给定的 $n$ 个记录 $A[p:r]$ 进行排序。

问题分析：基于分治法设计的思想，从待排序记录序列中选取一个记录(通常选取第一个记录)为枢轴，其关键字设为 $K_1$ ，然后将其余关键字小于 $K_1$ 的记录移动到前面，而将关键字大于 $K_1$ 的记录移动到后面，结果将待排序记录序列分成两个子表，最后将关键字 $K_1$ 的记录插到其分界线的位置处。我们将这个过程称为一趟快速排序。

通过一次划分后，就以关键字为 $K_1$ 的记录为界，将待排序记录序列分成两个子表：前面子表中所有记录的关键字均不大于 $K_1$ ，后面子表中的记录关键字均不小于 $K_1$ 。对分割后的子表继续按上述原则进行分割，直到子表的表长不超过 1 为止，此时待排序记录就变成了一个有序表。具体的排序过程如下：

① 划分：将记录 $A[p:r]$ 划分成 3 段： $A[p:(q-1)]$ 、 $A[q]$ 和 $A[(q+1):r]$ (其中之一可能为空)，满足数组 $A[p:(q-1)]$ 中的每个元素不于等于 $A[q]$ ，而 $A[(q+1):r]$ 中的每个元素大于等于 $A[q]$ ；

② 解决：递归调用快速排序算法，对两个子记录 $A[p:(q-1)]$ 和 $A[(q+1):r]$ 进行排序；

③ 合并：由于子记录中元素已被排序，无需合并操作，整个记录 $A[p:r]$ 有序。

在该排序过程中，记录的比较和交换是从两端向中间进行的，关键字较大的记录一次就能交换到后面单元，关键字较小的记录一次就能交换到前面单元，记录每次移动的距离较大，因而总的比较和移动次数较少。

根据上述思想设计的算法如下：

```
void quickSort(int a[], int p, int r){
    if(p<r){
        int q = Partition(a, p, r);
        quickSort(a, p, q-1);          //对左半段排序
        quickSort(a, q+1, r);          //对右半段排序
    }
}
int partition(int a[], int p, int r){
    int i = p, j = r;
    int x = a[p];
    while(i<j){                        //将小于x的元素交换到左边，将大于x的元素交换到右边
```

```
        while(a[j]> = x&&i<j)j--;
        a[i] = a[j];
        while(a[i]< = x&&i<j)i++;
        a[j] = a[i] ;
    }
    a[i] = x;
    return i;
}
```

其中，当 $i$ 和 $j$ 相遇时，$a[i]$(或 $a[j]$)相当于空单元，且 $a[i]$ 左边所有记录的关键字均不大于基准记录的关键字，而 $a[i]$ 右边所有记录的关键字均不小于基准记录的关键字。最后将基准记录移至 $a[i]$ 中，就完成了一次划分过程。

图 2.12 给出了一次划分过程的实例，其是对关键字值为(45, 33, 68, 95, 78, 13, 26, 45)的记录序列进行一趟快速排序。

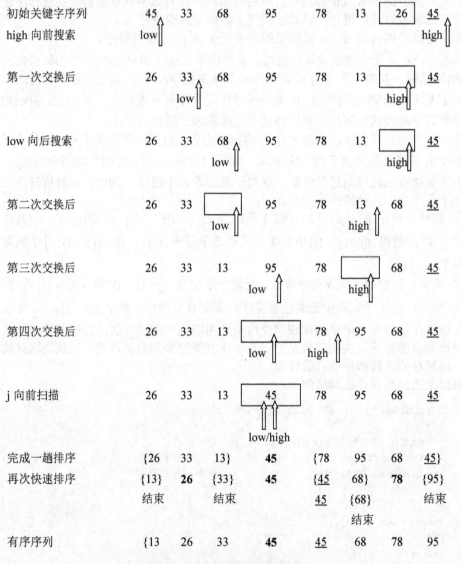

图 2.12　快速排序过程示意图

(1) 快速排序最坏情况分析

当划分过程产生的两个子问题规模分别为 $n-1$ 和 1 时，快速排序出现最坏的情况。划分的时间复杂度为 $O(n)$。假设每次递归调用时产生这种不平衡的情况。

① 列出该算法最坏情况下的递归方程，即

$$T(n) = \begin{cases} 1 & n \leqslant 1 \\ T(n-1) + cn & n > 1 \end{cases}$$

② 求解递归方程

当 $n>1$ 时，有

$$\begin{aligned} T(n) &= T(n-2) + c(n-1) + cn \\ &= c(1 + 2 + \cdots + (n-1) + n) \\ &= c(n^2 + n)/2 \\ &= O(n^2) \end{aligned}$$

即在最坏情况下，该算法的时间复杂度为 $O(n^2)$。

③ 证明 $n^2$ 是递归方程的解

当 $n=1$ 时 $T(1)=1$。假设当 $n=k$ 时，$T(k) = c(k^2 + k)/2$。当 $n=k+1$ 时，有

$$\begin{aligned} T(k+1) &= T(k) + (k+1) \\ &= c(k^2 + k)/2 + c(k+1) \\ &= c(k^2 + 2k + 1 + k + 1)/2 \\ &= c[(k+1)^2 + (k+1)]/2 \\ &= O((k+1)^2) \end{aligned}$$

即 $(k+1)^2$ 是递归方程的解。所以，$n^2$ 是递归方程的解。

因此，快速排序最坏情况下的运行时间不比冒泡排序的运行时间好，而最坏情况是在输入已经完全有序(升序)时出现的。

(2) 快速排序最好情况分析

在大多数均匀划分的情况下，PARTITION 产生两个规模为 $n/2$ 的子问题，以下对该情况下的算法进行分析。

① 列出递归方程，即：

$$T(n) = \begin{cases} 1 & n \leqslant 1 \\ 2T(n/2) + cn & n > 1 \end{cases}$$

② 求解递归方程，即：

$$\begin{aligned} T(n) &= 2T(n/2) + cn \\ &= 2T(n/2) + cn \\ &= 2(2T(n/2^2) + c(n/2)) + cn \\ &= 2^2 T(n/2^2) + 2cn \\ &\cdots \\ &= 2^k T(n/2^k) + kcn \end{aligned}$$

设 $n = 2^k$，则有 $T(n) = n + n\log_2 n = O(n\log_2 n)$。直接利用 2.1.3 节中的推论，也可得到该递归方程的解为 $T(n) = O(n\log_2 n)$。也可以通过 2.1.3 节中的大师解法进行递归方程求解，递归方程符合大师解法的第 2 种情形，即 $a = 2$，$b = 2$，$n^{\log_b a} = \theta(n) = f(n)$，可知该递归方程的解为 $T(n) = O(n\log_2 n)$。

③ 证明 $n\log_2 n$ 是递归方程的解。

当 $n = 1$，$T(1) = 1 + 1 \cdot \log_2 1 = 1$。假设 $n = m$ 时，$T(m) = m + m\log_2 m = O(m\log_2 m)$ 成立，则当 $n > m$ 时，不妨 $n = 2^m$，有

$$= 2T(2^{m-1}) + c2^m$$
$$= 2(2^{m-1} + c2^{m-1}\log_2 2^{m-1}) + c2^m$$
$$= 2^m + c(m-1) \cdot 2^m + c2^m$$
$$= 2^m + cm \cdot 2^m$$
$$= 2^m + c2^m \log_2 2^m$$
$$= O(2^m \log_2 2^m)$$

所以，$n\log_2 n$ 为递归方程的解。

上述递归算法分析结果表明，如果划分在算法的每一层递归上产生两个相同规模的问题，则得快速排序算法的最佳情况。

### 2.2.6 大整数乘法

设有两个 $n$ 位二进制数 $X$ 和 $Y$，现要计算他们的乘积 $X \times Y$。我们知道，两个 $n$ 位二进制整数相乘，根据计算规则，两个数中每位数都需要对应做乘法运算，因此，按照一般方法计算这两个数乘法所需要的算法复杂度是 $O(n^2)$。

现采用分治思想进行处理降低算法。设有两个 $n$ 位二进制数 $X$、$Y$，位数为 $n$，$X$ 与 $Y$ 进行如图 2.13 所示的分段方法，则 $X = A \mid B = A \times 2^{\frac{n}{2}} + B$，$Y = C \mid D = C \times 2^{\frac{n}{2}} + D$。其中 $A$、$B$、$C$、$D$ 均为 $n/2$ 位，则有

$$X \times Y = (A \times 2^{\frac{n}{2}} + B)(C \times 2^{\frac{n}{2}} + D)$$
$$= AC \times 2^n + (AD + BC)2^{\frac{n}{2}} + BD$$

$$X = \boxed{\begin{array}{c|c} A & B \end{array}} \qquad Y = \boxed{\begin{array}{c|c} C & D \end{array}}$$
$$\underbrace{\phantom{A}}_{n/2位}\underbrace{\phantom{B}}_{n/2位} \qquad \underbrace{\phantom{C}}_{n/2位}\underbrace{\phantom{D}}_{n/2位}$$

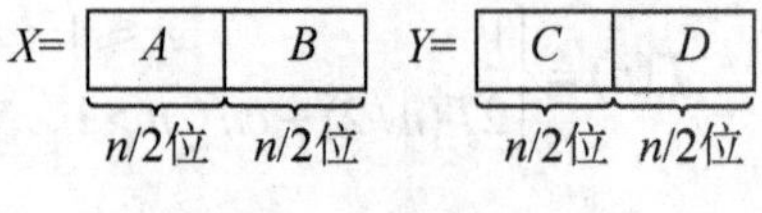

**图 2.13　大整数的分段**

① 列出上述过程的递归方程，即

$$T(n) = \begin{cases} 1 & n = 1 \\ 4T(n/2) + cn & n > 1 \end{cases}$$

② 求解递归方程

当 $n > 1$ 时，有

$$T(n) = 4(4T(n/2^2) + c(n/2)) + cn$$
$$= 4^2 T(n/2^2) + 2cn + cn$$
$$\cdots$$
$$= 4^k T(n/2^k) + cn \sum_{i=0}^{k-1} 2^i$$

设 $n = 2^k$，则 $k = \log_2 n$ 。 $T(n) = 4^{\log_2 n} + cn \sum_{i=0}^{k-1} 2^k = n^{\log_2 4} + cn(2^k - 1) = n^2 + cn(n-1) =$

$(c+1)n^2 - cn$

即 $T(n) = O(n^2)$ 。

③ 证明 $n^2$ 是该递归方程的解

当 $n = 1$ 时， $T(1) = 1$ 。假设 $n = m$ 时， $T(m) = (c+1)m^2 - cm$ 成立，则当 $n > m$，不妨 $n = 2^m$ ，有

$$T(m) = 4T(2^{m-1}) + c \times 2^m$$
$$= 4((c+1) \times 2^{m-1})^2 - c \times 2^{m-1}) + c \times 2^m$$
$$= (c+1) \times 2^{2m} - 2 \times c \times 2^m + c \times 2^m$$
$$= (c+1) \times (2^m)^2 - c \times 2^m$$
$$= O((2^m)^2)$$

从而， $T(n) = O(n^2)$ 得证。

在该算法中，通过分治法进行了 4 次 $n/2$ 位的乘法运算，但根据算法分析结果可知，并没有改进算法的性能，算法时间复杂度仍为 $O(n^2)$。

该算法性能的提升，需要减少乘法算运次数，可以通过以下方式进行：

先计算 $U = (A - B)(D - C)$， $V = AC$， $W = BD$ ，则

$$Z = XY = V \times 2^n + (U + V + W) \times 2^{\frac{n}{2}} + W$$

那么，在计算过程中，一共进行了 3 次 $n/2$ 位的乘法运算，6 次加减法和 2 次移位。

按上述改进，得到大整数乘法的伪代码如下：

```
long mult(int X, int Y, int n){
    long s = SIGN(X)*SIGN(Y);                      //s 为 X 和 Y 的符号乘积
    int x = abs(X);
    int y = abs(Y);
    if(n == 1){
        if(x == 0||y == 0)return 0;
        else
            return s;
    }
    else {
        A = x 的左边 n/2 位;
        B = x 的右边 n/2 位;
        C = y 的左边 n/2 位;
```

```
        D = y 的右边 n/2 位；
        m1 = mult(A, C, n/2);
        m2 = mult(A-B, D-C, n/2);
        m3 = mult(B, D, n/2);
        s = s*(m1*2^n+(m1+m2+m3)*2^(n/2)+m3);
        return s;
    }
}
```

① 列出算法的递归方程

$$T(n) = \begin{cases} 1 & n=1 \\ 3T(n/2)+cn & n>1 \end{cases}$$

② 求解递归方程

当 $n>1$ 时，设 $n=2k$，则 $k=\log_2 n$。则

$$T(n) = 3T(n/2)+cn$$

$$= 3(3T(\frac{n}{2^2})+c(\frac{n}{2}))+cn$$

$$= 3^2 T(\frac{n}{2^2})+c(\frac{n}{2})+cn$$

$$\cdots\cdots$$

$$= 3^k T(\frac{n}{2^k})+cn((\frac{3}{2})^{k-1}+\cdots+(\frac{3}{2})^2+\frac{3}{2}+1)$$

$$= 3^{\log_2 n}+cn(\frac{(3/2)^{k-1}-1}{(3/2)-1})$$

$$= n^{\log_2 3}+\frac{4}{3}cn(\frac{3}{2})^{\log_2 n}-\frac{3}{2}cn$$

$$= n^{\log_2 3}+\frac{4}{3}cn^{\log_2(3/2)+1}-\frac{3}{2}cn$$

$$= n^{\log_2 3}+\frac{4}{3}cn^{\log_2 3}-\frac{3}{2}cn$$

$$= O(n^{\log_2 3})$$

$$= O(n^{1.59})$$

即 $T(n) = O(n^{1.59})$。

也可以通过 2.1.3 节中的大师解法求解该递归过程。根据定理 1，该递归方程中 $a=3$，$b=2$，$f(n)=O(n)$，因为 $f(n)=O(n)=O(n^{\log_b a-\varepsilon})=O(n^{\log_2 3-\varepsilon})$，满足大师解法中的第(1)中情况。结果表明，我们通过降低计算过程中的乘法运算的次数，降低了该算法的复杂度，使其更优。

③ 证明上述求解过程

当 $n=1$ 时，$T(1)=1$。假设 $n=m$ 时，$T(m)=O(m^{\log_2 3})$ 成立，则当 $n>m$ 时，不妨设 $n=2^m$，有

$$T(n) = T(2^m) = 3T(2^m / 2) + c \times 2^m$$
$$= 3T(2^{m-1}) + c \times 2^m$$
$$= (1 + \frac{4}{3}c)(2^m)^{\log_2 3} - \frac{3}{2}c(2^m)$$
$$= O((2^m)^{\log_2 3})$$

从而 $T(n) = O(n^{\log_2 3})$ 得证。

例如，$X = 3141$，$Y = 5927$，要求计算 $X \times Y$。由上述分析可知，$A = 31, B = 41, C = 59$，$D = 27$，则有

$$U = (31 + 41) \times (59 + 27) = 72 \times 86 = 6192$$
$$V = 31 \times 59 = 1829$$
$$W = 41 \times 27 = 1107$$
$$Z = 1829 \times 10^4 + (6129 - 1829 - 1107) \times 10^2 + 1107 = 18616707$$

### 2.2.7　矩阵乘法

设计一个乘法算法，完成矩阵运算 $C = A \times B$。其中，$A$、$B$ 为 $n \times n$ 矩阵。我们知道，矩阵乘法是线性代数中最基本的运算之一，它在数值计算中有广泛的应用。根据矩阵乘法的定义，$A$ 和 $B$ 的乘积矩阵 $C$ 中元素 $C_{ij}$ 为

$$C_{ij} = \sum_{k=1}^{n} A_{ik} B_{kj}$$

根据该规则，两个 $n$ 阶矩阵相乘时，算法需要完成 3 重次数为 $n$ 的循环，算法的时间复杂度 $O(n^3)$，下面利用分治法对算法进行改进。

不妨设 $n = 2^k$，则 $C = A \times B$ 可划分为如下形式：

$$\begin{bmatrix} C_{11} & C_{12} \\ C_{21} & C_{22} \end{bmatrix} = \begin{bmatrix} A_{11} & A_{12} \\ A_{21} & A_{22} \end{bmatrix} \begin{bmatrix} B_{11} & B_{12} \\ B_{21} & B_{22} \end{bmatrix}$$

即

$$C_{11} = A_{11}B_{11} + A_{12}B_{21}$$
$$C_{12} = A_{11}B_{12} + A_{12}B_{22}$$
$$C_{21} = A_{21}B_{11} + A_{22}B_{21}$$
$$C_{22} = A_{21}B_{12} + A_{22}B_{22}$$

当 $n = 2$ 时，直接求 $A_{ij}$、$B_{ij}$ 和 $C_{ij}$。当 $n > 2$ 时，求子阵乘积，要做 8 个 $n/2$ 子阵相乘，4 个 $n/2$ 子阵相加，后者的时间复杂度为 $O(n^2)$。

① 列出以上分治方法的递归方程

$$T(n) = \begin{cases} 1 & n = 2 \\ 8T\left(\frac{n}{2}\right) + cn^2 & n > 2 \end{cases}$$

② 求解决递归方程

$$T(n) = 8T(\frac{n}{2}) + cn^2$$

$$= 8T(\frac{n}{2}) + cn^2$$

$$= 8(8T(n/4) + an^2/4) + cn^2$$

$$= 8^2 T(n/4) + 2cn^2 + cn^2$$

$$= 8^3 T(n/2^3) + \frac{cn^2}{2} + 3$$

令 $n = 2^k$，则 $k = \log_2 n$，则有

$$T(n) = 8^{\log_2 n} + \frac{cn^2}{2^{k-2}} + \cdots + \frac{cn^2}{2} + 3cn^2$$

$$= n^{\log_2 8} + \frac{cn^2}{2^{k-2}} + \cdots + \frac{cn^2}{2} + 3cn^2$$

$$= n^{\log_2 8} + \frac{\frac{1}{2}(1 - (\frac{1}{2})^{k-2})}{1 - \frac{1}{2}} cn^2 + 3cn^2$$

$$= n^3 + (1 - 4 \times (\frac{1}{2})^{\log_2 n}) cn^2 + 3cn^2$$

$$= n^3 + (1 - 4n^{-1}) cn^2 + 3cn^2$$

$$= n^3 + 4cn^2 - 4cn$$

$$= O(n^3)$$

根据 2.1.3 节的大师解法，也可很容易得到该递归方程的解。该递归方程符合第一种情形，其解为 $T(n) = O(n^{\log_2 8}) = O(n^3)$。

③ 证明 $n^3$ 是递归方程的解

当 $n = 2$ 时，$T(1) = 1$。假设当 $n = k$ 时成立，$k^3$ 是该方程的解，即 $T(k) = O(k^3)$。当 $n > k$，不妨设 $n = 2^k$，$k = \log_2 n$，则有

$$T(n) = T(2^k) = 8T(2^k/2) + cn^2$$

$$= (2^k)^{\log_2 8} + \frac{c2^{2k}}{2^{k-2}} + \cdots + \frac{c2^{2k}}{2} + 3c \cdot 2^{2k}$$

$$= (2^k)^3 + \frac{c2^{2k}}{2^{k-2}} + \cdots + \frac{c2^{2k}}{2} + 3c \cdot 2^{2k}$$

$$= 2^{3k} + 4c \cdot 2^{2k} - 4c \cdot 2^k$$

$$= O((2^k)^3)$$

从而，证明了 $n^3$ 是该方程的解。

通过上述分析，可见直接的分治策略并没有降低矩阵乘法的计算复杂度。1969 年，Strassen 经过对问题的分析，提出了一种新的算法来计算二阶方阵的乘积。这种新算法只用了七次乘法运算，但增加了加、减法的运算次数。使得整个矩阵乘法的运算效率大为提升，

被称为 Strassen 矩阵乘法。算法中的 7 次乘法如下：

$$M_1 = A_{11}(B_{12} - B_{22})$$
$$M_2 = (A_{11} + A_{12})B_{22}$$
$$M_3 = (A_{21} + A_{22})B_{11}$$
$$M_4 = A_{22}(B_{21} - B_{11})$$
$$M_5 = (A_{11} + A_{22})(B_{11} + B_{22})$$
$$M_6 = (A_{12} - A_{22})(B_{21} + B_{22})$$
$$M_7 = (A_{11} - A_{21})(B_{11} + B_{12})$$

完成了这 7 次乘法后，再进行 5 次加法，3 次减法运算就可以得到结果矩阵 $C$：

$$C_{11} = M_5 + M_4 - M_2 + M_6$$
$$C_{12} = M_1 + M_2$$
$$C_{21} = M_3 + M_4$$
$$C_{22} = M_5 + M_1 - M_3 - M_7$$

采用这样的分治降阶策略，只需完成 7 次 $n/2$ 子阵乘法运算、8 次 $n/2$ 子阵的加、减法运算。

分治法解决矩阵相乘问题的伪代码如下：

```cpp
#include "stdafx.h"
#include <iostream>
using namespace std;
const int N = 4;                                        //Matrix_Siz
template<typename T>
void matrix_Add(int n, T X[][N], T Y[][N], T Z[][N]);   //矩阵加法
template<typename T>
void matrix_Sub(int n, T X[][N], T Y[][N], T Z[][N]);   //矩阵减法
template<typename T>
void input(int n, T p[][N]);                            //矩阵数据输入
template<typename T>
void output(int n, T C[][N]);                           //矩阵的数据输出
template<typename T>
void strassen_Matrix(int n, T A[][N], T B[][N], T C[][N]); //矩阵的乘法
int main(){
    int  X[N][N] = {0}, Y[N][N] = {0}, Z[N][N] = {0};
    cout<<"please input the value of the first matrix"<<endl;
    input(N, X);
    cout<<"please input the value of the second matrix"<<endl;
    input(N, Y);
    strassen_Matrix(N, X, Y, Z);
    output(N, Z);
    system("pause");
    return 0;
}
```

```
template<typename T>
void matrix_Add(int n, T X[][N], T Y[][N], T Z[][N]){          //矩阵加法
    for(int i = 0;i<n;i++)
        for(int j = 0;j<n;j++)
            Z[i][j] = X[i][j]+Y[i][j];
}
template<typename T>
void matrix_Sub(int n, T X[][N], T Y[][N], T Z[][N]){          //矩阵减法
    for(int i = 0;i<n;i++)
        for(int j = 0;j<n;j++)
            Z[i][j] = X[i][j]-Y[i][j];
}

template<typename T>
void input(int n, T p[][N]){                                   //矩阵数据输入
    for(int i = 0;i<n;i++){
        cout<<"请输入矩阵"<<i+1<<"行的"<<n<<".个数"<<endl;
        for(int j = 0;j<n;j++){
            cin>>p[i][j];
        }
    }
}
template<typename T>
void output(int n, T C[][N]){                                  //矩阵数据输出
    cout<<"输出矩阵是:"<<endl;
    for(int i = 0;i<n;i++){
        for(int j = 0;j<n;j++){
            cout<<C[i][j]<<" ";
        }
        cout<<endl;
    }
}
template<typename T>
void strassen_Matrix(int n, T A[][N], T B[][N], T C[][N]){ //矩阵乘法
    if(n == 2)//当为2阶方阵时
        for(int i = 0;i<2;i++){
            for(int j = 0;j<2;j++){
                C[i][j] = 0;
                for(int t = 0;t<2;t++){
                    C[i][j] = C[i][j]+A[i][t]*B[t][j];
                }
            }
        }
        else{
            int A11[N][N], A12[N][N], A21[N][N], A22[N][N], B11[N][N], B12[N][N],
                B21[N][N], B22[N][N],
                M1[N][N], M2[N][N], M3[N][N], M4[N][N], M5[N][N], M6[N][N],
```

```
        M7[N][N], TMP[N][N],
        TMP1[N][N], C11[N][N], C12[N][N], C21[N][N], C22[N][N];//TMP
    和 TMP1 为中间变量
for(int ii = 0;ii<n/2;ii++)
    for(int jj = 0;jj<n/2;jj++){
        A11[ii][jj] = A[ii][jj];
        A12[ii][jj] = A[ii][n/2+jj];
        A21[ii][jj] = A[n/2+ii][jj];
        A22[ii][jj] = A[n/2+ii][n/2+jj];
        B11[ii][jj] = B[ii][jj];
        B12[ii][jj] = B[ii][n/2+jj];
        B21[ii][jj] = B[n/2+ii][jj];
        B22[ii][jj] = B[n/2+ii][n/2+jj];
    }
    //计算 M1
    matrix_Sub(n/2, B12, B22, TMP); strassen_Matrix(n/2, A11, TMP, M1);
    //计算 M2
    matrix_Add(n/2, A11, A12, TMP); strassen_Matrix(n/2, TMP, B22, M2);
    //计算 M3
    matrix_Add(n/2, A21, A22, TMP); strassen_Matrix(n/2, TMP, B11, M3);
    //计算 M4
    matrix_Sub(n/2, B21, B11, TMP); strassen_Matrix(n/2, A22, TMP, M4);
    //计算 M5
    matrix_Add(n/2, A11, A22, TMP); matrix_Add(n/2, B11, B22, TMP1);
    mtrassen_Matrix(n/2, TMP, TMP1, M5);
    //计算 M6
    matrix_Sub(n/2, A12, A22, TMP); matrix_Add(n/2, B21, B22, TMP1);
    strassen_Matrix(n/2, TMP, TMP1, M6);
    //计算 M7
    matrix_Sub(n/2, A11, A21, TMP); matrix_Add(n/2, B11, B12, TMP1);
    strassen_Matrix(n/2, TMP, TMP1, M7);
    //计算 C11
    matrix_Add(n/2, M5, M4, TMP); matrix_Sub(n/2, TMP, M2, TMP1);
    matrix_Add(n/2, TMP1, M6, C11);
    //计算 C22
    matrix_Add(n/2, M1, M2, C12);
    //计算 C21
    matrix_Add(n/2, M3, M4, C21);
    //计算 C22
    matrix_Add(n/2, M5, M1, TMP); matrix_Sub(n/2, TMP, M3, TMP1);
    matrix_Sub(n/2, TMP1, M7, C22);
    for(int i = 0;i<n/2;i++){
        for(int j = 0;j<n/2;j++){
            C[i][j] = C11[i][j];
            C[i][j+n/2] = C12[i][j];
            C[i+n/2][j] = C21[i][j];
            C[i+n/2][j+n/2] = C22[i][j];
        }
    }
```

```
        }
    }
```

① 列出算法递归方程

$$T(n) = \begin{cases} 1, & n = 2 \\ 7T(n/2) + cn^2, & n > 2 \end{cases}$$

② 求解递归方程

设 $n = 2^k$，有 $k = \log_2 n$，则有

$$T(2^k) = 7T(2^{k-1}) + cn^2$$

$$= 7^2 T(2^{k-2}) + \frac{7}{4}cn^2 + cn^2$$

$$= 7^3 T(2^{k-3}) + (\frac{7}{4})^2 cn^2 + (\frac{7}{4})cn^2 + cn^2$$

$$= 7^{k-1} T(2) + [(\frac{7}{4})^{k-2} + (\frac{7}{4})^{k-3} + \cdots + (\frac{7}{4}) + 1]cn^2$$

$$= cn^2(1 + 7/4 + (7/4)^2 + \cdots + (7/4)^{k-2}) + 7^{k-1}$$

$$= cn^2(\frac{16}{21}(n)^{\log_2 7} - \frac{4}{3}) + \frac{7^{\log_2 n}}{7}$$

$$= cn^2(\frac{16}{21}(n)^{\log_2 (7/4)} - \frac{4}{3}) + \frac{n^{\log_2 7}}{7}$$

$$= (\frac{16a}{21} + \frac{1}{7})n^{\log_2 7} - \frac{4}{3}cn^2$$

$$= O(n^{\log_2 7})$$

$$= O(n^{2.81})$$

利用 2.1.3 节中大师解法求解递归方程的第 1 种情形，得到该递归方程的解

$$T(n) = O(n^{\log_2 7}) = O(n^{2.81})$$

③ 证明 $n^{2.81}$ 是递归方程的解

设 $n = 2$ 时，有 $T(1) = 1$。假设当 $n = k$ 时成立，$k^{2.81}$ 是该方程的解，即 $T(k) = O(k^{2.81})$。当 $n > k$ 时，不妨设 $n = 2^k$，$k = \log_2 n$，则有

$$T(2^k) = 7T(2^{k-1}) + cn^2$$

$$= (\frac{16c}{21} + \frac{1}{7})(2^k)^{\log_2 7} - \frac{4}{3}c(2^k)^2$$

$$= O((2^k)^{\log_2 7})$$

$$= O((2^k)^{2.81})$$

从而证明了 $n^{2.81}$ 是递归方程的解。

通过对上述递归方程的求解，在分治策略的基础上，通过数学技巧，使算法的计算复杂度从 $O(n^3)$ 降到了 $O(n^{2.81})$。算法效率有了大的提升[①]。

---

① 在 Strassen 之后又有许多算法改进了矩阵乘法的计算时间复杂性，目前最好的计算时间上界是 $O(n^{2.376})$。

## 2.3 ACM 经典问题解析

### 2.3.1 蜂窝问题(难度：★☆☆☆☆)

**1. 题目描述**

一只蜜蜂生活在如图 2.14 所示的六角形蜂窝城里，现在她在里边散步。假设每一步它只能向右走(包括走入右上角的格子或右下角的格子)。如果它一开始在格子 $a$，那么走到格子 $b$ 共有多少种走法？

**图 2.14 六角形蜂窝**

**输入格式**

第一行有一个整数 $m$，表示共有 $m$ 组测试数据。然后是 $m$ 行，每行输入 2 个整数 $a$ 和 $b$，其中 $1 \leqslant a \leqslant b < 50$。

**输出格式**

对于每组测试数据，输出一个整数，表示有多少种走法。每个回答占独立的一行。

**输入样例**

    2
    1 2
    3 6

**输出样例**

    1
    3

**2. 题目 4 分析**

本题题意是从格子 $a$ 走到格子 $b$ 共有多少种走法，因为只能往右走，所以走法种数实际上就相对于从格子 1 走到格子 $b$-$a$ 的走法种数。为了简化描述，我们把 $b$-$a$ 记做 $n$，很显然，到格子 $n$ 有 2 种走法(假设 $n = 12$)，即从格子 $n$-1 往右下进入格子 $n$ 或从格子 $n$-2 往右进入格子 $n$。

于是我们得出结论：从格子 1 到格子 $n$ 的走法种数为格子 1 到格子 $n$-1 的走法种数+格子 1 到格子 $n$-2 的走法种数。再结合初始条件，我们得出如下的递归式：

$$F(n) = \begin{cases} 1 & n = 0, 1 \\ F(n-1) + F(n-2) & n > 1 \end{cases}$$

得出递归式后，我们可以采用前面讲过的求解斐波那契数列的方法求解。

考虑到 ACM 题目一般有大量的测试数据，对时间的要求非常高，我们建立一个数组，在事先将所有的情况求解出来保存到数组中，在需要的时候直接读取，省去了大量的重复计算。为了更有效地计算，采用递推求解，可以提高速度数十倍甚至数百倍。

### 3. 问题实现

```c
#include<stdio.h>
#include <stdlib.h>
void main(){
    int a, b, n, m, i, cs;
    int f[55], flag[55];
    static int j = -1;
    f[0] = 1;
    f[1] = 1;
    f[2] = 2;
    scanf("%d", &m);                    //输入测试组数 m
    for(i = 1;i< m;i++){                //循环 m 次，每次对输入数据输出对应的走法种数
        scanf("%d %d", &a, &b);
        n = b-a;
        if(n == 0||n == 1||n == 2)
        {
            if(n == 0)flag[++j] = 1;
            if(n == 1)flag[++j] = 1;
            if(n == 2)flag[++j] = 2;
        }
        else
        {
            for(cs = 3;cs< = n;cs++)f[cs] = f[cs-1]+f[cs-2];
            flag[++j] = f[--cs];
        }
    }
    for(i = 0;i< = j;i++)  printf("%d\n", flag[i]);
    system("pause");
}
```

根据递推式先求出所有可能需要计算的走法种数，也可采用递归方式求解。通过上述程序我们知道，影响程序复杂度的主要是一个 for 循环，所以其时间复杂度为 $O(n)$。

### 2.3.2 Humble Numbers(难度：★★☆☆☆)

#### 1. 题目描述

一个数如果它的质因子只有 2、3、5 或 7，那么我们称这个数为丑数(humble number)。现定义丑数序列将丑数从小到大排列，其中 1, 2, 3, 4, 5, 6, 7, 8, 9, 10, 12, 14, 15, 16, 18, 20, 21, 24, 25, 27 是前 20 个丑数，现要求编程找出丑数序列中第 $n$ 个丑数。

**输入格式**

多组测试数据，每组输入一个整数 $n(1 \leqslant n \leqslant 5842)$，当输入 $n = 0$ 时表示结束。

**输出格式**

对于输入的每个整数 $n$，输出丑数序列中的第 $n$ 个丑数，格式如下：

```
The nth humble number is <number>.
```

其中，后缀 th 根据数 $n$ 以英文习惯变换为 st、nd、rd 或 th，<number>是求出来的丑数。

对应的格式样例和输出样例如下所示：

| 输入样例 | 输出样例 |
| --- | --- |
| 1 | The 1st humble number is 1. |
| 2 | The 2nd humble number is 2. |
| 3 | The 3rd humble number is 3. |
| 4 | The 4th humble number is 4. |
| 11 | The 11th humble number is 12. |
| 12 | The 12th humble number is 14. |
| 13 | The 13th humble number is 15. |
| 21 | The 21st humble number is 28. |
| 22 | The 22nd humble number is 30. |
| 23 | The 23rd humble number is 32. |
| 100 | The 100th humble number is 450. |
| 1000 | The 1000th humble number is 385875. |
| 5842 | The 5842nd humble number is 2000000000. |
| 0 | stop |

2. 题目分析

每个数都可以分解成有限个 2、3、5、7 的乘积，我们可以采取穷举的方法来求解，并采取一定的技巧进行排列，但如此做的计算复杂程度难以想象。

我们假设一个因数集合为 $A$，其元素为给出的种子元素{2, 3, 5, 7}；首先我们从种子元素中取得最小的 2，其与自己相乘得到 4，插入这个集合为{2, 3, 4, 5, 7}，下面我们计算 2×3，得到为 6，6 也插入这个集合{2, 3, 4, 5, 6, 7}，接下来的 2×4 为 8，同理插入{2, 3, 4, 5, 6, 7, 8}；而 2×5 则比 3×3 要大，因此现在换成 3 来开始乘，3×3 = 9，插入集合；3×4 = 12 大于了 2×5，因此，又换成 2×5 开始计算。

以上我们已经介绍了这个算法的大概原理，可能有人会说，会不会造成数据的遗漏，不会的，因为我们是对每个因数做了乘积。但如此计算我们不好控制计算出来的数的大小，为此，我们这里加入了适当的动态规划的思想，动态规划的详细介绍见后面的章节。

我们用数组 $f[\ ]$ 来保存丑数序列，其中：

① a 表示 $f[\ ]$ 数组中下标为 a 的数乘以 2 可能得到当前的 $f[i]$，若是则 a++；
② b 表示 $f[\ ]$ 数组中下标为 b 的数乘以 3 可能得到当前的 $f[i]$，若是则 b++；
③ c 表示 $f[\ ]$ 数组中下标为 b 的数乘以 5 可能得到当前的 $f[i]$，若是则 c++；
④ d 表示 $f[\ ]$ 数组中下标为 b 的数乘以 7 可能得到当前的 $f[i]$，若是则 d++。

动态规划方程为 $dp[i] = f[i] = min\big(f[a]*2, min\big(f[b]*3, min\big(f[c]*5, f[d]*7\big)\big)\big)$。找到比 $f[i-1]$ 大且最小的数，在这里用到了滚动查找；通过滚动查找，依次找出丑数序列中的数。

### 3. 问题实现

```c
#include<stdio.h>
int  f[6000];
int min(int a, int b){
    if(a<b)return a;
    else return b;
}
int main(){
  int i, a, b, c, d, n;
  f[1] = 1;
  a = b = c = d = 1;
  for(i = 2;i< = 5842;i++){
    f[i] = min(f[a]*2, min(f[b]*3, min(f[c]*5, f[d]*7)));
    if(f[i] == f[a]*2)a++;
    if(f[i] == f[b]*3)b++;
    if(f[i] == f[c]*5)c++;
    if(f[i] == f[d]*7)d++;
  }
  while(scanf("%d", &n), n){
    if(n == 1&&n0! = 11)printf("The %dst humble number is %d.\n", n, f[n]);
    else if(n == 2&&n0! = 12)printf("The %dnd humble number is %d.\n", n, f[n]);
    else if(n == 3&&n0! = 13)printf("The %drd humble number is %d.\n", n, f[n]);
    else printf("The %dth humble number is %d.\n", n, f[n]);
  }
}
```

通过上述程序我们知道，影响程序复杂度的主要是一个 for 循环和一个 while 循环，所以其时间复杂度为 $O(n)$。

### 2.3.3  Copying Books(难度：★★★☆☆)

#### 1. 题目描述

假设有 $m$ 本书(编号为 $1,2,\cdots,m$)，想将每本复制一份，$m$ 本书的页数可能不同(分别是 $P_1,P_2,\cdots,P_m$)。现将这 $m$ 本书分给 $k$ 个抄写员($k \leqslant m$)，每本书只能分配给一个抄写员进行复制，而每个抄写员所分配到的书必须是连续顺序的。

意思是说，存在一个连续升序数列 $0 = b_0 < b_1 < b_2 < \cdots < b_{k-1} < b_k = m$，这样，第 $i$ 号抄写员得到的书稿是从 $b_{i-1}+1$ 到第 $b_i$ 本书。复制工作是同时开始进行的，并且每个抄写员复制的速度都是一样的。所以，复制完所有书稿所需时间取决于分配得到最多工作的那个抄写员的复制时间。

试找一个最优分配方案，使分配给每一个抄写员的页数的最大值尽可能小(如存在多个最优方案，只输出其中一种)。

#### 输入格式

第一行输入一个整数 $n$ 表示有 $n$ 组测试数据。随后是 $n$ 组测试数据。

每组测试数据分 2 行。第一行是 2 个整数 $m$ 与 $k$（$(1 \leqslant k \leqslant m \leqslant 500)$）。第二行是 $m$ 个整数分别是 $P_1, P_2, \cdots, P_m$。

**输出格式**

对于每组测试数据输出一行，内容为使单个抄写员抄写尽可能少的方案，每个抄写员抄写的书之间用符号"/"隔开。

**输入样例**

```
2
9 3
100 200 300 400 500 600 700 800 900
5 4
100 100 100 100 100
```

**输出样例**

```
100 200 300 400 500 / 600 700 / 800 900
100 / 100 / 100 / 100 100
```

2. 题目分析

本题可以采用动态规划求解，也可以采用分治的方法求解。利用二分+贪心，需要注意的几个地方如下。

贪心：题目要求划分的区间编号字典序最小，因此，需要从右向左贪心，若当前区间和大于二分枚举值(maxs)，则区间数+1。判断可行性时，有

(1) 如果 book[i]>maxs 返回 false；

(2) 只要是需要的区间个数 $\leqslant m$，即返回 true。

当二分结束后，有

(1) 再执行一次 judge 过程，使用数组 use[]记录书稿是否已经分配；

(2) 从小到大，将区间个数补足 $m$ 个。

若用动态规划求解，其具体思路如下：

设 $dp[i, j]$ 表示前 $j$ 个人复制前 $i$ 本书所需要的最少时间，有状态转移方程 $dp[i, j] = min(dp[i, j], max(dp[v, j-1], sum[v+1, i]))$。其中，$1 \leqslant i \leqslant m$，$1 \leqslant j \leqslant k$，$j-1 \leqslant v \leqslant i-1$，$sum[v+1, j]$ 表示第 $v+1$ 本书到第 $i$ 本书的页数之和。

以下代码是采用二分+贪心来实现的，利用动态规划求解的程序留给大家练习，这里就不列出了。

3. 问题实现

```cpp
#include <cstdio>
#include <cstring>
typedef __int64 llong;
const int MAXN = 510;
llong book[MAXN];
```

```
bool use[MAXN];
int N, K;
llong Max(llong a, llong b){return a > b ? a : b;}
int check(llong L){
    int i, cnt;
    llong sum = 0;
    i = N - 1;
    memset(use, 0, sizeof(use));  //用来标记段数，对于不同的 L 值，都是先进行更新
    cnt = 1;                       //段数
    while(i > = 0){
        if(sum + book[i] > L){     //大于，则须在 i 处断开，即任何一段之和要小于 L
            use[i+1] = 1;          //标记此处要段开
            cnt++;                 //段数加 1
            sum = book[i];         //开始新的一段
        }
        else {                     //小于，仍属于此段
            sum + = book[i];
        }
        i--;
    }
    return cnt;
}
void solve(){
    int i;
    llong min, max, mid, cnt, sum;
    min = 0;
    sum = 0;
    scanf("%d %d", &N, &K);
    //二分的起始点为[最小的页数，页数之和]，最大值一定在最小页数、页数和之间
    for(i = 0; i < N; i++){
        scanf("%I64d", &book[i]);
        sum + = book[i];
        min = Max(min, book[i]);
    }
    max = sum;
    while(min < max){              //二分查找
        mid =(min + max)/ 2;
        //如果以 MID 为最大值，而得到的段数小于等于 K，说明 MID 值太大了
        if(check(mid)< = K)max = mid;
        else                       //否则 MID 值太小，使得段数大于 K
            min = mid + 1;
    }
    //求出以 MAX 为最大值所能够得到的段数。(从后至前，因为题目要求使得前面的任务越小越好)
```

```
    cnt = check(max);
    for(i = 1; i < N && cnt < K; i++){
        //多余的段数全部用在最前面,使得前面的工人任务数是最优解中最少的
        if(!use[i]){
            use[i] = true;
            cnt++;
        }
    }
    for(i = 0; i < N; i++){
        printf("%I64d ", book[i]);
        if(use[i+1])printf("/ ");
    }
    printf("\n");
}
int main(){
    int t;
    scanf("%d", &t);
    while(t--)solve();
    return 0;
}
```

根据二分查找的特点,不难看出,本程序的时间复杂程度为 $O(nlogn)$。

### 2.3.4　Fractal(难度:★★★☆☆)

1. 题目描述

分形(Fractal)是一种自相似性的图形。当然它不需要在所有尺度上表现出完全相同的结构,但同样的"型"的结构必须出现在所有尺度上。比如盒子分形的定义如下。

(1) 维度为 1 的盒子分形,简单如图 2.15 所示。

X

图 2.15　1 维盒子分形

(2) 维度为 2 的盒子分形如图 2.16 所示。如果用 B($n$-1)表示 $n$-1 维度的分形,那么可以表示成图 2.17 所示。我们的任务就是画出 $n$ 维度的分形图。

| X X | B($n$ - 1)　　B($n$ - 1) |
|---|---|
| X | B($n$ - 1) |
| X X | B($n$ - 1)　　B($n$ - 1) |

图 2.16　2 维盒子分形　　　　图 2.17　$n$-1 维盒子分形

**输入格式**

多组测试数据，每组输入一个不大于 7 的正整数。输入-1 表示结束。

**输出格式**

对于每组输入输出分形图，在每个分形图之后输出符号"-"，如图 2.18 所示。

**输入样例**

```
1
2
3
-1
```

**输出样例**

```
    X
    -
   X X
    X
   X X
    -
 X X   X X
  X     X
 X X   X X
   X X
    X
   X X
 X X   X X
  X     X
 X X   X X
    -
```

图 2.18　3 维盒子分形

2．题目分析

本题的思路是采用递归的思想。依次得到左上侧规模为 $n-1$ 的盒子分形、右上侧规模为 $n-1$ 的盒子分形、中部规模为 $n-1$ 的盒子分形、左下侧规模为 $n-1$ 的盒子分形及右下侧规模为 $n-1$ 的盒子分形，直到规模为 1 的盒子分形。

3．问题实现

```cpp
#include <iostream>
#include <cmath>
using namespace std;
int n;                                    // 盒子分形的规模
char fractal[729][729];                   // 盒子分形
// 递归到左上角位置坐标为(i，j)且规模为 n 的盒子分形
void Solve(int i, int j, int n);
int main(){
    while(cin >> n){
```

```
        if(n == -1)break;
        // 初始化规模为 n 的盒子分形
        int u =(int)pow(3, n-1);
        for(int i = 0; i<u; ++i)
            for(int j = 0; j<u; ++j)fractal[i][j] = ' ';
        // 得到左上角位置坐标为(0, 0)且规模为 n 的盒子分形并输出
        Solve(0, 0, n);
        for(int i = 0; i<u; ++i){
            for(int j = 0; j<u; ++j){
                cout << fractal[i][j];
            }
            cout << endl;
        }
        cout << '-' << endl;
    }
    return 0;
}
void Solve(int i, int j, int n){
    int k, h;
    if(n == 1){                              // 规模为 1 的盒子分形
        fractal[i][j] = 'X';
        return;
    }
    Solve(i, j, n-1);                        // 得到左上侧规模为 n-1 的盒子分形
    // 得到右上侧规模为 n-1 的盒子分形
    k = i;
    h = j +(int)pow(3, n-2)* 2;
    Solve(k, h, n-1);
    // 得到中部规模为 n-1 的盒子分形
    k = i +(int)pow(3, n-2);
    h = j +(int)pow(3, n-2);
    Solve(k, h, n-1);
    // 得到左下侧规模为 n-1 的盒子分形
    k = i +(int)pow(3, n-2)* 2;
    h = j;
    Solve(k, h, n-1);
    // 得到右下侧规模为 n-1 的盒子分形
    k = i +(int)pow(3, n-2)* 2;
    h = j +(int)pow(3, n-2)* 2;
    Solve(k, h, n-1);
}
```

通过本程序我们知道，两个 for 循环嵌套、while 和 for 循环嵌套是影响本程序复杂度主要因素。不难看出，其时间复杂度为 $O(n^2)$。

### 2.3.5 TOYS(难度：★★☆☆☆)

**1. 题目描述**

将 $m$ 个玩具扔进一个从左到右分成 $n$ 个块的箱子中(详见图 2.19)，问每个分块里有多少个玩具(箱子的左上角坐标为($x_1, y_1$)，箱子右下角坐标为($x_2, y_2$)，中间 $n$ 条分隔栏的上坐标的横坐标为 $U[i]$，下坐标的横坐标为 $L[i]$)。

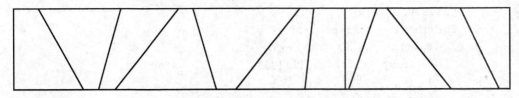

图 2.19 分成 $n$ 个块的箱子

**输入格式**

一组或多组测试数据，每组第一行输入 6 个整数分别是 $n$、$m$、$x_1$、$y_1$、$x_2$、$y_2$ ($0 < n$, $m \leqslant 5000$)。然后是 $n$ 行，每行 2 个整数分别是 $U_i$ 和 $L_i$，然后是 $m$ 行，每行 2 个整数 $x_j$ 和 $y_j$ 代表第 $j$ 个玩具在盒子中的位置。输入 0 表示结束。

**输出格式**

对于每组测试数据输出每个箱子中的玩具数。每个箱子占一行，先输出箱子号，然后是一个冒号和空格，后面跟 1 个整数表示这个箱子里的玩具数。箱子编号从 0 开始，从左到右依次增大。两组测试数据之间输出一空行。

**输入样例**

```
5 6 0 10 60 0
3 1
4 3
6 8
10 10
15 30
1 5
2 1
2 8
5 5
40 10
7 9
4 10 0 10 100 0
20 20
40 40
60 60
80 80
5 10
```

```
15 10
25 10
35 10
45 10
55 10
65 10
75 10
85 10
95 10
0
```

**输出样例**

```
0: 2
1: 1
2: 1
3: 1
4: 0
5: 1

0: 2
1: 2
2: 2
3: 2
4: 2
```

### 2. 题目分析

本题实际上是判断点落在哪个区域，每个箱子是一个区域。设直线方程 $y = k \times x + b$，点为 $P(x_0, y_0)$：

(1) 当 $k$ 不存在(这里我将它的值设为 0)只要 $x_0$ 在直线的左边既满足；

(2) 当 $k < 0$ 时，点 $P$ 落在直线左边的条件是 $y_0 < k \times x_0 + b$；

(3) 当 $k > 0$ 时，点 $P$ 落在直线的左边的条件是 $y_0 > k \times x_0 + b$。

### 3. 问题实现

```cpp
#include<cstdio>
#include<cstring>
#include<iostream>
#include<algorithm>
using namespace std;
struct node {
    int x, y;
    double k, b;
```

```
}box[5005];
int sum[5005];
int n, m, x1, y1, x2, y2, x, y;
bool cmp(node a, node b){
    return a.x<b.x;
}
int main(){
    int i, j;
    while(scanf("%d", &n)! = EOF&&n){
        scanf("%d%d%d%d%d", &m, &x1, &y1, &x2, &y2);
        for(i = 0;i<n;i++){
            scanf("%d%d", &box[i].x, &box[i].y);
            box[i].k =(y2-y1)*1.0/(box[i].y-box[i].x);
            box[i].b = y1-box[i].k*box[i].x;
            if(box[i].x == box[i].y)box[i].k = box[i].b = 0;
        }
        memset(sum, 0, sizeof(sum));
        sort(box, box+n, cmp);
        box[n].x = x2;box[n].y = y1;
        box[i].k = box[i].b = 0;
        for(i = 0;i<m;i++){
            scanf("%d%d", &x, &y);
            for(j = 0;j< = n;j++){
                if(box[j].k == 0){
                    if(x<box[j].x){sum[j]++;break;}
                }
                else {
                    if(box[j].k<0){if(y<box[j].k*x+box[j].b){ sum[j]++;break;}}
                    else {if(y>box[j].k*x+box[j].b){sum[j]++;break;}}
                }
            }
        }
        for(i = 0;i< = n;i++)printf("%d: %d\n", i, sum[i]);
        printf("\n");
    }
    return 0;
}
```

通过本程序我们知道，两个 for 循环嵌套是影响本程序复杂度主要因素。不难看出，其时间复杂度为 $O(n^2)$。

### 2.3.6 Cable master(难度：★★☆☆☆)

#### 1. 题目描述

给你 $n$ 条电缆，施工时需要 $k$ 段等长的电缆，如何把它们切成等长的 $k$ 段(每段长都是 $len$)使 $len$ 最大。

**输入格式**

每组第一行输入 2 个整数 $n$ 和 $k$，其中 $n$ 与 $k$ 均是 1 到 10000 之间的数。然后是 $n$ 行，每行 1 个数表示每条绳子的长度，所有长度是 1 米到 100 米之间的数，要求精确到厘米。

**输出格式**

对于每组输入输出能切的最长长度(精确到米)，输出时保留 2 位小数，如果不能做到则输出 0.00。

**输入样例**

    4 11

    8.02

    7.43

    4.57

    5.39

**输出样例**

    2.00

2. 题目分析

该题是明显的二分查找，不详细分析了。做题的时候要注意一下问题：

(1) 用 double 会有精度问题，使用 64 位整数\_\_int64 比较方便；

(2) 用整数写二分有可能会卡住，需要处理下 $h-l=1$，即最大值与最小值之差是 1 的情况。

3. 问题实现

```
#include<stdio.h>
#include<math.h>
#include<string.h>
#include<algorithm>
using namespace std;
typedef __int64 lld;
const lld MAX = 11000;
int len[MAX];
int getLen(){
    char s[111];
    scanf("%s", s);
    int ret = 0, i;
    for(i = 0;s[i];i++){
        if(s[i]! = '.')ret = ret*10+s[i]-'0';
    }
    return ret;
}
bool check(int lim, int n, int m){
    if(lim == 0)return true;
    int sum = 0, i;
    for(i = 0;i<n&&sum<m;i++)sum+ = len[i]/lim;
    return sum> = m;
}
```

```
int main(){
    int n, i, m;
    while(scanf("%d%d", &n, &m)! = EOF){
        int high = 0, low = 0;
        for(i = 0;i<n;i++){
            len[i] = getLen();
            if(len[i]>high)high = len[i];
        }
        int mid;
        int ans = 0;
        while(low< = high){
            mid =(low+high)>>1;
            if(check(mid, n, m)){
                ans = mid;
                low = mid+1;
            }
            else {
                high = mid-1;
            }
        }
        printf("%d.%02d\n", ans/100, ans%100);
    }
    return 0;
}
```

根据二分查找的特点，我们不难看出本程序的时间复杂度为 $O(\log n)$。

## 2.4　小　　结

　　本章对递归和分治的基本思想进行了介绍，并结合实例，对递归算法的设计和实现过程以及时间复杂度分析的三种主要技术：替换法、递归树和大师解法进行了较详细的说明。从算法的设计过程和复杂度计算两个方面，对采用分治法进行问题求解的典型实例进行详细分析。

　　递归算法是指直接或间接地对自身进行调用的算法。对于规模较大，直接解决困难甚至根本无法直接求解的问题，往往采用分治思想进行处理。分治法一般通过分解、解决、合并 3 个步骤进行。分治法所产生的子问题往往是原问题的较小模式，并且与原问题的类型相一致，所设计的算法经常涉及递归技术的使用，递归与分治之间是相辅相成的。

　　通过本章的理念基础与典型实例学习，深刻理解分治思想，掌握递归分治技术。在对一些规模较大的问题求解时，反复使用分治法，可将原问题分解为若干个规模缩小而与原问题类型一致的子问题。当子问题的规模缩小到一定程度时，就可以很容易直接求出其解。这个过程也就自然形成了一个问题求解的递归过程。分治与递归经常同时应用于算法设计中，并由此产生了许多高效的算法。

　　在本章的学习过程中，为了更好地理解递归概念与递归执行过程，理解分治法的基本思想，掌握递归算法的设计与实现，我们给出了 ACM 几个经典问题，例如蜂窝问题、丑数问题、复制书本问题、分形问题、玩家分箱问题、电缆分段问题等。以期读者能活学活用所用的知识。

## 2.5　习　　题

1．解递归方程 $T(n) = 2T(n-1) + 1$。

2．设计递归算法，计算两个非负整数的最大公约数和最小公倍数。

3．证明 Hanoi 塔问题的递归算法与非递归算法实际是一回事。

4．设有 $n = 2^k$ 个运动员要进行网球循环赛。要设计满足以下要求的比赛日程表。

(1) 每个选手必须与其他 $n-1$ 个选手各赛一次。

(2) 每个选手一天只能参赛一次。

(3) 循环赛在 $n-1$ 天内结束。请按此要求将比赛日程表设计成有 $n$ 行和 $n-1$ 列的一个表。在表中的第 $i$ 行、第 $j$ 列处填入第 $i$ 个选手所遇到的选手。其中，$1 \leqslant i \leqslant n$，$1 \leqslant j \leqslant n-1$。

5．输油管道问题。

问题描述：某石油公司计划建造一条由东向西的主输油管道。该管道要穿过一个有 $n$ 口油井的油田。从每口油井都要有一条输油管道沿最短路径(或南或北)与主管道相连。如果给定 $n$ 口油井的位置，即它们的 $x$ 坐标(东西向)和 $y$ 坐标(南北向)，应如何确定主管道的最优位置，即使各油井到主管道之间的输油管道长度总和最小的位置？证明可在线性时间内确定主管道的最优位置。

算法设计：给定 $n$ 口油井的位置，编程计算各油井到主管道之间的输油管道最小长度总和。

数据输入：由文件 input.txt 提供输入数据。文件的第 1 行是油井数 $n$，$1 \leqslant n \leqslant 10000$。接下来 $n$ 行是油井的位置，每行 2 个整数 $x$ 和 $y$，$-10000 \leqslant x$，$y \leqslant 10000$。

结果输出：程序运行结束时，将计算结果输出到文件 output.txt 中。文件的第 1 行中的数是油井到主管道之间的输油管道最小长度总和。

| 输入文件示例 | 输出文件示例 |
| --- | --- |
| input.txt | output.txt |
| 5 | 6 |
| 1　2 | |
| 2　2 | |
| 1　3 | |
| 3　−2 | |
| 3　3 | |

6．众数问题。

问题描述：给定含有 $n$ 个元素的多重集合 $S$，每个元素在 $S$ 中出现的次数称为该元素的重数。多重集合 $S$ 中重数最大的元素称为众数。例如 $S = \{1, 2, 2, 2, 3, 5\}$，多重集

合 $S$ 的众数是 2，其重数为 3。在一个由元素组成的表中，出现次数最多的元素成为众数。试写一个寻找众数的算法，并分析其计算复杂性。

算法设计：对于这个问题，比较容易的是使用排序的算法，对元素表进行排序，然后统计元素出现的个数，得出众数。则这个问题的平均时间复杂度取决于排序算法。

数据输入：对于 $n$ 个分布在 $m_1 \sim m_2$ 的整数元素，我们可以用一个数组来索引这些元素出现的个数。这样的话，对 $n$ 个原始数据遍历，然后再遍历计数数组，复杂度为 $O(n+m)=O(n)$。显然，如果太大的话，对空间的要求会非常大。文件的第 1 行为多重集 $S$ 中元素个数 $n$；在接下来的 $n$ 行中，每行有一个自然数。

结果输出：输出文件有 2 行，第 1 行是众数，每 2 行是重数。

| input.txt | output.txt |
|-----------|------------|
| 6 | 2 |
| 1 | 3 |
| 2 | |
| 2 | |
| 2 | |
| 3 | |
| 5 | |

### 7. 邮局选址问题

问题描述：在一个按照东西和南北方向划分成规整街区的城市里，$n$ 个居民点散乱地分布在不同的街区中。用 $x$ 坐标表示东西向，用 $y$ 坐标表示南北向。各居民点的位置可以由坐标 $(x, y)$ 表示。街区中任意 2 点 $(x_1, y_1)$ 和 $(x_2, y_2)$ 之间的距离可以用数值 $|x_1 - x_2| + |y_1 - y_2|$ 度量。居民们希望在城市中选择建立邮局的最佳位置，使 $n$ 个居民点到邮局的距离总和最小。

算法设计：给定 $n$ 个居民点的位置，编程计算 $n$ 个居民点到邮局的距离总和的最小值。

数据输入：输入数据的第 1 行是居民点数 $n$，$1 \leqslant n \leqslant 10000$。接下来 $n$ 行是居民点的位置，每行 2 个整数 $x$ 和 $y$，$-10000 \leqslant x$，$y \leqslant 10000$。

结果输出：程序运行结束时，将计算结果输出。第 1 行中的数是 $n$ 个居民点到邮局的距离总和的最小值。

样例输入

| input.txt | output.txt |
|-----------|------------|
| 5 | 10 |
| 1  2 | |
| 2  2 | |
| 1  3 | |
| 3  −2 | |
| 3  3 | |

### 8. 整数因子分解问题

问题描述 大于 1 的正整数 $n$ 可以分解为：$n = x_1 \times x_2 \times \cdots \times x_m$。

例如，当 $n = 12$ 时，共有 8 种不同的分解式：

$12 = 12$；

$12 = 6 \times 2$；

$12 = 4 \times 3$；

$12 = 3 \times 4$；

$12 = 3 \times 2 \times 2$；

$12 = 2 \times 6$；

$12 = 2 \times 3 \times 2$；

$12 = 2 \times 2 \times 3$。

算法设计：对于给定的正整数 $n$，编程计算 $n$ 共有多少种不同的分解式。

数据输入：输入数据第一行有 1 个正整数 $n(1 \leqslant n \leqslant 2000000000)$。

结果输出：将计算出的不同的分解式数。

| 输入文件示例 | 输出文件示例 |
| --- | --- |
| input.txt | output.txt |
| 12 | 8 |

# 第 3 章

# 动 态 规 划

1983 年 3 月，里根政府提出发展导弹防御武器系统的"战略防御倡议"(SDI)，要求 20 世纪末之前，在空间或地面部署以定向能武器为主、包括攻击卫星和截击导弹的新型反弹道导弹系统。这项计划后被称作"星球大战计划"。

后来，随着华沙条约组织瓦解和苏联解体，美国认为俄罗斯已经无法继续与美国在军事上进行抗衡，克林顿总统于 1993 年 5 月宣布终止"星球大战"计划，开始着手"弹道导弹防御"计划。该计划包括两个部分：用于保护美国海外驻军及相关盟国免遭导弹威胁的"战区导弹防御系统"(Theater Missile Defense system，TMD)和用于保护美国本土免受导弹袭击的"国家导弹防御系统"(National Missile Defense system，NMD)，如图 3.1 所示。"战区导弹防御系统"和"国家导弹防御系统"的主要区别在于，前者是使一个地区免遭近程、中程或远程弹道导弹攻击的综合性武器系统，而后者则是保护美国全境不受任何弹道导弹攻击的战略防御体系。

(a) 陆海天反导拦截

(b) 陆基中段反导拦截

图 3.1　导弹反导拦截系统

有许多国家也在研究相应的系统，例如某国为了防御敌国的导弹袭击，发展出一种导弹拦截系统。但是这种导弹拦截系统有一个缺陷：虽然它的第一发炮弹能够达到任意的高度，但是以后每一发炮弹都不能高于前一发的高度。某天，雷达捕捉到敌国的导弹来袭。由于该系统还在试用阶段，所以只有一套系统。因此，有可能不能拦截所有的导弹。

很明显这是一个求最长非升子序列的问题，标准算法是动态规划。动态规划是运筹学的一个分支。它是解决多阶段决策过程最优化问题的一种方法。1951 年，美国数学家贝尔曼 (R. Bellman)提出了解决这类问题的"最优化原则"，1957 年发表了他的名著《动态规划》。该书是动态规划方面的第一本著作。动态规划问世以来，在工农业生产、经济、军事、工程技术等许多方面都得到了广泛的应用，取得了显著的效果。

# 3.1　何谓动态规划

组合优化问题是计算机技术的一个既传统又现实的研究应用领域。组合优化问题发生于人们生活、生产以及科学研究的各个领域及方面。本章将针对一类具有特殊性质的组合优化问题来讨论一种解决问题的算法设计技巧－"动态规划"。所谓组合优化问题，指的是问题有多个可行解，每一个可行解对应一个目标值，目的是要在可行解中求得目标值最优者(最大或最小)。

## 3.1.1　动态规划的基本思想

动态规划算法(Dynamic Programming，DP)通常用于求解具有某种最优性质的问题。在这类问题中，可能会有许多可行解。每一个解都对应于一个值，我们希望找到具有最优值的解。动态规划算法与分治法类似，其基本思想也是将待求解问题分解成若干个子问题，先求解子问题，然后从这些子问题的解得到原问题的解。与分治法不同的是，适合于用动态规划求解的问题，经分解得到子问题往往不是互相独立的。若用分治法米解这类问题，则分解得到的子问题数目太多，有些子问题被重复计算了很多次。如果我们能够保存已解决的子问题的答案，而在需要时再找出已求得的答案，这样就可以避免大量的重复计算，节省时间。我们可以用一个表来记录所有已解的子问题的答案。不管该子问题以后是否被用到，只要它被计算过，就将其结果填入表中。这就是动态规划法的基本思路。具体的动态规划算法多种多样，但它们具有相同的填表格式。

## 3.1.2　设计动态规划法的步骤

(1) 找出最优解的性质，并刻画其结构特征；
(2) 递归地定义最优值(写出动态规划方程)；
(3) 以自底向上的方式计算出最优值；
(4) 根据计算最优值时得到的信息，构造一个最优解。

步骤(1)～(3)是动态规划算法的基本步骤。在只需要求出最优值的情形，步骤(4)可以省略，步骤(3)中记录的信息也较少；若需要求出问题的一个最优解，则必须执行步骤(4)，步骤(3)中记录的信息必须足够多以便构造最优解。

## 3.1.3　动态规划问题的特征

动态规划算法的有效性依赖于问题本身所具有的两个重要性质：最优子结构性质和子

问题重叠性质。

(1) 最优子结构：当问题的最优解包含了其子问题的最优解时，称该问题具有最优子结构性质。

(2) 重叠子问题：在用递归算法自顶向下求解问题时，每次产生的子问题并不总是新问题，有些子问题被反复计算多次。动态规划算法正是利用了这种子问题的重叠性质，对每一个子问题只解一次，而后将其解保存在一个表格中，在以后尽可能多地利用这些子问题的解。

### 3.1.4　动态规划与静态规划的关系

有些读者也许会想到，既然有动态规划，那么也应该有静态规划吧！不错，算法世界里(或运筹学里)确实还存在静态规划的概念，只不过它们不是被直接称呼为静态规划，而是有着更加动听的名字：线性规划和非线性规划。虽然我们不打算对线性规划和非线性规划进行阐述(这个任务留给运筹学完成)，但因为它们是静态的，我们姑且将它和动态规划进行一下比较，以加深读者对动态规划的理解。首先，动态规划与静态规划(线性规划和非线性规划等)研究的问题都是优化问题，其研究对象本质上都是在若干约束条件下的函数极值问题。但它们各有优缺点。

(1) 动态规划的优越性

与静态规划相比，动态规划具有许多优越性：

① 动态规划的核心是找出一个问题所包含的子问题及其表现形式。虽然找出了子问题的表现方式需要创造力和实验，但也存在一些常见的形式，如子问题是原问题的前缀，子问题是原问题的中缀，子问题是原问题的子树。因此，动态规划经常有迹可循。

② 动态规划比静态规划更容易获得最优解。静态规划可能因约束条件确定的约束集合复杂而使求解变得困难。而动态规划把原问题分解为一系列结构相似的子问题，每个子问题的变量个数大大减少，约束集合也简单得多，因此相对更容易求解。

③ 动态规划可以得到一组最优解(原问题及子问题的最优解)，而非线性规划只能得到全过程的一个最优解。

④ 动态规划的时间效率很容易获得：子问题的数量×子问题的时间效率。

当然，与静态规划相比，动态规划也存在缺点：

① 找出子问题的表现方式需要创造力和实验，经常需要对每类问题进行具体分析，非熟练的分析人员难以准确对原问题进行合理分解，这就导致应用上的局限。

② 状态空间可能呈指数增长。如果一维状态变量有 $m$ 个取值，则 $n$ 维问题的状态就有 $mn$ 个值。对于 $n$ 较大的实际问题，其计算成本是无法容忍的。

(2) 动态规划与静态规划的相互转换

静态和动态看上去像似水火不相容的一对矛盾，但正如中国传统哲学里所说的，阴阳虽然对立，但却可以相互转换。同样，静态规划和动态规划之间也可以进行相互转换。

① 动态规划转换为静态规划

一般来说，动态规划问题可以转换为静态规划问题来解决。如果将动态规划可以看作求一系列决策 $d_1, d_2, \cdots, d_n$，使得指标函数 $F_{1n}(x, d_1, d_2, \cdots, d_n)$ 达到最优(最大或最小)，这里 $x$ 为输入；将动态规划的状态转移方程(每进行一个选择，系统就进入一个不同的状态)、端点条件(输入和输出)、允许状态集(什么状态是可以达到的)、允许决策集(什么决策是可以允许的)看作约束条件,则同样一个问题原则上可以用静态规划里的非线性规划方法求解。

② 静态规划转换为动态规划

对于静态规划来说,只要适当引入阶段变量、状态、决策等,就可以用动态规划方法求解。例如,我们可以用动态规划方法来求解下列非线性规划问题:

$$\max \sum_{k=1}^{n} f_k(c_k)$$

$$\sum_{k=1}^{n} c_k = a, c_k \geqslant 0$$

其中,$f_k(c_k)$ 为任意的已知函数。

我们可以按变量 $c_k$ 的序号划分阶段,将其看作 $n$ 个决策。设状态序列为 $s_1, s_2, \cdots, s_n$,取问题中的变量 $c_1, c_2, \cdots, c_n$ 为决策。状态转移方程为 $s_1 = a, s_{k+1} = s_k - c_k, k = 1, 2, \cdots, n$(注意到 $s_{n+1} = 0$)。

取 $f_k(c_k)$ 为阶段指标,最优值函数的基本方程为

$$g_k(s_k) = \max_{0 \leqslant c_k \leqslant s_k} [f_k(s_k) + g_{k+1}(s_{k+1})] \quad 0 \leqslant s_k \leqslant a, k = n, n-1, \cdots, 2, 1$$

$$g_{n+1}(0) = 0$$

按照逆序解法求出对应于 $s_k$ 每个取值的最优决策 $c_k^*[z_1](s_k)$,计算到 $g_1(a)$ 后即可利用状态转移方程得到最优状态序列 $\{s_k^*\}$ 和最优决策序列 $\{c_k^*(s_k^*)\}$。

## 3.2 矩阵连乘积问题

$m \times n$ 矩阵 $A$ 与 $n \times p$ 矩阵 $B$ 相乘耗费 $O(mnp)$ 的时间。我们把 $mnp$ 作为两个矩阵相乘所需时间的测量值。现在假定要计算 3 个矩阵 $A$、$B$ 和 $C$ 的乘积,有两种方式计算此乘积。在第一种方式中,先用 $A$ 乘以 $B$ 得到矩阵 $D$,然后 $D$ 乘以 $C$ 得到最终结果,这种乘法的顺序可写为 $(AB)C$;第二种方式写为 $A(BC)$。尽管这两种不同的计算顺序所得的结果相同,但时间消耗会有很大的差距。例如:

$$A = \begin{pmatrix} 2 & 5 & 6 \\ 1 & 4 & 3 \end{pmatrix}, \quad B = \begin{pmatrix} 2 & 6 \\ 4 & 2 \\ 7 & 5 \end{pmatrix}, \quad C = \begin{pmatrix} 1 & 5 & 6 & 8 \\ 3 & 3 & 2 & 1 \end{pmatrix}$$

(1) 对第一种方案 $(AB)C$,计算 $D=AB$:

$$D = AB = \begin{pmatrix} 2 \times 2 + 5 \times 4 + 6 \times 7 & 2 \times 6 + 5 \times 2 + 6 \times 5 \\ 1 \times 2 + 4 \times 4 + 3 \times 7 & 1 \times 6 + 4 \times 2 + 3 \times 5 \end{pmatrix} = \begin{pmatrix} 66 & 52 \\ 39 & 29 \end{pmatrix}$$

对应的乘法运算次数为 $2 \times 3 \times 2 = 12$。

计算 $DC$:

$$DC = \begin{pmatrix} 66 & 52 \\ 39 & 29 \end{pmatrix} \begin{pmatrix} 1 & 5 & 6 & 8 \\ 3 & 3 & 2 & 1 \end{pmatrix} = \begin{pmatrix} 222 & 486 & 500 & 580 \\ 126 & 282 & 292 & 341 \end{pmatrix}$$

对应的乘法运算次数为:$2 \times 2 \times 4 = 16$。则总的乘法运算计算量为:$12 + 16 = 28$。

(2) 对第二种方案 $A(BC)$，计算 $D = BC$：

$$D = BC = \begin{pmatrix} 2\times1+6\times3 & 2\times5+6\times3 & 2\times6+6\times2 & 2\times8+6\times1 \\ 4\times1+2\times3 & 4\times5+2\times3 & 4\times6+2\times2 & 4\times8+2\times1 \\ 7\times1+5\times3 & 7\times5+5\times3 & 7\times6+5\times2 & 7\times8+5\times1 \end{pmatrix}$$

$$= \begin{pmatrix} 20 & 28 & 24 & 22 \\ 10 & 26 & 28 & 34 \\ 22 & 50 & 52 & 61 \end{pmatrix}$$

对应的乘法运算次数为：$3\times2\times4 = 24$。

计算 $AD$：

$$AD = \begin{pmatrix} 2 & 5 & 6 \\ 1 & 4 & 3 \end{pmatrix} \begin{pmatrix} 20 & 28 & 24 & 22 \\ 10 & 26 & 28 & 34 \\ 22 & 50 & 52 & 61 \end{pmatrix} = \begin{pmatrix} 222 & 486 & 500 & 580 \\ 126 & 282 & 292 & 341 \end{pmatrix}$$

对应的乘法运算次数为 $2\times3\times4 = 24$。则乘法运算次数的总计算量为 $24+24 = 48$，比第一种方案多出接近一倍。

可见，不同方案的乘法运算量可能相差很悬殊。

给定 $n$ 个矩阵 $\{A_1, A_2, \cdots, A_n\}$，其中 $A_i$ 与 $A_{i+1}$ 是可乘的 $(i = 1, 2, \cdots, n-1)$。考察这 $n$ 个矩阵的连乘积 $A_1 A_2 \cdots A_n$。

由于矩阵乘法满足结合律，故计算矩阵的连乘积可以有许多不同的计算次序。这种计算次序可以用加括号的方式来确定。若一个矩阵连乘积的计算次序完全确定，即该连乘积已完全加括号，则可以依此次序反复调用两个矩阵相乘的标准算法计算出矩阵连乘积。完全加括号的矩阵连乘积可递归的定义为：

(1) 单个矩阵是完全加括号的；

(2) 矩阵连乘积 $A$ 是完全加括号的，则 $A$ 可表示为两个完全加括号的矩阵乘积 $B$ 和 $C$ 的乘积并加括号，即 $A = BC$。

每一种完全加括号的方式对应于一个矩阵连乘积的计算次序，这决定着计算矩阵连乘积所需要的计算量。

例如，矩阵连乘积 $A_1 A_2 A_3 A_4$ 有五种不同的完全加括号的方式：

$$(A_1(A_2(A_3 A_4)))$$
$$(A_1((A_2 A_3)A_4))$$
$$((A_1 A_2)(A_3 A_4))$$
$$((A_1(A_2 A_3))A_4)$$
$$(((A_1 A_2)A_3)A_4)$$

矩阵 $A$ 和矩阵 $B$ 可乘的条件是矩阵 $A$ 的列数等于矩阵 $B$ 的行数。若 $A$ 是一个 $p\times q$ 矩阵，$B$ 是一个 $q\times r$ 矩阵，则计算其乘积 $C = AB$ 是一个 $p\times r$ 的矩阵，需要进行 $pqr$ 次乘法运算。

为了说明在计算矩阵连乘积时，加括号方式对整个计算量的影响，我们考察矩阵连乘积 $A_1 A_2 A_3 A_4$ 的 5 种不同的完全加括号的计算量。

假定矩阵的行列数如下：

| 矩阵 | $A_1$ | $A_2$ | $A_3$ | $A_4$ |
|------|-------|-------|-------|-------|
| 行列数 | $50 \times 10$ | $10 \times 40$ | $40 \times 30$ | $30 \times 5$ |

5 种不同的完全加括号方式的计算工作量, 如表 3.1 所示。

表 3.1 矩阵连乘积 $A_1A_2A_3A_4$ 5 种完全加括号方式的计算量

| 序 号 | 完全加括号方式 | 乘法运算计算工作量 |
|-------|---------------|------------------|
| 1 | $(A_1(A_2(A_3A_4)))$ | **10500** |
| 2 | $(A_1((A_2A_3)A_4))$ | 16000 |
| 3 | $((A_1A_2)(A_3A_4))$ | 36000 |
| 4 | $((A_1(A_2A_3))A_4)$ | 34500 |
| 5 | $(((A_1A_2)A_3)A_4)$ | **87500** |

例如: 对于第 2 种完全加括号方式, 有

(1) $(A_2A_3)$ 的数乘次数为 $10 \times 40 \times 30 = 12000$

(2) $((A_2A_3)A_4)$ 的数乘次数为 $10 \times 30 \times 5 = 1500$

(3) $(A_1((A_2A_3)A_4))$ 的数乘次数为 $50 \times 10 \times 5 = 2500$

所以, 总计算量是 16000。

从表 3.1 看出, 第 5 种完全加括号方式的计算工作量是第 1 种完全加括号方式的 8 倍多。由此可见, 在计算矩阵连乘积时, 加括号方式, 即计算次序对计算量有很大的影响。于是, 自然提出矩阵连乘积的最优计算此次问题, 即对于给定的相继的 $n$ 个矩阵 $\{A_1, A_2, \cdots, A_n\}$ (其中矩阵 $A_i$ 的维数为 $p_{i-1} \times p_i (i = 1, 2, \cdots, n)$), 如何确定计算矩阵连乘积 $A_1A_2 \cdots A_n$ 的次序(完全加括号方式), 使得依此次序计算矩阵连乘积需要的数乘次数最少。

在利用动态规划解决矩阵连乘积之前, 很容易想到穷举搜索法。它列举出所有可能的完全加括号方式, 计算出每一种完全加括号方式相应需要的数乘次数, 从中找出一种数乘次数最少的完全加括号方式。这样计算的工作量太大, 因此, 它不是一个有效的算法。

设 $P(n)$ 表示 $n$ 个矩阵可能的完全加括号方式的方式数。当 $n = 1$ 时, 只有一个矩阵, 即只有一种完全加括号方式计算矩阵的连乘积。当 $n \geq 2$ 时, 可以先在第 $k$ 个和第 $k+1$ 个矩阵之间将原矩阵序列分为两个矩阵子序列, $k = 1, 2, \cdots, n+1$; 然后分别对这两个子矩阵序列完全加括号, 得到原矩阵序列的一种完全加括号方式。因此, 可得关于 $P(n)$ 的递归式如下:

$$P(n) = \begin{cases} 1 & n = 1 \\ \sum_{k=1}^{n-1} P(k)P(n-k) & n \geq 2 \end{cases}$$

解此递归方程, 可知 $P(n)$ 实际上是 Catalan 数, 即 $P(n) = C(n-1)$, 其中, $C(n) = \frac{1}{n+1}\binom{2n}{n} = \Omega\left(\frac{4^n}{n^{3/2}}\right)$, 而 $\binom{2n}{n}$ 表示 $2n$ 个元素中取 $n$ 个元素的组合数。

所以, $P(n)$ 是随 $n$ 的增长呈指数级增长的。因此, 穷举搜索法不是一个有效的算法。

### 3.2.1 分析最优解的结构

动态规划方法的第一步是寻找最优子结构。利用最优子结构，就可以根据子问题的最优解构造出原问题的一个最优解。对于矩阵连乘积问题，用记号 $A[i,j]$ 表示对乘积 $A_iA_{i+1}\cdots A_j$ 求值结果，其中 $i \leqslant j$。如果这个问题是非凡的，即 $i < j$，则对乘积 $A_iA_{i+1}\cdots A_j$ 的任何完全加括号方式都将乘积在 $A_k$ 与 $A_{k+1}$ 之间分开，此处 $k$ 是范围 $i \leqslant k < j$ 之内的一个整数。对某个 $k$ 值，首先计算矩阵 $A_iA_{i+1}\cdots A_k$ 和 $A_{k+1}A_{k+2}\cdots A_j$，然后把它们相乘就得到最终乘积 $A[i,j]$。这样，对乘积 $A_iA_{i+1}\cdots A_j$ 的完全加括号方式的代价就是计算 $A_iA_{i+1}\cdots A_k$ 和 $A_{k+1}A_{k+2}\cdots A_j$ 的代价之和，再加上两者相乘的代价。

当 $i = 1$，$j = n$ 时，就是计算整个矩阵 $A_1A_2\cdots A_n$，即 $A[1,n]$。这个问题的最优子结构如下：假设 $A_iA_{i+1}\cdots A_j$ 的一个最优完全加括号方式把乘积在 $A_k$ 与 $A_{k+1}$ 之间分开，则对 $A_iA_{i+1}\cdots A_j$ 最优完全加括号方式的子链 $A_iA_{i+1}\cdots A_k$ 的完全加括号方式必须是 $A_iA_{i+1}\cdots A_k$ 的一个最优完全加括号方式。为什么呢？如果对 $A_iA_{i+1}\cdots A_k$ 有一个代价更小的完全加括号方式，那么把它替换到 $A_iA_{i+1}\cdots A_j$ 的最优完全加括号方式中，就会发生 $A_iA_{i+1}\cdots A_j$ 的另一种完全加括号方式，而它的代价小于最优代价：这就产生了矛盾。类似的观察也成立，即 $A_iA_{i+1}\cdots A_j$ 的最优完全加括号方式的子链 $A_{k+1}A_{k+2}\cdots A_j$ 的完全加括号方式，必须是 $A_{k+1}A_{k+2}\cdots A_j$ 的一个最优完全加括号方式。

我们利用所得到的最优子结构，就可以根据子问题的最优解来构造原问题的一个最优解。已经看到，一个矩阵连乘积问题的非平凡实例的任何解法都需要分割乘积，而且任何最优解都包含了子问题实例的最优解。所以，可以把问题分割为两个子问题(最优完全加括号方式 $A_iA_{i+1}\cdots A_k$ 和 $A_{k+1}A_{k+2}\cdots A_j$)，寻找子问题实例的最优解，然后合并这些子问题的最优解，构造一个矩阵连乘积问题实例的一个最优解。必须保证在寻找一个正确的位置来分割乘积时，我们已经考虑过所有可能的位置，从而确保已检查过了它是最优的一个。

因此，矩阵连乘积计算次序问题的最优解包含着其子问题的最优解。这种性质称为最优子结构性质。问题的最优子结构性质是该问题可用动态规划算法求解的显著特征。

### 3.2.2 建立递归关系

设计动态规划算法的第二步是递归地定义最优解。对于矩阵连乘积的最优计算次序问题，我们定义计算 $A[i,j](1 \leqslant i \leqslant j \leqslant n)$ 所需要的次数为 $m[i][j]$，则原问题的最优解就是 $m[1][n]$。

当 $i = j$ 时，则问题是平凡的，矩阵链只包含一个矩阵 $A[i,j] = A_i$，无须作任何计算，因此 $m[i][j] = 0(i = 1, 2, \cdots n)$。

当 $i < j$ 时，可利用最优子结构性质计算 $m[i][j]$。假设 $A_iA_{i+1}\cdots A_j$ 是最优完全加括号方式在 $A_k$ 与 $A_{k+1}$ 之间分开，其中 $i \leqslant k < j$。因此 $m[i,j]$ 就等于计算子乘积 $A[i,k]$ 和 $A[k+1,j]$ 的代价，再加上两个矩阵相乘的代价。由于每个矩阵 $A_i$ 的维数为 $p_{i-1} \times p_i$，则有

$$m[i][j] = m[i][k] + m[k+1][j] + p_{i-1}p_kp_j$$

这个递归公式假设我们已知 $k$ 的值，而实际上我们并不知道。不过，$k$ 的位置只有 $j-i$

个可能，即 $k = i, i+1, \cdots, j-1$。最优完全加括号方式必然取其中之一的 $k$ 值，故只需逐个检查这些值就可找到最优值。这样，$m[i][j]$ 可以递归地定义为

$$m[i][j] = \begin{cases} 0 & i = j \\ \min_{i \leq k < j} \{ m[i][k] + m[k+1][j] + p_{i-1} p_k p_j \} & i < j \end{cases}$$

$m[i][j]$ 给出了子问题的最优解，即计算 $A[i,j]$ 所需要的最少数乘次数。同时还确定了计算 $A[i,j]$ 的最优次序中的断开位置 $k$，在该处分裂乘积 $A_i A_{i+1} \cdots A_j$ 后可得到最优完全加括号方式。定义数组 $s[i][j]$ 保存 $k$ 值，在计算出最优值 $m[i][j]$ 后，可递归地由 $s[i][j]$ 构造出相应的最优解。

### 3.2.3  计算最优值

设计动态规划算法的第三步是计算最优值。根据计算 $m[i][j]$ 的递归式，容易写出一个递归算法计算 $m[1][n]$。如果简单地进行递归计算将耗费指数级计算时间，与穷举搜索法的效率差不多。

注意到在递归计算过程中，不同的子问题个数只有 $\Theta(n^2)$ 个。事实上原问题只有相当少的子问题。每一对满足 $1 \leq i \leq j \leq n$ 的 $(i,j)$ 对应一个问题，则不同子问题的总个数为

$$\binom{n}{2} + n = \Theta(n^2)$$

显然，在递归计算时，许多子问题被重复计算多次。子问题重叠这一性质，是该问题可用动态规划算法求解的又一显著特征。

使用动态规划算法解决此问题，可依据其递归式以自底向上的方式进行计算。在计算过程中，保存已经解决的子问题的答案。每个子问题只计算一次，而在后面需要时只要简单查一下，以避免大量的重复计算，最终得到多项式时间的算法。具体的矩阵连乘积动态规划算法如下。

假设矩阵 $A_i$ 的维数为 $p_{i-1} \times p_i (i = 1, 2, \cdots, n)$，存储于数组 $p$ 中。算法除了输出最优数组 $m$ 外还输出记录最优断开位置的数组 $s$。

```
void matrixChain(int n, int **p, int **m, int **s){
    for(int i = 1;i< = n;i++)m[i][i] = 0;
    for(int r = 2;r< = n;r++)
        for(int i = 1;i< = n-r+1;i++){
            int j = i + r -1;
            //计算初值，从 i 处断开
            m[i][j] = m[i+1][j] + p[i-1]*p[i]*p[j];
            s[i][j] = i;
            for(int k = i+1;k<j;k++){
                int t = m[i][k] + m[k+1][j] + p[i-1]*p[k]*p[j];
                if(t<m[i][j]){
                    m[i][j] = t;
                    s[i][j] = k;
                }
```

```
        }
    }
}
```

算法 matrixChain( )首先令 $m[i][i]=0(i=1,2,\cdots n)$，即将矩阵 $m$ 对角线上的元素赋值为零。然后根据递推式，按矩阵链长度 $d$ 递增的方式依次计算 $m[i][i+1](i=1,2,\cdots,n-1)$（矩阵链长度 $d$ 为 2）；接着计算 $m[i][i+2](i=1,2,\cdots,n-2)$（矩阵链长度 $d$ 为 3）；……。在计算 $m[i][j]$ 时，只用到已经计算出的 $m[i][k]$ 和 $m[k+1][j](i\leqslant k<j)$。

假设要计算的矩阵连乘积为 $A_1A_2A_3A_4A_5A_6$，其中各矩阵的维数如表 3.2 所示。

表 3.2　矩阵的维数

| 矩　阵 | 行列数 | 矩　阵 | 行列数 |
|:---:|:---:|:---:|:---:|
| $A_1$ | $50\times10$ | $A_4$ | $30\times5$ |
| $A_2$ | $10\times40$ | $A_5$ | $5\times20$ |
| $A_3$ | $40\times30$ | $A_6$ | $20\times15$ |

如图 3.2 所示，我们从对角线 1 开始，到对角线 6 为止，以对角线方式用乘法耗费来填写这张三角形表。对角线 1 只包括 1 个矩阵，用 0 填充；对角线 2 由两个连续矩阵相乘的耗费来填充；其余对角线根据上面的递推式和先前的存储在表中的值来填充。为了填充对角线 $d$，我们要利用存储在对角线 $1,2,\cdots,d-1$ 中的值。$d=6$ 时，表示 6 个矩阵相乘的最小耗费，这就是我们所要计算的结果。

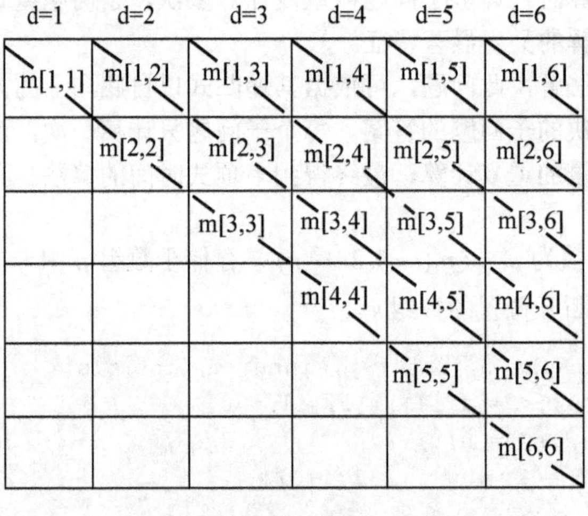

图 3.2　矩阵连乘积的计算顺序

数组 $p$ 的值如表 3.3 所示。

表 3.3　数组 $p$ 的值

| 下标 | 0 | 1 | 2 | 3 | 4 | 5 | 6 |
|:---:|:---:|:---:|:---:|:---:|:---:|:---:|:---:|
| 值 | 50 | 10 | 40 | 30 | 5 | 20 | 15 |

计算结果的数组 $m$ 如图 3.3(a)所示，数组 $s$ 如图 3.3(b)所示。

| 0 | 20000 | 27000 | 10500 | 15500 | 15750 |
|---|---|---|---|---|---|
| 0 | 0 | 12000 | 8000 | 9000 | 10250 |
| 0 | 0 | 0 | 60000 | 10000 | 10500 |
| 0 | 0 | 0 | 0 | 3000 | 3750 |
| 0 | 0 | 0 | 0 | 0 | 1500 |
| 0 | 0 | 0 | 0 | 0 | 0 |

(a) 数组 $m$

| 0 | 1 | 1 | 1 | 4 | 4 |
|---|---|---|---|---|---|
| 0 | 0 | 2 | 2 | 4 | 4 |
| 0 | 0 | 0 | 3 | 4 | 4 |
| 0 | 0 | 0 | 0 | 4 | 4 |
| 0 | 0 | 0 | 0 | 0 | 5 |
| 0 | 0 | 0 | 0 | 0 | 0 |

(b) 数组 $s$

**图 3.3　示例矩阵的计算结果**

例如，计算 $m[2][5]$ 的过程如下：

$$m[2][5] = \min \begin{cases} m[2][2] + m[3][5] + p_1 p_2 p_5 = 0 + 10000 + 10 \times 40 \times 20 = 18000 \\ m[2][3] + m[4][5] + p_1 p_3 p_5 = 12000 + 3000 + 10 \times 30 \times 20 = 21000 \\ m[2][4] + m[5][5] + p_1 p_4 p_5 = 8000 + 0 + 10 \times 5 \times 20 = 9000 \end{cases}$$

我们取最小者 $m[2][5] = 9000$，$k = 4$，所以 $s[2][5] = 4$。

算法 matrixChain( ) 的主要计算量取决于程序中对 $r, i$ 和 $k$ 的三重循环。循环体内的计算为 $O(1)$，而三重循环的总计算次数为 $O(n^3)$。因此该算法的计算时间上界为 $O(n^3)$。算法所占用的空间显然为 $O(n^2)$。由此可见，动态规划算法比穷举搜索法要有效得多。

### 3.2.4　构造最优解

动态规划算法的最后一步是构造问题的最优解。算法 matrixChain( ) 已经记录了构造最优解所需要的全部信息。在数组 $s$ 中保存了最优断开位置；令单元 $s[i][j]$ 的值为 $k$，表示计算矩阵 $A[i,j]$ 的最优方式应在矩阵 $A_k$ 和 $A_{k+1}$ 之间断开，即最优的加括号方式应为 $(A[i,k])(A[k+1,j])$。因此，从 $s[1][n]$ 中的数值可知计算 $A[1,n]$ 的最优加括号方式为

$$(A[1, s[1][n]])(A[s[1][n]+1, n])$$

而 $(A[1, s[1][n]])$ 的最优的加括号方式为

$$(A[1, s[1][s[1][n]]])(A[s[1][s[1][n]]+1, s[1][n]])$$

同理可以确定 $(A[s[1][n]+1, n])$ 的最优的加括号方式在 $s[s[1][n]+1][n]$ 处断开，依此类推，最终可以确定 $A[1,n]$ 的最优完全加括号方式，即构造出问题的一个最优解。

矩阵连乘积最优解的递归算法如下：

```
void trackBack(int i, int j, int **s){
   if(i == j)return ;
   trackBack(i, s[i][j], s);
   trackBack(s[i][j]+1, j, s);
   printf("Multiply A %d, %d", i, s[i][j]);
   printf("and A %d, %d",(s[i][j]+1), j);
```

}

该算法是按 3.2.3 节的 matrixChain( )计算出的数值 $s$ ，输出计算 $A[i,j]$ 的最优计算次序。要输出 $A[1,n]$ 的最优完全加括号方式，只要调用 $TraceBack(1,n,s)$ 。对于上面所举的例子，通过调用 $TraceBack(1,6,s)$ ，即可输出最优计算次序 $((A_1(A_2(A_3A_4)))(A_5A_6))$ 。算法 3.2 输出结果为 $((A_1(A_2(A_3A_4)))(A_5A_6))$ 。

## 3.3  动态规划算法的基本要素

从计算矩阵连乘积最优计算次序的动态规划算法可以看出，该算法的有效性依赖于问题本身所具有的两个重要性质：最优子结构性质和子问题重叠性质。从一般意义上讲，问题所具有的这两个重要性质是该问题可用动态规划算法求解的基本要素。这对于在设计求解具体问题的算法时是否选择动态规划算法具有指导意义。

### 3.3.1  最优子结构

设计动态规划算法的第一步通常是要刻画最优解的结构。当问题的最优解包含了其子问题的最优解时，称该问题具有最优子结构性质。问题的最优子结构性质提供了该问题可用动态规划求解的重要线索。

在矩阵连乘积最优计算次序问题中注意到，若 $A_1A_2\cdots A_n$ 最优完全加括号方式在 $A_k$ 和 $A_{k+1}$ 之间将矩阵链断开，则由此确定的子链 $A_1A_2\cdots A_k$ 和 $A_{k+1}A_{k+2}\cdots A_n$ 的完全加括号方式也最优，即该问题具有最优解子结构性质。在分析该问题的最优子结构性质时，所用的方法具有普遍性。

在动态规划算法中，利用问题的最优子结构性质，以自底向上的方法递归地从子问题的最优解逐步构造出整个问题的最优解，使我们能在相对较小的子问题空间中考虑问题。例如，在矩阵连乘积最优计算次序问题中，子问题空间由矩阵的所有不同子链组成。所有不同子链的个数为 $\Theta(n^2)$ ，因而子问题空间的规模为 $\Theta(n^2)$ 。

### 3.3.2  重叠子问题

可用动态规划算法求解的问题应具备的另一基本要素是子问题的重叠性质。在用递归算法自顶向下解此问题时，每次产生的子问题并不总是新问题，有些子问题被反复计算多次。动态规划算法正确利用了这种子问题的重叠性质，对每个子问题只解一次，而后将其解保存在一个表中，当再次需要解此问题时，只需简单地用常数时间查看一下结果。通常，不同的子问题个数随输入问题的大小呈多项式增长。因此，用动态规划算法通常只需多项式时间，从而获得较高的解题效率。

考虑计算矩阵连乘积最优计算次序时，利用递归式计算 $A[i,j]$ 的递归方法如下所示：

```
int recurmatrixchain(int i, int j){
    if(i == j)return 0;
    int u = recurMatrixchain(i, i)+recurMatrixchain(i+1, j)+p[i-1]*p[i]*p[j];
    s[i][j] = i;
```

```
    for(int k = i+1;k<j;k++){
        int t = recurmatrixchain(i, k)+recurmatrixchain(k+1, j)+ p[i-1]*p[k]*p[j];
        if(t<u){
            u = t;
            s[i][j] = k;
        }
    }
    m[i][j] = u;
    return u;
}
```

使用上述算法计算 $A[1,4]$ 的递归树如图 3.4 所示。从图中可以看出，许多子问题被重复计算。

由此可以看出，在解某个问题的直接递归算法所产生的递归树中，相同的子问题反复出现，并且不同的子问题的个数又相对减少时，用动态规划算法是有效的。

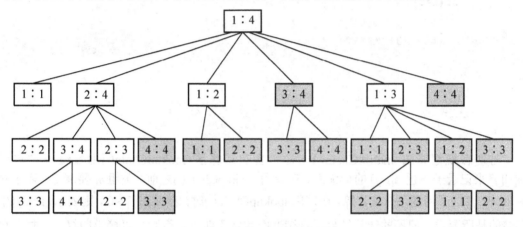

图 3.4　计算 $A[1,4]$ 的递归树

### 3.3.3　备忘录方法

备忘录方法是动态规划算法的变形。与动态规划算法一样，备忘录方法用一个表保存已解决的子问题的答案，在碰到该子问题时，只要简单地查看该子问题的解，而不必重新求解。与动态规划算法不同的是，备忘录方法采用的是自顶向下的递归方式，而动态规划算法采用的是自底向上的非递归方式。我们看到，备忘录方法的控制结构与直接递归方法的控制结构相同，区别仅在于备忘录方法为每一个解过的子问题建立了备忘录以备需要时查看，避免了相同子问题的重复求解。

备忘录方法为每一个子问题建立一个记录项，初始化时，该记录项存入一个特殊的值，表示该子问题尚未求解。在求解过程中，对碰到的每一个子问题，首先查看其相应的记录项。若记录项中存储的是初始化时存入的特殊值，则表示该子问题是第一次遇到，此时需要对该子问题进行求解，并把得到的解保存在其相应的记录项中，以备以后查看。若记录项中存储的已不是初始化时存入的特殊值，则表示该子问题已被求解过，其相应的记录项中存储的是该子问题的解。此时，只要从记录项中取出该子问题的解即可，不必重新计算。

解矩阵连乘积最优计算次序问题的备忘录方法如下所示：

```
int memoizedMatrixChain(int n, int **m, int **s){
    for(int i = 1;i< = n;i++)
        for(int j = i;j< = n;j++)m[i][j] = 0;
    return LookupChain(1, n);
}
int lookupChain(int i, int j){
    if(m[i][j]>0)return m[i][j];
    if(i == j)return 0;
    int u = lookupChain(i, i)+ lookupChain(i+1, j)+ p[i-1]*p[i]*p[j];
    s[i][j] = i;
    for(int k = i+1;k<j;k++){
        int t = lookupChain(i, k)+ lookupChain(k+1, j)+ p[i-1]*p[k]*p[j];
        if(t<u){
            u = t;
            s[i][j] = k;
        }
    }
    m[i][j] = u;
    return u;
}
```

与动态规划算法 matrixChain( )一样，备忘录算法 lookupChain( )用数组 $m$ 的单元 $m[i][j]$ 来记录子问题 $A[i,j]$ 的最优值。在调用 lookupChain( )之前，数组 $m$ 要清零，表示对应于 $A[i,j]$ 的子问题还未被计算。在调用 lookupChain( )时，若 $m[i][j] > 0$，则表示 $m[i][j]$ 中存储的是所要求子问题的计算结果，直接返回此结果即可。否则与直接递归算法一样，自顶向下地递归计算，并将计算结果存入 $m[i][j]$ 的值，但仅在它第一次被调用时计算，以后的调用就直接返回计算结果。

与动态规划算法一样，备忘录算法 lookupChain( )耗时 $O(n^3)$。事实上，共有 $O(n^2)$ 个备忘记录项 $m[i][j](i=1,2,\cdots,n; j=i,i+1,\cdots,n)$，这些记录项的初始化耗费 $O(n^2)$ 时间。每个记录项只填入一次，每次填入时，不包括填入其他记录项的时间，耗费时间 $O(n)$。因此，lookupChain( )填入 $O(n^2)$ 个记录项总共耗费 $O(n^3)$ 计算时间。由此可见，使用备忘录算法的计算时间与动态规划算法的时间复杂性一致，都是 $O(n^3)$。

综上所述，矩阵连乘积的最优计算次序问题可用自顶向下的备忘录算法或自底向上的动态规划算法在 $O(n^3)$ 时间内求解。这两个算法都利用了子问题重叠性质，总共产生了 $O(n^2)$ 个不同的子问题。对每个子问题，两种方法都只解一次，并记录答案，再碰到该子问题时，不重新求解而简单地取用已得到的答案。它们节省了计算量，提高了算法的效率。当子问题空间中的部分子问题不必求解时，用备忘录方法则效率较高，因为从其控制结构可以看出，该方法只解那些确实需要求解的子问题。

# 3.4 最长公共子序列

最长公共子序列(Longest Common Subsequence, LCS)算法是一种非常基础的算法,其主要作用是找出两个序列中最长的公共子序列,被广泛应用于图像相似处理、媒体流的相似比较、计算生物学等方面。生物学家常常利用该算法进行基因序列比对,由此推测序列的结构、功能和演化过程。目前人们对 LCS 问题已经做了大量的研究工作。

**定义 3.1 子序列**

对给定序列 $X = \{x_1, x_2, \cdots, x_m\}$ 和序列 $Z = \{z_1, z_2, \cdots, z_k\}$,$Z$ 是 $X$ 子序列当且仅当存在一个严格递增下标序列 $\{i_1, i_2, \cdots, i_k\}$,使得对于所有 $j = 1, 2, \cdots, k$,有 $z_j = x_{i_j} (1 \leqslant i_j \leqslant m)$。

**定义 3.2 公共子序列**

给定两个序列 $X$ 和 $Y$,当另一个序列 $Z$ 既是 $X$ 的子序列又是 $Y$ 的子序列时,称 $Z$ 是序列 $X$ 和 $Y$ 的公共子序列。

**定义 3.3 最长公共子序列**

给定序列 $X$、$Y$ 和 $Z$,称 $Z$ 为 $X$ 和 $Y$ 的最长公共子序列是指 $Z$ 是 $X$ 和 $Y$ 的公共子序列,且对于 $X$ 和 $Y$ 的任意公共子序列 $W$,都有 $|W| \leqslant |Z|$。记为 $LCS(X, Y)$。

最长公共子序列问题就是在序列 $X$ 和 $Y$ 的公共子序列中查找长度最长的公共子序列。最长公共子序列往往不止一个。

例如:$X = (A, B, C, B, D, A, B)$,$Y = (B, D, C, A, B, A)$,则 $Z = (B, C, B, A)$,$Z_1 = (B, C, A, B)$,$Z_2 = (B, D, A, B)$,均属于 $LCS(X, Y)$,即 $X$ 和 $Y$ 的最长公共子序列有 3 个。

## 3.4.1 最长公共子序列的结构

解最长公共子序列问题时最容易想到的算法是穷举搜索法,即对 $X$ 的每一个子序列,检查它是否也是 $Y$ 的子序列,从而确定它是否为 $X$ 和 $Y$ 的公共子序列,并且在检查过程中选出最长的公共子序列。$X$ 的所有子序列都检查过后即可求出 $X$ 和 $Y$ 的最长公共子序列。$X$ 的每个子序列相应于下标序列为 $\{1, 2, \cdots, m\}$ 的一个子序列。因此,共有 $2^m$ 个不同子序列,从而穷举搜索法需要指数时间。

事实上,最长公共子序列问题具有最优子结构性质,因此我们有如下定理。

**定理: LCS 的最优子结构性质**

设序列 $X = \{x_1, x_2, \cdots, x_m\}$ 和 $Y = \{y_1, y_2, \cdots, y_n\}$ 的一个最长公共子序列 $Z = \{z_1, z_2, \cdots, z_k\}$,则有

(1) 若 $x_m = y_n$,则 $z_k = x_m = y_n$,且 $Z_{k-1}$ 是 $X_{m-1}$ 和 $Y_{n-1}$ 的最长公共子序列;

(2) 若 $x_m \neq y_n$,且 $z_k \neq x_m$,则 $Z$ 是 $X_{m-1}$ 和 $Y$ 的最长公共子序列;

(3) 若 $x_m \neq y_n$,且 $z_k \neq y_n$,则 $Z$ 是 $X$ 和 $Y_{n-1}$ 的最长公共子序列。

其中,$X_{m-1} = \{x_1, x_2, \cdots, x_{m-1}\}$,$Y_{n-1} = \{y_1, y_2, \cdots, y_{n-1}\}$,$Z_{k-1} = \{z_1, z_2, \cdots, z_{k-1}\}$。

**证明:**

(1) 用反证法。若 $z_k \neq x_m$,则 $\{z_1, z_2, \cdots, z_k, x_m\}$ 是 $X$ 和 $Y$ 的长度为 $k+1$ 的公共子序列。

这与 $Z$ 是 $X$ 和 $Y$ 的一个最长公共子序列矛盾。因此，必有 $z_k = x_m = y_n$。由此可知 $Z_{k-1}$ 是 $X_{m-1}$ 和 $Y_{n-1}$ 的一个长度为 $k-1$ 的公共子序列。若 $X_{m-1}$ 和 $Y_{n-1}$ 有一个长度大于 $k-1$ 的公共子序列 $W$，则将 $X_m$ 加在其尾部将产生 $X$ 和 $Y$ 的一个长度大于 $k$ 的公共子序列，此为矛盾。所以 $Z_{k-1}$ 是 $X_{m-1}$ 和 $Y_{n-1}$ 的一个最长公共子序列。

(2) 由于 $z_k \neq x_m$，$Z$ 是 $X_{m-1}$ 和 $Y$ 的一个公共子序列。若 $X_{m-1}$ 和 $Y$ 有一个长度大于 $k$ 的公共子序列 $W$，则 $W$ 也是 $X$ 和 $Y$ 的一个长度大于 $k$ 的公共子序列。这与 $Z$ 是 $X$ 和 $Y$ 的一个最长公共子序列矛盾，所以 $Z$ 是 $X_{m-1}$ 和 $Y$ 的一个最长公共子序列。

(3) 与(2)类似。

这个定理告诉我们，两个序列的最长公共子序列包含了这两个序列的前缀的最长公共子序列。因此，最长公共子序列问题具有最优子结构性质。

### 3.4.2 子问题的递归结构

由最长公共子序列问题的最优子结构性质可知，要找出 $X$ 和 $Y$ 的最长公共子序列，可按以下方式递归地进行：

(1) 当 $x_m = y_n$ 时，找出 $X_{m-1}$ 和 $Y_{n-1}$ 的最长公共子序列，然后在其尾部加上 $x_m(y_n)$，即可得 $X$ 和 $Y$ 的一个最长公共子序列。

(2) 当 $x_m \neq y_n$ 时，必须解两个子问题，即找出 $X_{m-1}$ 和 $Y$ 的一个最长公共子序列及 $X$ 和 $Y_{n-1}$ 的一个最长公共子序列。这两个公共子序列中较长者为 $X$ 和 $Y$ 的一个最长公共子序列。

由此递归结构容易看到，最长公共子序列问题具有子问题重叠性质。例如，在计算 $X$ 和 $Y$ 的最长公共子序列时，可能要计算 $X$ 和 $Y_{n-1}$ 及 $X_{m-1}$ 和 $Y$ 的最长公共子序列。而这两个子问题都包含一个公共子问题，即计算 $X_{m-1}$ 和 $Y_{n-1}$ 的最长公共子序列。

与矩阵连乘积最优计算次序问题类似，我们建立子问题的最优值的递归关系。用 $c[i][j]$ 记录 $X_i$ 和 $Y_j$ 的最长公共子序列的长度。其中 $X_i = \{x_1 x_2, \cdots, x_i\}$，$Y_j = \{y_1, y_2, \cdots, y_j\}$。当 $i = 0$ 或 $j = 0$ 时，$X_i$ 和 $Y_j$ 的最长公共子序列为空，故 $c[i][j] = 0$。其他情况下，由定理可建立如下递归关系：

$$c[i][j] = \begin{cases} 0 & i = 0,\ j = 0 \\ c[i-1][j-1]+1 & i, j > 0;\ x_i = y_i \\ \max\{c[i][j-1], c[i-1][j]\} & i, j > 0;\ x_t \neq y_i \end{cases}$$

### 3.4.3 计算最优值

直接利用递推公式容易写出计算 $c[i][j]$ 的递归算法，但其计算时间是随输入长度指数增长的。由于在所考虑的子问题空间中，总共只有 $\Theta(mn)$ 个不同的子问题，因此，用动态规划算法自底向上地计算最优值能提高算法的效率。

计算最长公共子序列长度的动态规划算法 *LCSLength*( ) 以序列 $X$ 和 $Y$ 作为输入。具体如下：

```
#define NUM 100
int c[NUM][NUM];
int b[NUM][NUM];
void LCSLength(int m, int n, const char x[], char y[]){
```

```
        int i, j;
        //数组 c 的第行、第列置
        for(i = 1;i< = m;i++)c[i][0] = 0;
        for(i = 1;i< = n;i++)c[0][i] = 0;
        //根据递推公式构造数组 c
        for(i = 1;i< = m;i++)
            for(i = 1;i< = n;j++){
                if(x[i] == y[j]){                              //↖
                    c[i][j] = c[i-1][j-1]+1;
                    b[i][j] = 1;
                }
                else if(c[i-1][j]> = c[i][j-1]){               //↑
                    c[i][j] = c[i-1][j];
                    b[i][j] = 2;
                }
                else {                                          //←
                    c[i][j] = c[i][j-1];
                    b[i][j] = 3;
                }
            }
    }
```

输出两个数字 $c[0\ldots m, 0\ldots n]$和 $b[1\ldots m, 1\ldots n]$。数组 $c$ 用来记录最长公共子序列的长度，$c[i][j]$表示 $X_i$ 和 $Y_j$ 的最长公共子序列的长度，$b[i][j]$ 记录 $c[i][j]$ 的值是由哪一个子问题的解得到的，这在构造最长公共子序列时要用到。$X$ 和 $Y$ 的最长公共子序列的长度记录于 $c[m][n]$ 中。

由于每个数组单元的计算耗费 $O(1)$ 时间，算法 $LCSLength(\,)$ 耗时 $O(mn)$ 。我们给出一个具体的例子说明 $LCSLength(\,)$ 算法的执行过程。

例如，$X=\{A, B, C, B, D, A, B\}$，$Y=\{B, D, C, A, B, A\}$ 。可以看到，它们有两个长度为 4 的最长公共子序列“$BDAB$”和“$BCBA$”。

利用算法 3.5 计算二维数组 c 的结果，如图 3.5(a)所示。二维数组 b 的结果，如图 3.5(b)所示，其中“↖”表示数字 1，“↑”表示数字 2，“←”表示数字 3，以便直观地表示搜索的过程。

| | | 0 | 1 | 2 | 3 | 4 | 5 | 6 |
|---|---|---|---|---|---|---|---|---|
| | $y_i$ | | $B$ | $D$ | $C$ | $A$ | $B$ | $A$ |
| 0 | $x_i$ | 0 | 0 | 0 | 0 | 0 | 0 | 0 |
| 1 | $A$ | 0 | 0 | 0 | 0 | 1 | 1 | 1 |
| 2 | $B$ | 0 | 1 | 1 | 1 | 1 | 2 | 2 |
| 3 | $C$ | 0 | 1 | 1 | 2 | 2 | 2 | 2 |
| 4 | $B$ | 0 | 1 | 1 | 2 | 2 | 3 | 3 |
| 5 | $D$ | 0 | 1 | 2 | 2 | 2 | 3 | 3 |
| 6 | $A$ | 0 | 1 | 2 | 2 | 3 | 3 | 4 |
| 7 | $B$ | 0 | 1 | 2 | 2 | 3 | 4 | 4 |

(a) 数组$c$：$LCS$长度的计算

| | | 0 | 1 | 2 | 3 | 4 | 5 | 6 |
|---|---|---|---|---|---|---|---|---|
| | $y_i$ | | $B$ | $D$ | $C$ | $A$ | $B$ | $A$ |
| 0 | $x_i$ | | | | | | | |
| 1 | $A$ | | ↑ | ↑ | ↑ | ↖ | ← | ↖ |
| 2 | $B$ | | ↖ | ← | ← | ↑ | ↖ | ← |
| 3 | $C$ | | ↑ | ↑ | ↖ | ← | ↑ | ↑ |
| 4 | $B$ | | ↖ | ↑ | ↑ | ↑ | ↖ | ← |
| 5 | $D$ | | ↑ | ↖ | ↑ | ↑ | ↑ | ↑ |
| 6 | $A$ | | ↑ | ↑ | ↑ | ↖ | ↑ | ↖ |
| 7 | $B$ | | ↖ | ↑ | ↑ | ↑ | ↖ | ↑ |

(b) 数组$b$：$LCS$字符的搜索过程

**图 3.5　LCSLength( )的计算结果**

### 3.4.4　构造最长公共子序列

由算法 LCSLength( ) 计算得到的数组 $b$ 可用于快速构造序列 $X$ 和 $Y$ 的最长公共子序列，首先从 $b[m][n]$ 开始，沿着表格中箭头所指的方向在数组 $b$ 中搜索。当在数组 $b(b[i][j]=1)$ 中遇到 "↖" 时，表示 $X_i$ 与 $Y_j$ 的最长公共子序列是由 $X_{i-1}$ 与 $Y_{j-1}$ 的最长公共子序列在尾部加上 $x_i$ 得到的子序列；当在数组 $b(b[i][j]=2)$ 中遇到 "↑" 时，表示 $X_i$ 与 $Y_j$ 的最长公共子序列和 $X_{i-1}$ 与 $Y_j$ 的最长公共子序列相同；当在数组 $b(b[i][j]=3)$ 中遇到 "←" 时，表示 $X_i$ 与 $Y_j$ 的最长公共子序列和 $X_i$ 与 $Y_{j-1}$ 的最长公共子序列相同。

如下代码用于构造最长公共子序列的动态规划：

```
void LCS(int i, int j, char[x]){
    if(i == 0||j == 0)
        return;
    if(b[i][j] == 1){
        LCS(i-1, j-1, x);
        printf("%c", x[i]);
    }
    else if(b[i][j] == 2)LCS(i-1, j, x);
    else LCS(i, j-1, x);
}
```

该算法根据数组 $b$ 内容打印 $X_i$ 和 $Y_j$ 的最长公共子序列。通过调用算法 $LCS(int\,i, int\,j, char\,x[\,])$，便可打印出序列 $X$ 和 $Y$ 的最长公共子序列。其只构造出最长公共子序列的一种解，从 $i=7$，$j=6$ 开始，因为在算法 $LCSLength(\,)$ 中，当 $c[i-1][j]=c[i][j-1]$ 时执行 $c[i][j]=c[i-1][j]$，因此，该算法构造出的最长公共子序列是 "BCABA"；若算法改为 $c[i][j]=c[i][j-1]$，$b[i][j]=2$ 时，则构造出另一个最长公共子序列 "BDAB"。

在该算法中，每次递归调用使 $i$ 和 $j$ 减 1，因此，算法的计算时间为 $O(m+n)$。另外，算法 $LCSLength(\,)$ 还可以进一步改进。例如数组 $c[i][j]$ 的值仅由 $c[i-1][j-1]$、$c[i][j-1]$ 和 $c[i-1][j]$ 中的一个值决定，如果我们只需要计算最长公共子序列的长度，则一次只需要表 $c$ 的两行：正在计算的一行和前一行，只要保存这两行就可以达到降低渐进空间的要求。

## 3.5　最大子段和

给定由 $n$ 个整数(可能有负数)组成的序列 $a_1$，$a_2$，$\cdots$，$a_n$，要在这 $n$ 个整数中选取相邻的一段，使其和最大，输出最大的和。当所有整数均为负整数时，定义最大子段和为 0。依次定义，所求的最优值为：

$$\max\left\{0, \max_{1\leqslant i\leqslant j\leqslant n}\sum_{k=i}^{j}a_k\right\}\; a_i,\; a_{i+1},\; \cdots,\; a_j(1\leqslant i\leqslant j\leqslant n)$$

### 3.5.1　递归关系分析

例如，当 $\{a_1,a_2,\cdots,a_8\}=\{1,-3,7,8,-4,12,-10,6\}$ 时，最大子段和为 $\sum_{k=3}^{6}a_k=23$。令

$b[j] = \max\limits_{1 \leqslant i \leqslant j}\left\{\sum\limits_{k=i}^{j} a[k]\right\}(1 \leqslant j \leqslant n)$，则所求的最大子段和为：

$$\max\limits_{1 \leqslant i \leqslant j \leqslant n}\left\{\sum\limits_{k=i}^{j} a[k]\right\} = \max\limits_{1 \leqslant j \leqslant n}\left\{\max\limits_{1 \leqslant i \leqslant j}\left\{\sum\limits_{k=i}^{j} a[k]\right\}\right\} = \max\limits_{1 \leqslant j \leqslant n}\left\{b[j]\right\}$$

根据 $b[j]$ 的定义，当 $b[j-1] > 0$ 时，$b[j] = b[j-1] + a[j]$，否则 $b[j] = a[j]$。因此可得到计算 $b[j]$ 的动态规划递归式：$b[j] = \max\{b[j-1] + a[j], a[j]\}(1 \leqslant j \leqslant n)$

### 3.5.2 算法实现

下面的代码实现最大子段和的动态规划算法。显然，该算法只需要 $O(n)$ 的计算时间和 $O(n)$ 的空间。

```
#define NUM 101
int a[NUM];
int maxsum(int n){
    int sum = 0;
    int b = 0;
    for(int i = 1;i< = n;i++){
        if(b>0)b + = a[i];
        else b = a[i];
        if(b > sum)sum = b;
    }
    return sum;
}
```

该算法能计算出最大子段和的最优值，但是没有给出最优解。为此，我们令 *besti*、*bestj* 为最大子段和 *sum* 的起始位置和结束位置；在当前位置 $i$，如果 $b[i-1] \leqslant 0$ 时，在取 $b[i] = a[i]$ 的同时，保存该位置 $i$ 到变量 *begin* 中，显然：

(1) 当 $b(i-1) \leqslant 0$ 时，$begin = i$；

(2) 当 $b(i) \geqslant sum$ 时，$besti = begin$，$bestj = i$。

下述代码给出了计算最大子段和的最优解的动态规划算法。在调用 *maxsum*() 时，对应形参 int & *besti* 和 int & *bestj* 的实参变量，应初始化为 0。

```
#define NUM 1001
int a[NUM];
int maxsum(int n, int &besti, int &bestj){
    int sum = 0;
    int b = 0;
    //当b[i-1] < = 0时, 记录p[i] = a[i]的位置
    int begin = 0;
    for(int i = 1;i< = n;i++){
        if(b>0)b+ = a[i];
        else {
            b = a[i];
            begin = i;
        }
```

```
    if(b>sum){                                    //更新至最新的位置
        sum = b;
        //得到新的最优值时，更新最优解
        besti = begin;
        bestj = i;
    }
}
return sum;
}
```

我们以 $\{1,-3,7,8,-4,12,-10,6\}$ 的计算过程为例，其计算结果如表 3.4 所示。

表 3.4 样例数据的计算结果

| i | 1 | 2 | 3 | 4 | 5 | 6 | 7 | 8 |
|---|---|---|---|---|---|---|---|---|
| a[i] | 1 | −3 | 7 | 8 | −4 | 12 | −10 | 6 |
| b | 1 | −2 | 7 | 15 | 11 | 23 | 13 | 19 |
| sum | 1 | 1 | 7 | 15 | 15 | 23 | 23 | 23 |
| besti | 1 | 1 | 3 | 3 | 3 | 3 | 3 | 3 |
| bestj | 1 | 1 | 3 | 4 | 4 | 3 | 6 | 6 |

与最大子段和问题密切相关的是最大子矩阵的问题：给定一个 $m$ 行 $n$ 列的整数矩阵 $a$，试求矩阵 $a$ 的一个子矩阵，使其各元素之和最大，即计算 $\max\limits_{\substack{1\le i_1\le i_2\le m\\1\le j_1\le j_2\le n}}\left\{\sum\limits_{i=i_1}^{i_2}\sum\limits_{j=j_1}^{j_2}a[i][j]\right\}$。最大子矩阵和问题是最大子段和问题的推广。

## 3.6 0-1 背包问题

给定一个物品集合 $s=\{1,2,3,\cdots,n\}$，物品 $i$ 的重量是 $w_i$，其价值是 $v_i$，背包的容量为 $W$，即最大载重量不超过 $W$。在限定的总重量 $W$ 内，我们如何选择物品，才能使得物品的总价值最大。在商业、组合数学、计算复杂性理论、密码学和应用数学等领域中，经常遇到相似的问题。

如果物品不能被分割，即物品 $i$ 要么整个地选取，要么不选取；不能将物品 $i$ 装入背包多次，也不能只装入部分物品 $i$，则该问题称为 0-1 背包问题(Knapsack Problem)。如果物品可以拆分，则问题称为背包问题，适合使用贪心算法。

为了便于分析，下面假定所有物品的重量、价值和 $W$ 都是正整数。0-1 背包问题就是找到一个物品子集 $s'\in s$，使得 $\max\sum\limits_{i\in s'}v_i$，且 $\sum\limits_{i\in s'}w_i\le W$。

假设 $x_i$ 表示物品 $i$ 装入背包的情况，$x_i=0$ 或 1。当 $x_i=0$ 时，表示物品没有装入背包；当 $x_i=1$ 时，表示把物品装入背包。

根据问题的要求，则有：

约束方程：$\displaystyle\sum_{i=1}^{n} w_i x_i \leqslant W$

目标函数：$\displaystyle\max \sum_{i=1}^{n} v_i x_i$

因此，问题就归结为找到一个满足上述约束方程，并使目标函数达到最大的解向量 $X = \{x_1, x_2, \cdots, x_n\}$，其中 $x_i \in \{0,1\}$。

### 3.6.1 递归关系分析

0-1 背包问题具有最优子结构性质，设所给 0-1 背包问题的子问题为 $\displaystyle\max \sum_{k=1}^{n} v_k x_k$，而 $\displaystyle\sum_{k=1}^{n} w_k x_k \leqslant j$。其中，$x_k \in \{0,1\}(i \leqslant k \leqslant n)$ 的最优值为 $p(i,j)$ 是背包容量为 $j$，可选物品为 $i$ $(i+1, \cdots, n)$ 时 0-1 背包问题的最优值，则建立计算 $p(i,j)$ 的递归式如下：

$$p[i][j] = \begin{cases} \max\{p(i+1, j), p(i+1, j-w_i) + v_i\} & j \geqslant w_i \\ p(i+1, j) & 0 \leqslant j \leqslant w_i \end{cases}$$

$$p(n, j) = \begin{cases} v_n & j \geqslant w_n \\ 0 & 0 \leqslant j \leqslant w_n \end{cases}$$

"将前 $i$ 个物品放入容量为 $j$ 的背包中"这个子问题，转化为只考虑物品 $i$ 的策略(装入或不装入)的问题。

(1) $p(i+1, j)$：不装入物品 $i$，也可能物品 $i$ 无法装入 $(0 \leqslant j \leqslant w_i)$，背包的容量 $j$ 不变。问题就转化为"前 $i+1$ 个物品放入容量为 $j$ 的背包中"的子问题；

(2) $p(i+1, j-w_i)$：装入物品 $i$ $(j \geqslant w_i)$，则新增价值 $v_i$，但背包容量变为 $j-w_i$。问题就转化为"前 $i+1$ 个物品放入容量为 $j-w_i$ 的背包中"的子问题。

(3) 对最后一个物品 $n$，如果 $j \geqslant w_n$，则肯定装入，获取价值 $v_n$；如果 $0 \leqslant j \leqslant w_n$，则无法装入，获得的价值为 0。

递推算法示意图如图 3.6 所示。

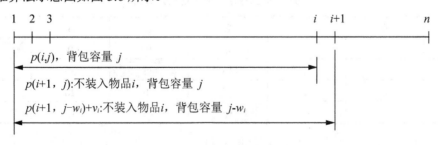

图 3.6　0-1 背包问题的动态规划算法示意图

### 3.6.2 算法实现

计算 0-1 背包问题的动态规划算法如下所示，其中形参 $c$ 是背包的容量 $w$、$n$ 是物品的数量。

```
#define NUM 50                    //物品数量的上限
#define CAP 1500                  //背包容量的上限
int w[NUM];                       //物品的重量
int v[NUM];                       //物品的价值
int p[NUM][CAP];                  //用于递归的数组
void knapSack(int c, int n){
    //计算递推边界
    int jMax = min(w[n]-1, c);                          //分界点
    for(int j = 0;j< = jMax;j++)p[n][j] = 0;
    for(int j = w[n];j< = c;j++)p[n][j] = v[n];
    for(int i = n-1;i>1;i--){                           //计算递推式
        jMax = min(w[i]-1, c);
        for(int j = 0;j< = jMax;j++)p[i][j] = p[i+1][j];
        for(int j=w[i];j<=c;j++)p[n][j]=max(p[i+1][j],p[i+1][j-w[i]+v[i]);
    }
    p[1][c] = p[2][c];                                  //计算最优值
    if(c> = w[1])p[1][c] = max(p[1][c], p[2][c-w[1]+v[1]]);
}
```

根据上述算法，$p[1][c]$给出了所要求的 0-1 背包问题的最优值。例如：背包的容量为 5，要装入 4 个物品，它们的重量分别为 2、1、3 和 2，价值分别为 12、10、20 和 15，如表 3.5 所示。

**表 3.5　背包相关问题的参数**

|  | 1 | 2 | 3 | 4 |
|---|---|---|---|---|
| **重量 $w$** | 2 | 1 | 3 | 2 |
| **价值 $v$** | 12 | 10 | 20 | 15 |

使用该算法到数组 $p$ 的值如表 3.6 所示，其最优值为 $p[1][5]=37$。相应的最优解如下所示。其中，形参数组 $x$ 是解向量。

**表 3.6　样例数据的动态规划计算结果**

| n | 0 | 1 | 2 | 3 | 4 | 5 |
|---|---|---|---|---|---|---|
| 1 | 0 | 0 | 0 | 0 | 0 | 37 |
| 2 | 0 | 10 | 15 | 25 | 30 | 35 |
| 3 | 0 | 0 | 15 | 20 | 20 | 35 |
| 4 | 0 | 0 | 15 | 15 | 15 | 15 |

```
void traceBack(int c, int n, int x[]){
    for(int i = 1;i<n;i++){
        if(p[i][c] == p[i+1][c])x[i] = 0;
        else {
            x[i] = 1;
            c- = w[i];
```

```
        }
    }
    x[n] =(p[n][c])?1:0;
}
```

如果 $p[1][c] = p[2][c]$，则 $x_1 = 0$；否则 $x_1 = 1$。当 $x_1 = 0$ 时，由 $p[2][c]$ 继续构造最优解；当 $x_1 = 1$ 时，由 $p[2][c - w_i]$ 继续构造最优解。依此类推，可构造出相应的最优解 $\{x_1, x_2, \cdots, x_n\}$。上例的最优解为 $\{1,1,0,1\}$。

算法时间复杂性分析：从算法 *knapSack*( ) 可以看出，主要是计算数组 $p$ 的时间，其时间复杂性为 $O(nW)$。计算解向量的算法 traceBack( )，只有一重循环，时间复杂性为 $O(n)$。

## 3.7　ACM 经典问题解析

### 3.7.1　数塔(难度：★★☆☆☆)

**1. 题目描述**

图 3.7 给出了一个数字三角形，请编写一个程序，计算从顶至底的某处的一条路径，使该路径所经过的数字的总和最大。要求如下：

(1) 每一步可沿左斜线向下或右斜线向下；

(2) $1 <$ 三角形行数 $< 100$；

(3) 三角形数字为 $0,1,\cdots,99$。

**输入格式**

对于很多个测试案例的情况，输入一个整数 $m$，表示测试案例数为 $m$；对于每一个测试案例，通过键盘逐行输入，第 1 行是输入整数 $n$(如果该整数是 0，就表示结束，不需要再处理)，表示三角形行数 $n$，然后是 $n$ 行数据。

**输出格式**

输出最大数字和。

**输入样例**

```
    1
    5
    7
    3 8
    8 10
    2 7 4 4
    4 5 2 6 5
```

**输出样例**

```
    30
```

**2. 题目分析**

如果自上而下考虑，需要深搜，查找每一条路径，并记录下数值，比较大小。我们自下而上考虑：

先以 $n = 2$ 为模型，共有两条路径，两个点的和比较大小；再看 $n = 3$，除掉塔顶，就

可以看做两个 $n=2$ 的数塔，那么它们之间有没有关系呢？如果确定走某一棵树，必然会走这棵树上的"最大的"路径。所以只要得到两棵 $n=2$ 的树的最大路径，分别进行比较，就能得到 $n=3$ 树上的最大路径；再看 $n=4$，同样道理……

这就是动态规划(DP)的核心：状态转移方程——两个相邻状态之间的关系式。这里的状态转移方程是 $dp[i][j]+=\max(dp[i+1][j], dp[i+1][j+1])$。

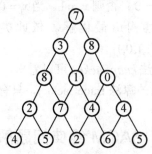

图 3.7　数塔问题的示意图

3. 问题实现

```
#include<cstdio>
#include<cstring>
#include<algorithm>
using namespace std;
const int MAXN = 111;
int dp[MAXN][MAXN];
int main(){
    int T, n;
    scanf("%d", &T);
    while(T--){
        scanf("%d", &n);
        for(int i = 1;i< = n;i++)
            for(int j = 1;j< = i;j++)scanf("%d", &dp[i][j]);
        for(int i = n-1;i> = 1;i--)
            for(int j = 1;j< = i;j++)
                dp[i][j]+ = max(dp[i+1][j], dp[i+1][j+1]);       //状态转移方程
        printf("%d\n", dp[1][1]);
    }
    return 0;
}
```

本题时间复杂程度为 $O(n\log n)$。

### 3.7.2　免费馅饼(难度：★★★☆☆)

1. 题目描述

都说天上不会掉馅饼，但有一天 gameboy 正走在回家的小径上，忽然天上掉下大把大把的馅饼。说来 gameboy 的人品实在是太好了，这馅饼别处都不掉，就掉落在他身旁的 10 米范围内。当然馅饼如果掉在了地上就不能吃了，所以 gameboy 马上卸下身上的背包去接。

但由于小径两侧都不能站人,所以他只能在小径上接。由于 gameboy 平时老待在房间里玩游戏,虽然在游戏中是个身手敏捷的高手,但在现实中运动神经特别迟钝,每秒种只有在移动不超过一米的范围内接住坠落的馅饼。现在给这条小径如图标上坐标:

为了使问题简化,假设在接下来的一段时间里,馅饼都掉落在 0-10 这 11 个位置。开始时 gameboy 站在 5 这个位置,因此在第一秒,他只能接到 4、5、6 这三个位置中,其中一个位置上的馅饼。问 gameboy 最多可能接到多少个馅饼?(假设他的背包可以容纳无穷多个馅饼)。

**输入格式**

输入数据有多组。每组数据的第一行为正整数 $n(0 < n < 100000)$,表示有 $n$ 个馅饼掉在这条小径上。在接下来的 $n$ 行中,每行有两个整数 $x$、$T(0 < T < 100000)$,表示在第 $T$ 秒有一个馅饼掉在 $x$ 点上。同一秒钟在同一点上可能掉下多个馅饼。$n = 0$ 时输入结束。

**输出格式**

每一组输入数据对应一行输出。输出一个整数 $m$,表示 gameboy 最多可能接到 $m$ 个馅饼。提示:本题的输入数据量比较大,建议用 scanf 读入,用 cin 可能会超时。

**输入样例**

```
6
5 1
4 1
6 1
7 2
7 2
8 3
0
```

**输出样例**

```
4
```

2. 题目分析

乍看之下毫无头绪,其实模型和数塔问题是一样的,只不过这里每个点上的值是要自己算的。下面从简单的模型开始:

假设时间 $t$ 的最大值为 1,那么第一层就是 5,第二层就是 4、5、6,只要知道在这些点上落了多少饼,就可以如同数塔问题计算了。

再看看 $t = 2$ 时,第三层是 3、4、5、6、7,似乎一切进展的很顺利,确实如数塔模型很相似。不过这里要注意的是,每个点的后继状态有三个,所以状态转移方程应该是

$$dp[i][j] += \max(dp[i+1][j-1], \max(dp[i+1][j], dp[i+1][j+1]))$$

最后要注意的是,因为只是在 0~10 范围内移动,0 点和 10 点的后继分别是 0、1 和 9、10,只有两个后继。

### 3. 问题实现

```cpp
#include<cstdio>
#include<cstring>
#include<algorithm>
using namespace std;
const int MAXN = 111111;
int dp[MAXN][11];
int main(){
    int T, n, x, t;
    while(~scanf("%d", &n)){
        if(!n)return 0;
        memset(dp, 0, sizeof(dp));
        int m = 0;
        for(int i = 1;i< = n;i++){
            scanf("%d%d", &x, &t);
            dp[t][x]++;
            m = max(m, t);
        }
        for(int i = m-1;i> = 0;i--)
            for(int j = 0;j< = 10;j++)
                if(j == 0)
                    dp[i][j]+ = max(dp[i+1][0], dp[i+1][1]);
                else if(j == 10)
                    dp[i][j]+ = max(dp[i+1][9], dp[i+1][10]);
                else
                    dp[i][j]+ = max(dp[i+1][j-1], max(dp[i+1][j], dp[i+1][j+1]));//
状态转移方程
        printf("%d\n", dp[0][5]);
    }
    return 0;
}
```

这里假定 0~10 都是顶点，实际上 5 是唯一的顶点，所以存在多余计算。不过这样处理的好处如下。

(1) 多处理的计算实际很少，不影响算法复杂度；

(2) 避免了细节处理所容易造成的失误，代码易书写。

本题时间复杂程度为 $O(n\log n)$。

### 3.7.3　Dividing(难度：★★★☆☆)

#### 1. 题目描述

两个人分珠宝，已知珠宝有 6 个等级，对应的价值分别为 1、2、3、4、5、6，现在给出每个等级珠宝的数量是多少，问两人能否等价值平分这些珠宝。

**输入格式**

多组测试数据，每组测试数据占一行。数据由六个非负整数 $n_1 \sim n_6$ 组成，分别对应价值从 1 到 6 六种珠宝的数量。已知 $n_i \leqslant 20000$。数据以最后一行六个 0 为结束标志。

**输出格式**

对于每组测试数据输出两行。第一行形如 "Collection #k:"，k 为测试组数，从 1 开始。第二行输出，若能够平分，输出 "Can be divided."；否则，输出 "Can't be divided."。

**输入样例**

```
1 0 1 2 0 0
1 0 0 0 1 1
0 0 0 0 0 0
```

**输出样例**

```
Collection #1:
Can't be divided.
Collection #2:
Can be divided.
```

2. 题目分析

多重背包问题。背包问题是 DP 的一个分支，讨论的是有一个固定大小的包，能向其中放多少物品，已知每件物品的大小。

最基础的是 0-1 背包(每样物品只有一件)：

```
for(i = 1;i< = n;i++)
    for(v = V;v> = c[i];v--)
        dp[v] = max{dp[v], dp[v-c[i]]}+w[i];
```

这里用 $V \sim 0$ 由高到低的顺序，是为了保证每个状态都只选一次。而多重背包(每件物品有多个，数量有上限)，可以把他转化成 0-1 背包，即价值 $c[i]$ 的物品有 $k$ 个，可以看作有 $c[i]$，$2 \times c[i]$，$\cdots$，$(2^k) \times c[i]$ 和 $(C-(1+2+\cdots+2^k)) \times c[i]$ 的物品各一个，因为任何一个数字总可以表示成 2 的幂次方之和加上一个小于 $2^k$ 的数字。然后做 0-1 背包。

注：$V$ 的变化区间为 $V \sim c[i]$；因为处理的是 $dp[V-c[i]]$。

3. 问题实现

```
#include<cstdio>
#include<cstring>
int a[7], sum, b[100], n;
int dp[60001];
int main(){
    int i, j, k, cnt = 1, x;
    while(scanf("%d%d%d%d%d%d", &a[1], &a[2], &a[3], &a[4], &a[5], &a[6])!=EOF){
        if(a[1]+a[2]+a[3]+a[4]+a[5]+a[6] == 0)break;
        sum = 0;                                //总价值
```

```
        n = 0;                                    //物品编号
        for(i = 1;i< = 6;i++){
            sum+ = a[i]*i;
            k = 0;
            b[n++] = k*i;
            k++;
            x = 0;
            while(k<a[i]){ //将k件价值为i的物品拆分成k件价值分别为i、2*i...(2^k)*i、
(a[i]-(1+2+...+2^k))*i的物品
                b[n++] = k*i;
                x+ = k;
                k = k*2;
            }
            if(a[i]> x){          //若a[i]不能恰好等于2的幂次方之和，需再加上一个数字
                b[n] =(a[i]-x)*i;
                n++;
            }
        }
        if(sum%2){               //若总价值为奇数
            printf("Can't be divided.\n\n");
            continue;
        }
        memset(dp, 0, sizeof(dp));              //将dp[]视为一个标记数组
        dp[0] = 1;
        for(i = 0;i<n;i++){
            for(j = sum/2;j> = b[i];j--)
                if(dp[j-b[i]])dp[j] = 1;
        }
        printf("Collection #%d:\n", cnt++);
        if(dp[sum/2])printf("Can be divided.\n\n");
        else
            printf("Can't be divided.\n\n");
    }
    return 0;
}
```

本题时间复杂程度为 $O(n\log n)$。

### 3.7.4　Win the Bonus(难度：★★★★☆)

**1. 题目描述**

给定一个正整数 $m$，以及 $m$ 个数字串(每个数字串长度小于 4)，并相应分配一些分数，求一个给定长度 $n(n \leqslant 10000)$ 的序列使得取到的分数尽可能大且字典序最小(若该序列中包含某个数字，则加上相应分数)。

**输入格式**

输入包含多个测试，第一行为两个正整数 $m$，$n$ 接下来 $m$ 行，每行两个正整数，第一个为给定的数字串，第二个为其分配的分数(有正数也有负数)。

**输出格式**

输出一个长度为 $n$ 的数字串，该串的得分最大且在得分最大的所有串中它的字典序最小。

**输入样例**

2 5

356 20

674 10

**输出样例**

00356

2. 题目分析

本题采用动态规划方法，设数组 $dp[i][j]$ 表示取到第 $i$ 位时前两位数字组成的两位数为 $j$ 的最大值，考虑到字典序最小我们可以倒过来计算。设第 $i-1$ 位数字为 $t$，则 $dp[i-1][t*10+j/10]$ $= \max(dp[i-1][t*10+j/10], dp[i][j]+score[t*100+j])$；此外记录状态转移路径。

3. 问题实现

```cpp
#include<cstdio>
#include<cstring>
#include<algorithm>
using namespace std;
const int maxn = 10009;
const int INF =(1 << 30);
int dp[maxn][102];
int pre[maxn][102];
int res[maxn];
int s[maxn], digit[102];
int main(){
    int n, m, x, y, i, j, k, t;
    while(~scanf("%d%d", &m, &n)){
        memset(s, 0, sizeof(s));
        for(i = 0; i < m; ++i){
            scanf("%d%d", &x, &y);
            s[x] = y;
        }
        if(n<3){                          //n<3 为特殊情况特殊判断
            for(i = 0;i<n;++i)putchar('0');
            puts("");
            continue;
        }
        for(i = 0; i <= n - 2; ++i)
            for(j = 0; j < 100; ++j)dp[i][j] = -INF;
        for(i = n - 1; i <= n; ++i)
            for(j = 0; j < 100; ++j)dp[i][j] = 0;
```

```
        int tv;
        for(i = n - 1; i > 1; --i){
            for(j = 0; j < 100; ++j){
                for(t = 0; t < 10; ++t){
                    k =(j + t * 100)/ 10;
                    tv = dp[i][j] + s[j + t * 100];
                    if(tv > dp[i - 1][k]){
                        dp[i - 1][k] = tv;
                        pre[i - 1][k] = j;
                    }
                }
            }
        }
        int p = max_element(dp[1], dp[1] + 100)- dp[1];   //找到第一个出//现的
最大值以及下标,可以参考c++ stl
        //printf("%d\n", dp[1][p]);
        int size = 0;
        k = 1;
        while(true){
            res[size++] = p / 10;
            p = pre[k][p];
            ++k;
            if(size == n - 2){
                res[size++] = p / 10;
                res[size++] = p % 10;
                break;
            }
        }
        for(i = 0; i < size; ++i)printf("%d", res[i]);
        puts("");
    }
    return 0;
}
```

本题时间复杂程度为 $O(n\log n)$。

### 3.7.5 Monkey and Banana(难度:★★★★☆)

1. 题目描述

给你 $n$ 块砖块,长宽高 $(x_i, y_i, z_i)$ 已知,每种砖块数量无限,砖块可以翻转,若砖块 A 能放在砖块 B 上则要求 A 的长和宽均小于 B 对应的长和宽(这里不会斜放的)。求砖块可以堆叠的最大高度。

**输入格式**

输入包含多组数据,每组测试数据第一行为一个正整数 $n\leqslant30$,然后是 $n$ 行,每行三个正整数 $x_i, y_i, z_i$,分别为砖块的长宽高。最后一组数据输入一个 0 表示结束。

**输出格式**

对于每组测试数据输出格式为 "Case *case*: maximum height = ans"，其中 ans 为最大高度。

**输入样例**

```
1
10 20 30
2
6 8 10
5 5 5
7
1 1 1
2 2 2
3 3 3
4 4 4
5 5 5
6 6 6
7 7 7
5
31 41 59
26 53 58
97 93 23
84 62 64
33 83 27
0
```

**输出样例**

```
Case 1: maximum height = 40
Case 2: maximum height = 21
Case 3: maximum height = 28
Case 4: maximum height = 342
```

**2. 题目分析**

本题采用动态规划或者建图求 DAG 中的最长路，这里笔者采用动态规划的做法，首先可以想到砖块底面的长和宽的大小关系是确定的，只要考虑每种砖块的高是多少就行了，而且相同砖块不可能以相同底面出现超过一次。故每种砖块枚举它的至多三次，一共有 $3*n$ 块砖块按照底面宽从小到大排序，宽一样则按长从小到大排序。

设 $dp[i]$ 表示到第 $i$ 块砖块时所能到达的最大高度，若砖块 $j$ 之上可以放 $i$，则 $dp[i] = \max(dp[i], dp[j]) +$ (第 $i$ 块砖块的高度)。

### 3. 问题实现

```cpp
#include<cstdio>
#include<cstring>
#include<algorithm>
using namespace std;
struct cube {
    int b[3];
    int sum;
    inline void in(){
        scanf("%d%d%d", b, b+1, b+2);
        sort(b, b+3);
    }
    bool operator<(const cube &t)const {  //重载运算符，重新定义之间的//大小比较
        if(b[0] == t.b[0])return b[1]<t.b[1];
        return b[0]<t.b[0];
    }
} a[200];
bool ok(const cube &a, const cube &b){
    return(a.b[0]<b.b[0])&&(a.b[1]<b.b[1]);
}
int main(){
    int i, j, n, cnt = 0;
    int top, ans;
    while(~scanf("%d", &n)&&n){
        memset(a, 0, sizeof(a));
        for(i = 0;i<3*n;i++){
            a[i].in();
            a[i+1].b[0] = a[i].b[1];
            a[i+1].b[1] = a[i].b[2],
            a[i+1].b[2] = a[i].b[0];
            a[i+2].b[0] = a[i].b[0];
            a[i+2].b[1] = a[i].b[2],
            a[i+2].b[2] = a[i].b[1];
            i+ = 2;
        }
    sort(a, a+3*n);
    a[0].sum = a[0].b[2];
    ans = 0, top = 0;
    for(i = 1;i<3*n;i++){
        top = 0;
        for(j = 0;j<i;j++){
            if(ok(a[j], a[i])){
                top = max(top, a[j].sum);
            }
        }
        a[i].sum = a[i].b[2]+top;//top 为 dp[0]到 dp[i-1]当中的最大值
        ans = max(ans, a[i].sum);
    }
```

```
        printf("Case %d: maximum height = %d\n", ++cnt, ans);
    }
    return 0;
}
```

本题时间复杂程度为 $O(n\log n)$。

### 3.7.6 Railroad(难度：★★★★☆)

1. 题目描述

给定 $C$ 个城市，$T$ 条火车线路，每条线路上 $t_i$ 个车站以及到达时间，给定时间 Time，我们出发时间不得早于 Time，给定出发车站以及目的地，求从出发城市到达目的地最早时间是多少，若到达时间一样早，要求出发时间尽量晚。

**输入格式**

多组测试样例，第一行为正整数 $C$，若为 0 则输入结束。然后是 $C$ 行，每行为站点名字，然后火车线路数目 $T$，接下来 $T$ 组，每组以一个整数 $t_i$ 开始，接下 $t_i$，每行先是一个整数表示时间，然后是站点名称。最后三行为 Time(最早出发时间)，出发站点名，目的地名。

**输出格式**

先输出 "Scenario #case"，case 表示测试样例是第几组。若能到达目的地，则输出两行 "Departure t1 x"

"Arrival t2 y"，t1、t2 分别为出发时间与到达目的地时间，x、y 分别为出发站点与目的地站点的名称。

**输入样例**

```
3
Tuttlingen
Constance
Freiburg
3
2
0949 Tuttlingen
1006 Constance
2
1325 Tuttlingen
1550 Freiburg
2
1205 Constance
1411 Freiburg
0800
Tuttlingen
```

```
Freiburg
2
Ulm
Vancouver
1
2
0100 Ulm
2300 Vancouver
0800
Ulm
Vancouver
0
```

**输出样例**

```
Scenario #1
Departure 0949 Tuttlingen
Arrival    1411 Freiburg

Scenario #2
No connection
```

2. 题目分析

我们从起始点出发，算出到达每个站点的最早时间，然后反向，固定每个当前站点的下一站的时间，使每个站点的出发时间尽可能推迟。

3. 问题实现

```cpp
#include<cstdio>
#include<cstring>
#include<algorithm>
#include<vector>
#include<map>
using namespace std;
typedef pair<int, int> PII;
const int maxn = 10009;
const int INF =(1 << 30);
char s[10012];
char s1[100];
char s2[100];
vector<PII> train[1002];
int C, T, cnt = 0;
PII solve(int Time, int a, int b){
    int i, j, k;
    vector<int> travel(C, INF);          //每个站点的到达时间
```

```
        travel[a] = Time;
        for(k = 0; k < C; ++k){
            for(i = 0; i < T; ++i){
                for(j = 0; j + 1 <(int)train[i].size(); ++j){
                    int now = train[i][j].second;
                    int next = train[i][j + 1].second;
                    if(train[i][j].first >= travel[now]&& travel[next] > train[i][j
+ 1].first){
                        travel[next] = train[i][j + 1].first;
                    }
                }
            }
        }
        for(i = 0; i < C; ++i)
            if(i ^ b)                                   //这里表示 i! = b
                travel[i] = -1;
        for(k = 0; k < C; ++k){
            for(i = 0; i < T; ++i){
                for(j = 0; j + 1 <(int)train[i].size(); ++j){
                    int now = train[i][j].second;
                    int next = train[i][j + 1].second;
                    if(train[i][j].first > travel[now]&& travel[next] >= train[i][j
+ 1].first){
                        travel[now] = train[i][j].first;
                    }
                }
            }
        }
        return PII(travel[a], travel[b]);
    }
    int main(){
        int i, j, Time, cas = 0;
        while(~scanf("%d", &C)&& C){
            map<string, int> mp;                        //映射站点名与序号
            for(i = 0; i < C; ++i){
                scanf("%s", s);
                mp[s] = i;
            }
            scanf("%d", &T);
            for(i = 0; i < T; ++i){
                int k, t, city;
                scanf("%d", &k);
                train[i].resize(k);
                for(j = 0; j < k; ++j){
                    scanf("%d%s", &t, s);
```

```
                city = mp[s];
                train[i][j] = PII(t, city);
            }
        }
        scanf("%d", &Time);
        int a, b;
        scanf("%s", s1);
        a = mp[s1];
        scanf("%s", s2);
        b = mp[s2];
        PII res = solve(Time, a, b);
        printf("Scenario #%d\n", ++cas);
        if(res.second ^ INF){
            printf("Departure %.4d %s\n", res.first, s1);
            printf("Arrival  %.4d %s\n\n", res.second, s2);
        } else{
            puts("No connection\n");
        }
    }
    return 0;
}
```

本题时间复杂程度为 $O(n\log n)$。

# 3.8 小　结

　　动态规划算法是一种很灵活的解题方法，它常用于解决多阶段最优决策类问题，从理论上讲，任何拓扑有序的隐式图中的搜索都可以应用动态规划算法，在时间效率上具备穷举搜索等算法无法比拟的优势；动态规划算法难点在于问题分析，看其是否具有最优子结构、子问题的重叠性两个要素。

　　动态规划算法的 4 个步骤包括：

　　(1) 找出最优解的性质，并刻画其结构特征；

　　(2) 递归地定义最优值；

　　(3) 自底向上的方式填表计算出最优值；

　　(4) 根据计算最优值时得到的信息，构造最优解。

　　掌握动态规划的技术需要深刻理解动态规划算法的本质，即学会构造最优决策表来描述整个求解过程。最优决策表是一个二维表，其中行表示决策的阶段，列表示问题状态，表格需要填写的数据一般对应此问题的在某个阶段某个状态下的最优值(如最短路径、最长公共子序列等)，填表的过程就是根据递归关系，从第 1 行第 1 列开始，以行或者列优先的顺序，依次填写表格，最后根据整个表格的数据通过简单的取舍或运算求得问题的最优解。动态规划实质上是一种以空间交换时间的技术，以填表的方式存储保留了实现过程中的各种状态，因此，它的空间复杂度要大于其他的算法。

　　在本章的学习过程中，为了更好地理解动态规划算法，掌握动态规划算法的设计与实现，我们给出了 ACM 几个经典问题，例如数塔问题、免费馅饼问题、珠宝分类问题、Win the Bonus 问题、Monkey and Banana 问题、Railroad 问题等。以期读者能活学活用所用的知识。

## 3.9 习 题

### 1. 防卫导弹问题

问题描述：一种新型的防卫导弹可截击多个攻击导弹。它可以向前飞行，也可以用很快的速度向下飞行，可以毫无损伤地截击进攻导弹，但不可以向后或向上飞行。但有一个缺点，尽管它发射时可以达到任意高度，但它只能截击比它上次截击导弹时所处高度低或者高度相同的导弹。现对这种新型防卫导弹进行测试，在每一次测试中，发射一系列的测试导弹(这些导弹发射的间隔时间固定，飞行速度相同)，该防卫导弹所能获得的信息包括各进攻导弹的高度，以及它们发射次序。

算法设计：现要求编一个程序，求在每次测试中，该防卫导弹最多能截击的进攻导弹数量，一个导弹能被截击应满足下列两个条件之一：

(1) 它是该次测试中第一个被防卫导弹截击的导弹；

(2) 它是在上一次被截击导弹的发射后发射，且高度不大于上一次被截击导弹的高度的导弹。

### 2. 轮船

问题描述：有一个国家被一条河划分为南北两部分，在南岸和北岸总共有 $N$ 个城镇，每一城镇在对岸都有唯一的友好城镇。任何两个城镇都没有相同的友好城镇。每一对友好城镇都希望有一条航线来往。于是他们向政府提出了申请。由于河终年有雾。政府决定不允许有任两条航线交叉(如果两条航线交叉，将有很大机会撞船)。

算法设计：编写一个程序来帮政府官员决定他们应拨款兴建哪些航线以使得没有出现交叉的航线最多。

### 3. 数字三角形问题

问题描述：如图 3.8 所示出的一个数字三角形宝塔。数字三角形中的数字为不超过 100 的正整数。现规定从最顶层走到最底层，每一步可沿左斜线向下或右斜线向下走。假设三角形行数小于等于 100，设计一个算法，找到从最顶层走到最底层的一条路径，使得沿着该路径所经过的数字总和最大，输出最大值。

$$
\begin{array}{ccccccccc}
 & & & & 7 & & & & \\
 & & & 3 & & 8 & & & \\
 & & 8 & & 1 & & 0 & & \\
 & 2 & & 7 & & 7 & & 4 & \\
5 & & 5 & & 2 & & 6 & & 5
\end{array}
$$

图 3.8　数字三角形

算法设计：输入第一行是三角形的行数 $N$，以后的 $N$ 行分别是输入从最顶层到最底层的每一层中的数字。输出最佳路径所对应的最大值。

**4. 汽车加油行驶问题**

问题描述：给定一个 $N*N$ 的方形网格，设其左上角为起点◎，坐标为(1，1)，$X$ 轴向右为正，$Y$ 轴向下为正，每个方格边长为 1。一辆汽车从起点◎出发驶向右下角终点▲，其坐标为$(N, N)$。在若干个网格交叉点处，设置了油库，可供汽车在行驶途中加油。汽车在行驶过程中应遵守如下规则：

(1) 汽车只能沿网格边行驶，装满油后能行驶 $K$ 条网格边。出发时汽车已装满油，在起点与终点处不设油库；

(2) 当汽车行驶经过一条网格边时，若其 $X$ 坐标或 $Y$ 坐标减小，则应付费用 $B$，否则免付费用；

(3) 汽车在行驶过程中遇油库则应加满油并付加油费用 $A$；

(4) 在需要时可在网格点处增设油库，并付增设油库费用 $C$(不含加油费用 $A$)；

(5) (1)~(4)中的各数 $N$、$K$、$A$、$B$、$C$ 均为正整数。

算法设计：求汽车从起点出发到达终点的一条所付费用最少的行驶路线。

数据输入：由文件 input.txt 提供输入数据。文件的第一行是 $N$，$K$，$A$，$B$，$C$ 的值，$2 \leqslant N \leqslant 100$，$2 \leqslant K \leqslant 10$。第二行起是一个 $N*N$ 的 0-1 方阵，每行 $N$ 个值，至 $N+1$ 行结束。方阵的第 $i$ 行第 $j$ 列处的值为 1 表示在网格交叉点$(i,j)$处设置了一个油库，为 0 时表示未设油库。各行相邻的 2 个数以空格分隔。

结果输出：程序运行结束时，将找到的最优行驶路线所需的费用，即最小费用输出到文件 output.txt 中。文件的第 1 行中的数是最小费用值。

| 输入文件示例 | 输出文件示例 |
|---|---|
| input.txt | output.txt |
| 9 3 2 3 6 | 12 |
| 0 0 0 0 1 0 0 0 0 | |
| 0 0 0 1 0 1 1 0 0 | |
| 1 0 1 0 0 0 0 1 0 | |
| 0 0 0 0 0 1 0 0 1 | |
| 1 0 0 1 0 0 1 0 0 | |
| 0 1 0 0 0 0 0 1 0 | |
| 0 0 0 0 1 0 0 0 1 | |
| 1 0 0 1 0 0 0 1 0 | |
| 0 1 0 0 0 0 0 0 0 | |

**5. 彩灯变幻问题**

问题描述：编号为 1, 2, …, n 的 n 盏彩灯依次围成一个圆环。用自动开关可以控制每盏彩灯按 c 种不同颜色之一发光，构成绚丽多彩的彩灯环。开关的 1 次动作可以将连续排列的不超过 k 盏彩灯同时变换成 c 种不同颜色之一。对于给定的彩灯环初始状态和目标状态，可以通过开关的若干次动作将彩灯环从初始状态变换到目标状态。在彩灯变幻问题中，彩灯环初始状态是 n 盏彩灯全关闭。对于给定的彩灯环目标状态，彩灯变幻问题要求用最少开关动作将彩灯环变换到目标状态。

算法设计：对于给定的彩灯环目标状态，计算出将彩灯环从全闭状态变换到目标状态所需最少开关动作次数。

数据输入：由文件 input.txt 提供输入数据。

第 1 行中的 3 个正整数为 $n$，$c$ 和 $k$，其中 $n$ 为彩灯环的灯数，$c$ 为彩灯的颜色数，颜色编号为 $1, 2, \cdots, c$。$k$ 表示开关的 1 次动作可以将连续排列的不超过 $k$ 盏彩灯同时变换成 $c$ 种不同颜色之一，且满足 $1 \leqslant n \leqslant 200$，$1 \leqslant c$，$k \leqslant n$。接下来的 1 行中有 $n$ 个正整数 $c_1, c_2, \cdots, c_n$，表示彩灯环的目标状态，即第 $i$ 盏灯的颜色为 $c_i$，$1 \leqslant c_i \leqslant c$，$1 \leqslant i \leqslant n$。

结果输出：将计算出的最少开关动作次数输出到文件 output.txt 中。

| 输入文件示例 | 输出文件示例 |
| --- | --- |
| input.txt | output.txt |
| 5 2 2 | 4 |
| 1 2 1 2 1 | |

### 6. 独立任务最优调度问题

问题描述：用 2 台处理机 A 和 B 处理 $n$ 个作业。设第 $i$ 个作业交给机器 A 处理时需要时间 $a_i$，若由机器 B 来处理，则需要时间 $b_i$。由于各作业的特点和机器的性能关系，很可能对于某些 $i$，有 $a_i \geqslant b_i$，而对于某些 $j (j \neq i)$，有 $a_j < b_j$。既不能将一个作业分开由 2 台机器处理，也没有一台机器能同时处理 2 个作业。设计一个动态规划算法，使得这 2 台机器处理完这 $n$ 个作业的时间最短(从任何一台机器开工到最后一台机器停工的总时间)。研究一个实例：$(a1, a2, a3, a4, a5, a6)=(2, 5, 7, 10, 5, 2)$；$(b1, b2, b3, b4, b5, b6)=(3, 8, 4, 11, 3, 4)$。

算法设计：对于给定的 2 台处理机 A 和 B 处理 $n$ 个作业，找出一个最优调度方案，使 2 台机器处理完这 $n$ 个作业的时间最短。

数据输入：由文件 input.txt 提供输入数据。文件的第 1 行是 1 个正整数 $n$，表示要处理 $n$ 个作业。接下来的 2 行中，每行有 $n$ 个正整数，分别表示处理机 A 和 B 处理第 $i$ 个作业需要的处理时间。

结果输出：程序运行结束时，将计算出的最短处理时间输出到文件 output.txt 中。

| 输入文件示例 | 输出文件示例 |
| --- | --- |
| input.txt | output.txt |
| 6 | 15 |
| 2 5 7 10 5 2 | |
| 3 8 4 11 3 4 | |

### 7. 石子合并问题

问题描述：在一个圆形操场的四周摆放 $N$ 堆石子($N \leqslant 100$)，现要将石子有次序地合并成一堆。规定每次只能选相邻的两堆合并成新的一堆，并将新的一堆的石子数，记为该次合并的得分。试设计一个算法，由文件读入堆数 $N$ 及每堆的石子数($\leqslant 20$)，①选择一种合并石子的方案，使得做 $N$-1 次合并，得分的总和最小；②选择一种合并石子的方案，使得做 $N$-1 次合并，得分的总和最大。

算法设计：对于给定 $N$ 堆石子，计算合并成一堆的最小得分和最大得分。

数据输入：由文件 input.txt 提供输入数据。文件的第 1 行是正整数 $N$，$1 \leqslant N \leqslant 100$，表示有 $N$ 堆石子。第 2 行有 $N$ 个数，分别表示每堆石子的个数。

结果输出：给计算结果输出到文件 output.txt。文件第 1 行的数是最小得分，第 2 行中的数是最大得分。

| 输入文件示例 | 输出文件示例 |
|---|---|
| Input.txt | output.txt |
| 4 | 43 |
| 4 4 5 9 | 54 |

# 第 4 章

# 贪 心 算 法

生活中经常可以遇到这样一些问题，需要对一些资源进行优化分配，以达到资源利用率的最大化。如对会场会议的安排、对赛场比赛的安排、课程的安排，以及扩展到电脑中操作系统对不同进程资源的分配问题。而贪心算法目前是解决这种安排问题比较好的解法之一。

顾名思义，贪心算法总是做出在当前看来最好的选择。也就是说贪心算法并不从整体最优考虑，它所做出的选择只是在某种意义上的局部最优选择。当然，希望贪心算法得到的最终结果也是整体最优的。虽然贪心算法不能对所有问题都得到整体最优解，但对许多问题它能产生整体最优解。如单源最短路径问题、最小生成树问题等。在一些情况下，贪心算法不能得到整体最优解，但能得到最优解的近似。

我们先来看一个例子：找零钱问题。假设有面值为 5 元、2 元、1 元、5 角、2 角、1 角的纸币，需要找给顾客 4 元 6 角现金，如图 4.1 所示。为使付出的纸币数量最少，首先选出 1 张面值不超过 4 元 6 角的最大面值的纸币，即 2 元；再选出 1 张面值不超过 2 元 6 角的最大面值的纸币，即 2 元；再选出 1 张面值不超过 6 角的最大面值的纸币，即 5 角；再选出 1 张面值不超过 1 角的最大面值的纸币，即 1 角；总共付出 4 张纸币。

图 4.1　找零钱问题

在找零钱问题每一步的贪心选择中，在不超过应找零钱金额的条件下，只选择面值最大的纸币，而不去考虑在后面看来这种选择是否合理，且它还不会改变决定：一旦选出了一张纸币，就永远选定。找零钱问题的贪心选择策略是尽可能使付出的纸币最快地满足支付要求，其目的是使付出的纸币张数最慢地增加，这正体现了贪心法的设计思想。

## 4.1　活动安排问题

该问题要求高效地安排一系列争用某一公共资源的活动。贪心算法提供了一个简单、漂亮的方法使得尽可能多的活动能兼容地使用公共资源。

设有 $n$ 个活动的集合 $E = \{1, 2, \cdots, n\}$，每个活动都要求使用同一资源，如演讲会场等，而在同一时间内只有一个活动能使用这一资源。每个活动 $i$ 都有一个要求使用该资源的起始时间 $s_i$ 和一个结束时间 $f_i$ 且 $s_i < f_i$。如果选择了活动 $i$，则它在半开时间区间 $[s_i, f_i)$ 内占用资源。若区间 $[s_i, f_i)$ 与区间 $[s_j, f_j)$ 不相交，则称活动 $i$ 与活动 $j$ 是相容的。也就是说，当 $s_i \geq f_j$ 或 $s_j \geq f_i$ 时，活动 $i$ 与活动 $j$ 相容。

活动安排问题就是要在所给的活动集合中选出最大的相容活动子集合，这是可以用贪心算法有效求解的很好例子。由于输入的活动以其完成时间的非减序排列，所以算法 *greedySelector*( )每次总是选择具有最早完成时间的相容活动加入集合 $A$ 中。直观上，按这种方法选择相容活动为未安排活动留下尽可能多的时间。也就是说，该算法的贪心选择的意义是使剩余的可安排时间段极大化，以便安排尽可能多的相容活动。

例如设待安排的 11 个活动的开始时间和结束时间按结束时间的非减序排列如下表 4.1 所示。

表 4.1　活动时间列表

| $i$ | 1 | 2 | 3 | 4 | 5 | 6 | 7 | 8 | 9 | 10 | 11 |
|-----|---|---|---|---|---|---|---|---|---|----|----|
| $s[i]$ | 1 | 3 | 0 | 5 | 3 | 5 | 6 | 8 | 8 | 2 | 12 |
| $f[i]$ | 4 | 5 | 6 | 7 | 8 | 9 | 10 | 11 | 12 | 13 | 14 |

算法的计算过程如图 4.2 所示。图中每行相应于算法的一次迭代。阴影长条表示的活动是已选入集合 $A$ 的活动，而空白长条表示的活动是当前正在检查相容性的活动，若被检查的活动 $i$ 的开始时间小于最近选择的活动 $j$ 的结束时间，则不选择活动 $i$，否则选择活动 $i$ 加入集合 $A$ 中。

贪心算法并不总能求得问题的整体最优解。但对于活动安排问题，贪心算法却总能求得的整体最优解，即它最终所确定的相容活动集合 $A$ 的规模最大。这个结论可以用数学归纳法证明。

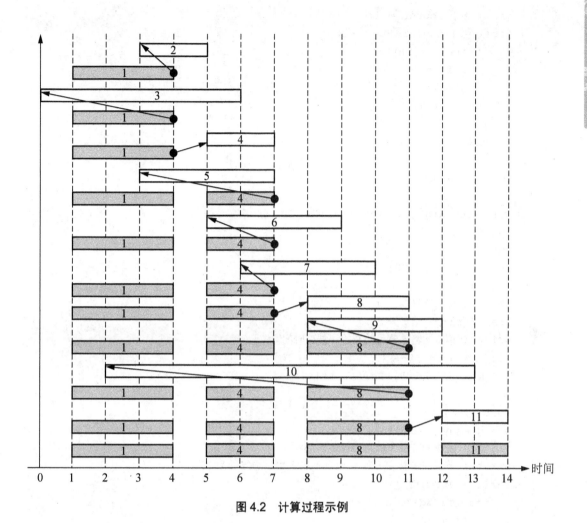

图 4.2  计算过程示例

活动安排问题程序实现如下：

```
    void sort(int s[], int f[], int n){        //把各个活动的起始时间和结束时间按结束
时间递增排序
        int a, b;
        int i, j;
        for(i = 0;i<n;i++){
            for(j = i+1;j<n;j++){
                if(f[i]>f[j]){
                    a = f[i];f[i] = f[j];f[j] = a;
                    b = s[i];s[i] = s[j];s[j] = b;}
            }
        }
    }
    int greedySelector(int s[], int f[], bool a[], int n){ //贪心法检查每个活动i
        a[0] = 1;
        int i;
```

```
        int j = 1, count = 1;
        for(i = 1;i<n; i++){
            if(s[i]> = f[j]){
                a[i] = 1;
                j = i;
                count++;
            }
            else a[i] = 0;
        }
        return count;
}
int main(int argc, char* argv[]){
    int i, n;
    int p;
    int s[100], f[100];
    bool a[100];
    printf("输入节目数：\n");
    scanf("%d", &n);
    printf("请依次输入节目的开始和结束时间\n");
    for(i = 0;i<n;i++){
        scanf("%d %d", &s[i], &f[i]);
    }
    sort(s, f, n);
    p = greedySelector(s, f, a, n);
    printf("安排的节目个数为:%d\n", p);
    printf("节目的选取情况为(0 表示不选 1 表示选取):\n");
    for(i = 0;i<n;i++)
        printf("%d ", a[i]);
    printf("\n");
    system("pause");
    return 0;
}
```

此算法的效率极高。当输入的活动已按结束时间的非减序排列，算法只需 $O(n)$ 的时间安排 $n$ 个活动，使最多的活动能相容地使用公共资源。如果所给出的活动未按非减序排列，可以用 $O(n\log n)$ 的时间重排。

## 4.2　贪心算法的理论基础

贪心算法(又称贪婪算法)是指，在对问题求解时，总是做出在当前看来是最好的选择。也就是说，不从整体最优上加以考虑，所做出的仅是在某种意义上的局部最优解。贪心算法不是对所有问题都能得到整体最优解，但对范围相当广泛的许多问题他能产生整体最优解或者是整体最优解的近似解。

### 4.2.1 贪心算法的基本思想

贪心算法是一步一步地进行，根据某个优化测试，第一步都要保证能获得局部最优解。若下一个数据与部分最优解连在一起不再是可行解时，就不把该数据添加到部分解中，直到把所有数据枚举完或不能再添加为此。这种能够得到某种度量意义下的最优解的分级处理方法称为贪心法。方法的"贪婪性"反映在对当前情况总是作最大限度的选择，即贪心算法总是做出在当前看来是最好的选择。

其基本思想是从问题的某一个初始解出发，向给定的目标推进。但它与普通递推求解过程不同的是，其推动的每一步不是依据某一固定的递推式，而是做一个当时看似最佳的贪心选择，不断地将问题实例归纳为更小的相似的子问题，并期望通过所做的局部最优选择产生出一个全局最优解。

### 4.2.2 贪心算法的基本要素

贪心算法[①]一般具有 2 个重要的性质：贪心选择性质和最优子结构性质。

**1. 贪心选择性质**

所谓贪心选择性质是指所求问题的整体最优解可以通过一系列局部最优的选择，即贪心选择来达到。这是贪心算法可行的第一个基本要素，也是贪心算法与动态规划算法的主要区别。

我们知道，动态规划算法通常以自底向上的方式解各子问题，而贪心算法则通常以自顶向下的方式进行，以迭代的方式做出相继的贪心选择，每作一次贪心选择就将所求问题简化为规模更小的子问题。

对于一个具体问题，要确定它是否具有贪心选择性质，必须证明每一步所作的贪心选择最终导致问题的整体最优解。

**2. 最优子结构性质**

当一个问题的最优解包含其子问题的最优解时，称此问题具有最优子结构性质。问题的最优子结构性质是该问题可用动态规划算法或贪心算法求解的关键特征。

贪心算法较为简便，效率也更高，但求出的不一定是整体最优解。而动态规划通过先求子问题的解，然后通过子问题的解构造原问题的解，其相对复杂。动态规划方法通过若干局部最优解的比较，去掉了次优解，需要依赖子问题的解进行递归填表，最后得到整体最优解。详见表 4.2。

表 4.2  动态规划和贪心算法的区别

| 算法名称 | 基本思想 | 依赖子问题的解 | 解问题的方向 | 最优解 | 复杂程度 |
|---|---|---|---|---|---|
| 贪心算法 | 贪心选择 | 否 | 自顶向下 | 局部最优 | 简单有效 |
| 动态规划 | 递归定义填表 | 是 | 自底向上 | 整体最优 | 较复杂 |

---

① 贪心算法通常用来解决具有最大值或最小值的优化问题。它是从某一个初始状态出发，根据当前局部而非全局的最优决策，以满足约束方程为条件，以使得目标函数的值增加最快或最慢为准则，选择一个最快达到要求的输入元素，以便尽快地构成问题的可行解。

### 4.2.3 贪心算法的基本步骤

其基本步骤主要包括如下 4 个部分。

(1) 选定合适的贪心选择的标准

当我们选定一个贪心选择标准，"贪心序列"中的每项互异且当问题没有重叠性时，可用贪心算法取得(近似)最优解，但是当一个问题具有多个最优解时，贪心算法并不能求出所有最优解。

(2) 证明在哪些标准下该问题具有贪心选择性质

整体的最优解是通过一系列局部最优选择，即贪心选择来达到的。即假设问题的一个整体最优解，并证明可修改这个最优解，使其以贪心算法开始。

(3) 证明该问题具有最优子结构性质

当一个问题的最优解包含其子问题的最优解时，称此问题具有最优子结构性质。问题的最优子结构性质是该问题可用动态规划算法或贪心算法求解的关键特征。在活动安排问题中，其最优子结构性质可通过如下方式证明：

若 $A$ 是对于 $E$ 的活动安排问题包含活动1的一个最优解，则相容活动集合 $A' = A - \{1\}$ 是对于 $E' = \{i \in E : s_i \geqslant f_1\}$ 的活动安排问题的一个最优解。

(4) 根据贪心选择的标准，写出贪心选择的算法，求得最优解

贪心算法求最优解的一般过程如下：

```
Greedy(C){
    S = {};
    while(not solution(S)){         //集合 S 没有构成问题的一个解
        x = select(C);             //在候选集合 C 中做贪心选择
        if constraint(S, x)        //判断集合 S 中加入 x 后的解是否可行
            S = S + {x};
        C = C - {x};
    }
    return S;
}
```

其中，为了构造问题的解决方案，有一个候选集合 C 作为问题的可能解，问题的最终解均取自于候选集合 C。例如，在找零钱问题中，各种面值的纸币构成候选集合；

随着贪心选择的进行，解集合 $S$ 不断扩展，直到构成一个满足问题的完整解。例如，在找零钱问题中，已付出的纸币构成解集合，初始解集合为空集；

solution( )是可行解函数，检查解集合 $S$ 是否构成问题的一个可行解。例如，在找零钱问题中，解决函数是已付出的纸币金额恰好等于应找零钱；

select( )是选择函数，即贪心策略，这是贪心法的关键，它指出哪个候选对象最有希望构成问题的解，选择函数通常和目标函数有关。例如，在找零钱问题中，贪心策略就是在候选集合中选择面值最大的纸币；

constraint( )是约束函数；检查解集合中加入一个候选对象是否满足约束条件。例如，在找零钱问题中，约束函数是每一步选择的纸币和已付出的纸币相加不超过应找零钱。

# 4.3 删 数 问 题

在给定的 $n$ 个数字的数字串 " $x_1, x_2, \cdots, x_i, x_j, x_k, x_m, \cdots, x_n$ " 中，删除其中 $k(k<n)$ 个数字后，剩下的数字按原次序组成一个新的正整数。请确定删除方案，使得剩下的数字组成的新正整数最大。例如，在整数 762191754639820463 中删除 6 个数字后，所得最大整数为多大？

设本问题为 $T$ ，其最优解 $A = (y_1, y_2, \cdots, y_k)$ 表示依次删去的 $k$ 个数，在删去 $k$ 个数后剩下的数字按原次序排成的新数，即最优值记为 $T_A$ 。

## 4.3.1 贪心策略选择

操作对象是一个可以超过有效数字位数的 $n$ 位高精度数，存储在数组 $a$ 中。在整数的位数固定的前提下，让高位的数字尽量大，整数的值就大。这就是所要选取的贪心策略。

当 $k = 1$ 时，在 $n$ 位整数中删除哪一个数字能达到最大？从左到右每相邻的两个数字比较：若左边数字小于右边数字，则删除左边的小数字。若所有数字全部降序或相等，则删除最右边的小数字。即自顶向下的方式，删除一个数，使高位的数字尽量大。每做一次选择就将所求问题简化为规模更小的子问题。因此，我们说删数问题满足贪心选择性质。

## 4.3.2 最优子结构

每次删除一个数字，选择一个使剩下的数最大的数字作为删除对象。选择这样"贪心"操作，是因为删 $k$ 个数字的全局最优解包含了删一个数字的子问题的最优解。即该问题具有最优子结构性质。可以用反证法来证明。

证明：

在进行了贪心选择后，原问题 $T$ 就变成了如何删去 $k-1$ 个数的问题 $T'$ ，是原问题的子问题。若 $A = (x_j, A')$ 是原问题 $T$ 的最优解， $A'$ 则是子问题 $T'$ 的最优解，其最优值为 $T_A'$ 。

假设 $A'$ 不是子问题 $T'$ 的最优解，而是最优解 $B'$ ，其最优值记为 $T_B'$ ，则有 $T_B' < T_A'$ 。根据 $T_A$ 的定义，可知

$$T_B' + x_j 10^{n-j} < T_A' + x_j 10^{n-j} = T_A$$

即存在一个由 $n$ 个数字的数字串删去 1 位数后得到的 $n-1$ 位数比最优值 $T_A$ 更小。这与 $T_A$ 为问题 $T$ 的最优值相矛盾。因此， $A'$ 是子问题 $T'$ 的最优值。

因此，删数问题满足最优子结构性质。

## 4.3.3 算法实现

```
#include  "stdafx.h"
#include  <stdio.h>
#include  <stdlib.h>
```

```
int main(int argc, char* argv[]){
    int i, j, k, m, n, x, a[200];
    char b[200];
    printf("请输入整数：");
    scanf("%s", b);                          // 以字符串方式输入整数
    for(n = 0, i = 0;b[i]! = '\0';i++){
        n++;
        a[i] = b[i]-48;
    }
    printf("删除数字个数：");
    scanf("%d", &k);
    printf("以上%d位整数中删除%d个数字分别为：", n, k);
    i = 0; m = 0; x = 0;
    while(k>x && m == 0){
        i = i+1;
        if(a[i-1]<a[i]){                      // 两位比较出现递增，删除首数字
            printf("%d, ", a[i-1]);
            for(j = i-1;j< = n-x-2;j++)   a[j] = a[j+1];
            x = x+1;                           // x 统计删除数字的个数
            i = 0;                             // 从头开始查递增区间
        }
        if(i == n-x-1)m = 1;                   // 已无递增区间，m = 1 脱离循环
    }
    if(x<k)printf("及右边的%d个数字。\n ", k-x);
    printf("\n删除后所得最大数：");
    for(i = 1;i< = n-k;i++)                   // 打印剩下的左边 n-k 个数字
        printf("%d", a[i-1]);
    printf("\n");
    system("pause");
    return 0;
}
```

针对上述代码，对整数 $n = 178543$，删除的数字数 $s = 4$，所得删数的过程如下：

(1) n = 178543 {删掉 1}

(2) n = 78543 {删掉 7}

(3) n = 8543 {删掉 3}

(4) n = 854 {删掉 4}

(5) n = 85 {解为 85}

### 4.3.4 复杂度分析

删数问题算法的主要计算时间在于数字的比较和移位。因此，算法的时间复杂度为 $O(n)$。

# 4.4 背包问题

给定 $n$ 种物品(每个物品仅有一件)和一个容量为 $C$ 的背包,物品 $i$ 的重量是 $w_i$,其价值为 $v_i$,$1 \leqslant i \leqslant n$,如何选择装入背包的物品,使得装入背包中物品的总价值最大?(注:可以选择物品 $i$ 的一部分,而不一定要全部装入背包。)

为此,设 $x_i$ 表示物品 $i$ 装入背包的情况,根据问题的要求,约束条件为 $\sum\limits_{i=1}^{n} w_i x_i \leqslant C$。

其中,$0 \leqslant x_i \leqslant 1 (1 \leqslant i \leqslant n)$;目标函数为 $\max \sum\limits_{i=1}^{n} v_i x_i$。

于是,背包问题归结为寻找一个满足约束条件式,并使目标函数式达到最大的解向量 $(x_1, x_2, \cdots, x_n)$。

我们知道,背包问题有 3 种看似合理的贪心策略:

(1) 选择价值最大的物品 $\max(v_i)$,因为这可以尽可能快地增加背包的总价值。但是,虽然每一步选择获得了背包价值的极大增长,但背包容量却可能消耗得太快,使得装入背包的物品个数减少,从而不能保证目标函数达到最大。

(2) 选择重量最轻的物品 $\min(w_i)$,因为这可以装入尽可能多的物品,从而增加背包的总价值。但是,虽然每一步选择使背包的容量消耗得慢了,但背包的价值却没能保证迅速增长,从而不能保证目标函数达到最大。

(3) 选择单位重量价值最大的物品 $\max(v_i / w_i)$,在背包价值增长和背包容量消耗两者之间寻找平衡。

例如,有 3 个物品,其重量分别是 {2, 3, 1},价值分别为 {6, 12, 5},背包的容量为 5,应用三种贪心策略装入背包的物品和获得的价值如图 4.3 所示。

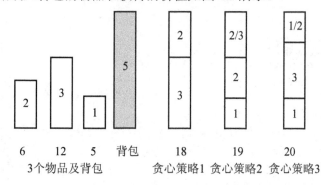

图 4.3　三种贪心策略的比较

## 4.4.1　最优子结构性质

选择应用第三种贪心策略,每次从物品集合中选择单位重量价值最大的物品,如果其重量小于背包容量,就可以把它装入,并将背包容量减去该物品的重量,然后我们就面临了一个最优子问题——它同样是背包问题,只不过背包容量减少了,物品集合减少了。因此，背包问题具有最优子结构性质。

### 4.4.2 贪心选择性质

设物品按单位重量价值 $v_i / w_i$ 从高到低排序，$(x_1, x_2, \cdots, x_n)$ 是背包问题的一个最优解，又设 $k = \lim_{1 \leqslant i \leqslant n} \{i \mid x_i \neq 0\}$。易知，如果给定的最优装载问题有解，则 $1 \leqslant i \leqslant n$。

(1) $k = 1$ 时，$(x_1, x_2, \cdots, x_n)$ 是一个满足贪心选择性质的最优解；

(2) $k > 1$ 时，设有一个集合 $(y_1, y_2, \cdots, y_n)$，其中 $y_1 = v_k / v_1 \times x_k$、$y_k = 0$，$y_i = x_i$、$2 \leqslant i \leqslant n$，$i \neq k$，则

$$\sum_{i=1}^{n} w_i y_i = \sum_{i=1}^{n} w_i x_i - w_k x_k + w_1 \times v_k / v_1 \times x_k \leqslant \sum_{i=1}^{n} w_i x_i \leqslant C \ (因为 v_1 / w_1 \geqslant v_k / w_k)$$

因此，$(y_1, y_2, \cdots, y_n)$ 是所给最优装载问题的可行解。

另一个方面，由 $\sum_{i=1}^{n} v_i y_i = \sum_{i=1}^{n} v_i x_i$ 知，$(y_1, y_2, \cdots, y_n)$ 是满足贪心选择性质的最优解。所以，背包问题具有贪心选择性质。

### 4.4.3 算法实现

首先计算每种物品单位重量的价值 $v_i / w_i$，然后，依贪心选择策略，将尽可能多的单位重量价值最高的物品装入背包。若将这种物品全部装入背包后，背包内的物品总重量未超过 $C$，则选择单位重量价值次高的物品并尽可能多地装入背包。依此策略一直地进行下去，直到背包装满为止。

对应的代码实现如下：

```c
#define maxnumber 20
typedef struct node {
    float w;
    float v;
    int  i;
} Object;
float find(Object wp[], int n, float M){
    float x[maxnumber];
    int i;
    float maxprice = 0;
    for(i = 1;i< = n;i++)x[i] = 0;                          //初始化
    i = 0;
    while(wp[i].w < M){
        x[wp[i].i] = 1;
        M = M-wp[i].w;
        i++;
    }
    x[wp[i].i] = M/wp[i].w;
    printf("解向量是\n");
    for(i = 1;i< = n;i++)printf("x[%d] = %f", i, x[i]);     //输出解向量
```

```
        printf("\n");
        for(i = 0;i<n;i++)maxprice = maxprice+wp[i].v*x[wp[i].i]; //计算最大价值
        return maxprice;
}
int main(int argc, char* argv[]){
        Object wp[maxnumber];
        int i, j, n;
        float C;                                              //背包的重量
        int flag;
        float maxprice, temp;
printf("请输入物品的种数:");
scanf("%d", &n);
printf("请输入背包的重量:");
scanf("%f", &C);
printf("\n请输入物品的序号、重量和价值: ");
        for(i = 0;i<n;i++){
            scanf("%d", &wp[i].i);
            scanf("%f", &wp[i].w);
            scanf("%f", &wp[i].v);
        }
        printf("\n输入的物品是: \n");
        for(i = 0;i<n;i++){                                   //输出物品
        printf(" %d ", wp[i].i);
        printf(" %f ", wp[i].w);
        printf(" %f ", wp[i].v);
        printf("\n");
        }
        for(i = 1;i<n;i++){              //用冒泡排序对物品按照单位价值进行降序排序
        flag = 0;
        for(j = n-1;j> = i;j--){
            if(wp[j-1].v/wp[j-1].w < wp[j].v/wp[j].w){
                temp = wp[j-1].i;
                wp[j-1].i = wp[j].i;
                wp[j].i = temp;
                temp = wp[j-1].w;
                wp[j-1].w = wp[j].w;
                wp[j].w = temp;
                temp = wp[j-1].v;
                wp[j-1].v = wp[j].v;
                wp[j].v = temp;
                flag = 1;
            }
            if(flag == 0)break;
        }
    }
```

```
        printf("\排序后的物品是：\n");
        for(i = 0;i<n;i++){                                    //输出物品
            printf("  %d", wp[i].i);
            printf("  %f", wp[i].w);
            printf("  %f", wp[i].v);
            printf("\n");
        }
        maxprice = find(wp, n, C);
        printf("\物品的总价值为：%f", maxprice);
        system("pause");
        return 0;
    }
```

　　背包问题的另一种形式称为"0-1 背包问题"，即在选择装入背包的物品时，对每种物品 $i$ 只有 2 种选择，即装入背包或不装入背包。不能将物品 $i$ 装入背包多次，也不能只装入部分的物品 $i$。我们讲述的背包问题与之类似，所不同的是在选择物品 $i$ 装入背包时，可以选择物品 $i$ 的一部分，而不一定要全部装入背包，$1 \leqslant i \leqslant n$。这两类问题都具有最优子结构性质，极为相似，但背包问题可以用贪心算法求解，而 0-1 背包问题却不能用贪心算法求解。

　　对于 0-1 背包问题，贪心选择之所以不能得到最优解是因为在这种情况下，它无法保证最终能将背包装满，部分闲置的背包空间使每单位重量背包空间的价值降低了。事实上，在考虑 0-1 背包问题时，应比较选择该物品和不选择该物品所导致的最终方案，然后再做出最好选择。由此就导出许多互相重叠的子问题。这正是该问题可用动态规划算法求解的另一重要特征。实际上也是如此，后面所讲的动态规划算法的确可以有效地解决 0-1 背包问题。

### 4.4.4　复杂度分析

　　背包问题算法的主要计算时间在于将各种物品依其单位重量的价值从大到小排序。因此，算法的时间复杂度为 $O(n\log n)$。

## 4.5　最优装载问题

　　有一批集装箱要装上一艘载重量为 $C$ 的轮船。其中，集装箱 $i$ 的重量为 $w_i$。最优装载问题要求确定在装载体积不受限制的情况下，将尽可能多的集装箱装上轮船。

　　该问题可形式化描述为

$$\max \sum_{i=1}^{n} x_i$$

其中，$\sum_{i=1}^{n} w_i x_i \leqslant C$，$x_i \in \{0,1\}$，$1 \leqslant i < n$。变量 $x_i = 0$ 表示不装入集装箱 $i$，$x_i = 1$ 表示装入集装箱 $i$。

　　最优装载问题可用贪心算法求解。采用重量最轻者先装的贪心选择策略，可产生最优装载问题的最优解。

### 4.5.1　贪心选择性质

当载重量为定值 $C$ 时，$w_i$ 越小时，可装载的集装箱数量 $n$ 越大。问题划分为 $i$ 个子问题，只要依次选择最小重量集装箱，满足小于等于 $C$。原问题即可由 $i$ 个子问题的最优解得到整体的最优解。所以，最优装在问题具有贪心选择性质。

设集装箱已依其重量从小到大排序，$(x_1, x_2, \cdots, x_n)$ 是最优装载问题的一个最优解，又设 $k = \min\limits_{1 \le i \le n}\{i \mid x_i = 1\}$。易知，如果给定的最优装载问题有解，则 $1 \le i \le n$。

(1) $k = 1$ 时，$(x_1, x_2, \cdots, x_n)$ 是一个满足贪心选择性质的最优解；

(2) $k > 1$ 时，取 $y_1 = 1$，$y_k = 0$，$y_i = x_i$，$1 < i \le n$，$i \ne k$，则

$$\sum_{i=1}^{n} w_i y_i = w_1 - w_k + \sum_{i=1}^{n} w_i x_i \le \sum_{i=1}^{n} w_i x_i \le C \,(因为\, w_k \ge w_1)$$

因此，$(y_1, y_2, \cdots, y_n)$ 是所给最优装载问题的可行解。

另一个方面，由 $\sum\limits_{i=1}^{n} y_i = \sum\limits_{i=1}^{n} x_i$ 知，$(y_1, y_2, \cdots, y_n)$ 是满足贪心选择性质的最优解。所以，最优装载问题具有贪心选择性质。

### 4.5.2　最优子结构性质

设 $(x_1, x_2, \cdots, x_n)$ 是最优装载问题的满足贪心选择性质的最优解，则易知，$x_1 = 1$，$(x_2, x_3, \cdots, x_n)$ 是轮船载重量为 $C - w_1$，待装船集装箱为 $\{2, 3, \cdots, n\}$ 时相应最优装载问题的最优解。也就是说，最优装载问题具有最优子结构性质。

由于最优装载问题的贪心选择性质和最优子结构性质，最优装载问题符合贪心算法。

### 4.5.3　算法实现

根据上述的分析，最优装问题对应的代码如下：

```c
#include<stdio.h>
#include<stdlib.h>
void Swap(int &x, int &y){                    // 交换
    int t;
    t = x; x = y; y = t;
}
void sort(int w[], int t[], int n){           //排序，由小到大
    for(int m = 0;m<n; m++){                   //为每个物品编序号
        t[m] = m;
    }
  int i, j;
  int lastExchangeIndex;
  i = n-1;
  while(i>0){
      lastExchangeIndex = 0;
      for(j = 0;j<i; j++){
```

```
                if(w[j+1]<w[j]){
                    Swap(w[j+1], w[j]);                    //物品重量交换
                    lastExchangeIndex = j;
                    Swap(t[j], t[j+1]);                    //物品序号交换
                }
            }
        i = lastExchangeIndex;
    }
}
void loading(int x[], int w[], int c, int n, int *t){      //最优装载
    sort(w, t, n);
    for(int i = 0;i<n;i++)x[i] = 0;
    for(int j = 0; j<n && w[t[j]]< = c ;j++){
            x[t[j]] = 1;                                   //装入
        c - = w[t[j]];
    }
}
int main(){
    int n, c;
    printf("请输入物品个数: ");
            scanf("%d", &n);
    printf("请输入最大容量: ");
    scanf("%d", &c);
    int x[200];                                            //存储物品编号
    int w[200];                                            //存储每个物品重量
    for(int i = 0;i<n;i++){
            printf("请输入第%d个物品重量: ", i);
            scanf("%d", &w[i]);
    }
    int *t = new int[n]; //物品是否装入
    for(int j = 0;j<n;j++)x[j] = 0;                        //初始化所有物品均为不装入
    loading(x, w, c, n, t);
    printf("装入物品编号为: ");
    for(int k = 0;k<n;k++){
                if(x[k] == 1)printf("%d", t[k]+1);
    }
    return 0;
}
```

### 4.5.4 复杂度分析

该算法的主要计算量在于将集装箱依其重量从小到大排序，故最优装载问题算法所需的时间复杂度为 $O(n\log n)$。

# 4.6　单源最短路径

在日常生活中，如果需要常常往返 A 地区和 B 地区之间，我们最希望知道的可能是从 A 地区到 B 地区间的众多路径中，哪一条路径的路途最短。

最短路径问题是图论研究中的一个经典算法问题，旨在寻找图(由结点和路径组成的)中两结点之间的最短路径。如果给定带权有向图 $G = (V, E)$，其中每条边的权是非负实数。另外，还给定 $V$ 中的一个顶点，称为源。现在要计算从源到所有其他各顶点的最短路长度。这里路的长度是指路上各边权之和。这个问题通常称为单源最短路径问题。

Dijkstra 算法是典型最短路算法，用于计算一个结点到其他所有结点的最短路径。主要特点是以起始点为中心向外层层扩展，直到扩展到终点为止。

## 4.6.1　算法基本思想

设 $G = (V, E)$ 是一个带权有向图，把图中顶点集合 $V$ 分成两组，第一组为已求出最短路径的顶点集合(用 $S$ 表示，初始时 $S$ 中只有一个源点 $v_0$，以后每求得一条最短路径，就将该路径中的顶点加入到集合 $S$ 中，直到全部顶点都加入到 $S$ 中，算法就结束了)；第二组为其余未确定最短路径的顶点集合(用 $V - S$ 表示)，按最短路径长度的递增次序依次把第二组的顶点 $u$ 加入 $S$ 中。在加入的过程中，总保持从源点 $v_0$ 到 $S$ 中各顶点的最短路径长度不大于从源点 $v_0$ 到 $V - S$ 中任何顶点的最短路径长度。

此外，每个顶点对应一个距离，$S$ 中顶点的距离就是从 $v_0$ 到此顶点的最短路径长度，$V - S$ 中顶点的距离是从 $v_0$ 到此顶点只包括 $S$ 中的顶点为中间顶点的当前最短路径长度。

例如对于源顶点 $v_0$，首先选择其直接相邻的顶点中长度最短的顶点 $v_i$，那么当前已知可得从 $v_0$ 到达 $v_j$ 顶点的最短距离 $dist[j] = \min \{ dist[j], dist[i] + matrix[i][j] \}$。

对图 4.4 中的有向图，应用 Dijkstra 算法计算从源点 1 到其他顶点最短路径的过程列在表 4.3 中。

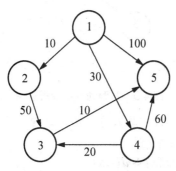

图 4.4　一个带权的有向图

表 4.3   Dijkstra 算法的迭代过程

| 迭 代 | S | u | dist[2] | dist[3] | dist[4] | dist[5] |
|---|---|---|---|---|---|---|
| 初始 | {1} | - | 10 | ∞ | 30 | 100 |
| 1 | {1, 2} | 2 | 10 | 60 | 30 | 100 |
| 2 | {1, 2, 4} | | 10 | 50 | 30 | 90 |
| 3 | {1, 2, 4, 3} | | 10 | 50 | 30 | 60 |
| 4 | {1, 2, 4, 3, 5} | | 10 | 50 | 30 | 60 |

上述 Dijkstra 算法只求出从源顶点到其他顶点间的最短路径长度。如果还要求出相应的最短路径,可以用算法中数组 $prev[]$ 记录的信息求出相应的最短路径。算法中数据 $prev[i]$ 记录的是从源到顶点 $i$ 的前一个顶点。初始时,对所有 $i \neq 1$,置 $prev[i] = v_0$。在 Dijkstra 算法中更新最短路径长度时,只要 $dist[u] + matrix[u][i] < dist[i]$ 时,就置 $prev[i] = u$。当 Dijkstra 算法终止时,就可以根据数组 $prev[]$ 找到从源到 $i$ 的最短路径上每个顶点的前一个顶点,从而找到从源到 $i$ 的最短路径。

例如,对于图 4.4 中的有向图,经 Dijkstra 算法计算后可得数据 $prev[]$ 具有值 $prev[2] = 1$、$prev[3] = 4$、$prev[4] = 1$、$prev[5] = 3$。如果要找出顶点 1 到顶点 5 的最短路径,可以从数组 $prev[]$ 得到顶点 5 的前一个顶点是 3,3 的前一个顶点是 4,4 的前一个顶点是 1。于是从顶点 1 到顶点 5 的最短路径是 $1 \to 4 \to 3 \to 5$。

### 4.6.2   贪心选择性质

Dijkstra 算法的贪心选择是从 $V - S$ 中选择具有最短特殊路径的顶点 $u$,从而确定从源到 $u$ 的最短路径长度 $dist[u]$。这种贪心选择为什么能得到最优解呢?换句话说,为什么从源到 $u$ 没有其他更短的路径呢?我们可以用反证法来证明。

如果存在一条从源到 $u$ 且长度比 $dist[u]$ 更短的路,设这条路初次走出 $S$ 到达的顶点为 $x \in V - S$,然后徘徊于 $S$ 内外若干次,最后离开 $S$ 到达 $u$,如图 4.5 所示。

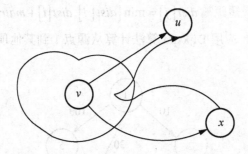

图 4.5   从源到 $u$ 的最短路径

在这条路径上,分别记 $d(v,x)$、$d(x,u)$、$d(v,u)$ 为顶点 $v$ 到顶点 $x$、顶点 $x$ 到顶点 $u$、顶点 $v$ 到顶点 $u$ 的路径长度,则有

$$dist[x] \leqslant d(v,x)$$
$$d(v,x) + d(x,u) = d(v,u) < dist[u]$$

利用边的长度(权值)的非负性,可知 $d(x,u) \geqslant 0$。由上式可知,$dist[x] < dist[u]$。这说

明 $x \in V - S$ 是具有最短特殊路径的顶点，此为矛盾。这就证明了 $dist[u]$ 是从源到顶点 $u$ 最短路径长度。

### 4.6.3 最优子结构性质

为了说明算法的正确性，还必须证明其最优子结构性质。即算法中确定的 $dist[u]$ 确实是当前从源到顶点 $u$ 的最短特殊路径长度。为此，只要考察算法在添加 $u$ 到 $S$ 中后，$dist[u]$ 的值所起的变化。当添加 $u$ 之后，可能出现一条到顶点 $i$ 的新特殊路径。我们将添加 $u$ 之前的 $S$ 称为老 $S$。

第一种情况：如果这条新特殊路是先经过老 $S$ 到达顶点 $u$，然后从 $u$ 经一条边直接到达顶点 $i$，则这种路的最短的长度是 $dist[u] + matrix[u][i]$。这时，如果 $dist[u] + matrix[u][i] < dist[i]$，则算法中用 $dist[u] + matrix[u][i]$ 作为 $dist[i]$ 的新值。

第二种情况：如果这条新特殊路径经过老 $S$ 到达 $u$ 后，不是从 $u$ 经一条边直接到达 $i$，而是像图 4.6 那样，回到老 $S$ 中某个顶点 $x$，最后才到达顶点 $i$，那么由于 $x$ 在老 $S$ 中，因此 $x$ 比 $u$ 先加入 $S$，故图 4.6 中从源到 $x$ 的路径长度比从源到 $u$，再从 $u$ 到 $x$ 的路径长度小。于是当前 $dist[i]$ 的值小于图 4.6 中从源到经 $x$ 到 $i$ 的路径长度，也小于图中从源经 $u$ 和 $x$，最后到达 $i$ 的路径长度。因此，在算法中不必考虑这种路径。

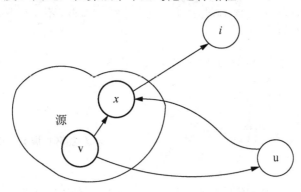

图 4.6 非最短的特殊路径

由此，不论算法中 $dist[u]$ 的值是否有变化，它总是关于当前顶点集 $S$ 到顶点 $u$ 的最短特殊路径长度。

### 4.6.4 Dijkstra 算法实现

根据这种思路，假设存在 $G = (V, E)$，源顶点为 $v_0$，$S = \{v_0\}$，$V - S = \{其余顶点\}$，$dist[i]$ 记录 $v_0$ 到 $i$ 的最短距离，prev[$i$]记录从 $v_i$ 到 $i$ 路径上 $i$ 前面的一个顶点，步骤描述如下：

(1) 从 $V - S$ 中选取一个其距离值为最小的顶点 $i$ 且不在 $S$ 中，将 $i$ 加入到 $S$ 中；

(2) 更新与 $i$ 直接相邻顶点的 $dist$ 值 $dist[j] = \min\{dist[j], dist[i] + matrix[i][j]\}$；

(3) 重复上述步骤 1、2，直到 $S$ 中包含所有顶点。

Dijkstra 算法具体实现如下：

```
#include <stdio.h>
#include<stack>
#define M 100
#define N 100
#define INT_MAX 1000000
using namespace std;
typedef struct node {
    int matrix[N][M];                      //邻接矩阵
    int n;                                 //顶点数
    int e;                                 //边数
}MGraph;
void DijkstraPath(MGraph g, int *dist, int *prev, int v0){
                                           //v0表示源顶点

    int i, j, k;
    bool *visited =(bool *)malloc(sizeof(bool)*g.n);
    for(i = 0;i<g.n;i++){                  //初始化
        if(g.matrix[v0][i]>0&&i! = v0){
            dist[i] = g.matrix[v0][i];
            prev[i] = v0;                  // prev 记录最短路径上从 v0 到 i 的前
一个顶点
        }
        else {
            dist[i] = INT_MAX;             //若 i 不与 v0 直接相邻,则权值置为无穷大
            prev[i] = -1;
        }
        visited[i] = false;
        prev[v0] = v0;
        dist[v0] = 0;
    }
    visited[v0] = true;
    for(i = 1;i<g.n;i++){                   //循环扩展 n-1 次
        int min = INT_MAX;
        int u;
        for(j = 0;j<g.n;j++){              //寻找未被扩展的权值最小的顶点
            if(visited[j] == false&&dist[j]<min){
                min = dist[j];
                u = j;
            }
        }
        visited[u] = true;
        for(k = 0;k<g.n;k++){              //更新 dist 数组的值和路径的值
            if(visited[k] == false&&g.matrix[u][k]>0&&min+g.matrix[u][k]<dist[k]){
                dist[k] = min+g.matrix[u][k];
                prev[k] = u;
            }
        }
    }
}
void showPath(int *prev, int v, int v0){   //打印最短路径上的各个顶点
    stack<int> s;
```

```
        int u = v;
        while(v! = v0){
            s.push(v);
            v = prev[v];
        }
        s.push(v);
        while(!s.empty()){
            printf("%d ", s.top());
            s.pop();
        }
}
int main(int argc, char *argv[]){
        int n, e;                               //表示输入的顶点数和边数
        while(scanf("%d%d", &n, &e)&&e! = 0){
            int i, j;
            int s, t, w;                        //表示存在一条边 s->t, 权值为 w
            MGraph g;
            int v0;
            int *dist =(int *)malloc(sizeof(int)*n);
            int *prev =(int *)malloc(sizeof(int)*n);
            for(i = 0;i<N;i++)
                for(j = 0;j<M;j++)g.matrix[i][j] = 0;
            g.n = n;
            g.e = e;
            for(i = 0;i<e;i++){
                scanf("%d%d%d", &s, &t, &w);
                g.matrix[s][t] = w;
            }
            scanf("%d", &v0);                   //输入源顶点
            DijkstraPath(g, dist, prev, v0);
            for(i = 0;i<n;i++){
                if(i! = v0){
                    showPath(prev, i, v0);
                    printf("%d ", dist[i]);
                }
                printf("\n");
            }
        }
        return 0;
}
```

### 4.6.5 复杂度分析

对于一个具有 $n$ 个顶点和 $e$ 条边的带权有向图, 如果用带权邻接矩阵表示这个图, 那么 Dijkstra 算法的主循环体要 $O(n)$ 的时间, 这个循环需要执行 $n-1$ 次, 所以该算法的时间复杂度为 $O(n^2)$。

# 4.7 多处最优服务次序问题

设有 $n$ 个顾客同时等待一项服务。顾客 $i$ 需要的服务时间为 $t_i$ $(1 \le i \le n)$。共有 $s$ 处可以提供此项服务。应如何安排 $n$ 个顾客的服务次序才能使平均等待时间达到最小？其中，平均等待时间是 $n$ 个顾客等待服务时间的总和除以 $n$。即给定的 $n$ 个顾客需要的服务时间和 $s$ 的值，计算最优服务次序。

## 4.7.1 贪心选择策略

假设原问题为 $T$，而我们已经知道了某个最优服务系列，即最优解为 $A = \{t(1), t(2), \cdots, t(n)\}$。其中，$t(i)$ 为第 $i$ 个用户需要的服务时间，则每个用户等待时间为

$$T(1) = t(1)$$
$$T(2) = t(1) + t(2)$$
$$\cdots$$
$$T(n) = t(1) + t(2) + t(3) + \cdots + t(n)$$

那么，总等待时间，即最优值为：

$$T_A = n \times t(1) + (n-1) \times t(2) + \cdots + (n+1-i) \times t(i) + \cdots + 2 \times t(n-1) + t(n)$$

由于平均等待时间是 $n$ 个顾客等待时间的总和除以 $n$，故本题实际上就是求使顾客等待时间的总和最小的服务次序。

本问题采用贪心算法求解的贪心策略如下：对服务时间最短的顾客先服务的贪心选择策略。首先对需要服务时间最短的顾客进行服务，即做完第一次选择后，原问题 $T$ 变成了需对 $n-1$ 个顾客服务的新问题 $T'$。新问题和原问题相同，只是问题规模由 $n$ 减小为 $n-1$。基于此种选择策略，对新问题 $T'$，选择 $n-1$ 顾客中选择服务时间最短的先进行服务。如此进行下去，直至所有服务都完成为止。

## 4.7.2 贪心选择性质

先来证明该问题具有贪心选择性质，即最优服务 $A$ 中 $t(1)$ 满足条件：$t(1) \le t(i)(2 < i < n)$。

证明：

假设 $t(1)$ 不是最小的，不妨设 $t(1) > t(i)(i > 1)$。设另一服务序列 $B = \{t(i), t(2), \cdots, t(1), \cdots, t(n)\}$，有

$$T_A - T_B = n \times [t(1) - t(i)] + (n+1-i) \times [t(i) - t(1)]$$
$$= (1-i) * [t(i) - t(1)] > 0$$

即 $T_A > T_B$，这与 A 是最优服务相矛盾。故最优服务次序问题满足贪心选择性质。

## 4.7.3 最优子结构性质

在进行了贪心选择后，原问题 $T$ 就变成了如何安排剩余的 $n-1$ 个顾客的服务次序的问

题 $T'$，是原问题的子问题。若 $A$ 是原问题 $T$ 的最优解，则 $A' = \{t(2),\cdots,t(i),\cdots,t(n)\}$ 是服务次序问题子问题 $T'$ 的最优解。

证明：

假设 $A'$ 不是子问题 $T'$ 的最优解，其子问题的最优解为 $B'$，则有 $T'_B < B'_A$，而根据 $T_A$ 的定义知，$T'_A + t(1) = T_A$。因此，$T'_B + t(1) < T'_A + t(1) = T_A$，即存在一个比最优值 $T_A$ 更短的总等待时间，而这与 $T_A$ 为问题 $T$ 的最优值相矛盾。因此，$A'$ 是子问题 $T'$ 的最优值。

从以上贪心选择及最优子结构性质的证明，可知对最优服务次序问题用贪心算法可求得最优解。

根据以上证明，最优服务次序问题可以用最短服务时间优先的贪心选择求得最优解。故只需对所有服务先按服务时间从小到大进行排序，然后按照排序结果依次进行服务即可。平均等待时间即为 $T_A / n$。

## 4.7.4 算法实现

由多处最优服务次序问题具有贪心选择性质和最优子结构性质，容易证明算法 greedy( ) 的正确性。本算法采用最短服务时间优先的贪心策略。

首先将每个顾客所需要的服务时间从小到大排序。然后申请 2 个数组：st[ ]是服务数组，st[j]为第 j 个队列上的某一个顾客的等待时间；su[ ]是求和数组，su[j]的值为第 j 个队列上所有顾客的等待时间。具体实现如下：

```cpp
#include<iostream>
#include <vector>
#include<algorithm>
using namespace std;
using std::vector;
double greedy(vector<int>x, int s){
    vector<int>st(s+1, 0);
    vector<int>su(s+1, 0);
    int n = x.size();
    sort(x.begin(), x.end());
    int i = 0, j = 0;
    while(i<n){
        st[j]+ = x[i];
        su[j]+ = st[j];
        i++;
        j++;
        if(j == s)j = 0;                    //循环分配顾客到每一个服务点上
    }
    double t = 0;
    for(i = 0;i<s;i++)t+ = su[i];
    t/ = n;
    return t;
}
```

```
int main(int argc, char* argv[]){
    int n;                               //等待服务的顾客人数
    int s;                               //服务点的个数
    int i;
    int a;
    int t;                               //平均服务时间
    vector<int>x;
    cout<<"please input the num of the customer:"<<endl;  cin>>n;
    cout<<"please input the num of the server:"<<endl;  cin>>s;
    cout<<"please input the need service time of each customer:"<<endl;
    for(i = 1;i< = n;i++){
        cout<<"No."<<i<<endl;   cin>>a;
        x.push_back(a);
        }
    t = greedy(x, s);
    cout<<"the least average waiting time is:"<<t<<endl;
}
```

例如，有 10 个顾客 $\{x_1, x_2, x_3, \cdots, x_{10}\}$ 同时等待用一个服务，它们需要的服务时间分别为 56、12、1、99、1000、234、33、55、99、812，可提供该服务的数目为 2，则输出结果为 336，此时该问题的最优服务次序是 1、12、33、55、56、99、99、234、812、1000。

### 4.7.5 复杂度分析

程序主要是花费在对各顾客所需服务时间的排序和贪心算法，即计算平均服务时间上面。其中，贪心算法部分只有一重循环影响时间复杂度，其时间复杂度为 $O(n)$，而排序算法的时间复杂度为 $O(n\log n)$。因此，综合来看该算法的时间复杂度为 $O(n\log n)$。

# 4.8 ACM 经典问题解析

### 4.8.1 Fat Mouse Trade(难度：★★☆☆☆)

**1. 题目描述**

FatMouse 准备 M 英镑的猫粮，准备与守卫仓库的猫交易他最喜欢的食物——JavaBean。仓库有 N 个房间。第 i 个房间包含 $J[i]$ 磅的 JavaBeans，需要 $F[i]$ 磅的猫粮去交换。对于某一房间，FatMouse 不必交易的所有 JavaBeans。相反，他可能会得到 $J[i]*a\%$ 磅的 JavaBeans，如果他付 $F[i]*a\%$ 磅的猫粮，这里是一个实数。现在他把这个工作交给你：告诉他最多可以获得的 JavaBeans。

**输入格式**

有多组测试数据。每组数据的第一行是两个整数 M、N。接下来 N 行，每行两个整数，代表 N 个房间的信息。

**输出格式**

输出 FatMouse 最多能获得的 JavaBeans。保留三位小数。

**输入样例**

```
5 3
7 2
4 3
5 2
20 3
25 18
24 15
15 10
-1 -1
```

**输出样例**

```
13.333
31.500
```

2. 题目分析

我们的思路是贪心算法。对于这 N 个房间，我们要怎么去交换呢？很显然，我们肯定从性价比高的房间换起。怎样称之为性价比高？用尽量少的猫粮去换尽可能多的 JavaBeans，即 $J[i]/F[i]$ 尽可能大。那么，我们可以将房间按性价比从高到低排序，如果到当前房间 $p$ 时，剩余的猫粮 $m \geqslant F[p]$。我们就用 $F[i]$ 磅的猫粮去换 $J[p]$ 磅的 JavaBeans。最后，若所有房间都换完了，那就不做处理了。如果还有房间没换完，且猫粮还有剩余，那就按剩余猫粮 $m/F[p]$ 的比例去换 JavaBeans 就好了。

3. 问题实现

```
#include<stdio.h>
#include<string.h>
struct room {                            //用来存储房间的交换信息
    int mous , ca ;
} ;
bool cmp(struct room i , struct room j){        //对两个 room 的性价比的比较
    if(i.mous * j.cat < i.cat * j.mous)return 1;
    return 0;
}
room f[1111] ;
void Sort(int n){  //给 room 按性价比排序，这里由于 n 的范围较小，我用了选择排序
    int i , j;
    for(i = 1 ; i < n ; i ++){
        int k = i;
        for(j = i + 1 ; j < = n ; j ++){
            if(cmp(f[k] , f[j]))k = j;
            if(k ! = i){
                struct room temp = f[i] ;
```

```
            f[i] = f[k];
            f[k] = temp;
        }
    }
}
int main(){
    int n , m , i , j;
    while(scanf("%d%d" , &m , &n)! = EOF){
        if(n == -1 && m == -1)break;
        for(i = 1 ; i < = n ; i ++)
            scanf("%d%d", &f[i].mous , &f[i].cat);
        Sort(n);
        int p = 1;
        double ans = 0;
        while(p < = n && m > = f[p].cat){
            m - = f[p].cat;
            ans + = f[p].mous;
            p ++;
        }
        if(m && p < = n)ans + =(double)f[p].mous * m / f[p].cat;
        printf("%.3lf\n" , ans);
    }
}
```

通过分析程序的主要部分，不难知道，排序是影响其复杂度主要因素。所以，该问题的时间复杂度为 $O(n\log n)$。

### 4.8.2　Sorting the Photos(难度：★★★☆☆)

**1．题目描述**

给你一沓照片，有的正面朝上，有的反面朝上，朝上的用字母 U，朝下的用字母 D。可以从一个位置开始到最顶端，把这一沓拿出来，反转，然后再放回那一沓照片上面。试求出最少的翻转次数，使所有的照片朝向一样。

**输入格式**

第一行输入一个整数 $n$ 表示有 $n$ 组测试数据。随后是 $n$ 组测试数据。每组测试数据给出照片的张数 $m$，然后输入一些字符，包括 'U' 表示朝上，'D' 表示朝下，还有一些空格、回车。

**输出格式**

对于每组测试数据输出一行，内容为使照片翻转次数尽可能少的方案数。每个样例之间用空行隔开。

**输入样例**

```
1
5
UU D
UU
```

**输出样例**

　　2

**2. 题目分析**

　　对于每个样例的输入，采用 getchar( )。输入字符里面有用的字符就只有 'U' 和 'D'，所以只要判断 'U' 和 'D' 的个数是否到 $m$ 个即可。

　　把每个连续的 'U' 或者 'D' 看成一个小整体，只要翻转同步，可以看成一张。然后从上往下依次翻，当遇到朝向不一样的照片时，我们就把上面所有的照片都反转一下即可，接着就继续往下，直到所有的朝向都一样了为止。

　　因此，我们只要计算朝向不一样的次数即可。而朝向不一样的次数等于小整体的个数，故我们在输入时就直接计算这种小整体的个数 $S$，答案即为 $S$-1。

**3. 问题实现**

```c
#include<stdio.h>
#include<string.h>
int main(){
    int i, j, k, t, n;
    scanf("%d", &t);
    while(t--){
        scanf("%d", &n);
        int flag = 0, pre = -1;          //flag 表示小整体的个数, pre 表示之前那
                                         //  个小整体的朝向
        char s;
        while(n){
            s = getchar();
            if(s == 'U'||s == 'D'){
                n--;                     //是照片, 个数减一
                if(s! = pre){            //与前面的不一样, 个数加一且pre 得朝向改变
                    flag++;
                    pre = s;
                }
            }
        }
        flag--;
        printf("%d\n", flag);
        if(t)puts("");//输出中间的空行
    }
    return 0;
}
```

　　通过分析程序的主要部分，我们不难知道，while 循环是影响其复杂度主要因素，所以，该问题的时间复杂度为 $O(n)$。

### 4.8.3  Moving Tables(难度：★★★☆☆)

1. 题目描述

一个楼层在沿着走廊的北面和南面有 200 个房间。最近该公司提出了计划改革方案。改革包括搬动客房里的很多桌子。由于走廊狭窄，所有桌子都大，只有一张桌子可以通过走廊。搬动一张桌子从一个房间到另一个房间需要 10 分钟。当搬动一张桌子从房间 $i$ 到房间 $j$，房间 $i$ 和房间 $j$ 前面的部分走廊就被占用了。因此，在每个 10 分钟内，两个房间之间的搬动不能同时用到走廊相同的部分，即每个 10 分钟，每一段走廊只允许一张桌子通过。

你的任务是求出搬完所有桌子的最短时间。

**输入格式**

第一行输入一个整数 $T$，表示有 $T$ 组测试数据。随后是 $T$ 组测试数据。每组测试数据输入一行 $N$，表示需要移动的桌子数，接下来 $N$ 行，每行输入两个整数 $s$ 和 $t$，表示桌子从房间 $s$ 移动到房间 $t$。

**输出格式**

对于每组测试数据输出一行，内容为搬完所有桌子的最短时间。

**输入样例**

```
3
4
10 20
30 40
50 60
70 80
2
1 3
2 200
3
10 100
20 80
30 50
```

**输出样例**

```
10
20
30
```

2. 题目分析

这道题要求所花的时间最少，实际上我们只要考虑哪一段重合度最高，重合度最高的地方，也就是我们至少要移动的次数了。因为有 400 间房间，1-2 对应一段走廊，3-4 对应一段走廊，如此我们可以把走廊分成 200 段，标记为 $a[0]$~$a[199]$，之后我们根据输入的房间序号，就可以算出要用到哪几段的走廊，最后求出 $a[n]$ 最大值就是移动的次数了。

### 3. 问题实现

```cpp
#include <cstdio>
#include <cstring>
int a[205];                              //用于记录该段通过的次数
int main(){
    int T;
    scanf("%d", &T);
    while(T--){
        int n;
        scanf("%d", &n);
        memset(a, 0, sizeof(a));         //初始时都为0
        for(int i = 0;i<n;i++){
            int s, t;
            scanf("%d%d", &s, &t);
            if(s>t){                     //如果s>t，那么交换s和t的值
                int tmp = s;s = t;t = tmp;
            }
            s =(s-1)/2;
            t =(t-1)/2;         //使面对的房间共用一段走廊 如 1 和 2 公用 第 0 段走廊
            for(int j = s;j< = t;j++)a[j]++;
        }
        int ans = a[0];
        for(int i = 0;i<200;i++)
            if(ans<a[i])ans = a[i];
        printf("%d\n", ans*10);          //每一次移动需要10分钟，所以最后乘10
    }
    return 0;
}
```

通过分析程序的主要部分，我们不难知道，for 循环是影响其复杂度主要因素，所以，该问题的时间复杂度为 $O(n)$。

## 4.8.4 Box of Bricks(难度：★★★★☆)

### 1. 题目描述

给定 $N$ 堆不同高度的积木，每次移动一个积木到另外一堆积木上，问最少多少步可以让所有堆积木高度一致。

**输入格式**

多组测试数据。每一组输入 $N$ 表示积木的堆数，接下来一行输入 $N$ 个数，表示第 $i$ 堆积木的高度为 $h_i$(输入保证：$1 \leqslant N \leqslant 50$ ，$1 \leqslant h_i \leqslant 100$ )。输入 $N = 0$ 结束，不再继续处理。

**输出格式**

对于每组测试数据输出一行。首先，输出一行表示第几组测试数据，如样例所示。然后下一行输出 "The minimum number of moves is k."。其中，$k$ 表示积木的最少移动数。每一组测试后再输出一个空行。

**输入样例**

```
6
5 2 4 1 7 5
0
```

**输出样例**

Set #1

The minimum number of moves is 5.

**2. 题目分析**

这道题求最少移动步数，显然只有那些高于平均高度的积木才必须要移动，移到那些低于平均高度的积木上。所以最少移动步数就是所有高出平均高度的积木数了。

**3. 问题实现**

```cpp
#include <cstdio>
int h[55];                          //记录每一堆积木的高度
int main(){
    int n, cas = 1;
    while(~scanf("%d", &n)&&n){
        int ave = 0;
        int ans = 0;
        for(int i = 0;i<n;i++){
            scanf("%d", &h[i]);
            ave+ = h[i];            //积木的总高度
        }
        ave/ = n;                   //积木高度的平均值
        for(int i = 0;i<n;i++)if(h[i]>ave)ans+ = h[i]-ave; /只要把高于平均值
的移动到低的就是最低移动了
        printf("Set #%d\n", cas++);
        printf("The minimum number of moves is %d.\n\n", ans);
    }
    return 0;
}
```

通过分析程序的主要部分不难知道，*for* 循环是影响其复杂度主要因素，所以，该问题的时间复杂度为 $O(n)$。

### 4.8.5 Wooden Sticks(难度：★★★★☆)

**1. 题目描述**

我们要处理一些木棍，第一根的时间是 1 分钟，在长度为 $L$ 重为 $W$ 的木棍后面的那根的长度为 $L'$、重量 $W'$，只要 $L \leq L'$ 并且 $W \leq W'$，就不需要时间，否则需要 1 分钟，求如何安排处理木棍的顺序，才能使花的时间最少。

**输入格式**

第一行输入一个整数 $T$，表示有 $T$ 组测试数据。随后是 $T$ 组测试数据。每组测试数据

输入一行 $N(1 \leqslant N \leqslant 5000)$ 表示木棍的数量，接下了输入 $N$ 对整数分别表示第 $i$ 根木棍的长度 $l_i$ 和重量 $w_i$。($l$ 和 $w$ 最大不超过 10000)。

**输出格式**

对于每组测试数据输出一行表示处理完所有木棍的最少时间。

**输入样例**

```
3
5
4 9 5 2 2 1 3 5 1 4
3
2 2 1 1 2 2
3
1 3 2 2 3 1
```

**输出样例**

```
2
1
3
```

2. 题目分析

我们使用贪心算法来完成。先把这些木棍按长度和重量都从小到大的顺序排列(即首先按长度排序，如果长度相同，则按重量排序)。$L$ 和 $W$ 是第一根的长度和重量，依次比较后面的是不是比当前的 $L$ 和 $W$ 大，是的话把标志 flag 设为 1，并更新 $L$、$W$。比较完后，再从前往后扫描，找到第一个标志位为 0 的，作为是第二批的最小的一根，计数器加 1。把它的长度和重量作为当前的 $L$ 和 $W$，再循环往后比较。直到所有的都处理了。经过这样一个排序，每次从前往后都能找到一个满足题意的包含最多的集合。

3. 问题实现

```cpp
#include <cstdio>
#include <cstring>
#include <algorithm>
using namespace std;
const int maxn = 5010;
struct E {
    int l, w, flag;
    bool operator <(const E &a)const {          //重载小于号
        if(l == a.l)return w<a.w;
        return l<a.l;
    }
}stick[maxn];
int main(){
    int T;
```

```
        scanf("%d", &T);
        while(T--){
            int n;
            scanf("%d", &n);
            memset(stick, 0, sizeof(stick));            //初始化每根棒子 flag 为 0
            for(int i = 0;i<n;i++)
                scanf("%d%d", &stick[i].l, &stick[i].w);
            sort(stick, stick+n);                        //按约定排序
            int ans = 0;
            int L = stick[0].l, W = stick[0].w;
            for(int i = 0;i<n;i++){
                ans++;                                    //计数器+1
                for(int j = i;j<n;j++){
                    if((!stick[j].flag)&&stick[j].l> = L&&stick[j].w> = W){
                                                          //符合条件则更新 L, W
                        stick[j].flag = 1;
                        L = stick[j].l, W = stick[j].w;
                    }
                }
                int t = i;
                while(stick[t].flag)t++; //找到第一个没有被处理过的棒子，来更新 L 和 W
                i = t-1;
                L = stick[t].l, W = stick[t].w;
            }
            printf("%d\n", ans);
        }
        return 0;
    }
```

通过分析程序的主要部分不难知道，排序是影响其复杂度主要因素，所以，该问题的时间复杂度为 $O(n\log n)$。

### 4.8.6 钓鱼问题(难度：★★★★☆)

1. 题目描述

有 $n$ 个湖，每个湖有一个初始的 $f[i]$，表示垂钓五分钟能钓到的鱼的数量，每钓一次鱼 $f[i]$ 就会降低 $d[i]$，即 $f[i] = f[i] - d[i]$。现在某人从第一个湖出发，告诉你每相邻两个湖之间的时间花费，现在此人按顺序依次经过每一个湖，不能回头，问他在有限的时间 H 内最多能钓多少鱼？

**输入格式**

先输入一个 T，表示测试数据组数，然后输入 $n$、$h$，分别表示湖的数量 $n$ 和时间 $h$，接下来的一行是 $n$ 个数，表示每个湖的初始的钓鱼数量。再接下来一行是 $n$ 个数，表示每个湖每次钓鱼后会减少的鱼的数量。最后是 $n$-1 个数，表示两个湖之间的时间差距 $t[i]$，表示第 $i$ 个湖走到第 $i$+1 个湖需要时间 $t[i]$。

**输出格式**

对于每组测试数据，输出在每个湖停留的时间与最多能钓到鱼的总量，具体参见输出样例。

**输入样例**

```
3
2 1
10 1
2 5
2
4 4
10 15 20 17
0 3 4 3
1 2 3
4 4
10 15 50 30
0 3 4 3
1 2 3
```

**输出样例**

```
Case 1:
45, 5
Number of fish expected: 31
Case 2:
240, 0, 0, 0
Number of fish expected: 480
Case 3:
115, 10, 50, 35
Number of fish expected: 724
```

**2. 题目分析**

一看到这个题，我们肯定会有这样的想法，能不能每次都挑鱼最多的湖来钓？当然可以，但是我们还要考虑不能回头这个关键因素。现在尝试着枚举钓鱼旅程的终点，如果我们已经知道终点了，那么就可以将在路上走的那部分代价先扣掉，然后就可以用一开始的想法来做。这个想法很巧妙，请读者仔细领悟。

**3. 问题实现**

```cpp
#include <cstdio>
#include <vector>
#include <cstring>
#include <algorithm>
```

```
using std::vector;
int f[26], d[26], go[26], sum[26], ff[26], s[26];
int main(){
    int T, ca = 1, h, n;
    scanf("%d", &T);
    while(T--){
        scanf("%d%d", &n, &h); h * = 60;
        for(int i = 1; i < = n; i++)scanf("%d", &f[i]);
        for(int i = 1; i < = n; i++)scanf("%d", &d[i]);
        for(int i = 1; i < n; i++)scanf("%d", &go[i]);
        sum[1] = 0;
        for(int i = 2; i < = n; i++){
            sum[i] = sum[i-1] + go[i-1]*5;
        }
        int ans = 0;
        vector<int> cost;                              //用来保存答案
        for(int i = 1; i < = n; i++)if(sum[i] < = h){   // 枚举每一个终点
            memcpy(ff, f, sizeof(f));
            int hh = h;
            hh - = sum[i];
            int tans = 0;
            memset(s, 0, sizeof(s));
            while(hh>0){                        //然后开始模拟时间流逝，5分钟一个间隔
                int mx = 0, id = -1;
                for(int j = 1; j < = i; j++){           //找鱼最多的湖来钓
                    if(ff[j] > mx){
                        id = j;
                        mx = ff[j];
                    }
                }
                if(id! = -1){
                    s[id]+ = 5;
                    ff[id] - = std::min(ff[id], d[id]);
                }
                else {
                    s[1] + = 5;
                }
                hh- = 5;
                tans + = mx;
            }
            if(tans > ans){                     //如果某次枚举能得到更多的鱼就更新答案
                ans = tans;
                cost.clear();
                for(int j = 1; j < = i; j++)cost.push_back(s[j]);
            }
        }
        printf("Case %d:\n", ca++);
```

```
        if(cost.size()< n){
            for(int i = cost.size(); i < n; i++)cost.push_back(0);
        }
        for(int i = 0; i < cost.size(); i++){
            if(i! = cost.size()-1)printf("%d, ", cost[i]);
            else printf("%d\n", cost[i]);
        }
        printf("Number of fish expected: %d\n", ans);
    }
}
```

通过分析程序的主要部分不难知道，该问题的时间复杂度为 $O(n\log n)$。

### 4.8.7 树形 DP 问题(难度：★★★★☆)

1. 题目描述

给你一棵树，问你最少需要选择多少个点，使得所有边的两端都至少会有一个点被选中。

**输入格式**

先输入一个 $n$，表示总的点数量，然后是 $n$ 行，每行先输入一个 $i$，然后是(num)的格式，表示 $i$ 这个点有 num 个儿子，接着输入 num 个数，表示这些儿子。

**输出格式**

输出一个数，表示最少需要选择的点的数量。

**输入样例**

```
    4
    0:(1)1
    1:(2)2 3
    2:(0)
    3:(0)
    5
    3:(3)1 4 2
    1:(1)0
    2:(0)
    0:(0)
    4:(0)
```

**输出样例**

```
    1
    2
```

2. 题目分析

(1) 设 dp[$i$][0]表示 $i$ 这个结点不选的情况下，以 $i$ 为根的子树最少需要多少个点；dp[$i$][1] 表示 $i$ 这个结点选的情况下，以 $i$ 为根的子树最少需要多少个点。

(2) 那么，可以考虑这样的转移方程

① dp[$i$][1] = sigma(min(dp[$j$][0], dp[$j$][1]))

② dp[$i$][0] = sigma(dp[$j$][1])

(3) 其中，$j$ 是 $i$ 的某个子结点，相当于枚举每个子结点再累加，即假如当前点选择，那么子结点可选可不选，假如当前点不选，那么子结点必选，累加过来即可。

3. 问题实现

```
#include<cstdio>
#include<cstring>
#include<algorithm>
const int N = 1510;
int dp[1510][2];
int head[N], nxt[N], pnt[2*N];
int E;
void add(int a, int b){
    pnt[E] = b;
    nxt[E] = head[a];
    head[a] = E++;
}
void dfs(int u, int f){
    int to;
    dp[u][0] = 0;dp[u][1] = 1;
    for(int i = head[u]; i ! = -1; i = nxt[i]){
        int to = pnt[i];
        if(to == f)continue;
        dfs(to, u);
        dp[u][1]+ = std::min(dp[to][0], dp[to][1]);  //当前点选择，子结点就可选
可不选
        dp[u][0]+ = dp[to][1];                       //当前点不选，子结点就必选
    }
}
void init(){
    E = 0;
    memset(head, -1, sizeof(head));
}
int main(){
    int tot;
    int i, j, s, t, sum, num, leve;
    while(scanf("%d", &tot)! = EOF){
        init();
        int count = 1;
        sum = leve = 0;
        for(i = 1;i< = tot;i++){
            scanf("%d:(%d)", &s, &num);
            sum+ = s;
```

```
        for(j = 1;j< = num;j++){
            scanf("%d", &t);
            leve+ = t;
            add(s, t);
        }
    }
    int root = sum-leve;                    //确定树根
    dfs(root, -1);
    printf("%d\n", std::min(dp[root][0], dp[root][1]));
    }
    return 0;
}
```

通过分析程序的主要部分不难知道，两个 for 循环是影响其复杂度主要因素，所以，该问题的时间复杂度为 $O(n^2)$。

### 4.8.8 Frogs' Neighborhood(难度：★★★☆☆)

1. 题目描述

未名湖附近共有 N 个大小湖泊 $L_1$, $L_2$, …, $L_n$(其中包括未名湖)，每个湖泊 $L_i$ 里住着一只青蛙 $F_i(1 \leqslant i \leqslant N)$。如果湖泊 $L_i$ 和 $L_j$ 之间有水路相连，则青蛙 $F_i$ 和 $F_j$ 互称为邻居。现在已知每只青蛙的邻居数目 $x_1$, $x_2$, …, $x_n$，请你给出每两个湖泊之间的相连关系。

**输入格式**

第一行是测试数据的组数 $T(0 \leqslant T \leqslant 20)$。每组数据包括两行，第一行是整数 $N(2 < N < 10)$，第二行是 N 个整数 $x_1$, $x_2$, …, $x_n$ $(0 \leqslant x_i \leqslant N)$。

**输出格式**

对输入的每组测试数据，如果不存在可能的相连关系，输出"NO"。否则输出"YES"，并用 N×N 的矩阵表示湖泊间的相邻关系，即如果湖泊 i 与湖泊 j 之间有水路相连，则第 i 行的第 j 个数字为 1，否则为 0。每两个数字之间输出一个空格。如果存在多种可能，只需给出一种符合条件的情形。相邻两组测试数据之间输出一个空行。

**输入样例**

```
3
7
4 3 1 5 4 2 1
6
4 3 1 4 4 2 0
6
2 3 1 1 2 1
```

**输出格式**

```
YES
0 1 0 1 1 0 1
```

```
1 0 0 1 1 0 0
0 0 0 1 0 0 0
1 1 1 0 1 1 0
1 1 0 1 0 1 0
0 0 0 1 1 0 0
1 0 0 0 0 0 0

NO

YES
0 1 0 0 1 0
1 0 0 1 1 0
0 0 0 0 0 1
0 1 0 0 0 0
1 1 0 0 0 0
0 0 1 0 0 0
```

### 2. 题目分析

根据题意不难得知，我们把每只青蛙看成顶点，把互为邻居看成边后，实际上就是给出一个顶点的度序列，问是否存在满足该序列的一个无向图。这实际上就是 havel 定理[①]的应用，havel 算法就是一个贪心算法，证明留给有兴趣的读者证。

对所有的度降序排序，取出第一个点也就是度数最大的点，假设度最大为 $x$，也就是说这个顶点要与另外 $x$ 个顶点连边，然后把这个顶点与剩余的顶点里前 $x$ 个顶点进行连边，第一个点度数就变为 0，另外 $x$ 个顶点度数减 1。如果 $x$ 个顶点里有度数为 0 的，就说明不能构成这样的无向图了，否则重复进行上述操作直到所有度数都为 0。

### 3. 问题实现

```c
#include <stdio.h>
#include <string.h>
#include <algorithm>
using namespace std;
struct PP {
    int id, val;                        // id 为青蛙编号，val 为当前邻居数(度数)
    bool operator <(const PP &a)const {
        return val > a.val;             // 排序方式：按照邻居数从大到小排序
    }
}a[12];
int w[12][12] , n;                      // w[][] 为输出的关系矩阵，1 代表邻居，0 反之
void solve(){
```

---

[①] 给定一个非负整数序列 $\{d_n\}$，若存在一个无向图使得图中各点的度与此序列一一对应，则称此序列可图化。进一步，若图为简单图，则称此序列可简单图化。

```
        memset(w, 0, sizeof(w));
        bool flag = 1;                      //用布尔变量 flag 表示能够构成关系图
        while(true){
            sort(a+1, a+n+1);               //利用了 STL 里的快速排序
            if(a[1].val == 0)break;
            for(int i = 2;i < = a[1].val+1; i++){
                if(a[i].val == 0)flag = 0;
                a[i].val--;
                w[a[1].id ][a[i].id] = w[ a[i].id][a[1].id] = 1;      // 连边，无向
图所以要双向边
            }
            a[1].val = 0;
            if(!flag)break;
        }
        if(flag){
            puts("YES");
            for(int i = 1;i < = n; i++){
                for(int j = 1;j < n; j++)
                    printf("%d ", w[i][j]);
                printf("%d\n", w[i][n]);    //注意每一行的最后一个数后面没有空格
            }
        }
        else
            puts("NO");
    }
    int main(){
        int t;
        scanf("%d", &t);
        while(t--){
            scanf("%d", &n);
            for(int i = 1;i < = n; i++){
                scanf("%d", &a[i].val);     //输入邻居数
                a[i].id = i;                //刚开始按顺序输入的，编号即为 i
            }
            solve();
            if(t)puts("");                  //相邻两组测试数据之间输出一个空行
        }
        return 0;
    }
```

本问题的时间复杂程度为 $O(n^2)$。

# 4.9 小　　结

本章对贪心算法(Greedy algorithm)进行了总体的介绍，对生活中常见的典型实例进行

了详细的算法分析，并给出了具体的算法实现过程。

贪心算法是以当前情况为基础根据某个优化测度作最优选择，而不考虑各种可能的整体情况，采用自顶向下，以迭代的方法做出相继的贪心选择，每做一次贪心选择就将所求问题简化为一个规模更小的子问题，通过每一步贪心选择，可得到问题的一个最优解，也就是说，贪心算法不从整体最优上加以考虑，它所做出的仅是在某种意义上的局部最优解。贪心算法不是对所有问题都能得到整体最优解，但对范围相当广泛的许多问题却能产生整体最优解或者是整体最优解的近似解。

通过本章的理论基础和典型实例的学习，如删除问题、背包问题、最优装载问题、单源最短路径、多处最优服务次序问题等，重点掌握贪心算法的贪心选择性质和最优子结构性质的分析方法，并对常见的贪心问题的解决方法加以掌握。

再通过学习 ACM 的问题解析过程，使我们对进一步理解贪心算法的概念和贪心选择过程，掌握贪心法求解问题过程的步骤。其中，学会如何分析问题的最优子结构性质是熟练运用贪心算法的关键。

## 4.10 习　　题

1. 有 5 个物体，其重量分别为 10、2、5、5、7，价值分别为 8、1、6、3、7。有一个背包最大载重量为 15，物体可分割，问装入背包的物体的最大价值是多少？

2. 设有 9 个硬币，其中有 1 分、5 分、1 角以及 5 角四种，且每种硬币至少有 1 个，若这 9 个硬币总值是 1.77 元，则 5 分的硬币必须有几个？

3. 给定 n 个数字，删除其中 $k(k<n)$ 个数字后，剩下的数字按原次序组成一个新的正整数。写一个算法程序使得剩下的数字组成的新正整数最小。

4. 有 n 个人在一个水龙头前排队洗澡，假如第 i 个人洗澡的时间为 $T_i$，请编程找出这 n 个人排队的一种顺序，使得 n 个人的平均等待时间最小。

5. 设 n 是一个正整数。现在要求将 n 分解为若干个自然数的和，且使这些自然数的乘积最大。

6. 小时候我们都听过田忌赛马的故事，如果 3 匹马变成 1000 匹，齐王仍然让他的马按从优到劣的顺序出赛，田忌可以按任意顺序选择他的赛马出赛。赢一局，田忌可以得到 200 两银子，输一局，田忌就要输掉 200 两银子，平局的话不输不赢。请问田忌最多能赢多少银子？

7. 一个旅行家想驾驶汽车以最少的费用从一个城市到另一个城市，给定两个城市间的距离 $d_1$，汽车油箱的容量是 c，每升汽油能行驶的距离 $d_2$，出发时每升汽油的价格是 p，沿途加油站数为 n(可为 0)，油站 i 离出发点的距离是 $d_i$，每升汽油的价格是 $p_i$。计算结果四舍五入保留小数点后两位，若无法到达目的地输出 "No answer"。

8. 一条街的一边有几座房子。因为环保原因居民想要在路边种些树。路边的地区被分割成块，并被编号为1,…,n。每个块的大小为一个单位尺寸并最多可种一棵树。每个居民想在门前种些树并指定了三个号码 b、e、t。这三个数表示该居民想在 b 和 e 之间最少种 t

棵树。当然，$b$ 小于等于 $e$，居民必须保证在指定地区不能种多于地区被分割成块数的树，即要求 $t$ 小于等于 $e-b+1$。允许居民想种树的各自区域可以交叉。出于资金短缺的原因，环保部门请你求出能够满足所有居民的要求，需要种树的最少数量。

【文件输入】第一行为 $n$，表示区域的个数；第二行为 $h$，表示房子的数目；下面 $h$ 行描述居民的需要：$b$ $e$ $t$ ($0 < b \leqslant e \leqslant 30000, r \leqslant e-b+1$) 分别用一个空格分开。

【文件输出】输出为满足所有要求的最少树的数量。

【样例输入】9 4 1 4 2 4 6 2 8 9 2 3 5 2

【样例输出】5

# 第 5 章

# 回 溯 法

　　相信大家小的时候都走过迷宫(如图 5.1 所示)，大家都知道走迷宫的策略为：当走到一个新的岔路口(结点)时，可以选取任意一条路继续前进；如果遇到死胡同或一个旧的结点时，那么便转回头退回到刚才离开的结点处(退一步海阔天空)；如果有另外一条新路，则选择该路继续前进，否则继续回退；重复该过程直到找到出口为止(求得解)。实质上，这就是回溯法。由此可见，回溯法没什么神秘的地方，大家从小都在使用。

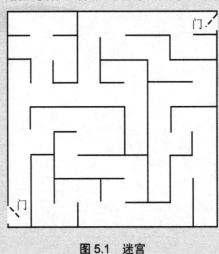

图 5.1　迷宫

## 5.1　回溯法的基本思想

　　回溯法(backtracking)有"通用的解题法"之称，它是一种系统地搜索问题解答的方法。为了实现回溯，首先需要为问题定义一个解空间(solution space)，这个空间必须至少包含问题的一个解(可能是最优的)。在问题的解空间树中，按深度优先策略，从根结点出发搜索解空间树。算法搜索至解空间树的任一结点时，先判断该结点是否包含问题的解。如果不包含，则跳过对以该结点为根的子树，逐层向其他祖先结点回溯。否则，进入该子树，继续按照深度优先策略搜索。通俗地讲，回溯法是一种"能进则进，进不了则换，换不了则退"的基本搜索方法。

用回溯法解决问题时首先应确定搜索范围，即问题所有可能解组成的范围。这个范围至少包含问题的一个解，并且范围越小，解空间越小，算法的效率越高。为定义搜索范围，需要明确以下几个方面：

(1) 问题的解向量：回溯法的解一般能表示成 1 个 $n$ 元组 $(x[1], x[2], \cdots, x[n])$ 的形式。

(2) 问题的解空间：对问题的一个实例，所有满足显性约束条件的多元解向量组构成了该实例的一个解空间。回溯法的解空间可以组织成一棵树，通常有两类典型的解空间树：子集树和排列树。

(3) 问题的可行解：解空间中满足约束条件的决策序列。

(4) 问题的最优解：解任何问题都有一个目标，在约束条件下目标达到最优的可行解。

(5) 显约束：对分量 $x[i]$ 的取值范围的限定。

(4) 隐约束：为满足问题的解而对不同的分量之间施加的约束。

### 5.1.1 问题的解空间

用回溯法解问题时，应明确定义问题的解空间。问题的解空间至少包含问题的一个(最优)解。

#### 1. 子集树

当所给的问题是从 $n$ 个物体 $r$ 集合中找出满足某种性质的子集时，相应的解空间树称为子集树(subset tree)。在组合优化问题求解中，常常用到子集树的概念。例如，对于 $n$ 个元素的整数集 $\{1, 2, \cdots, n\}$，当 $n = 1$ 时，只有两个子集，即 $\{\}$ 和 $\{1\}$；当 $n = 2$ 时，有 4 个子集；当 $n = 3$，有 8 个子集。每增加一个新元素，都使子集个数加倍，因此对于 $n$ 个元素，有 $2^n$ 个子集。

**例 5.1 0-1 背包问题**：给定 $n$ 个物体，假设背包容量 $C$，第 $i$ 个物体的重量为 $w[i]$，价值为 $v[i]$。一种物品要么全部装入背包，要么不装入背包，不允许部分装入。装入背包的物品总重量不超过背包的容量。问应如何选择装入背包的物品，使得背包中的物品总价值最大？

从树根到叶子的任一路径表示解空间中的一个元素。例如，从根结点 $a$ 到结点 $h$ 的路径相当于解空间中的元素 $(1, 1, 1)$。

(1) 问题解向量：对于有 $n$ 种可选择物品的 0-1 背包问题，其解为长度为 $n$ 的向量 $(x[1], x[2], \cdots, x[n])$。

(2) 显约束：$x[i] \in \{0,1\}$，$x[i] = 1$ 表示选取第 $i$ 物体，$x[i] = 0$ 表示不选第 $i$ 个物体。解向量中每个变量所有可能的 0-1 赋值，构成了该问题的解空间。例如 $n = 3$ 时，其解空间为 $\{(0, 0, 0), (0, 0, 1), (0, 1, 0), (0, 1, 1), (1, 0, 0), (1, 0, 1), (1, 1, 0), (1, 1, 1)\}$，如图 5.2 所示。

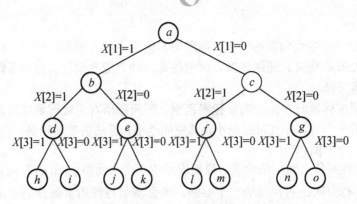

**图 5.2  3 个物体 0-1 背包问题的解空间**

(3) 隐约束：装入背包的物品总重量不超过背包的容量 $\sum_{i=1}^{n} x[i]w[i] \leqslant C$。

用回溯法搜索子集树的一般算法框架如下：

```
void backTrack(int t){
    if(t>n)output(x);                    // 获得一个可行解，输出 x 向量
    else
        for(int i = 0;i< = 1;i++){
            x[t] = i;
            if(legal(t))Backtrack(t+1);   //前进
        }
}
```

时间复杂度分析：子集树有 $2^n$ 个叶子结点，总结点数为 $2^{n+1}-1$ 中，因此遍历子集树所需运行时间为 $O(2^n)$。

### 2. 排列树

当所给的问题是从 $n$ 个元素的集合中找出满足某种性质的排列时，相应的解空间树称为排列树(Permutation Tree)。例如，对于 $\{1, 2, \cdots, n\}$ 的一个排列，其第一个元素可以有 $n$ 种不同的选择。一旦选定这个值 $x_1$，则第 2 个位置有 $n-1$ 种选择，重复这个过程，得到不同排列的总数为 $n!$。排列树中至多有 $n!$ 个叶结点，因此任何算法遍历排列树所需运行时间为 $O(n!)$。

为了构造出所有 $n!$ 种排列，可以设一个具有 $n$ 个元素的数组。第 $k$ 个位置的候选解的集合就是那些不在前 $k-1$ 个元素的部分解中出现的元素集合，因此，$S_k = \{1, 2, \cdots, n\} - X$。当 $k = n+1$ 时，向量 $X$ 就是问题的解。

**例 5.2  旅行售货员问题**：一售货员周游若干个城市销售商品，已知各个城市之间的路程，选择一个路线，使其经过每个城市仅一次，最后返回原地，并且总路程最小。

旅行售货员解空间树就是一个排列树。城市个数 $n = 4$ 时的解空间树如图 5.3 所示。从根结点到叶子结点的编号构成了一条遍历路线。

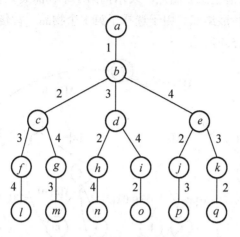

图 5.3 旅行售货员的排列树

用回溯法搜索排列树的算法框架如下：

```
void backtrack(int t){
    if(t>n)output(x);                         // 获得一个可行解，输出 x 向量
    else
        for(int i = t;i< = n;i++){
            swap(x[t], x[i]);
            if(legal(t))Backtrack(t+1);   //前进
            swap(x[t], x[i]);
        }
}
```

时间复杂度分析：针对旅行售货员问题，当起点超市固定时，叶子结点个数为 $(n-1)!$，因此遍历树需要 $O((n-1)!)$ 计算时间。当起点城市不固定时，叶子结点个数为 $n!$，因此遍历树需要 $O(n!)$ 计算时间。

### 5.1.2 搜索的解空间

确定了解空间的组织结构后，回溯法从根结点出发，以深度优先搜索方式搜索整个解空间。搜索过程中，若一个结点还有子结点没有生成，则该结点是活结点。若所有子结点都全部生成，不能进一步扩展的结点称为死结点。当前正在生成子结点的活结点称为扩展结点[①]。

例如，对于上述 3 个物品的背包问题，设背包容量 $C = 10$；重量 $w =(6, 5, 5)$；价值 $v =(7, 4, 5)$。其搜索过程如下。

(1) 从图 5.2 的根结点 $a$ 开始搜索。此时，$a$ 为活结点，也为扩展结点。在该扩展结点

---

① 为了避免生成那些不可能产生最佳解的问题状态，要不断地利用限界函数(bounding function)来舍弃那些实际上不可能产生所需解的活结点，以减少问题的计算量。即回溯法在解空间中以具有限界函数的深度优先方式搜索，直至找到所要求的解或解空间中已无活结点时为止。

处，沿左分支或右分支扩展生成 $b$ 结点，表示把第 1 个物品装入背包，即 $x[1]=1$。此时，$a$ 和 $b$ 是活动结点，$b$ 是扩展结点。由于选择了第 1 个物品，背包剩余容量 $r=10-6=4$，获取的价值为 7。详见图 5.4 所示。

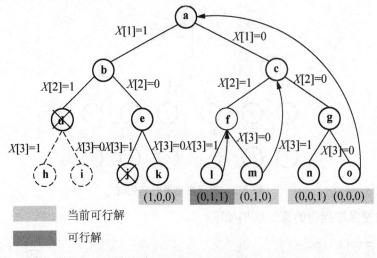

**图 5.4　3 个物体 0-1 背包问题的解空间树**

(2) 由 $b$ 可沿左分支生成 $d$，但由于背包剩余容量少于第二个物品的重量，故不能装入第二个物品，即 $d$ 为死结点。只能沿右分支生成 $e$，即 $x[2]=0$，此时 $a$、$b$、$e$ 为活结点，$e$ 是当前的扩展结点。

(3) 同理可沿 $e$ 的左分支生成 $j$，但由于背包剩余容量小于第 3 个物品的重量，是不可行解，因而 $j$ 是死结点。只能沿右分支到达 $k$，即 $x[3]=0$。由于 $k$ 是叶子结点，得到一个可行解 $(1,0,0)$，价值为 7。继续回溯到 $e$，寻找更优解。

(4) $e$ 也没结点可扩展，回溯到 $b$，$b$ 再回溯到 $a$。$a$ 再次成为扩展结点。

(5) $a$ 还可沿右分支生成 $c$，即 $x[1]=0$，表示不装入第一个物体。此时活动结点是 $a$、$c$，其中 $c$ 为扩展结点。

(6) 同样，$c$ 可沿左分支生成 $f$，表示装入第 2 个物体，即 $x[2]=1$。背包剩余容量 $r=10-5=5$，获得的价值为 4。此时，活动结点为 $a$、$b$、$f$。其中，$f$ 为扩展结点。

(7) $f$ 可沿左分支生成 $l$，即表示装入第三物体，即 $x[3]=1$。此时，背包剩余容量为 $r=5-5=0$，获得的价值为 9。由于 $l$ 是叶子结点，故得到一个可行解 $(0,1,1)$，且是到目前为止价值最优的可行解。

按此方式继续搜索，可搜索完整个解空间，最终找到最优解。

在用回溯法搜索解空间树时，通常采用两种策略来避免无效搜索，提高回溯法的搜索效率。其一是用约束函数在扩展结点处剪去不满足结束条件的子树；其二是用限界函数剪去不能得到最优解的子树。这两类函数统称为剪枝函数。

### 5.1.3　回溯的基本步骤

综上所述，回溯法通常包含以下 3 个步骤：

(1) 针对给出问题，给出解空间；

(2) 确定易于搜索的解空间组织结构；

(3) 以深度优先的方式搜索解空间，并在搜索中使用剪枝函数避免不必要的搜索[①]。

根据以上步骤，通过深度优先搜索思想完成回溯的完整过程如下：

(1) 设置初始化的方案；

(2) 变换方式去试探，若全部试完则转到(7)；

(3) 判断此法是否成功(通过约束函数)，不成功则转(2)；

(4) 试探成功则前进一步再试探；

(5) 正确方案还未找到则转(2)；

(6) 已找到一种方案则记录并打印；

(7) 退回一步(回溯)，若未退到头则转(2)；

(8) 已退到头则结束或打印无解。

一个回溯算法总是会明确或者隐含地生成一棵状态空间树，树中的结点代表了由算法的前面步骤所定义的前 $i$ 个坐标所组成的部分构造元素。如果这样的一个元组 $(x_1, x_2, \cdots, x_i)$ 不是问题的一个解，该算法从 $s_{i+1}$ 中找出下一个元素，该元素不仅与 $(x_1, x_2, \cdots, x_n)$ 的值相容而且与问题的约束条件相容，该算法向后回溯，考虑 $x_i$ 的下一个值，以此类推。

用回溯法解题的一个显著特征是在搜索过程中动态产生问题的解空间。在任何时刻，算法只保存从根结点到当前扩展结点的路径。如果解空间树中从根结点到叶结点的最大路径的长度 $h(n)$，则回溯法所需的计算空间通常为 $O(h(n))$。而显式地存储整个解空间，则需要 $O(2^{h(n)})$ 或 $O(h(n)!)$ 内存空间。

### 5.1.4 回溯法实现

假设问题的解可用向量 $x = (x[1], x[2], \cdots, x[n])$ 表示，$x[i]$ 属于 $X_i$。回溯法从空向量开始，首先选择 $X_1$ 的最小值作为 $x[1]$ 的值，如果合法，部分解为 $(x[1])$，继续在 $X_2$ 中选择最小值赋值给 $x[2]$，否则把 $X_1$ 中的下一个元素赋值给 $x[1]$。

一般地，假设算法已得到部分解 $(x[1], x[2], \cdots, x[j])$，考虑向量 $v = (x[1], x[2], \cdots, x[j], x[j+1])$，有：

(1) 若 $v$ 为问题的可行解，算法记录它作为 1 个解，若仅需要 1 个解时，算法终止，否则继续寻找其他解；

(2) (向量步骤)若 $v$ 为部分解，算法在 $X_{j+2}$ 中选择最小值赋值给 $x[j+2]$，继续(1)；

(3) 若 $v$ 既不是部分解，也不是最终解。

(a) 若 $X_{j+1}$ 还有其他元素可选择，赋值下 1 个元素给 $x[j+1]$。

(b) (回溯步骤)如果 $X_{j+1}$ 没有其他元素可选择，算法回溯上一层，即把 $X_j$ 的下一个元素赋值给 $x[j]$。若 $X_j$ 也没其他元素可选，则算法回溯再上一层，即把 $X_{j-1}$ 的下一个元素赋值给 $x[j-1]$。依次类推。

---

① 通常有两种实现的算法：递归回溯采用递归的方法对解空间树进行深度优先遍历来实现回溯；迭代回溯采用非递归迭代过程对解空间树进行深度优先遍历来实现回溯。

### 1. 递归回溯实现

设 $x$ 为解向量，$n$ 表示解向量的长度，$t$ 为层数，则递归回溯算法的实现如下：

```
void backtrack(int t){
    if(t>N)output(x);                              // 获得一个可行解，输出 x 向量
    else {
        for(int i = f(n, t); i< = g(n, t);i++){
            x[t] = h(i);
            if(constraint(t)&&bound(t))backtrack(t+1);    //前进
        }
    }
}
```

backtrack( )函数为回溯法的递归算法框架。若 $t>n$ 表示到达叶子结点，求得一个最优解。Output($x$)对得到的可行解 $x$ 进行记录或输出处理；$f(n, t)$ 和 $g(n, t)$ 分别表示在当前扩展结点处未搜索过的子树的起始编号和终止编号；$h(i)$ 表示在当前扩展结点处 $x[t]$ 的第 $i$ 个可选值；constraint($t$) 和 bound($t$) 表示在当前扩展结点处的约束函数和限界函数。若满足这两个函数，即获得一个部分解，递归调用 Backtrack($t+1$)在下一层中继续寻找部分解(即前进步骤)。

### 2. 非递归(迭代)回溯实现

当对解空间树进行非递归的深度优先遍历时，采用非递归迭代过程，其基本算法框架如下：

```
void BacktrackITER(){
    t = 1;
    while(t> = 1){
        if(f(n, t)< = g(n, t)){
            for(int i = f(n, t);i< = g(n, t);i++){
                x[t] = h(i);
                if(constraint(t)&&bound(t)){
                    if(solution(t))output(x);
                    else {
                        t++;
                        break;
                    }
                }
            }
        }
        else t--;
    }
}
```

其中，solution($t$)判断当前扩展结点处是否得到问题的一个可行解。返回值为 true 表示在当前扩展结点处 $x[1:t]$ 是问题的一个可行解。若返回值为 false 则表示在当前扩展结点处 $x[1:t]$ 只是问题的一个部分解，还需要向纵深方向继续搜索。$f(n, t)$ 和 $g(n, t)$ 分别表示在当前扩展结点处未搜索过的子树的起始编号和终止编号；$h(i)$ 表示在当前扩展结点处 $x[t]$ 的第 $i$ 个可选值。

## 5.2 图的 $m$ 着色问题

在图论的历史中，有一个著名的猜想：四色定理。即每个地图都可以用不多于 4 种颜色来染色，而且没有两个邻接的区域颜色相同。该猜想是由一位叫古德里(Francis Guthrie)的英国大学生提出来，该定理的证明是世界近代三大数学难题之一。一个多世纪以来，数学家们为证明这条定理绞尽脑汁，所引进的概念与方法刺激了拓扑学与图论的生长、发展。1976 年，数学家凯尼斯·阿佩尔(K. Appel)和沃夫冈·哈肯(W. Haken)借助电子计算机首次得到一个完全的证明，四色问题也终于成为四色定理。

$m$ 着色问题：给定 $n$ 个顶点的无向图 $G =(V, E)$ 和 $m$ 种不同的需要颜色，用这些颜色为图中 $V$ 中的顶点着色，使得任意相邻的顶点具有不同的颜色。

### 5.2.1 问题的解空间

其解为长度为 $n$ 向量表示$(c[1], c[2], ..., c[n])$。其中，$c[1] = 1$ 表示第 1 顶点 $a$ 着色 "1"。显然，$n$ 个顶点的图共有 $3^n$ 种可能的着色，其解空间可表示为 1 棵高度为 $n$ 的完全三叉树。如图 5.5 为 3 个顶点的 3 着色问题的解空间。从根结点到叶子结点的一条路径表示 1 种着色方案。

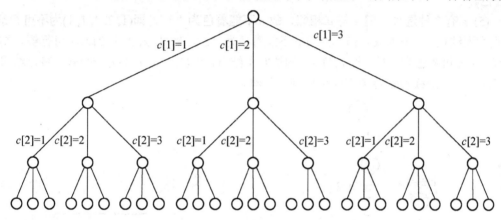

图 5.5　3 个顶点的 3 着色问题的解空间

如图 5.6(a)为 5 个地区的地图，右图为其图表示，顶点表示地区，边表示两个地区相邻。现在用颜色$\{1, 2, 3\}$对其顶点着色。则其解用长度为 5 的向量表示$(c[1], c[2], c[3], c[4], c[5])$，$c[i] \in \{1,2,3\}$。其解空间为高度为 5 的完全三叉树。

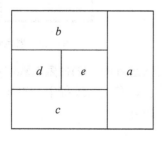

(a) 5个地区的分布图

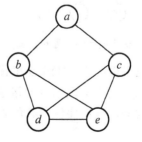

(b) 分布图的图表示

图 5.6　5 个地区的地图的着色问题

### 5.2.2 约束条件

检查当前顶点的颜色是否与相邻顶点的颜色相同？相同，则当前顶点的着色合法，否则不合法。

### 5.2.3 搜索解空间

为了简化，我们考虑 5 个顶点的三着色问题。如图 5.7 所示，其搜索过程如下。

(1) 从顶点 $a$ 出发。$a$ 有 3 种选择，假设 $a$ 着色 "1"，即 $c[1] = 1$。到达第 2 层，即为 $b$ 着色。

(2) $b$ 也有 3 种选择，但由于 $b$ 与 $a$ 相邻，$b$ 不能着色 "1"，即 $(1, 1)$ 为不可行解，因此该结点为死结点，图中用×表示。$b$ 可以着色为 "2"，即 $c[2] = 2$，到达第 3 层(部分解为(1, 2))，即为 $c$ 着色。

(3) 同样，$c$ 不能着色 "1"，即 $(1, 2, 1)$ 为不可行解，因此该结点为死结点，图中用×表示。$c$ 可以着色为 "2"，即 $c[3] = 2$，到达第 4 层(部分解为(1, 2, 2))，即为 $d$ 着色。

(4) $d$ 有 3 种选种，$d$ 可着色 "1"，即 $c[4] = 1$，到达第 5 层(部分解为(1, 2, 2, 1))，即为 $e$ 着色。

(5) $e$ 有 3 种选种，但 $e$ 与 $d$ 相邻，故 $e$ 不能着色为 "1"，即 $(1, 2, 2, 1, 1)$ 为不可行解，结点为死结点；$e$ 与 $b$ 或 $c$ 相邻，故 $e$ 不能着色为 "2"，即 $(1, 2, 2, 1, 2)$ 为不可行解，结点死结点；$e$ 可着色为 "3"，即 $c[5] = 3$ 到达叶子结点，即 $(1, 2, 2, 1, 3)$ 为一个解，着色结果如图 5.8 所示。继续搜索整个空间可得到全部解。

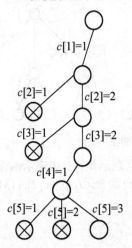

图 5.7  用回溯求解 5 顶点的 3 着色问题图

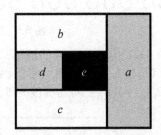

图 5.8  着色结果

以上搜索过程可以看出：(1)按深度优先方式进行的；(2)搜索过程中不需要存储整个搜索树，只需要存储根到当前活结点的路径。事实，在搜索过程中，根本没有生成有形的结点，整棵树是隐含的，只需要保存着色的路径即可。

### 5.2.4 代码实现

用 2 维数组 $a$ 表示图，$a[i][j] = 1$ 表示第 $i$ 个顶点与第 $j$ 个顶点相邻(即有边相连)。main( )

主函数中 2 维矩阵的初始值表示图 5.6 中的图。mColorREC( )函数为求解 *m* 着色问题的递归算法。主函数中的 mColorREC(a, c, 1, 5, 3)语句表示从顶点 1 开始着色，顶点个数为 5，颜色数为 3。IsValColor 函数检查着色是否合法，即约束条件。mColorITer 求解 *m* 着色问题的非递归算法。

### 1. 检查当前顶点着色是否合法

```
//约束条件：检查当前顶点着色是否合法
bool isValColor(int a[NUM][NUM], int c[], int t, int n){
    int i;
    for(i = 1;i< = n;i++)
        if((a[t][i] == 1)&&(c[i] == c[t])){        //顶点 t 与顶点 i 相邻,且颜色相同
            return false;
        }
    return true;
}
```

### 2. *m* 着色的递归算法

设 *a* 为邻结矩阵，*c* 为解向量，*t* 为当前深度，*n* 为图的顶点个数，*m* 为颜色数。则着色的递归算法实现如下：

```
void mColoREC(int a[NUM][NUM], int c[], int t, int n, int m){
    int i;
    if(t>n){                                    //找到一个解
        printf("找到一个解：");
        for(i = 1;i< = n;i++)
            printf("%d", c[i]);
        printf("\n");
    }
    else {
        for(i = 1;i< = m;i++){
            c[t] = i;
            if(isValColor(a, c, t, n)){         //检查当前顶点着色是否合法
                mColocREC(a, c, t+1, n, m);     //若合法,对下一顶点继续进行着色
            }
            c[t] = 0;                           //回溯
        }
    }
}
int main(){
    //定义邻接矩阵,数据下标从第 1 行,第 1 列开始。第 0 行第 0 列数据没用到。
    int a[NUM][NUM] = {{0, 0, 0, 0, 0, 0},
        {0, 0, 1, 1, 0, 0},
        {0, 1, 0, 0, 1, 1},
        {0, 1, 0, 0, 1, 1},
        {0, 0, 1, 1, 0, 1},
```

```
            {0, 0, 1, 1, 1, 0}};
    int c[NUM];
    mColorREC(a, c, 1, 5, 3);
    getchar();
}
void mColorITer(int a[NUM][NUM], int c[], int n, int m){    //m着色的非递归
算法
    int i;
    bool flag;
    for(i = 1;i< = n;i++)c[i] = 0;
    flag = false;
    int t = 1;                              //t为当前深度
    while(t> = 1){
        while(c[t]< = m-1){
            c[t] = c[t]+1;
            if(isValColor(a, c, t, n)){    //当前着色合法
                t = t+1;                    //对下一顶点进行着色, 前进
                if(t>n){                    //所有结点都正确着色
                    printf("找到一个解");;
                    for(i = 1;i< = n;i++)
                        printf("%d, ", c[i]);
                    printf("\n");
                    t--;                    //继续求其他解
                }
            }
        }
        c[t] = 0;
        t = t-1;                            //回溯
    }
}
```

### 5.2.5  算法时间复杂度分析

在最坏的情况下，每个着色方案都要检查。对 $n$ 个结点的图，一共有 $O(m^n)$ 着色方案，每个着色方案需要 $O(n)$ 步操作来检查着色是否合法。因此，在最坏情况下，时间复杂度为 $O(nm^n)$。

## 5.3  $n$ 皇后问题

西洋棋棋手马克思·贝瑟尔首先提出八皇后问题。之后高斯和康托对其进行研究，并且将其推广为更一般的 $n$ 皇后问题。1850 年弗朗兹·诺克给出八皇后问题的第一个解。按照国际象棋的规则，如果两个皇后处在同一行、同一列或同一对角线上，则她们能互相攻击。而 $n$ 皇后问题要求：如何在 $m×n$ 的棋盘上放置 $n$ 个皇后，使其彼此不相互攻击，如图 5.9 所示。

### 5.3.1 问题的解空间

由于每个皇后都在不同行上，每行有 $n$ 个不同的位置，其解可用长度为 $n$ 的向量来表示，即 $x = \{x[1], x[2], \cdots, x[n]\}$。其中，$x[i]$ 表示皇后 $i$ 放置在第 $i$ 行的 $x[i]$ 列上，显然 $1 \leqslant x[i] \leqslant n$。该问题的解空间是一棵完全的 $n$ 叉树，树的根对应没有放置皇后的情况。第一层的结点对应皇后第一行的可能放置的位置，第二层对应皇后第二行的可能放置的位置，依次类推。由于皇后问题的解空间为 $n!$ 种排列，因此，我们将要构造的这棵树实际上是一棵排列树。

图 5.9 八皇后

### 5.3.2 约束条件

第 $i$ 个皇后和第 $j$ 个皇后不同列，即 $x[i] \neq x[j]$ 且不在同一对角线上，即 $|x[i] - x[j]| \neq |i - j|$。

由于不允许 2 个皇后放在同一列上，所以向量中 $x[i]$ 的值互不相同。显然，$x[i] - x[j] = i - j$ 或 $x[i] - x[j] = j - i$，则第 $i$ 个皇后与第 $j$ 个皇后处于同一对角线上。其中，图 5.10(a) 是 8 皇后问题的一个解，而图 5.10(b) 则为 4 皇后问题的一个可行解。

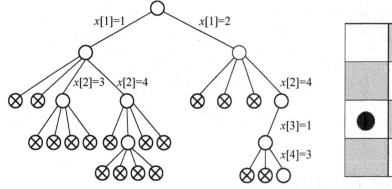
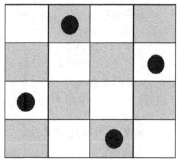

图 5.10 回溯法求解四皇后

### 5.3.3 搜索过程

用回溯法求解就是以深度优先的方式在解空间中搜索其解。为简化讨论，考虑 4 皇后问题。对于 4 皇后问题，算法产生如图 5.7 所示的解。在图中死结点用×表示。

(1) 首先第 1 个皇后放在第 1 行的第 1 列，即 $x[1]=1$。

(2) 显然，$x[2]=1$ 时两皇后处于同 1 列，是不合法的，产生 1 个死结点。$x[2]=2$ 也是不合法的，此时两个皇后在同 1 对角线上，又产生 1 个死结点。$x[2]=3$ 是合法的，得到部分解 $(1,3)$。

(3) 继续向前搜索 $x[3]$ 的值，$x[3]$ 为 1 或 3 时分别与前 2 个皇后同列，是不合法的。$x[3]$ 为 2，4 分别与前 2 个皇后处于同 1 对角线上，也是不合法的。因此，回溯到第二层，即给 $x[2]$ 赋予新的值。

(4) $x[2]=4$ 是合法的，继续设置 $x[3]$ 的值。同样 $x[3]=1$ 是不合法的。$x[3]=2$ 合法，得到部分解 $(1,4,2)$。

(5) 继续搜索 $x[4]$ 的值，$x[4]$ 设置为 1，4 或 2 分别与以前的皇后同列，是不合法的，设置为 3 与第 3 个皇后处于同一对角线上，也是不合法的。因而回溯到第 3 层。即对 $x[3]$ 赋予新的值。显然，$x[3]$ 为 3 或 4 都是不合法的。因而继续回溯到第 2 层。$x[2]$ 已经为 4，因而继续回溯到第 1 层。

(6) $x[1]=2$ 是合法的，继续搜索 $x[2]$ 的值。

(7) 显然 $x[2]$ 为 1、2、3 都是不合法的。$x[2]=4$ 合法，得到部分解 $(2,4)$。继续搜索 $x[3]$ 的值。

(8) $x[3]=1$ 是合法的，得到部分解 $(2,4,1)$。继续搜索 $x[4]$ 的值。

(9) 显然 $x[4]$ 为 1、2 都是不合法的。$x[4]=3$ 是合法的，到达叶子结点，得到 1 个解，即 $(2,4,1,3)$。

(10) 继续搜索，可得到其他解。

**1. 约束条件：判断当前皇后放置是否合法**

函数 place( ) 判断第 $t$ 个皇后当前放置的位置是否与 $t$ 之前的皇后位置是否冲突，其中参数 $t$ 表示放置 $t$ 个皇后。

```
bool place(int x[], int t){
    int i;
    for(i = 1;i<t;i++)
        if((x[i] == x[t])||abs(t-i)== abs(x[t]-x[i]))
            return false;                //第 t 皇后与第 i 皇后的位置冲突
    return true;
}
```

**2. $n$ 皇后问题递归算法**

```
void nQueensRec(int x[], int t, int N){
    int i;
    if(t>N){                             //获得一个可行解，输出该解
        for(i = 1;i< = N;i++)
            printf("%d, ", x[i]);
        printf("\n");
    }else {
```

```
        for(i = 1;i< = N;i++){
            x[t] = i;
            if(place(x, t)){              //皇后位置不冲突，继续放下一皇后
                nQueensRec(x, t+1, N);
            }
        }
    }
}
#include <math.h>
int main(){
    int x[9];
    nQueensRec(x, 1, 8);
    getchar();
}
```

其中，N 表示皇后个数，t 表示当前放置第 t 个皇后，x 解向量。算法 nQueensRec(int x[ ], int t, int N)递归搜索解空间的第 t 层子数，t = 1 表示实现对整个解空间的回溯。t>N 时表示搜索到叶子结点，获得一个可行解。t ≤ N 时表示扩展结点是内部结点，该结点 N 分支(儿子结点)。对每个分支都要用 place( )函数检查其可行性，若可行，则以深度优先的方式递归地对其子树进行搜索。

函数 place(int x[], int t)检查第 t 个皇后当前放置的位置是否与 t 之前的皇后位置冲突。

3. n 皇后的非递归算法

```
void nQueensITER(int x[], int N){
    int i;
    int t;                                //t 表示当前放置第 t 个皇后
    bool flag;
    for(i = 1;i< = N;i++)x[i] = 0;
    flag = false;
    t = 1;
    while(t> = 1){
        while(x[t]<N){
            x[t] = x[t]+1;
            if(place(x, t)){              //皇后位置不冲突，继续放下一皇后
                t = t+1;
                if(t>N){                  //所有皇后放置完毕，输出其解

                    for(i = 1;i< = N;i++)
                        printf("%d, ", x[i]);
                    printf("\n");
                    t = t-1;              //继续回溯，寻找其他解
                }
            }
        }
        x[t] = 0;
        t = t-1;                          //回溯
    }
}
```

### 5.3.4　算法的时间复杂度分析

显然，每 1 行都有 $n$ 个可能位置可以放置，一共有 $n^n$ 种可能。因而最坏情况下时间复杂度为 $O(n^n)$。似乎比穷举法要高，但是由于回溯法不测试死结点的分支，它的平均时间复杂度要低于穷举法。

## 5.4　装　载　问　题

有 $n$ 个集装箱要装上 2 艘载重量分别为 $c_1$ 和 $c_2$ 的轮船，其中第 $i$ 个集装箱的重量为 $w[i]$，要求确定是否有一个合理的装载方案可将这些集装箱装上这 2 艘轮船。如果有，找出一种装载方案。

**注意**：在满足 $\sum\limits_{i=1}^{n} w[i] \leqslant c_1 + c_2$ 的条件下才可能将这个集装箱装上这 2 艘轮船。

容易证明，如下策略可以得到装载问题的最优解。
(1) 首先将第一艘船尽可能装满；
(2) 然后将剩余的集装箱装上第二艘船。

将第一艘船尽可能装满等价于从所有集装箱中选取一个子集，使其重量之和小于并且最接近 $c_1$。由此可见，装载问题等价于如下特殊的背包问题：

$$\max \sum_{i=1}^{n} x[i] w[i]$$

其中，$\sum\limits_{i=1}^{n} x[i] w[i] \leqslant c_1$，$x[i] \in \{0,1\}(1 \leqslant i \leqslant n)$。

### 5.4.1　问题的解空间

问题的解可用长度为 $n$ 的向量来表示，即 $x = (x[1], x[2], \cdots, x[n])$，$x[i] = 0$ 或 $x[i] = 1$。其中，$x[i] = 1$ 表示把第 $i$ 个集装箱装入第 1 个船中；$x[i] = 0$ 表示不装入第 $i$ 个船中。显然，其解空间同 0-1 背包一样，是 1 棵完全二叉树(详见图 5.2)。

### 5.4.2　约束条件

装入第 1 个船的集装箱的重量之和小于等于第 1 个船的载重量。即 $\sum\limits_{i=1}^{n} x[i] w[i] \leqslant c_1$。

### 5.4.3　限界条件

由于算法需要求解最优解，引入限界函数可以剪去不含最优解的子树，避免不必要的搜索，从而提高算法的平均运行效率。设 $z$ 是解空间中的当前扩展结点，$bestw$ 是以前求得的最优值，$cw$ 是当前重量，$rw$ 是剩余重量，即 $rw = \sum_{j=i+1}^{n} w[j]$。目前考虑 $z$ 的右分支，即 $x[i] = 0$，显然若 $cw + rw < bestw$，$z$ 的右分支不可能包含最优解，因而应剪枝，避免不必要的搜索。

### 5.4.4 搜索过程

设两艘船的载重量分别为 $c1 = 8$，$c2 = 6$，集装箱的重量为 $w = (4, 5, 3, 2)$。开始时，$c1$ 已装集装箱重量 $cw = 0$，$c1$ 的最优重量为 $bestw = 0$，如图 5.11 所示。

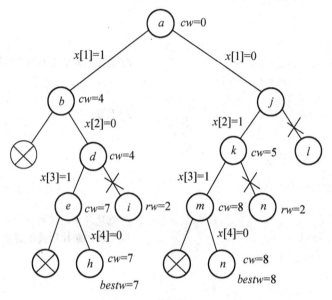

图 5.11  装载问题的求解过程

(1) 由结点 $a$ 沿左分支扩展生成结点 $b$，即 $x[1] = 1$，此时 $cw = 4$，$b$ 为活动结点，也为当前扩展结点；

(2) $b$ 沿左分支生成结点 $c$，但由于 $cw + w[2] > c1$，不满足约束条件，故结点 $c$ 为死结点。结点 $b$ 沿右分支生成结点 $d$，此时需要计算限界，此时 $rw = 10$，$cw + rw > bestw$，限界满足，故 $x[2] = 0$，$d$ 为当前扩展结点也为活动结点；

(3) $d$ 沿左分支生成结点 $e$，满足约束条件，故 $x[3] = 1$，$cw = 7$。$e$ 为活动结点，也为当前扩展结点；

(4) $e$ 沿左分支生成结点 $f$，由于 $cw + w[4] > c1$，不满足约束条件，$f$ 为死结点。结点 $e$ 沿右分支生成结点 $h$，此时需要计算限界，显然限界条件满足，故 $x[4] = 0$，到达叶子结点，获得可行解 $(1, 0, 1, 0)$。此时 $bestw = 7$。算法回溯到 $e$，继续搜索其他更优解；

(5) $e$ 继续回溯到 $d$，此时 $cw = 4$。$d$ 沿右分支成结点 $i$，此进需要计算限界，计算得 $rw = 2$，$cw + rw < bestw$ 不满足限界条件，算法回溯到 $b$；

(6) $b$ 没其他分支可选，继续回溯到 $a$；

(7) 算法继续执行，直到找到所有优解。

① 变量说明

```
#define num 100
int bestx[num] = {0};                    //存放最优解
int w[num];                              //集装箱重量
```

```
int x[num];                                  //解
int bestw = 0;                               //最优装船重量
int cw = 0;                                  //当前已装船的重量
int n;                                       //集装个数
int c1;                                      //第一船的载重量
int c2;                                      //第二船的载重量
```

② 限界函数

```
int bound(int t){
    int rw = 0;                              //选择当前结点右分支的剩余集装箱重之和
    for(int i = t+1;t< = n;t++)
        rw = rw+w[i];
    return(rw+cw);                           //上界
}
```

③ 装载问题的递归算法

```
void loadingRec(int t){
    int i;
    if(t>n){                                 //到达叶子，求得一个可行解
        if(cw>bestw){                        //当前的解比以前的解更优
            bestw = cw;
            for(i = 1;i< = n;i++)
                bestx[i] = x[i];
        }
        return;
    }
    else {
        if(cw+w[t]< = c1){                    //左分支满足约束条件
            x[t] = 1;
            cw = cw+w[t];
            loadingRec(t+1);                 //前进，继续搜索下一结点
            //回溯，恢复 cw，与 x[t]的值
            cw = cw-w[t];
            x[t] = 0;
        }
        if(bound(t)>bestw){   //右分支满足限界条件
            loadingRec(t+1);
        }
    }
}
int main(){
    n = 4;                                   //设集装箱个数
    w[1] = 4, w[2] = 5, w[3] = 3, w[4] = 2;  //每个集装箱的重量
    c1 = 8;                                  //第 1 船的载重量
    c2 = 7;                                  //第 2 船的载重量
    cw = 0;
```

```
bestw = 0;
loadingRec(1);                                      //从第 1 个集装箱开始装船
printf("第 1 船的最优载重量为:%d\n", bestw);
printf("第 1 船的最优解为");
for(int i = 1;i< = n;i++)
    printf("%d, ", bestx[i]);
//求剩余集装箱的重量
int cw2 = 0;
for(int i = 1;i< = n;i++)
    if(bestx[i] == 0)cw2+ = w[i];
if(cw2>c2)
    printf("无法将剩余集装箱装入第 2 船, 问题无解");
else
    printf("可将剩余集装箱装入第 2 船, 问题有解");
getchar();
}
```

### 5.4.5  算法效率分析

由于装载问题解空间的子集树中叶子结点的数目为 $2^n$，因此回溯法产生的时间复杂度为 $O(2^n)$。

# 5.5  0-1 背包问题

在 5.1 节，我们已经给出了解空间及搜索过程。由于该问题的目标是寻找一个最优解，因此，可用限界条件来加速寻找该最优解的速度。

### 5.5.1  问题的解空间

其解为长度为 $n$ 的向量 $(x[1], x[2], \cdots, x[n])$，$x[i] \in \{0,1\}$。

### 5.5.2  约束条件

放入物品的重量之和小于等于背包容量，即 $\sum_{i=1}^{n} w[i] \leqslant C$。

### 5.5.3  限界条件

假设我们已确定了 $(x[1], x[2], \cdots, x[t-1])$ 的值，当前到达的结点为 $z$，现在确定 $x[t]$ 的值。设选择 $z$ 的右分支，即 $x[t] = 0$，获得当前总价值为 $cp$，从 $t+1$ 物体到第 $n$ 个物品的价值总和为 $rp$，以前搜索到的可行解的最大价值为 $bestp$，显然若 $cp+rp < bestp$，则从结点 $z$ 的右分支出发是不可能找到比 $bestp$ 更优的解，因而从 $z$ 结点右子树进行搜索是没必要的，因而用限界条件可以进一步避免不必要的搜索(即剪枝)，加速寻找最优解的速度。限界条件为

$cp + rp > bestp$。

为了更好地计算上界，首先对剩余物品按单位价值进行排序，先装价值大的，后装价值小的，直到不能装下时，再装入该物品的一部分，从而填满背包，获得上界。

例如，对于 5.1 节的背包问题 $C = 10$，重量 $w = (6, 5, 5)$，价值 $v = (7, 4, 5)$。这三个物品的单位重量的价值为 $(1.167, 0.8, 1)$。以物品的单位价值的顺序装入物品，即依次装入物品 1。此时，剩余的背包是 4 只能装入 0.8 的物品 3。由此得到一个解 $(1, 0, 0.8)$，其对应的价值为 11。尽管这不是一个可行解(物品不能取一部分)，但可以证明，其价值是最优解的上界。

### 5.5.4 搜索过程

为了简化算法，假设物品已按单位价值排好序。设物品数 $n = 4$，容量 $C = 10$，物品重量 $w = (1, 2, 3, 5)$，价值 $v = (5, 7, 9, 7)$。显然，物品已按单位价值排好序，若没排序，应事先排序。

开始时背包为空，背包剩余容量 $r = 10$，当前价值 $cp = 0$，$bestp = 0$。搜索过程如图 5.12 所示。

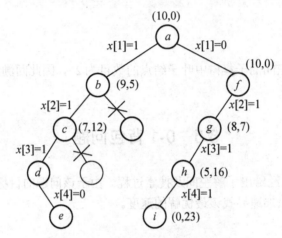

**图 5.12　4 个物体的 0-1 背包求解**

(1) 选择第 1, 2, 3 物品进入背包，得到部分解 $(1, 1, 1)$。此时当前扩展结点为 $d$，剩余容量为 4，价值 $cp = 21$。此时，物品 4 的重量大于背包容量，不能放入，到达叶子结点，得到可行解 $(1, 1, 1, 0)$，目前的最优解为 $bestp = 21$。

(2) 算法回溯到 $c$ 结点，$c$ 可选择右分支，此时剩余容量为 $r = 7$，$cp = 12$。计算上界，上界为 19，不大于 $bestp$，因而中断搜索(剪枝)。算法回溯，到 $b$ 结点。

(3) $b$ 可选择右分支，此时剩余容量为 $r = 9$，$cp = 5$。计算上界，上界为 22，不大于 $bestp$，因而中断搜索(剪枝)。算法回溯，到 $a$ 结点。

(4) $a$ 可选择右分支，即此时 $x[1] = 0$，$r = 10$，$cp = 0$。此时计算上界，上界为 26，大于 $bestp$，继续向前搜索。把 2、3、4 物品分别放入背包，到达叶子结点，得到可行解 $(0, 1, 1, 1)$，其价值为 26，为最大价值。

① 变量定义及说明

```
int bestp = 0;                        //最优值
```

```
//注意：物品必须按单位重量递减排好序
int w[5] = {0, 1, 2, 3, 5};              //物品的重量，下标为 0 的数据未使用，以下相同
int p[5] = {0, 5, 7, 9, 7};              //物品的价值
int x[5] = {0, 0, 0, 0, 0};              //解向量
int bestx[5] = {0, 0, 0, 0, 0};          //最优解解向量
int c = 10;                              //背包容量
int cp = 0;                              //当前价值
int cw = 0;                              //背包中物品的当前总重量
int n = 4;                               //物品个数
```

② 限界函数

```
int bound(int t){
    int i = t;
    int b = cp;
    int r = c-cw;                        //背包剩余容量
    while(i< = n&&(r>w[i])){
        b+ = p[i];
        r = r-w[i];
        i++;
    }
    if(i< = n)b = b+r*p[i]/w[i];
    return b;
}
```

③ 0-1 背包问题的递归算法

```
void knapREC(int t){
    int r = c-cw;
    if(t>n){                             //找到可行解
        if(bestp<cp){    // 若当前可行解优于以前的最优解，则保存该可行解为最优解
            bestp = cp;
            for(int i = 1;i< = n;i++)
                bestx[i] = x[i];
        }
        return;
    }else {
        if(r> = w[t]){                   //选择第 t 物体进入背包
            x[t] = 1;
            cw = cw+w[t];
            cp = cp+p[t];
            knapREC(t+1);
            //回溯，恢复当前的背包容量及当前价值
            cw = cw-w[t];
            cp = cp-p[t];
            x[t] = 0;
        }
```

```
        if(bound(t+1)>bestp){
            x[t] = 0;
            knapREC(t+1);
        }
    }
}
int main(){
    knapREC(1);
    for(int i = 1;i< = 4;i++)
        printf("%d, ", bestx[i]);
    printf("besttp = %d", bestp);
    getchar();
}
```

### 5.5.5 算法效率分析

回溯算法的运行时间取决于它在搜索过程中所生成的结点数。而限界函数可以大大减少生成结点的个数，避免无效搜索，加快搜索速度。由于解空间的子集树中叶子结点的数目为 $2^n$，调用限界函数计算上界需要 $O(n)$ 时间，在最坏情况下有 $O(2^n)$ 个右儿子结点需要调用限界函数，故用回溯法求解 0-1 背包问题需要的时间复杂度为 $O(n2^n)$。

## 5.6 旅行商问题

旅行商问题(Traveling Saleman Problem，TSP)又译为旅行推销员问题、货郎担问题，简称为 TSP 问题，是最基本的路线问题，该问题是在寻求单一旅行者由起点出发，通过所有给定的需求点之后，最后再回到原点的最短路径。

用图来表示该问题的模型，设图 $G =(V, E)$，顶点代表城市，边的权值代表两城市之间路径的长度，用 2 维数组 $g[i][j]$ 来表示该图。该问题就是要求从居住城市出发最后回到居住城的一个城市排列，并且使得路径最短，如图 5.13 所示。

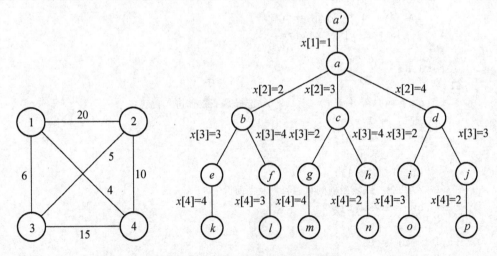

图 5.13　TSP 问题的回溯法求解

### 5.6.1 问题的解空间

从居住城市出发的一个城市排列可用向量$(x[1], x[2], ..., x[n])$表示。$x[1]$表示居住城市的编号，$x[i]$表示经过的第 $i$ 个城市的编号，$S = \{1, 2, \cdots, n\}$ 为城市编号的集合，由于在解中，城市的编号不能重复，因而 $x[i] \in S - \{x[1], \cdots, x[i]\}$，其解空间如图 5.13。事实上，所有排列问题的解形式与此类似。

### 5.6.2 约束条件

显然路径中相邻城市之间有路径相连，$g[x[t-1]][x[t]] \neq \infty$。并且最后一个城市与第 1 个城市有路径相连，即 $g[x[n]][x[1]] \neq \infty$。

### 5.6.3 限界条件

设 $cl$ 表示当前走过路径的长度，$bestl$ 表示以前找到的最短路径的长度。显然，若 $cl > bestl$，没必要继续搜索(剪枝)。

### 5.6.4 搜索解空间

为了简化，考虑 4 个城市如图 5.14 所示，居住城市为 1。搜索过程如下：

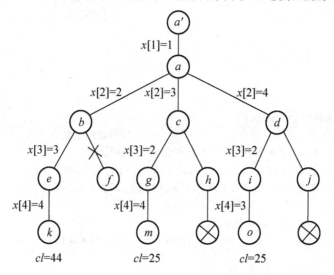

**图 5.14　4 个城市的 TSP 的搜索过程**

(1) 由于城市 1 为出发城市，因而从根结点 $a'$ 生成 $a$ 结点，即 $x[1] = 1$，此时 $a$ 为活动结点，也为扩展结点；

(2) 城市 1 与城市 2 相连，因而可从 $a$ 结点沿左分支生成 $b$ 结点，即 $x[2] = 1$，表示经过第 2 城市，此时 $cl = 20$，$bestl = \infty$，限界条件满足。$b$ 为扩展结点；

(3) 城市 2 与城市 3 相连，因而可从 $b$ 结点生成 $e$ 结点，即 $x[3] = 1$，此时 $cl = 25$，$bestl = \infty$，限界条件满足。$e$ 为扩展结点；

(4) 城市 2 与城市 3 相连，因而可从 $e$ 结点生成 $k$ 结点，即 $x[4] = 1$。此时 $cl = 40$，

$bestl = \infty$，限界条件满足。$k$ 为扩展结点；

（5）$k$ 是叶子结点，并且与居住城市 1 相连，故找到 1 条当前最优路径(1，2，3，4)，长度为 44，即 $bestl = 44$。算法回溯，继续寻找更优的路径；

（6）算法先回溯到 $e$，然后再回溯到 $b$。城 2 还与城 4 相连，故从 $b$ 扩展 $f$ 结点，即 $x[4] = 1$。此时，$cl = 30$，$bestl = 44$，限界满足。因而 $f$ 结点为扩展结点；

（7）城 4 与城 3 相连，故可从 $f$ 结点扩展 $i$ 结点，即 $x[3] = 1$。此时，$cl = 45$，$bestl = 44$，限界条件不满足，故算法回溯；

（8）继续以上步骤，搜索完整条路径，最终得到最优路径(1, 3, 2, 4)或(1, 4, 2, 3)最优路径，$bestl = 25$。

对应的代码实现如下：

```
#define NUM 101                          //定义最大顶点个数
int MAXINT = 9999999;                    //定义最大整数代表无穷大
int bestx[NUM];                          //最优解向量
int g[NUM][NUM];                         //邻接矩阵
int x[NUM];                              //解向量
int bestc = MAXINT;                      //最优的路径长度
int cl = 0;                              //当前路径长度
int n;                                   //图的顶点个数
int m;                                   //图的边数
void swap(int *a, int *b){               //交换两个数
    int t;
    t = *a;
    *a = *b;
    *b = t;
}
void travelingREC(int t){
    if(t == n){                          //到达叶子结点
        //路径为连通回路且路径长度为当前最小，保存最优解
        if(g[x[n-1]][x[n]]<MAXINT&&g[x[n]][x[1]]<MAXINT
            &&cl+g[x[n-1]][x[n]]+g[x[n]][x[1]]<bestc){
            for(int i = 1;i< = n;i++)
                bestx[i] = x[i];
            bestc = cl+g[x[n-1]][x[n]]+g[x[n]][x[1]];
        }
        return;
    }else {
        for(int i = t;i< = n;i++){       //在不非路径中的结点中寻找满足要求的结点
            if(g[x[t-1]][x[i]]<MAXINT&&cl+g[x[t-1]][x[i]]<bestc){//满足约束
条件及限界条件
                swap(&x[t], &x[i]); //交换x[t], x[i]的值，即在路径中加入x[i]结点
                cl = cl+g[x[t-1]][x[t]];
                travelingREC(t+1);       //前进
                //回溯，恢复cl的值，及以前的顶点顺序
                cl = cl-g[x[t-1]][x[t]];
```

```
                swap(&x[t], &x[i]);
            }
        }
    }
}
int main(){
    n = 4;
    m = 6;
    for(int i = 0;i<NUM;i++)                    //设置图边的权值
        for(int j = 0;j<NUM;j++)
            g[i][j] = MAXINT;
    g[1][2] = g[2][1] = 20;
    g[1][4] = g[4][1] = 4;
    g[1][3] = g[3][1] = 6;
    g[2][3] = g[3][2] = 5;
    g[2][4] = g[4][2] = 10;
    g[3][4] = g[4][3] = 15;
    for(int i = 1;i< n;i++)                     //设置初始的顶点顺序
        x[i] = i;
    travelingREC(2);                            //由于第 1 个城市已经确定，从第 2 个城市开始
    printf("最短路径为：%d\n, 解向量为：", bestc);        //输出最优解
    for(int i = 1;i< n;i++)
        printf("%d, ", bestx[i]);
    getchar();
}
```

### 5.6.5  时间复杂度分析

由于解是图顶点的一个排列，第 1 个顶点已确定，因而一共有 $O((n-1)!)$ 种可能，每次更新需要 $O(n)$ 来更新 $bestx$ 的值，故总的时间复杂度为 $O(n!)$。

## 5.7  批处理流水作业调度问题

$n$ 个作业 $\{1,2,\cdots,n\}$ 要在由两台机器 $M_1$ 和 $M_2$ 组成的流水线上完成加工。每个作业加工的顺序都是先在 $M_1$ 上加工，然后在 $M_2$ 上加工。$M_1$ 和 $M_2$ 加工作业 $i$ 所需的时间分别为 $a[i]$ 和 $b[i](1\leqslant i\leqslant n)$。批处理流水作业调度问题要求确定这 $n$ 个作业的最优加工顺序，使得完成时间总和达到最小。

### 5.7.1  问题的解空间

根据问题描述可知，该问题是要求 $n$ 个作业的一个排列，按照该排列顺序，使得 $n$ 作业完成的时间(包括等待时间与作业运行的)和最小。作业的排列可用向量 $x=(x[1],x[2],\cdots,x[n])$，其中 $1\leqslant x[i]\leqslant n$，表示第 $i$ 个执行作业的标号。

### 5.7.2 约束条件

由于作业的任一个排列都是可以的,因而无约束条件。

### 5.7.3 限界条件

用 $cf$ 表示当前已完成的作业所用的时间总和(包括每个作业的等待时间),用 $bestf$ 表示以前找到的最优解的值,$cf$ 只能增加,不能减少。显然如果 $cf > bestf$,不可能包含最优解,没有继续搜索的必要。因而限界条件为 $cf < bestf$。

### 5.7.4 搜索过程

考虑 3 作业的调度,他们在 $M_1$ 上执行的时间分别为 $t1 = (2, 3, 2)$,在 $M_2$ 上执行的时间为 $t2 = (1, 1, 3)$,开始时 $cf = 0$,$bestf$ 为 $\infty$。$f1[t]$ 表示在机器 1 执行当前已完成作业的时间总和,$f2[t]$ 表示在机器 2 完成当前作业的时间(包括执行任前的等待时间),$f2[1] = 0$。

首先从结点 $a$ 开始,如图 5.15 所示。

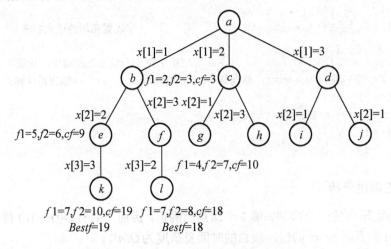

图 5.15 流水作业问题

(1) 由 $a$ 扩展生成 $b$,即 $x[1] = 1$,此时,$f1[1] = t1[1] = 2$,$f2[1] = f1[1] + t2[1] = 3$,$cf = 3$,满足限界条件;

(2) 继续由 $b$ 扩展生成 $e$,即 $x[2] = 2$ 得到 $f1[2] = f1[1] + t1[2] = 5$。由于 $f2[1] < f1[2]$,故 $f2[2] = f1[2] + t2[2] = 6$,$cf = f2[1] + f2[2] = 9$,满足限界条件;

(3) 由 $e$ 扩展生成 $k$,即 $x[3] = 3$,得 $f1[3] = f1[2] + t1[3] = 7$。由于 $f2[2] < f1[3]$,故 $f2[3] = f1[3] + t2[3] = 10$。$cf = f2[1] + f2[2] + f2[3] = 19$,满足限界条件。此时 $k$ 为叶子结点,得到可行解 $(1, 2, 3)$,并且该可行解是目前为此的最优解,即 $bestf = 19$;

(4) 算法回溯到 $e$ 结点,$e$ 结点无更多分支,继续回溯到 $b$。此时 $b$ 为活结点。由 $b$ 沿右分支扩展生成结点 $f$,即 $x[2] = 3$。此时,$f1[2] = f1[1] + t1[3] = 4$,$f1[2] > f2[1]$,故 $f2[2] = f1[2] + t2[3] = 7$,$cf = f2[1] + f2[2] = 10$,$bestf = 19$ 满足限界条件;

(5) 继续由 $f$ 扩展生成 $1$,即 $x[3] = 2$。此时 $f1[3] = f1[2] + t1[2] = 7$。$f1[3] = f2[2]$,故 $f2[3]$

$=f1[3]+t2[2]=8$，$cf=f2[1]+f2[2]+f2[3]=18$，满足限制条件，同时到达叶子结点，得到更优的解 $bestf=18$，解为$(1,3,2)$；

(6) 算法回溯，继续寻找更优的解。

则相关的算法实现如下：

```c
#define NUM 100
#define MAXINT 99999              //定义一个大整数代表无穷大
int n;                           //作业个数
int t1[NUM];                     //作业在机器1执行所需要时间
int t2[NUM];                     //作业在机器2执行所需要时间
int x[NUM];                      //解向量
int bestx[NUM];                  //最优解向量
int f1 = 0;                      //机器1上完成任务需要的时间
int f2[NUM] = {0};               //机器2上完成任务需要的时间
int cf = 0;
int bestf = MAXINT;
void swap(int * a, int *b){      //交换2个数
    int t = *a;
    *a = *b;
    *b = t;
}
void jobingRec(int t){           //批处理流水作业递归算法
    if(t>n){    //找到一个可行解
        if(bestf>cf){   //当前可行解为最优
            bestf = cf;
        for(int i = 1;i< = n;i++)
            bestx[i] = x[i];
        }
        return;
    }
    for(int i = t;i< = n;i++){
        f1 = f1+t1[x[i]];
        if(f2[t-1]>f1){          //机器2不空闲，需要等待机器2完成上1任务
            f2[t] = f2[t-1]+t2[x[i]];
        }
        else {                   //机器2空闲，
            f2[t] = f1+t2[x[i]];
        }
        cf+ = f2[t];
        if(cf<bestf){            //满足限界条件
            swap(&x[t], &x[i]);
            JobingRec(t+1);      //继续到下层搜索解
            swap(&x[t], &x[i]);  //回溯
        }
        f1- = t1[i];
```

```
        cf- = f2[t];
    }
}
void main(){
    n = 4;
    t1[1] = 5, t1[2] = 12, t1[3] = 4, t1[4] = 8;
    t2[1] = 6;t2[2] = 2, t2[3] = 14, t2[4] = 7;
    cf = 0;
    bestf = MAXINT;
    for(int i = 1;i< = n;i++)x[i] = i;
    JobingRec(1);
    printf("最优解\n");
    for(int i = 1;i< = n;i++)printf("%d, ", bestx[i]);
    getchar();
}
```

### 5.7.5  时间复杂度分析

算法计算限界函数复杂度 $O(1)$，在最坏情况下有 $nn!$ 个结点，每个结点都需要计算限界函数，故计算限界函数的时间复杂度为 $O(nn!)$。另外，在叶子结点需要 $O(n)$ 的复杂度记录当前最优解，最坏情况下每个叶子结点都会搜索到，叶子结点共有 $n!$ 个，其复杂度为 $O(nn!)$。因而算法的最坏时间复杂度为 $O((n+1)!)$。

# 5.8  ACM 经典问题解析

### 5.8.1  Dreisam Equations(难度：★★★☆☆)

#### 1. 题目描述

在一个遥远而未开化的行星 Dreisamwuste 上有一片沙漠，在发掘的出土文物中，发现了一些画有神秘符号的纸片。经过长期研究之后，该工程科学家猜测这些符号可能是等式的一部分。如果这是真的，就能证明 Dreisamwuste 文明很久以前已经存在了。

然后，问题是纸片上的符号只有数字，括号和等号。有足够的证据可以证明 Dreisamwuste 人只懂得 3 种运算符的运算：加、减和乘，而且算术运算没有优先规则，他们只是严格地将每项数据从左边计算到右边。例如，$3+3×5$，他们的计算结果是 30，而不是 18。

但现在纸片上的等式里没有任何算术运算符。因此如果这些假设是正确的，而且这些数字能形成等式，那么这些运算符早已随时间而消失了。

你是计算机专家，应该能够发现这些假设是否正确。对于某些等式(没有算术运算符)，如果在表达式种重新放置运算符 $+$、$-$ 和 $×$，可以构造一个有效的等式。例如，在一张纸上，有字符串 "$18 = 7\,(5\,3)\,2$"。一种可能的结果是 "$18 = 7 + (5 - 3) × 2$"。但是如果一张纸片上有 "$5 = 3\,3$"，那么写下这个式子时，Dreisamwuste 不认为这是一个等式。

**输入格式**

每个等式在输入中占一行。每行开头是一个正整数(小于 230)，接着是=(为了方便，Dreisamwuste 人在左边只用了数字)。之后是多达 12 个的正整数，构成等式的右边(这些数的乘积小于 230)。一行不超过 80 个字符。有些数可能有包括括号，等式中括号数没有限制。两个数之间至少有个空格或括号。

输入一行只有 0 结束，不需要处理。

**输出格式**

对于每个等式，输入出一行"Equation #n:"，n 是等式的编号。然后输出一行，是该等式的解决方案，也就也是插入＋，－和×运算符的等式。不要在等式中输出空格。

如果等式不成立，那么输出"Impossible"。

每组测试数据后输出一个空行。

**输入样例**

```
18 = 7(5 3)2
30 = 3 3 5
18 = 3 3 5
5 = 3 3
0
```

**输出样例**

| Equation #1: | Equation #2: | Equation #3: | Equation #4: |
|---|---|---|---|
| 18 = 7+(5-3)×2 | 30 = 3+3×5 | Impossible | Impossible |

2. **题目分析**

题目中每个等式的右边是一些数字和括号，要求放置适当的运算符＋、－和×，使运算结果等于左边。对于每个可以放置运算符的位置，都可以放置＋、－和×，即解空间是一颗完全 3 叉树。

3. **问题实现**

```c
#include <stdio.h>
#include <string.h>
#include <ctype.h>

#define LEFT  -1                              //左括号
#define RIGHT -2                              //右括号
#define MUL   -3                              //×号
#define ADD   -4                              //+号
#define SUB   -5                              //一号
#define OP    -6                              //该位置应该有运算符
#define NONE  -10

char a[100];                                  //原始的等式数据
```

```
int b[100];                                         //伪表达式
int best[100];                                      //答案
int op[30];                                         //运算符在数组 b 中的位置
int bn;                                             //数组 b 的项数
int iLeft;                                          //等式左边的数
int apos;                                           //数据 a 的位置指针
int bpos;                                           //数据 b 的位置指针
int opos;                                           //操作符数组的位置指针
int possible;                                       //是否有解

void space(){//跳过数字之间的空格
    while(a[apos] &&(a[apos] == ' '))
        apos++;
}

int bracket(){//括号的判断与数值计算
    int sum;
    if(b[bpos] == LEFT){
        bpos++;                                     //跳过左括号
        sum = compute();                            //计算括号里面的值(注意间接递归)
        bpos++;                                     //跳过右括号
    }
    else
        sum = b[bpos++];                            //没有括号
    return sum;
}

int compute(){// 计算右边表达式值的算法
    //右边第一个数
    int sum = bracket();
    //对每一个运算符进行计算
    while(b[bpos] == MUL || b[bpos] == ADD || b[bpos] == SUB){
        int operation = b[bpos++];                  //取出运算符
        int ret = bracket();                        //取出下一个数
        //根据运算符进行计算
        switch(operation){
        case MUL: sum * = ret; break;
        case ADD: sum + = ret; break;
        case SUB: sum - = ret; break;
        }
    }
    return sum;
}

void backtrack(int dep){//形参 dep 表示第几个运算符
    if(possible)return;                             //得到答案
    int i;
```

```
        if(dep == opos){      //所有运算符构造完毕，判断等式是否成立
            bpos = 0;
            int iRight = compute();                    //右边表达式的值
            if(iRight == iLeft){                        //如果等式成立，构造最优解
                possible = 1;                          //置标志为"有解"
                for(i = 0; i<bn; i++)
                    best[i] = b[i];
            }
            return;
        }
        //当前结点的 3 个孩子结点，分别使用＋、－和×运行符进行构造
        b[op[dep]] = MUL; backtrack(dep+1);
        b[op[dep]] = ADD; backtrack(dep+1);
        b[op[dep]] = SUB; backtrack(dep+1);
}

void print(int *q){
    printf("%d = ", iLeft);
    int i;
    for(i = 0; i<bn; i++)
        switch(q[i]){
        case ADD: printf("+"); break;
        case MUL: printf("*"); break;
        case SUB: printf("-"); break;
        case LEFT: printf("("); break;
        case RIGHT: printf(")"); break;
        case OP: printf("?"); break;
        default: printf("%d", q[i]); break;
        }
}

int main(){
    int iCase = 0;
    int i;
    while(gets(a)&& strchr(a, ' = ')){
        possible = 0;
        for(i = 0; i<90; i++)
            b[i] = NONE;                               //初值
        apos = 0;
        sscanf(a, "%d", &iLeft);                       //左边的数
        while(a[apos] && isdigit(a[apos]))apos++;
        space();
        apos ++;                                       //跳过 " = "
        bn = 0;
        opos = 0;
```

```
        while(space(), a[apos]){
            if(a[apos] == '('){                    //左括号
                b[bn++] = LEFT;
                apos++;
                continue;
            }
            if(a[apos] == ')'){                    //右括号
                b[bn++] = RIGHT;
                apos++;
            }
            else {                                 //读取数字
                sscanf(a+apos, "%d", &b[bn++]);
                while(a[apos] && isdigit(a[apos]))apos++;
            }
            space();
            //如果不是结尾和")"，则有一个运算符
            if(a[apos] && a[apos] ! = ')'){
                op[opos++] = bn;
                b[bn++] = OP;
            }
        }
        backtrack(0);
        printf("Equation #%d:\n", ++iCase);
        if(bn == 1 && iLeft == b[0])
            printf("%d = %d\n", iLeft, iLeft);
        else if(bn == 0 || !possible)
            printf("Impossible\n");
        else {
            print(best);
            printf("\n");
        }
        printf("\n");
    }
    return 0;
}
```

在算法 backtrack(int dep)中，如果 dep == opos，表示所有的运算符构造完毕，此时，表达式的结果等于左边的数 iLeft 时，则找到了答案。如果 dep<opos，对第 dep 个运算符，可以放置＋、－和×，并进入相应的子树；在算法 compute( )中，只关注括号，不需要考虑运行符＋、－和×的优先级；函数 bracket( )是一个间接递归的。也就是说，如果一对括号中还有括号的话，则继续用函数 bracket( )。括号的判断也可以使用堆栈的方法来实现。

如果数据 b 的项数 bn＝0 时，或者标志 possible＝0，则题目无解，输出"Impossible"。本算法采用回溯来实现，其时间复杂度是 $O(3^n)$。

### 5.8.2 A Plug for UNIX(难度：★★★☆☆)

#### 1. 题目描述

你负责为联合国互联网管理委员会(UNIX)的首次会议准备新闻发布室，UNIX 有个国际性任务，就是使互联网上累赘和官僚的信息和想法尽可能畅通无阻。

因为新闻发布室要接待来自世界各地的记者，所以在建造发布室时，它配备了各种电插座以满足当时各个国家电器不同形状的电插头和电压。不幸的是，发布室是在很多年以前建造的，当时的记者们使用电器的种类很少，每种电器也只有一种类型的插座。现在，像其他人一样，记者们需要很多这样的设备来做他们的工作：笔记本电脑、手机、录音机、寻呼机、咖啡壶、微波炉、吹风机、卷发钳及(电动)牙刷等。当然，其中很多设备可以使用电池，但由于这次会议可能很长而且乏味，你希望能够提供尽可能多的插座。

在开会之前，你收集了记者们喜欢使用的各种设备，并设法安装使用。你注意到，一些设备使用的插头在发布室是没有相应插座的。你感到很好奇，外国的这些设备在建造发布室时是不是不存在的。有些插座，好多设备的插头可以使用；而另外一些插座，没有一个设备的插头能够使用。

为了设法解决这个问题，你访问了附近的一家电器供应商店。这个商店出售适配器，适配器把一种类型的插头转换为不同类型的插座。适配器可以插入到其他适配器。这家商店没有用于所有可能组合的插头和插座的适配器。所有在售的适配器，他们基本上无限量供应。

**输入格式**

输入只有一个测试例(指每个数据块内)。第一行是一个正整数 $n(1 \leqslant n \leqslant 100)$，表示发布室里插座的数量，接下来 $n$ 行，是在发布室里找到的插座类型。每个插座类型是一个包含不超过 24 个字母/数字的字符串。下一行是一个正整数 $m(1 \leqslant m \leqslant 100)$，表示你想要插入的设备的数量。接下来 $m$ 行，每行列出设备的名称和它使用的插头类型(与它所需要的插座类型一致)。设备名称是一个不超过 24 个字母/数字的字符串。没有两个设备的名字恰好相同。插头类型和设备名称之间有一个空格。下一行是一个正整数 $k(1 \leqslant k \leqslant 100)$，表示可用的不同类型的适配器数量。接下来 $k$ 行，每行描述一种类型的适配器：适配器提供的插座类型，一个空格，接着是插头的类型。

**输出格式**

输出一行，是一个正整数，表示不能插入的设备的最小数。

**输入样例**

```
1
4          5              3
A          laptop B       B X
B          phone C        X A
C          pager B        X D
D          clock B
           comb X
```

**输出样例**

    1

### 2. 题目分析

给定插头和插座的类型和数量，再给定适配器的类型，而适配器的数量是无限的。且适配器可以插入其他适配器，计算没有找到插座的插头数量。这里选择的是回溯算法，也可以使用二分图的算法。

### 3. 问题实现

```cpp
#include<iostream>
#include<cstring>
#include <cstdio>
using namespace std;
string names[400];                    //插头和插座的名称
int numName;                          //插头和插座的编号
int numReceps;                        //插座的数量
int numPlugs;                         //插头的数量
int numAdapts;                        //适配器的数量
int matchPlug[120];                   //插头与插座匹配的情况
int matchRecep[120];                  //插座与插头匹配的情况
bool canUse[120];

//插头的结构体
struct plug{
    string name;                      //名称
    int recep;                        //需要的插座类型
    bool list[400];                   //使用适配器后可以匹配的插座类型
}plugs[120];

//适配器的结构体
struct adapter{
    int recep, plug;                  //插座和插头的类型
}adapts[120];

//给字符串编号的算法，形参字符串是插头和插座的名称，返回值是其编号
int findName(string name){
    for(int i = 0;i<numName;i++)
        if(name == names[i])return i;  //该字符串已经在数组中
    names[numName++] = name;           //新增字符串
    return numName-1;
}

//计算适配器匹配的插座类型，插头 i 使用适配器后可以匹配的插座类型
void useAdapter(int i){
```

```
        //插头i本身需要的插座
        plugs[i].list[plugs[i].recep] = true;
        //由于适配器可以插入其他适配器，所以使用一个适配器后，又要重新搜索
        bool flag;
        do{
            flag = false;
            //搜索所有的适配器
            for(int j = 0;j<numAdapts;j++){
                if(plugs[i].list[adapts[j].recep] && !plugs[i].list[adapts[j].plug]){
                    flag = true;
                    plugs[i].list[adapts[j].plug] = true;
                }
            }
        }while(flag);                //只要找到了一个适配器(flag = true)就要重新搜索一遍
}

//使用回溯算法，搜索插头与插座的对应关系，形参node表示当前插头
bool backtrack(int node){
    //对所有的插座搜索
    for(int j = 0;j<numReceps;j++){
        //插头node与插座j匹配，且插座j可用
        if(plugs[node].list[j] && canUse[j]){
            //插座j尚未匹配
            if(matchRecep[j] == -1){
                //建立插头node与插座j的匹配关系
                matchPlug[node] = j;
                matchRecep[j] = node;
                return true;
            }
            else{
                //插座j已经匹配，保存其匹配状态，换成插头node
                int save = matchRecep[j];
                matchRecep[j] = node;
                matchPlug[save] = -1;
                matchPlug[node] = j;
                canUse[j] = false;
                //回溯，判断插头matchRecep[j]能否插入其他插座
                if(backtrack(save))
                    return true;
                //恢复回溯前的状态
                canUse[j] = true;
                matchPlug[node] = -1;
                matchPlug[save] = j;
                matchRecep[j] = save;
```

```
            }
        }
    }
    return false;
}

int main(){
    //freopen("in.txt", "r", stdin);
    int t;
    cin>>t;
    while(t--){
        cin>>numReceps;
        for(int i = 0;i<numReceps;i++){
            cin>>names[i];
        }
        numName = numReceps;
        cin>>numPlugs;
        for(int i = 0;i<numPlugs;i++){
            cin>>plugs[i].name;
            string tmp;
            cin>>tmp;
            plugs[i].recep = findName(tmp);
        }
        cin>>numAdapts;
        for(int i = 0;i<numAdapts;i++){
            string ad1, ad2;
            cin>>ad1>>ad2;
            adapts[i].recep = findName(ad1);
            adapts[i].plug = findName(ad2);
        }
        for(int i = 0;i<numPlugs;i++){
            for(int j = 0;j<numName;j++)plugs[i].list[j] = false;
            useAdapter(i);
        }
        memset(matchRecep, -1, sizeof(matchRecep));
        memset(matchPlug, -1, sizeof(matchPlug));
        int ans = 0;
        for(int i = 0;i<numPlugs;i++){
            memset(canUse, true, sizeof(canUse));
            if(backtrack(i))ans++;
        }
        cout<<numPlugs-ans<<endl;
        if(t != 0)cout<<endl;
    }
    return 0;
}
```

本问题的时间复杂程度为 $O(n^2)$。

### 5.8.3　回文构词检测(Anagram Checker)(难度：★★☆☆☆)

#### 1．题目描述

如果把一个名字的字母重新排列，得到一个有趣的变位词，总是一件很快乐的事。例如，将"WILLIAM SHAKESPEARE"字母重新排列，就变成"SPEAK REEALISM A WHILE"。编写一个程序，读取一个字典和一些短语。然后根据字典，用给定的短语构成变位词。由短语的字母构成变位词时，你的程序应该能判断这些变位词都能在字典里找到。变位词不能与原有的单词相同。如果找不到变位词，什么都不用输出，也不要输出空行。

#### 输入格式

分为两个部分，第一个部分为字典，每行一个单词，单词以字典序输入，以'#'结尾，单词数不超过 2000 个，然后是第二部分，给你一组短语，问你用上面的单词去组合，这几个单词中的字母可以随意调换顺序，而且必须要有字母的顺序变动，然后让你把对于每个短语的所有的组合都输出来。短语输入同样以'#'结束，单词与短语中字母个数不超过 20，所有字母均是大写。

#### 输出格式

对于每个短语，输入能组成它的所有单词组合，单词以字典序排列。具体输出格式请看样例。

#### 输入样例

```
ABC
AND
DEF
DXZ
K
KX
LJSRT
LT
PT
PTYYWQ
Y
YWJSRQ
ZD
ZZXY
#
ZZXY ABC DEF
SXZYTWQP KLJ YRTD
ZZXY YWJSRQ PTYYWQ ZZXY
#
```

**输出样例**

SXZYTWQP KLJ YRTD = DXZ K LJSRT PTYYWQ

SXZYTWQP KLJ YRTD = DXZ K LT PT Y YWJSRQ

SXZYTWQP KLJ YRTD = KX LJSRT PTYYWQ ZD

SXZYTWQP KLJ YRTD = KX LT PT Y YWJSRQ ZD

2. 题目分析

因为顺序可以随便，也就是只要字母个数对就可以了，读进去的时候就预处理出每个字符串中每个字母的出现个数，可以用一个长度为 26 的数组表示。

递归的时候，把个数减掉，发现如果个数不是完全包含的，就不往下，递归的时候顺带记录路径。回溯的时候再把减掉的个数加回来就可以了，如果所有的字母个数都为 0，那么就是答案了。

还有一个要变位词和短语完全相同的情况，因为第一部分所有的单词都是以字典序输入的，那么这个只需要把短语中的单词拿出来排序，再拼起来，用这个去判断跟哪几个单词拼起来的是否相同，不相同的才是。

3. 问题实现

```
#include<iostream>
#include<cstring>
#include<vector>
#include<algorithm>
#include <cstdio>
using namespace std;
int n;                                  //字典的条目数
string lexicon[2000];                   //字典
int m;                                  //短语中单词的个数
string word[20];                        //短语中的单词
string oldphrase;                       //短语(原始的)
string phrase;                          //单词排序后的短语
int letters[26];                        //短语中字母出现的频数
//构造变位词短语的回溯算法，形参 index 是字典中条目的序号，anagram 是变位词数组
void findAnagram(int index, vector<string> &anagram){
    //检查所有字母是否都使用了
    int i, j;
    bool find = true;
    for(i = 0;i<26;i++)
        if(letters[i]>0){               //字母没有用完
            find = false;
            break;
        }
    //字母已经用完了，找到了一组变位词
    if(find){
        //将变位词构成字符串
        string s;
```

```
        for(i = 0;i<anagram.size();i++){
            if(i>0)s+ = " ";
            s+ = anagram[i];
        }
        //如果变位词字符串与原始短语(排序过)不同，就是一组有效的变位词
        if(s! = phrase)cout<<oldphrase<<" = "<<s<<endl;
        return;
    }
    //字母还没有用完，继续回溯搜索，从字典的第 index 个条目开始搜索
    int alpha[26];
    for(i = index;i<n-1;i++){
        //计算第 index 个条目的字母频数
        memset(alpha, 0, sizeof(alpha));
        bool more = true;
        for(j = 0;j<lexicon[i].length();j++){
            int a = lexicon[i][j]-'A';
            alpha[a]++;
            //一个字母的频数超过了短语中的字母频数，该条目无效
            if(alpha[a]>letters[a]){
                more = false;
                break;
            }
        }
        //该条目有效，则回溯搜索
        if(more){
            //将该条目的单词数减去
            for(j = 0;j<26;j++)
                letters[j]- = alpha[j];
            //将该条目加入到变位词数组中
            anagram.push_back(lexicon[i]);
            //回溯
            findAnagram(i, anagram);
            //恢复回溯前的状态
            anagram.pop_back();
            for(j = 0;j<26;j++)
                letters[j]+ = alpha[j];
        }
    }
}
//字符串分割函数
vector<string> split(string str, string pattern){
    string::size_type pos;
    vector<string> result;
    str+ = pattern;                                    //扩展字符串以方便操作
    int size = str.size();
```

```
    for(int i = 0; i<size; i++){
        pos = str.find(pattern, i);
        if(pos<size){
            string s = str.substr(i, pos-i);
            result.push_back(s);
            i = pos+pattern.size()-1;
        }
    }
    return result;
}
int main(){
    //freopen("in.txt", "r", stdin);
    vector<string>anagram;
    n = m = 0;
    while(1){
        cin>>lexicon[n++];
        if(lexicon[n-1] == "#")break;
    }
    getline(cin, word[m]);
    while(1){
        getline(cin, word[m++]);
        if(word[m-1] == "#")break;
    }
    sort(lexicon, lexicon+n-1);
    for(int i = 0;i<m-1;i++){
        oldphrase = word[i];
        anagram.clear();
        anagram = split(oldphrase, " ");
        sort(anagram.begin(), anagram.end());
        phrase = "";
        for(int j = 0;j<anagram.size();j++){
            if(j>0)phrase+ = " ";
            phrase+ = anagram[j];
        }
        //cout<<phrase<<endl;;
        anagram.clear();
        memset(letters, 0, sizeof(letters));
        for(int j = 0;j<phrase.length();j++){
            if(phrase[j] == ' ')continue;
            letters[phrase[j]-'A']++;
        }
        findAnagram(0, anagram);
    }
    return 0;
}
```

本题时间复杂程度为 $O(n^2)$。

### 5.8.4 Unshuffle(难度：★★★☆☆)

#### 1. 题目描述

两个相同的序列进行组合(每个序列保持相对顺序不变)，给你它们组合起来的总的序列，每个元素最多只可能重复出现 4 次，现在要把它们两个拆开，让你列出一种可行方案，分别用 0、1 标记。

**输入格式**

第一行一个整数 $T$(小于 10)，表示测试数据的组数，后面 $T$ 个测试数据。每个测试数据第一行为一个整数 $n$(小于 2000)，表示总序列包含的数字个数。然后一行，输入 $n$ 个数字，表示这个总序列。

**输出格式**

输出一个长度为 $n$ 的 0、1 序列，分别表示这两个相同的序列。

**输入样例**

```
1
8
1 2 3 1 2 4 3 4
```

**输出样例**

```
00011011
```

#### 2. 题目分析

一遍深搜下去，用两个栈来模拟这两个序列，这两个序列要满足完全相等，递归往栈里加数字的时候要进行判断。由于每个元素最多只出现 4 次，用剪枝之后状态并不多。因为这里没有说数字的范围，所以这里先离散化。

#### 3. 问题实现

```
#include<cstdio>
#include<cstring>
#include<map>
#include<algorithm>
using namespace std;
const int MAXN = 2222 ;
map<int , int > m;
int a[MAXN], num[MAXN];
int a1[MAXN], a2[MAXN];
int len, ok, ans[MAXN];
void dfs(int n, int pos1, int pos2){      //pos1，pos2 分别模拟两个栈的栈顶指针
    if(pos1>len/2||pos2>len/2)return ;    //某一个栈的长度如果大于 len/2，则肯定不对
    if(ok)return ;                        //如果已经找到，就不用再找了
    if(pos1 == len/2&&pos2 == len/2){     //找到一个答案
        for(int i = 1;i< = pos2;i++)ans[a2[i]] = 1;
        ok = 1;                           //已经找到某个正确组合
        return ;
```

```
    }
    if(num[a[n]] == 2){
        a1[pos1+1] = n;                    //进入 a1 这个栈
        num[a[n]]--;                       //递归的时候数量-1
        dfs(n+1, pos1+1, pos2);
        num[a[n]]++;                       //回溯的时候把数量加回来
    }
    else if((pos1<pos2&&a[a2[pos1+1]] == a[n])||pos1> = pos2){
        a1[pos1+1] = n;
        dfs(n+1, pos1+1, pos2);
    }
    if(ok)return ;
    if(num[a[n]] == 1){
        a2[pos2+1] = n;                    //进入 a2 这个栈
        num[a[n]]--;
        dfs(n+1, pos1, pos2+1);
        num[a[n]]++;
    }
    else if((pos2<pos1&&a[a1[pos2+1]] == a[n])||pos2> = pos1){
        a2[pos2+1] = n;
        dfs(n+1, pos1, pos2+1);
    }
}
int main(){
    int T;
    scanf("%d", &T);
    while(T--){
        int n;
        scanf("%d", &n);
        len = n;
        m.clear();
        int tot = 0;                       //离散化
        for(int i = 1;i< = n;i++){
            scanf("%d", &a[i]);
            if(m.find(a[i])== m.end())m[a[i]] = ++tot ;
        }
        memset(num, 0, sizeof(num));       //统计每个数字的个数
        for(int i = 1;i< = n;i++){
            a[i] = m[a[i]];
            num[a[i]] ++ ;
        }
        memset(ans, 0, sizeof(ans));       //储存最终的答案
        ok = 0;
        dfs(1, 0, 0);                      //深搜
        for(int i = 1;i< = n;i++)printf("%d", ans[i]);       //输出答案
        puts("");
    }
    return 0;
}
```

本题时间复杂程度为 $O(n^2)$。

## 5.9 小 结

回溯法是一种解空间搜索技术，类似于枚举的思想，它通过深度优先的搜索策略遍历问题各个可能解的通路，发现此路不通时则回溯到上一步继续尝试别的通路。回溯法适用于查找问题的解集或符合某种限制条件的最优解集，只是在具体的实现中采用一些限界或剪枝函数对搜索范围进行控制，这样一般其最坏时间复杂度仍然很高，但对于 NP 完全问题来说，回溯法被认为是目前较为有效的方法。

回溯算法的基本步骤如下：

(1) 定义给定问题的解空间：子集树问题、排列树问题和其他因素；

(2) 确定状态空间树的结构性；

(3) 以深度优先方式搜索解空间，并在搜索过程中用剪枝函数避免无效搜索。其中，深度优先方式可以先为递归回溯或者迭代回溯。

回溯法解题时需要掌握递归回溯法和迭代回溯法的设计和实现。递归回溯法的效率往往很低，但它能使一个蕴含递归关系且结构复杂的程序简单、精炼，增加可读性。迭代回溯法效率比递归回溯法高。但是代码不如递归简洁。

为了让大家对回溯法有深入的理解，我们对 4 个经典的 ACM 题目(A Plug for UNIX、Anagram Checker、Unshuffle 和 Frogs' Neighborhood 等)进行了解析。

## 5.10 习 题

1. 对于 $k$ 着色问题，在最坏情况下将生成多少个结点？

2. 整数和问题：给定一个整数集合 $X = \{x[1], x[2], \cdots, x[n]\}$ 和整数 $y$，找出和等于 $y$ 的 $X$ 的子集 $Y$。

3. 羽毛球队有男女运动员各 $n$ 人。给定 2 个 $n \times n$ 矩阵 $P$ 和 $Q$。$P[i][j]$ 是男运动员 $i$ 和女运动员 $j$ 配对组成混合双打的男运动员竞赛优势；$Q[i][j]$ 是女运动员 $i$ 和男运动员 $j$ 配合的女运动员竞赛优势。由于技术配合和心理状态等各种因素影响，$P[i][j]$ 不一定等于 $Q[j][i]$。男运动员 $i$ 和女运动员 $j$ 配对组成混合双打的男女双方竞赛优势为 $P[i][j] \times Q[j][i]$。设计一个算法，计算男女运动员最佳配对法，使各组男女双方竞赛优势的总和达到最大。

4. 给定 $n$ 个大小不等的圆 $c_1, c_2, \cdots, c_n$，现要将这 $n$ 个圆排进一个矩形框中，且要求各圆与矩形框的底边相切。圆排列问题要求从 $n$ 个圆的所有排列中找出有最小长度的圆排列。例如，当 $n = 3$，且所给的 3 个圆的半径分别为 1、1、2 时，这 3 个圆的最小长度的圆排列如图 5.16 所示，其最小长度为 $2 + 4\sqrt{2}$。

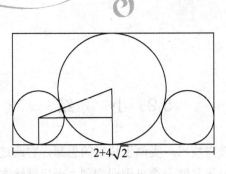

$2+4\sqrt{2}$

**图 5.16　圆排列问题**

5. 最小重量机器设计问题：设某一机器由 $N$ 个部件组成，每一个部件都可以从 $M$ 个不同的供应商处购得。设 $w_{ij}$ 是从供应商 $j$ 处购得部件 $i$ 的重量，$c_{ij}$ 是相应的价格。试设计一个算法，给出总价格不超过 $C$ 的最小重量机器设计。

6. 设计一个回溯算法来生成数字 $1, 2, \cdots, n$ 的所有排列。

7. 设计一表回溯算法求解马周游问题：给出 1 个 $8 \times 8$ 的棋盘，一个放在棋盘某个位置的马是否可以恰好访问每个方格一次，并回到起始位置上？

8. 设计一个回溯算法求解哈密顿回路问题：给出 1 个无向图 $G = (V, E)$，确定一个简单回路，使得访问每个顶点恰好 1 次。

9. 设计一个回溯算法求解如下指派问题：$n$ 个雇员被指派做 $n$ 件工作，使得指派第 $i$ 个人做第 $j$ 件工作的代价为 $c[i][j]$。找出一种指派使得总耗费最少。假定耗费都是非负的。

# 第 6 章

# 分支限界算法

所谓"分支"是采用广度优先的策略，依次生成扩展结点的所有分支(儿子结点)；所谓"限界"是在结点扩展过程中，计算结点的上界(或下界)，边搜索边减掉搜索树的某些分支，从而提高搜索效率。则分支限界法是把问题的可行解展开，如树的分支，再经由各个分支寻找最佳解，其类似于回溯法，也是在问题的解空间中进行搜索，最后得出结果，但具体搜索方式又与回溯法不同。分支限界法大致步骤为在扩展结点处，先生成其所有儿子结点，舍弃其中不可能通向最优解的结点，将其余结点加入活结点表，然后依据广度优先或以最小耗费(最大效益)优先的方式从当前活结点表中选择一个最有利的结点作为扩展结点，使搜索朝着解空间上有最优解的分支推进，以便尽快找出一个最优解。

为使大家对分支界限法有一个感性认识，我们先看看现实生活中的一个例子：如果自己的风筝(图 6.1)不慎挂在了一棵枝叶茂密的大树上，在没有其他工具的情况下怎样才能比较快把风筝取下呢？绝不是盲目地往上爬，而是经过肉眼和大脑的判断，从树根开始朝着最有可能取到风筝的树枝上爬，……

至于是否最终真正取到风筝，是否中途从树上摔下来，这不是我们今天要关心的问题。我们目前要关心的问题是，为让计算机利用分支界限法搜索最优化问题的最佳解，事先应做哪些准备工作，求解时候有些什么样的策略以及需要注意的一些原则。

图 6.1　风筝

# 6.1 分支限界法的基本理论

## 6.1.1 分支限界法的搜索策略

分支限界法的基本思想是对有约束条件的最优化问题的所有可行解(数目有限)空间进行搜索。在扩展结点处，先生成其所有的儿子结点(分支)，然后再从当前的活结点表中选择下一扩展结点。为了有效地选择下一扩展结点，加速搜索的进程，在每一个活结点处，计算一个函数值(限界)，并根据函数值，从当前活结点表中选择一个最有利的结点作为扩展结点，使搜索朝着解空间上有最优解的分支推进，以便尽快地找出一个最优解，这种方式称为分支限界法，人们已经用分支限界法解决了大量离散最优化的问题。

分支限界法以广度优先或以最小耗费(最大效益)优先的方式搜索问题的解空间树[①]，分别对应两种不同的方法。

1．队列式(First In First Out，FIFO)分支限界法：按照先进先出原则选取下一个结点为扩展结点，活结点表是先进先出队列。

2．优先队列式分支限界法或最小耗费(Least Cost, LC)分支限界法：按照优先队列中规定的优先级选取优先级最高的结点成为当前扩展结点。活结点表是优先权队列，LC 分支限界法将选取具有最高优先级的活结点出队列，成为新的扩展结点。

具体的搜索策略如下：

步骤一：根结点是唯一的活结点[②]，根结点入队。

步骤二：从活结点表中取出根结点后，作为当前扩展结点。

步骤三：对当前扩展结点，先从左到右地产生它的所有儿子，用约束条件检查，舍弃其中不可能通向最优解的结点，把所有满足约束函数的儿子加入活结点表中。再在当前活结点表中选择下一个扩展结点。从活结点表中选择下一个扩展结点的不同方式称为两种不同的分支限界法：队列式分支限界法和优先队列式分支限界法。

步骤四：重复上述步骤二和三，直到找到所需的解或活结点表为空为止。

与回溯法不同的是[③]，分支限界法优先扩展解空间树中的上层结点，并采用限界函数及时剪枝，同时，根据优先级不断调整搜索方向，选择最有可能取得最优解的子树优先进行搜索。所以，如果选择了结点的合理扩展顺序及设计了一个好的界限函数，分支限界法将快速得到问题的解。

分支限界法与回溯法适用于解时间复杂性困难、往往用其他方法难以解决的问题，是两种应用十分广泛的搜索技术，但两者又有所区别，如表 6.1 所示。

---

① 解空间树是表示问题解空间的一棵有序树，常见的有子集树和排列树。当所给问题是从 $n$ 个元素的集合 $S$ 中找出满足某种性质的子集时，相应的解空间称为子集树。当所给问题是确定 $n$ 个元素满足某种性质的排列时，相应的解空间树称为排列树。

② 在分支限界法中，每一个活结点只有一次机会成为扩展结点。活结点一旦成为扩展结点，就一次性产生其所有儿子结点。在这些儿子结点中，导致不可行解或导致非最优解的儿子结点被舍弃，其余儿子结点被加入活结点表。

③ 分支限界法和回溯法实际上都属于穷举法。

表 6.1  分支界限法与回溯法的区别

| 方　　法 | 空间树搜索方式 | 存储结点常用数据结构 | 结点存储特性 | 常用应用 |
|---|---|---|---|---|
| 回　溯　法 | 深度优先搜索 | 堆栈 | 活结点的所有可行子结点被遍历后才能从堆栈中弹出 | 找出满足约束条件的所有解 |
| 分支界限法 | 广度优先或最小消耗(最大效益)优先搜索 | 队列、优先队列 | 每个结点只有一次称谓活结点的机会 | 找出满足条件一个解或特定意义下的最优解 |

### 6.1.2  分支结点的选择

对搜索树上的某些点必须作出分支决策，即凡是界限小于迄今为止所有可行解最小下界的任何子集(结点)，都有可能作为分支的选择对象(对求最小值问题而言)。怎样选择搜索树上的结点作为下次分支的结点呢？有以下两个原则。

(1) 从最新产生的最小下界分支(队列式(FIFO)分支限界法)：从最新产生的各子集中按顺序选择各结点进行分支，对于下界比上界还大的结点不进行分支。

优点：节省了空间；

缺点：需要较多的分支运算，耗费的时间较多。

(2) 从最小下界分支(优先队列式分支限界法)：每次算完界限后，把搜索树上当前所有叶结点的界限进行比较。找出限界最小的结点，此结点即为下次分支的结点。

优点：检查子问题较少，能较快地求得最佳解；

缺点：要存储很多叶结点的界限及对应的耗费矩阵，花费很多内存空间。

这两个原则更进一步说明了在算法设计中的时空转换概念。

分支限界法已经成功地应用于求解迷宫问题、整数规划问题、生产进度表问题、货郎担问题、选址问题、背包问题以及可行解的数目为有限的许多其他问题。对于不同的问题，分支与界限的步骤和内容可能不同，但基本原理是一样的。

### 6.1.3  限界函数

在很大程度上限界函数决定了分支限界法的效率，对同一问题可设计不同的限界函数。在队列式分支限界法通常以问题的约束条件作为限界函数，即满足约束条件的结点才进入队列，不满足的结点就剪枝。

在优先队列式分支限界法中，可以把问题的目标函数作为限界函数，也可以设计一个启发函数作为限界函数。如单源最短路径问题中，从原点到当前结点的路径长度设为限界函数；在装载问题中，限界函数设计为从根结点到结点 $x$ 的路径所对应的载重量再加上剩余物品的重量之和。

从上述限界函数的设计可以发现，对于有约束的优化问题，用队列式分支限界法和优先队列式分支限界法都可以求解；而对于无约束的优化问题，宜采用优先队列式分支限界法[①]。

## 6.2 单源最短路径问题

### 6.2.1 问题描述

给定带权的有向图 $G = (V, E)$，其中每一边的权都是一个非负实数。另外，给定 $V$ 中的一个顶点，称为源。要求计算从源顶点 $s$ 到目标顶点 $t$ 之间的最短路径长度。这里路的长度是指路上各边权之和。

具体实例见图 6.2 所给的有向图 $G$，每一边都有一个非负边权。要求图 $G$ 从源顶点 $s$ 到目标顶点 $t$ 之间的最短路径。

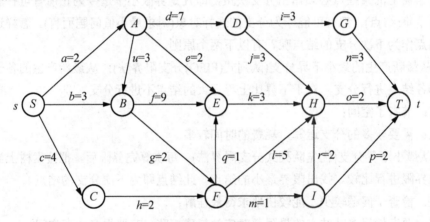

图 6.2 单源最短路径问题对应的带权有向图 G

### 6.2.2 算法描述与设计

用优先队列分支限界法解单源最短路径问题，在这个问题中优先级即为当前的路长，路长小的结点优先，所以使用极小堆来储活结点表。

算法从图 $G$ 的源顶点 $s$ 和空优先队列开始。结点 $s$ 被扩展后，它的儿子结点被依次插入堆中。此后，算法从堆中取出具有最小当前路长的结点作为当前扩展结点，并依次检查与当前扩展结点相邻的所有顶点。如果从当前扩展结点 $i$ 到顶点 $j$ 有边可达，且从源出发，途经顶点 $i$ 再到顶点 $j$ 的所相应的路径的长度小于当前最优路径长度，则将该顶点作为活结点插入到活结点优先队列中。这个结点的扩展过程一直继续到活结点优先队列为空时为止。

---

① 队列式分支限界法的搜索解空间树的方式类似于解空间树的宽度优先搜索，不同的是队列式分支限界法不搜索以不可行结点(已经判定不可能导致可行解或不能导致最优解的结点)为根的子树。按照规则，不可行结点不被列入活结点表；而优先队列式分支限界法的搜索方式是根据活结点的优先级确定下一个扩展结点。在算法实现时通常用一个最大堆来实现最大优先队列，体现最大效益优先的原则；或使用最小堆来实现最小优先队列，体现最小耗费优先原则。

在算法中，利用结点间的控制关系进行剪枝，从原点到当前结点的路径长度设为限界函数。从源顶点 $s$ 出发，2 个不同路径到达图 $G$ 的同一顶点。由于 2 点不同路径的路长不一样，因此可以将长路径所对应的结点及其子树剪去。

图 6.3 是用优先队列式分支限界法解有向图 $G$ 的单源最短路径问题产生的解空间树，其中，每一个结点旁边的数字表示该结点所对应的当前路长，表 6.2 是采用优队列式分支限界法求解单源最短路径问题对应的队列情况。

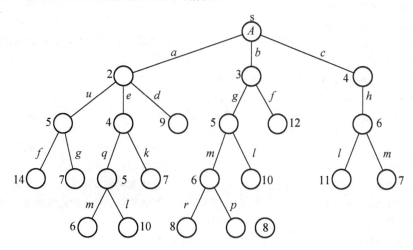

**图 6.3　单源最短路径问题的解空间树**

**表 6.2　采用优队列式分支限界法求解单源最短路径问题对应的队列**

| 队　　　列 | 当前扩展结点 | 备　　　注 |
| --- | --- | --- |
| {$S$} | $S$ | |
| {$A/2$[①], $B/3$, $C/4$ } | $A$ | 产生的 $B/5$ 比 $B/3$ 长，舍弃 $u$ 这条线[②]，$A$ 结点出栈 |
| {$B/3$, $C/4$, $E/4$, $D/9$} | $B$ | 产生的 $E/12$ 比 $E/4$ 短，舍弃 $f$ 这条线，$B$ 结点出栈 |
| {$C/4$, $E/4$, $F/5$, $D/9$} | $C$ | 产生的 $F/6$ 比 $F/5$ 短，舍弃 $h$ 这条线，$C$ 结点出栈 |
| {$E/4$, $F/5$, $D/9$} | $E$ | 产生的 $F/5$ 等于 $F/5$，舍弃 $q$ 这条线，$E$ 结点出栈 |
| {$F/5$, $H/7$, $D/9$} | $F$ | 产生的 $H/10$ 比 $H/7$ 短，舍弃 $l$ 这条线，$F$ 结点出栈 |
| {$I/6$, $H/7$, $D/9$} | $I$ | 产生的 $H/8$ 比 $H/7$ 短，舍弃 $r$ 这条线，$I$ 结点出栈 |
| {$H/7$, $T/8$, $D/9$} | $H$ | 产生的 $T/9$ 比 $T/8$ 差，舍弃 $o$ 这条线，$H$ 结点出线 |
| {$T/8$, $D/9$} | $T$ | 终点 |
| {$D/9$} | | |

由上表可知，采用优队列式分支限界法求得单源最短路径为 $S \rightarrow B \rightarrow F \rightarrow I \rightarrow T$。

---

① 设 A/2 是指 A 结点的长度为 2。当有多个点指向同一个结点时，该结点有多个名字。比如 B/5 和 B/3 是同一个点。其他情况以此类推。

② 在算法扩展结点的过程中，一旦发现一个结点的当前路长不小于当前找到的最短路长，则剪去以该结点为根的子树。

### 6.2.3 算法实现

在具体实现时，算法和邻接矩阵表示所给的图 $G$。在 Graph 中用一个二维数组存储图 $G$ 的邻接矩阵；用 dist 记录从源到各顶点的距离；用数组 prev 记录从源到顶点的路径上的前驱顶点。

图与最小堆类的定义如下：

```cpp
#include <iostream>
using namespace std;
class Graph {                          //Graph 类，用以存放有关图的所有信息
public:
    void shorestPaths(int);
    void showDist();
    Graph();
private:
    int n;                             //图的结点个数
    int *prev;                         //存放顶点的前驱结点
    int **c;                           //存放图的邻接矩阵
    int *dist;                         //存放源点到各个顶点的距离
};
class minHeapNode {                    //结点
    friend Graph;
public:
    int getI(){return i;}
    void setI(int ii){i = ii;}
    int getLength(){return length;}
    void setLength(int len){length = len;}
private:
    int i;                             //顶点编号
    int length;                        //当前路长
};
class minHeap {                        //最小堆
    friend Graph;
public:
    minHeap();
    minHeap(int);
    void deleteMin(MinHeapNode &);
    void insert(MinHeapNode);
    bool outOfBounds();
private:
    int length;
    minHeapNode *node;
};
```

因此，单源最短路径问题代码实现如下[①]：

```cpp
void Graph::shortestPaths(int v){
    minHeap H(100);                              //最小堆
    minHeapNode E;                               //扩展结点
    E.i = v;                                     //记录结点编号
    E.length = 0;                                //记录扩展结点的当前长度
    dist[v] = 0;                                 //源点到该结点的最短长度
    prev[v] = 0;                                 //前驱结点编号
    while(true){                                 //搜索问题的解空间树
        for(int j = 1; j < = n; j++){
            cout<<"c["<<E.i<<"]["<<j<<"] = "<<c[E.i][j]<<endl;
            if((c[E.i][j] ! = MAX)&&(c[E.i][j] ! = 0)){
                if(E.length + c[E.i][j] < dist[j]){        //结点控制关系
                    dist[j] = E.length + c[E.i][j];
                    prev[j] = E.i;
                    if(j ! = n){                            //[②]
                        minHeapNode N;
                        N.i = j;
                        N.length = dist[j];
                        H.Insert(N);
                    }
                }
                else{
                    H.deleteMin(E);
                }
            }
        }
        if(H.outOfBounds())break; //[③]
        cout<<"上一个扩展结点"<<E.i<<" "<<E.length<<endl;
        H.deleteMin(E);
        cout<<"下一个扩展结点"<<E.i<<" "<<E.length<<endl;
    }
}
void minHeap::deleteMin(MinHeapNode &E){
    int i = 0;
    int j = 0;
    j = E.getI();                                //用来删除原来的扩展结点
    node[j].setI(0);                             //置零
    node[j].setLength(0);                        //置零
    int temp = MAX;
    for(i = 1; i < = length; i++){
```

---

① 相关函数的声明与定义见随书光盘。

② 判断该点能否加入活结点优先队列，若结点为叶子结点，则不加入活结点队列。

③ 函数 outofBounds( )用于判断最小堆是否为空。

```
            if((node[i].getLength()< temp)&&(node[i].getLength()! = 0)){
                E.setI(i);
                E.setLength(node[i].getLength());
                temp = node[i].getLength();              //temp 中始终为最小值
            }
        }
    }
void minHeap::insert(MinHeapNode N){
    node[N.getI()].setI(N.getI());
    node[N.getI()].setLength(N.getLength());
}
int main(){
    Graph graph;
    graph.shortestPaths(1);
    graph.showDist();
    return 0;
}
```

函数 shortestPaths( )开始创建一个最小堆,表示活结点优先队列,其中每个结点的 length 值代表优先级,然后将原顶点初始化为当前扩展结点。算法的 while 循环实现解空间内部结点的扩展,对于当前的扩展结点,依次检查与之相邻的所有顶点,如果从源点经顶点 $i$ 再到顶点 $j$ 的路径长度小于当前的最优路径长度,则将顶点 $j$ 插入到优先队列中,当然如果顶点 $j$ 是叶子结点就不用插入了。

函数 deleteMin( )表示取下一个扩展结点,并删除此结点。算法实现其实是用下一个结点的信息替代现有结点的数据,首先在现有的结点中,找出 length 最短的结点,然后将此结点的数据替换原有的数据。从第七行开始,选择可扩展结点中 length 域最小的可扩展结点,将所选择的扩展结点的数值替换原有的扩展结点的值,最后在可扩展结点队列中删除原扩展结点,删除方式为所有域置零。

函数 insert( )表示加入最小堆,此处添加按结点编号添加,即对应的结点编号添加时对应队列中相应的编号,即结点 5 则添加到队列中 5 号位置。

在函数 shorestPaths( )中,因最小堆表示活结点优先队列会陆续插入全部结点,每一次 while 循环中依次取出一个扩展结点,所以单源最短路径的时间复杂度为 $O(n^2)$。

## 6.3  装 载 问 题

### 6.3.1  问题描述

有一批共 $n$ 个集装箱要装上 2 艘载重量分别为 $c_1$ 和 $c_2$ 的轮船,其中集装箱 $i$ 的重量为 $w_i$,且 $\sum_{i=1}^{n} w_i \leqslant c_1 + c_2$。装载问题要求确定是否有一个合理的装载方案可将这个集装箱装上这 2 艘轮船。如果有,找出一种装载方案。

容易证明:如果一个给定装载问题有解,则采用下面的策略可得到最优装载方案。

(1) 首先将第一艘轮船尽可能装满;

(2) 将剩余的集装箱装上第二艘轮船。

## 6.3.2 算法设计与实现

将第一艘轮船尽可能装满等价于一个特殊的 0-1 背包问题：背包容量是 $c_1$，候选物品是全体集装箱，每一个物品的价值和重量相等。这样就可以用动态规划求解，以下讨论用分支限界法求解该问题。

### 6.3.2.1 队列式分支限界法求解

在算法 maxLoading 的循环体中，首先检测当前扩展结点的左儿子结点是否为可行结点。如果是则将其加入到活结点队列中。然后将其右儿子结点加入到活结点队列中(右儿子结点一定是可行结点)。2 个儿子结点都产生后，当前扩展结点被舍弃。

活结点队列中的队首元素被取出作为当前扩展结点，由于队列中每一层结点之后都有一个尾部标记 0，故在取队首元素时，活结点队列一定不空。当取出的元素是 0 时，再判断当前队列是否为空。如果队列非空，则将尾部标记 0 加入活结点队列，算法开始处理下一层的活结点。

结点的左子树表示将此集装箱装上船，右子树表示不将此集装箱装上船。设 $bestw$ 是当前最优解；$cw$ 是当前扩展结点所对应的重量；$r$ 是剩余集装箱的重量。则当 $cw+r<bestw$ 时，可将其右子树剪去，因为此时若要船装最多集装箱，就应该把此箱装上船。另外，为了确保右子树成功剪枝，应该在算法每一次进入左子树的时候更新 $bestw$ 的值。

为了在算法结束后能方便地构造出与最优值相应的最优解，算法必须存储相应子集树中从活结点到根结点的路径。为此目的，可在每个结点处设置指向其父结点的指针，并设置左、右儿子标志。

找到最优值后，可以根据 $parent$ 回溯到根结点，找到最优解。

算法中 Queue 的声明如下：

```
template <class T>
class Queue{
public:
    Queue(int MaxQueueSize = 50);
    ~Queue(){delete [] queue;}
    bool isEmpty()const{return front == rear;}
    bool isFull(){return(((rear+1)%MaxSize == front)?1:0);}
    T top()const;
    T last()const;
    Queue<T>& add(const T& x);
    Queue<T>& addLeft(const T& x);
    Queue<T>& delete(T &x);
    void output(ostream& out)const;
    int length(){return(rear-front);}
private:
    int front;
    int rear;
    int MaxSize;
    T *queue;
};
```

则最优装载问题具体的算法实现如下：

```cpp
template<class Type>
class QNode{
    template<class Type>
    friend void enQueue(Queue<QNode<Type>*>&Q, Type wt, int i, int n, Type
bestw, QNode <Type>*E, QNode <Type> *&bestE, int bestx[], bool ch);
    template<class Type>
    friend Type maxLoading(Type w[], Type c, int n, int bestx[]);
    public:
        QNode *parent;                      //指向父结点的指针
        bool LChild;                        //左儿子标识
        Type weight;                        //结点所相应的载重量
};
//将活结点加入到活结点队列 Q 中
template<class Type>
void enQueue(Queue<QNode<Type>*>&Q, Type wt, int i, int n, Type bestw,
QNode<Type>*E, QNode<Type> *&bestE, int bestx[], bool ch){
    if(i == n){                             //可行叶结点
        if(wt == bestw){                    //当前最优装载重量
            bestE = E;
            bestx[n] = ch;
        }
        return;
    }
    //非叶结点
    QNode<Type> *b;
    b = new QNode<Type>;
    b->weight = wt;
    b->parent = E;
    b->LChild = ch;
    Q.Add(b);
}
template<class Type>
Type maxLoading(Type w[], Type c, int n, int bestx[]){
//初始化
    Queue<QNode<Type>*> Q;                  //活结点队列
    Q.add(0);                               //同层结点尾部标识
    int i = 1;                              //当前扩展结点所处的层
    Type Ew = 0,                            //扩展结点所相应的载重量
    bestw = 0,                              //当前最优装载重量
    r = 0;                                  //剩余集装箱重量
    for(int j = 2; j< = n; j++)r + = w[j];
    QNode<Type> *E = 0, *bestE;             //当前扩展结点和当前最优扩展结点
    while(true){                            //搜索子集空间树
        //检查左儿子结点
        Type wt = Ew + w[i];
```

```
            if(wt < = c){                        //可行结点 x[i] = 1
                if(wt>bestw)bestw = wt;
                enQueue(Q, wt, i, n, bestw, E, bestE, bestx, true);
            }
            if(Ew+r>bestw)                       //检查右儿子结点
                enQueue(Q, Ew, i, n, bestw, E, bestE, bestx, false);
            Q.delete(E);                         //取下一扩展结点
            if(!E){                              //同层结点尾部
                if(Q.isEmpty())break;
                Q.add(0);                        //同层结点尾部标识
                Q.delete(E);                     //取下一扩展结点
                i++;                             //进入下一层
                r- = w[i];                       //剩余集装箱重量
            }
            Ew = E->weight;                      //新扩展结点所对应的载重量
        }
        for(j = n-1; j>0; j--){                  //构造当前最优解
            bestx[j] = bestE->LChild;
            bestE = bestE->parent;
        }
        return bestw;
}
int main(){
    float c = 70;
    float w[] = {0, 20, 10, 26, 15};                         //下标从 1 开始
    int x[N+1];
    float bestw;
    cout<<"轮船载重为: "<<c<<endl;
    cout<<"待装物品的重量分别为: "<<endl;
    for(int i = 1; i< = N; i++)cout<<w[i]<<" ";
    cout<<endl;
    bestw = maxLoading(w, c, N, x);
    cout<<"分支限界选择结果为:"<<endl;
    for(int i = 1; i< = 4; i++)cout<<x[i]<<" ";
    cout<<endl;
    cout<<"最优装载重量为: "<<bestw<<endl;
    return 0;
}
```

其中，函数 maxLoading 实现装载问题队列式分支限界法，其返回最优装载重量，bestx 返回最优解。由于每一个集装箱都有 2 种选择(装载和不装载)，子集树中一共有 $2^n$ 个结点，故其时间复杂性为 $O(2^n)$。

6.3.2.2　优先队列式分支限界法求解

解装载问题的优先队列式分支限界法用最大优先队列存储活结点表。活结点 $x$ 在优先队列中的优先级定义为从根结点到结点 $x$ 的路径所对应的载重量再加上剩余集装箱的重量之和。

优先队列中优先级最大的活结点成为下一个扩展结点。以结点 $x$ 为根的子树中所有结点相应的路径的载重量不超过它的优先级。子集树中叶结点所相应的载重量与其优先级相同。

在优先队列式分支限界法中，一旦有一个叶结点成为当前扩展结点，则可以断言该叶结点所相应的解即为最优解。此时可终止算法。

对应的装载问题优先队列式分支限界法实现如下：

```cpp
using namespace std;
const int N = 4;
class bbnode;
class HeapNode{
    friend void addLiveNode(MaxHeap<HeapNode>& H, bbnode *E, float wt, bool ch, int lev);
    friend float maxLoading(float w[], float c, int n, int bestx[]);
    public:
        operator float()const{return uweight;}
    private:
        bbnode *ptr;                    //指向活结点在子集树中相应结点的指针
        float uweight;                  //活结点优先级（上界）
        int level;                      //活结点在子集树中所处的层序号
};
class bbnode{
    friend void addLiveNode(MaxHeap<HeapNode>& H, bbnode *E, float wt, bool ch, int lev);
    friend float maxLoading(float w[], float c, int n, int bestx[]);
    friend class adjacencyGraph;
    private:
        bbnode *parent;                 //指向父结点的指针
        bool LChild;                    //左儿子结点标识
};
void addLiveNode(MaxHeap<HeapNode>& H, bbnode *E, float wt, bool ch, int lev){
    bbnode *b = new bbnode;
    b->parent = E;
    b->LChild = ch;
    HeapNode N;
    N.uweight = wt;
    N.level = lev;
    N.ptr = b;
    H.insert(N);
}
float maxLoading(float w[], float c, int n, int bestx[]){
    MaxHeap<HeapNode> H(1000);          //定义最大的容量为1000
    float *r = new float[n+1];          //定义剩余容量数组
    r[n] = 0;
    for(int j = n-1; j>0; j--)r[j] = r[j+1] + w[j+1];
    int i = 1;                          //当前扩展结点所处的层
```

```
    bbnode *E = 0;                    //当前扩展结点
    float Ew = 0;                     //扩展结点所相应的载重量
    //搜索子集空间树
    while(i! = n+1){                  //非叶子结点
        //检查当前扩展结点的儿子结点
        if(Ew+w[i]< = c)
            addLiveNode(H, E, Ew+w[i]+r[i], true, i+1);
        //右儿子结点
        addLiveNode(H, E, Ew+r[i], false, i+1);
        //取下一扩展结点
        HeapNode N;
        H.deleteMax(N);              //非空
        i = N.level;
        E = N.ptr;
        Ew = N.uweight - r[i-1];
    }
    //构造当前最优解
    for(j = n; j>0; j--){
        bestx[j] = E->LChild;
        E = E->parent;
    }
    return Ew;
}
int main()
{
    float c = 70;
    float w[] = {0, 20, 10, 26, 15};     //下标从 1 开始
    int x[N+1];
    float bestw;
    cout<<"轮船载重为: "<<c<<endl;
    cout<<"待装物品的重量分别为: "<<endl;
    for(int i = 1; i< = N; i++)cout<<w[i]<<" ";
    cout<<endl;
    bestw = maxLoading(w, c, N, x);
    cout<<"分支限界选择结果为:"<<endl;
    for(i = 1; i< = 4; i++)cout<<x[i]<<" ";
    cout<<endl;
    cout<<"最优装载重量为: "<<bestw<<endl;
    return 0;
}
```

解装载问题的优先队列式分支限界法用最大堆 H 存储活结点表。函数 addLiveNode( ) 将活结点插入到表示活结点优先队列的最大堆 H 中,函数 deleteMax( )设置最大元素,同时从堆中删除最大元素,函数 insert( )插入元素到最大堆中。

函数 maxLoading( )实现装载问题优先队列式分支限界法,其返回最优装载重量,bestx

返回最优解。该算法中的变量 $E$ 是当前扩展结点，相应的重量是 $Ew$。算法中 while 循环产生当前扩展结点的左右两个孩子结点，如果其左孩子是可行结点，则将其加入到第 $i+1$ 层上，并插入最大堆。而扩展结点的右孩子总是可行结点，直接插入最大堆。然后从最大堆中取出最大元素作为下一个扩展结点。如果此时不存在下一个扩展结点，则相应问题无可行解。如果下一个扩展结点是叶子结点，那么它的可行解就是最优解，该最优解相应的路径可由子集树中从该叶结点开始沿结点父指针逐步构造出来，详见算法中的 *for* 循环。

由于每一个集装箱都有 2 种选择(装载和不装载)，故装载问题的子集树有 $2^n$ 个结点，其时间复杂性为 $O(2^n)$。

# 6.4  0-1 背包问题

### 6.4.1  问题描述

给定 $n$ 种物品和一个背包，物品 $i$ 的重量分别为 $w_i$，其价值是 $v_i$，背包容量是 $C$。问应如何选择装入背包的物品，使得装入背包中的物品总价值最大。在选择装入物品时，对每种物品 $i$ 有两种选择：即装入背包或不装入背包。不能将物品 $i$ 装入背包多次，也不能只装入部分的物品 $i$。

问题的形式化描述是给定 $C > 0$，$w_i > 0$，$v_i > 0$，$1 \leqslant i \leqslant n$，要求找出 $n$ 元 0-1 向量 $(x_1, x_2, \cdots, x_n)$，$x_i \in \{0,1\}$，使得 $\sum_i w_i x_i \leqslant C$，而且 $\sum_i v_i x_i$ 达到最大，即

$$
\begin{cases}
\max \sum_{i=1}^{n} v_i x_i \\
\sum_{i=1}^{n} w_i x_i \leqslant C
\end{cases}
$$

下面分别使用队列式限界法和优先队列式限界法求解背包问题。

### 6.4.2  算法描述与设计

不失一般性，我们设物品的数量 $n = 3$，背包容量 $C = 30$，物品重量分别为 $w = \{16, 15, 15\}$，价值分别为 $v = \{45, 25, 25\}$。

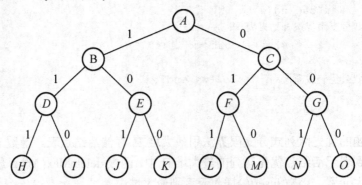

图 6.4  0-1 背包问题的解空间树

使用分支限界法构造的解空间树如图 6.4 所示，图中每层表示 1 个物品，第 $i$ 层表示第 $i$ 个物体，图上的数字"1"表示此物品被选中，"0"表示不选此物品。采用队列式分支限界法求解 0-1 背包问题对应的队列变化情况如表 6.3 所示。

表 6.3　采用队列式分支限界法求解 0-1 背包问题对应的队列

| 队　　列 | 当前扩展结点 | 备　　注 |
| --- | --- | --- |
| {} | | |
| {$A$} | $A$ | |
| {$B, C$} | $B$ | 产生的 $D$ 是不可行解，舍弃 |
| {$C, E$} | $C$ | |
| {$E, F, G$} | $E$ | 产生的 $J$ 是不可行解，舍弃 |
| {$F, G, K$} | $F$ | |
| {$G, K, L, M$} | $G$ | |
| {$K, L, M, N, O$} | $K$ | $K$ 是叶子结点 |
| {$L, M, N, O$} | $L$ | $L, M, N, O$ 是叶子结点 |
| {} | | |

采用优先队列式分支限界法时，我们以价值大者优先，作一个最大堆来表示活结点优先队列。优先级是当前所选择物品的价值和，使用最大堆实现优先队列。解空间树如图 6.4 所示，对应的队列变化情况如表 6.4 所示。

最终得到最优解的总价值为 50，其解为 (0, 1, 1)，即背包里面装的物体为第二个、第三个物体。

表 6.4　采用优先队列式分支限界法求解 0-1 背包问题对应的队列

| 队　　列 | 当前扩展结点 | 备　　注 |
| --- | --- | --- |
| {} | | |
| {$A/0$} | $A$ | |
| {$B/45, C/0$} | $B$ | 产生的 $D$ 是不可行解，舍弃 |
| {$E/45, C/0$} | $E$ | 产生的 $J$ 是不可行解，舍弃 |
| {$K/45, C/0$} | $K$ | $K$ 是叶子结点，得到解 (1, 0, 0)，当前最优解的总价值为 45 |
| {$C/0$} | $C$ | |
| {$F/25, G/0$} | $F$ | |
| {$L/50, M/25, G/0$} | $L$ | $L$ 是叶子结点，到解 (0, 1, 1)，当前的总价值为 50 |
| {$M/25, G/0$} | $M$ | $M$ 是叶子结点，到解 (0, 1, 0)，当前的总价值为 25 |
| {$G/0$} | $G$ | |
| {$N/25, O/0$} | $N$ | $N$ 是叶子结点，到解 (0, 0, 1)，当前的总价值为 25 |
| {$O/0$} | $O$ | $O$ 是叶子结点，到解 (0, 0, 0)，当前的总价值为 0 |
| {} | | |

### 6.4.3 算法实现

在解 0-1 背包问题的优先队列式分支限界法中，活结点优先队列中结点元素 $N$ 的优先级由该结点的上界函数 Bound 计算出的值 upperprofit 给出。子集树中以结点 $N$ 为根的子树中任一结点的价值不超过 N.profit。可用一个最大堆来实现活结点优先队列。堆中元素类型为 HeapNode，其成员有 upperprofit, profit, weight 和 level。对于任意活结点 $N$，N.weight 是结点 $N$ 所相应的重量；N.profit 是 $N$ 所相应的价值；N.upperprofit 是结点 $N$ 的价值上界，最大堆以这个值作为优先级。子集空间树中结点类型为 bbnode。

```
class Element {
public:
    int id;
    double d;
    Element(){}
    Element(int idd, double dd){
        id = idd;
        d = dd;
    }
    int compareTo(Element x){
        double xd = x.d;
        if(d<xd)return -1;
        if(d == xd)return 0;
        return 1;
    }
    bool equals(Element x){
        return d == x.d;
    }
};
class BBnode{
public:
    BBnode*  parent;                              //父结点
    bool leftChild;                               //左儿子结点标志
    BBnode(BBnode* par, bool ch){
        parent = par;
        leftChild = ch;
    }
    BBnode(){}
};
class HeapNode {
public:
    BBnode* liveNode;                             //活结点
    double  upperProfit;                          //结点的价值上界
    double  profit;                               //结点所相应的价值
    double  weight;                               //结点所相应的重量
    int     level;                        //活结点在子集树中所处的层次号
    HeapNode(BBnode* node, double up, double pp , double ww, int lev){ //构造方法
```

```
            liveNode = node;
            upperProfit = up;
            profit = pp;
            weight = ww;
            level = lev;
        }
    HeapNode(){}
    int compareTo(HeapNode o){
        double xup = o.upperProfit;
        if(upperProfit < xup)
            return -1;
        if(upperProfit == xup)   return 0;
        else
            return 1;
    }
};
class MaxHeap{
public:
    HeapNode *nodes;
    int nextPlace;
    int maxNumber;
    MaxHeap(int n){
        maxNumber = pow((double)2,(double)n);
        nextPlace = 1;                              //下一个存放位置
        nodes = new HeapNode[maxNumber];
    }
    MaxHeap(){ }
    void put(HeapNode node){
        nodes[nextPlace] = node;
        nextPlace++;
        heapSort(nodes);
    }
    HeapNode removeMax(){
        HeapNode tempNode = nodes[1];
        nextPlace--;
        nodes[1] = nodes[nextPlace];
        heapSort(nodes);
        return tempNode;
    }
    void heapAdjust(HeapNode * nodes, int s, int m){
        HeapNode rc = nodes[s];
        for(int j = 2*s;j< = m;j* = 2){
            if(j<m&&nodes[j].upperProfit<nodes[j+1].upperProfit)
                ++j;
            if(!(rc.upperProfit<nodes[j].upperProfit))
```

```
                    break;
                nodes[s] = nodes[j];
                s = j;
            }
            nodes[s] = rc;
        }
    void heapSort(HeapNode * nodes){
        for(int i =(nextPlace-1)/2;i>0;--i){
            heapAdjust(nodes, i, nextPlace-1);
        }
    }
};
```

为了实现 0-1 背包问题，我们设相关的全局变量如下：

```
double c = 30;                              //背包容量
const int n = 3;                            //物品总数
double *w;                                  //物品重量数组
double *p;                                  //物品价值数组
double cw;                                  //当前装包重量
double cp;                                  //当前装包价值
int    *bestX;                              //最优解
MaxHeap * heap;                             //最大堆的指针
```

下面的上界函数 bound( ) 计算结点相应价值的上界。

```
double bound(int i){
    double cleft = c-cw;
    double b = cp;
    while(i< = n&&w[i]< = cleft){
        cleft = cleft-w[i];
        b = b+p[i];
        i++;
    }
    //装填剩余容量装满背包
    if(i< = n)
        b = b+p[i]/w[i]*cleft;
    return b;
}
```

函数 addLiveNode( ) 将一个新的活结点插入到子集树和优先队列中。

```
    void addLiveNode(double up, double pp, double ww, int lev, BBnode* par, bool
ch){
        //将一个新的活结点插入到子集树和最大堆中
        BBnode *b = new BBnode(par, ch);
        HeapNode  node = HeapNode(b, up, pp, ww, lev);
        heap->put(node);
    }
```

函数 maxKnapSack( )实现对子集树的优先队列式分支限界搜索。其中，假定各物品依其单位重量价值从大到小排好序。返回最大价值，bestx 返回最优解。

```
double maxKnapSack(){
    BBnode * enode = new BBnode();
    int i = 1;
    double bestp = 0;                        //当前最优值
    double up = bound(1);                     //当前上界
    //搜索子集空间树
    while(i! = n+1){                          //非叶子结点
        //检查当前扩展结点的左儿子子结点
        double wt = cw+w[i];
        if(wt< = c){
            if(cp+p[i]>bestp)
                bestp = cp+p[i];
            addLiveNode(up, cp+p[i], cw+w[i], i+1, enode, true);
        }
        up = bound(i+1);
        //检查当前扩展结点的右儿子结点
        if(up> = bestp)                       //右子树可能含最优解
            addLiveNode(up, cp, cw, i+1, enode, false);
        //取下一扩展结点
        HeapNode node = heap->removeMax();
        enode = node.liveNode;
        cw = node.weight;
        cp = node.profit;
        up = node.upperProfit;
        i = node.level;
    }
    for(int j = n;j>0;j--){                    //构造当前最优解
        bestX[j] =(enode->leftChild)?1:0;
        enode = enode->parent;
    }
    return cp;
}
```

下面的函数 knapSack( )完成对输入数据的预处理。其主要任务是将各物品依其单位重量价值从大到小排好序。然后调用 maxKnapSack( )实现完成对子集树的优先队列分支限界搜索。返回最大值，bestX 返回最优解。

```
double knapSack(double *pp, double *ww, double cc, int *xx){
    c = cc;
    //定义以单位重量价值排序的物品数组
    Element *q = new Element[n];
    double ws = 0.0;                                   //装包物品的重量
    double ps = 0.0;                                   //装包物品的价值
    for(int i = 0;i<n;i++){
        q[i] = Element(i+1, pp[i+1]/ww[i+1]);
        ps = ps+pp[i+1];
```

```
            ws = ws+ww[i+1];
        }
        if(ws< = c){    return  ps;    }              //所有物品装包
        p = new double[n+1];
        w = new double[n+1];
        for(int i = 0;i<n;i++){
            p[i+1] = pp[q[i].id];
            w[i+1] = ww[q[i].id];
        }
        cw = 0.0;
        cp = 0.0;
        bestX = new int[n+1];
        heap = new MaxHeap(n);
        double bestp = MaxKnapsack();              //求问题的最优解
        for(int j = 0;j<n;j++)
            xx[q[j].id] = bestX[j+1];              //输出问题的最优值
        return  bestp;
    }
    void main(){
        w = new double[4];
        w[1] = 16;w[2] = 15;w[3] = 15;
        p = new double[4];
        p[1] = 45;p[2] = 25;p[3] = 25;
        int *x = new int[4];
        double m = knapSack(p, w, c, x);
        cout<<"*****分支限界法*****"<<endl;
        cout<<"*****物品个数：n = "<<n<<endl;
        cout<<"*****背包容量：c = "<<c<<endl;
        cout<<"*****物品重量数组：w = {"<<w[3]<<" "<<w[1]<<" "<<w[2]<<"}"<<endl;
        cout<<"*****物品价值数组：v = {"<<p[3]<<" "<<p[1]<<" "<<p[2]<<"}"<<endl;
        cout<<"*****最优值： = "<<m<<endl;
        cout<<"*****选中的物品是:";
        for(int i = 1;i< = 3;i++)
            cout<<x[i]<<" ";
        cout<<endl;
    }
```

由于每一个物品都有 2 种选择，故 0-1 背包问题的子集树有 $2^n$ 个结点，其时间复杂性为 $O(2^n)$。

# 6.5  旅行商问题

### 6.5.1  问题描述

旅行商问题又称为旅行推销员问题，在前面已经有介绍。说某售货员要到若干城市去推销商品，已知各城市之间的路径(或旅费)。他要选定一条从驻地出发，经过每个城市一遍，最后回到驻地的路线，使总的路程(或总旅费)最小。

路线是一个带权图。图中各边的费用(权)为正数。图的一条周游路线是包括 $V$ 中的每个顶点在内的一条回路。周游路线的费用是这条路线上所有边的费用之和。

旅行售货员问题的解空间可以组织成一棵排列树，从树的根结点的路径定义了图的一条周游路线。旅行售货员问题要在图 $G$ 中找出费用最小的周游路线。

### 6.5.2 算法描述与设计

设周游路线从结点 1 开始，解为等长数组 $x = (1, x_2, \cdots, x_n), x_i \in \{2, \cdots, n\}$，则解空间树为排列树，在树中做广度优先搜索。约束条件为 $x_i \neq x_j$，$i \neq j$ 目标函数是解向量对应的边权之和 $\sum C_{ij}$。目标函数界限初值：$U = \infty$。算法还是从排列树的结点 $B$ 和空优先队列开始。

结点 $B$ 被扩展后，它的 3 个儿子结点 $C$、$D$ 和 $E$ 被一次插入堆中。此时，由于 $E$ 是堆中具有最小当前费用的结点，所以处于堆顶点位置，它自然成为下一个扩展结点。结点 $E$ 被扩展后，其儿子结点 $J$ 和 $K$ 被插入当前堆，它们的费用分别为 14 和 24。此时堆顶元素是结点 $D$，它成为下一个结点。如此，它的两个儿子结点 $H$ 和 $I$ 被插入堆。此时，堆中含有结点 $C$、$H$、$I$、$J$、$K$。在这些结点中，结点 $H$ 具有最小费用，从而成为下一个扩展结点。扩展结点 $H$ 后得到一条旅行售货员回路 $(1, 3, 2, 4, 1)$，相应的最小费用为 25。接下来结点 $J$ 成为扩展结点，由此得到另外一条旅行售货员回路 $(1, 4, 2, 3, 1)$，相应的费用为 25。此后的扩展结点为 $K$、$I$ 和 $C$。由结点 $K$ 得到的可行解费用高于当前最优解。结点 $I$ 和 $C$ 本身的费用已高于当前最优解。从而它们都不是最好的解[①]。最后，优先队列为空，算法终止。

其中，图 6.5 表示 4 个城市的 TSP 问题，对应的搜索树如图 6.6 所示，图中结点右侧的数字为优先队列分支限界法中使用的优先值，值越小越优先。得到最优路线为 $(1, 3, 2, 4, 1)$，最优值为 25。表 6.5 是采用优先队列式分支限界法对应的情况，优先级是结点的当前费用。

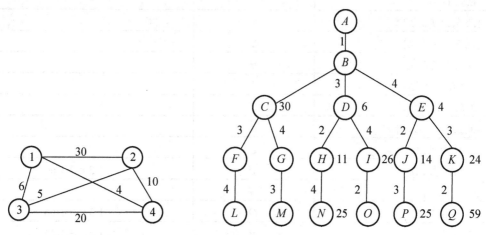

---

[①] 剪枝策略：剪枝函数是当前结点扩展后得到的最小费用下限。在当前扩展结点处，如果这个做最小费用的下界不小于当前最优值，则剪去以该结点为根的子树。例如，图 6.7 示出了当搜索到结点 $N$ 时，最优解为 25，此时活结点表中还有结点 $I$ 与结点 $C$。结点 $I$ 与结点 $C$ 的最小耗费分别为 26、30，而当前最优解为 25，故剪枝结点 $I$ 与 $C$。

图 6.5　包含 4 个城市的 TSP 问题　　　　图 6.6　对应 4 个城市 TSP 问题的搜索树

表 6.5　采用优先队列式分支限界法求解旅行商问题对应的队列

| 队　　列 | 当前扩展结点 | 备　　注 |
|---|---|---|
| { } | | |
| {*B*/0} | *B*/0 | |
| {*E*/4, *C*/30, *D*/6} | *E*/4 | |
| {*D*/6, *J*/14, *K*/24, *C*/30} | *D*/6 | |
| {*H*/11, *C*/30, *J*/14, *K*/24, *I*/26} | *H*/11 | |
| {*J*/14, *C*/30, *K*/24, *I*/26, *N*/25} | *J*/14 | |
| {*K*/24, *C*/30, *I*/26, *N*/25, *P*/25} | *K*/24 | |
| {*N*/25, *C*/30, *I*/26, *P*/25, *Q*/59} | *N*/25 | 第一个可行解即是最优解，算法结束 |

如果我们采用队列式分支限界法求解旅行商问题，对应的队列及其变化情况如表 6.6 所示。得到最优路线为(1, 4, 2, 3, 1)，最优值为 25。

表 6.6　采用队列式分支限界法求解旅行商问题对应的队列

| 队　　列 | 当前扩展结点 | 备　　注 |
|---|---|---|
| { } | | |
| {*B*} | *B* | |
| {*C*, *D*, *E*} | *C* | |
| {*D*, *E*, *F*, *G*} | *D* | |
| {*E*, *F*, *G*, *H*, *I*} | *E* | |
| {*F*, *G*, *H*, *I*, *J*, *K*} | *F* | |
| {*G*, *H*, *I*, *J*, *K*, *L*} | *G* | |
| {*H*, *I*, *J*, *K*, *L*, *M*} | *H* | |
| {*I*, *J*, *K*, *L*, *M*, *N*} | *I* | |
| {*J*, *K*, *L*, *M*, *N*, *O*} | *J* | |
| {*K*, *L*, *M*, *N*, *O*, *P*} | *K* | |
| {*L*, *M*, *N*, *O*, *P*, *Q*} | *L* | |
| {*M*, *N*, *O*, *P*, *Q*} | *M* | 1-2-4-3-1/66 |
| {*N*, *O*, *P*, *Q*} | *N* | |
| {*O*, *P*, *Q*} | *O* | 1-3-4-2-1/66 |
| {*P*, *Q*} | *P* | 1-4-2-3-1/25 |
| {*Q*} | *Q* | 1-4-3-2-1/59 |
| { } | | |

### 6.5.3 算法实现

要找最小费用旅行售货员回路，选用最小堆表示活结点优先队列。最小堆中元素的类型为 MinHeapNode。该类型结点包含域 $x$，用于记录当前解；$s$ 表示结点在排列树中的层次，从排列树的根结点到该结点的路径为 $x[0:s]$，需要进一步搜索的顶点是 $x[s+1:n-1]$。

```
struct MinHeapNode{
    int lcost;                          //子树费用的下界
    int cc;                             //当前费用
    int rcost;                          //x[s:n-1]中顶点最小出边费用和
    int s;                              //根结点到当前结点的路径为x[0:s]
    int *x;                             //需要进一步搜索的顶点是//x[s+1:n-1]
    struct MinHeapNode *next;
};
```

在具体的实现中，用邻接矩阵表示所给的图 G，相应的全局变量如下：

```
int n;                                  //图 G 的顶点数
int **a;                                //图 G 的邻接矩阵
//int   NoEdge;                         //图 G 的无边标记
int cc;                                 //当前费用
int bestc;                              //当前最小费用
MinHeapNode* head = 0;                  //堆头
MinHeapNode* lq = 0;                    //堆第一个元素
MinHeapNode* fq = 0;                    //堆最后一个元素
int deleteMin(MinHeapNode*&E){
    MinHeapNode* tmp = NULL;
    tmp = fq;
    // w = fq->weight ;
    E = fq;
    if(E == NULL)return 0;
    head->next = fq->next;              //一定不能丢了链表头
    fq = fq->next;
    // free(tmp);
    return 0;
}
int insert(MinHeapNode* hn){
    if(head->next == NULL){
        head->next = hn;                //将元素放入链表中
        fq = lq = head->next;           //一定要使元素放到链中
    }else {
        MinHeapNode *tmp = NULL;
        tmp = fq;
        if(tmp->cc > hn->cc){
            hn->next = tmp;
            head->next = hn;
```

```
            fq = head->next;                    //链表只有一个元素的情况
        }else {
            for(; tmp ! = NULL;){
                if(tmp->next ! = NULL && tmp->cc > hn->cc){
                    hn->next = tmp->next;
                    tmp->next = hn;
                    break;
                }
                tmp = tmp->next;
            }
        }
        if(tmp == NULL){
            lq->next = hn;
            lq = lq->next;
        }
    }
    return 0;
}
```

下面的函数 BBTSP( )是解旅行售货员问题的优先队列式分支限界法。算法开始时创建一个最小堆，表示活结点优先队列。堆中每个结点的 *lcost* 值是优先队列的优先级。接着计算出图中每个顶点的最小费用出边并用 *minOut* 记录。如果所给的有向图中某个顶点没有出边。则该图不可能有回路，算法即告结束。如果每个顶点都有出边，则根据计算出的 *minOut* 作算法初始化。算法的第 1 个扩展结点是排列树中根结点的唯一儿子结点。在该结点处，已确定的回路中唯一顶点为 1。初始时有 $s = 0$，$x[0]=1$，$x[1:n-1]=(2,3,\cdots,n)$，$cc = 0$ 且

$$rcost = \sum_{i=s}^{n} \min Out[i]。$$ 算法中用 *bestc* 记录当前最优值。

```
int BBTSP(int v[]){
    head =(MinHeapNode*)malloc(sizeof(MinHeapNode));  //初始化最优队列的头结点
    head->cc = 0;
    head->x = 0;
    head->lcost = 0;
    head->next = NULL;
    head->rcost = 0;
    head->s = 0;
    int *minOut = new int[n + 1];          //定义定点 i 的最小出边费用
    int minSum = 0;                        //最小出边费用总合
    for(int i = 1; i < = n; i++){
        int Min = NoEdge;                  //定义当前最小值
        for(int j = 1; j < = n; j++)
            if(a[i][j] ! = NoEdge &&        //当定点 i，j 之间存在回路时
               (a[i][j] < Min || Min == NoEdge))//当顶点 i，j 之间的距离小于 Min
                Min = a[i][j];             //更新当前最小值
        if(Min == NoEdge)return NoEdge;    //无回路
        minOut[i] = Min;
```

```
           minSum + = Min;
     }
     MinHeapNode *E = 0;
     E =(MinHeapNode*)malloc(sizeof(MinHeapNode));
     E->x = new int[n];
     for(int i = 0; i < n; i++)   E->x[i] = i + 1;
     E->s = 0;
     E->cc = 0;
     E->rcost = minSum;
     E->next = 0;                          //初始化当前扩展结点
     int bestc = NoEdge;                   //记录当前最小值
     //搜索排列空间树
     while(E->s < n - 1){                  //非叶结点
         if(E->s == n - 2){                //当前扩展结点是叶结点的父结点
             if(a[E->x[n - 2]][E->x[n - 1]] ! = NoEdge &&    //当前要扩展和叶结
点有边存在
                 a[E->x[n - 1]][1] ! = NoEdge &&          //当前页结点有回路
             (E->cc + a[E->x[n - 2]][E->x[n - 1]] + a[E->x[n - 1]][1] < bestc //
该结点相应费用小于最小费用
                 || bestc == NoEdge)){        //更新当前最新费用
                 bestc = E->cc + a[E->x[n - 2]][E->x[n - 1]] + a[E->x[n - 1]][1];
                 E->cc = bestc;
                 E->lcost = bestc;
                 E->s++;
                 E->next = NULL;
                 Insert(E);                    //将该叶结点插入到优先队列中
             }else
                 free(E->x);                   //该叶结点不满足条件舍弃扩展结点
         }else                                 //产生当前扩展结点的儿子结点
         {
             for(int i = E->s + 1; i < n; i++)
                 if(a[E->x[E->s]][E->x[i]] ! = NoEdge){//当前扩展结点到其他结点有
边存在可行儿子结点
                     int cc = E->cc + a[E->x[E->s]][E->x[i]];  //加上结点 i 后当
前结点路径
                     int rcost = E->rcost - minOut[E->x[E->s]];//剩余结点的和
                     int b = cc + rcost;      //下界
                     if(b < bestc || bestc == NoEdge){//子树可能含最优解,结点插入最小堆
                         MinHeapNode * N;
                         N =(MinHeapNode*)malloc(sizeof(MinHeapNode));
                         N->x = new int[n];
                         for(int j = 0; j < n; j++)
                             N->x[j] = E->x[j];
                         N->x[E->s + 1] = E->x[i];
                         N->x[i] = E->x[E->s + 1];//       /添加当前路径
```

```
                        N->cc = cc;                        //更新当前路径距离
                        N->s = E->s + 1;                   //更新当前结点
                        N->lcost = b;                      //更新当前下界
                        N->rcost = rcost;
                        N->next = NULL;
                        insert(N);        //将这个可行儿子结点插入到活结点优先队列中
                    }
                }
                free(E->x);
        }                                                  //完成结点扩展
        deleteMin(E);                                      //取下一扩展结点
        if(E == NULL)   break;                             //堆已空
    }
    if(bestc == NoEdge)return NoEdge;                      //无回路
    for(int i = 0; i < n; i++)
        v[i + 1] = E->x[i];                                //将最优解复制到v[1:n]
    while(true){                                           //释放最小堆中所有结点
        free(E->x);
        deleteMin(E);
        if(E == NULL)break;
    }
    return bestc;
}
int main(){
    n = 0;
    int i = 0;
    FILE *in, *out;
    in = fopen("input.txt", "r");
    out = fopen("output.txt", "w");
    if(in == NULL || out == NULL){
        printf("没有输入输出文件\n");
        return 1;
    }
    fscanf(in, "%d", &n);
    a =(int**)malloc(sizeof(int*)*(n + 1));
    for(i = 1; i < = n; i++){
        a[i] =(int*)malloc(sizeof(int)*(n + 1));
    }
    for(i = 1; i < = n; i++)
        for(int j = 1; j < = n; j++)
            fscanf(in, "%d", &a[i][j]);
            a[i][j] = 1;
    int*v =(int*)malloc(sizeof(int)*(n + 1));
    for(i = 1; i < = n; i++)v[i] = 0;
    bestc = BBTSP(v);
    printf("\n");
    for(i = 1; i < = n; i++)fprintf(stdout, "%d\t", v[i]);
```

```
    fprintf(stdout, "\n");
    fprintf(stdout, "%d\n", bestc);
    return 0;
}
```

其中，while(E->s < n - 1)的目的是搜索排列空间树，完成对排列树内部结点的扩展。对于扩展结点，算法分以下两种情况处理。

首先考虑 $s = n-2$ 的情形，此时当前扩展结点是排列树中某个叶结点的父结点。如果该叶结点相应一条可行回路且费用小于当前最小费用，则将该叶结点插入到优先队列中，否则舍去该叶结点。

当 $s<n-2$ 时，算法依次产生当前扩展结点的所有儿子结点。由于当前扩展结点所相应的路径是 $x[0:s]$，其可行儿子结点是从剩余顶点 $x[s+1:n-1]$ 中选取的顶点 $x[i]$，且$(x[s], x[i])$是所给有向图 $G$ 中的一条边。对于当前扩展结点的每一个可行儿子结点，计算出其前缀($x[0:s]$, $x[i]$)的费用 $cc$ 和相应的下界 $lcost$。当 $lcost<bestc$ 时，将这个可行儿子结点插入到活结点优先队列中。算法结束时返回找到的最小费用，相应的最优解由数据 $v$ 给出。

# 6.7　ACM 经典问题

## 6.7.1　布线问题(难度：★★★☆☆)

### 1.　问题描述

印刷电路板将布线区域划分成 $n×m$ 个方格阵列，要求确定连接方格阵列中的方格 $a$ 点到方格 $b$ 点的最短布线方案。在布线时，电路只能沿直线布线，为了避免线路相交，已布了线的方格做了封锁标记，其他线路不允许穿过被封锁的方格。问线路至少穿过几个方格。

**输入格式**

输入的第一行是两个整数 $n$ 和 $m$( $2≤n≤100$，$2≤m≤100$ )表示阵列的范围，以及被封锁的方格总数 $S$。接下来有 $k$ 行，每行两个整数 $x$ 和 $y$。表示被封锁的方格($1≤x≤n$，$1≤y≤m$ )。再接下来是四个整数 $x1$，$y1$，$x2$，$y2$ 分别表示起点 $a$ 的坐标和起点 $b$ 的坐标。

**输出格式**

输出最短的布线方案的长度，若不存在，则输出-1。

**输入样例**

```
7 7 14
1 3
2 3
2 4
3 5
4 4
4 5
5 1
5 5
```

```
6 1
6 2
6 3
7 1
7 2
7 3
3 2 4 6
```

**输出样例**

```
10
```

### 2. 题目分析

用队列式分支限界法来考虑布线问题。布线问题的解空间是一个图，则从起始位置 *a* 开始将它作为第一个扩展结点。与该扩展结点相邻并可达的方格成为可行结点被加入到活结点队列中，并且将这些方格标记为 1，即从起始方格 *a* 到这些方格的距离为 1。接着，从活结点队列中取出队首结点作为下一个扩展结点，并将与当前扩展结点相邻且未标记过的方格标记为 2，并存入活结点队列。这个过程一直继续到算法搜索到目标方格 *b* 或活结点队列为空时为止。

### 3. 问题实现

```c
#include<stdio.h>
#include<string.h>
#include<algorithm>
#include<queue>
using namespace std ;
struct Point {                                  //表示方格
    int x , y , step ;
} ;
queue<Point> Q ;                                //用以存放扩展结点的队列
int vis[111][111] ;
int dir[4][2] = { 0 , 1 , 1 , 0 , 0 , -1 , -1 , 0 } ;
int n , m , k , X1 , Y1 , x2 , y2 ;
int solve(){
    Point u , v ;
    int i ;
    while(!Q.empty()){
        u = Q.front(), Q.pop();                 //将队列中的首元素取出用以扩展
        if(u.x == x2 && u.y == y2)return u.step ;    //已经是终点了
        for(i = 0 ; i < 4 ; i ++){              //朝着 4 个方向进行扩展
            int xx = u.x + dir[i][0] ;
            int yy = u.y + dir[i][1] ;
            if(xx < = 0 || xx > n || yy < = 0 || yy > m)continue ;
            if(vis[xx][yy])continue ;
            v.step = u.step + 1 ;
            v.x = xx , v.y = yy ;
            vis[xx][yy] = 1 ;
            Q.push(v);
        }
    }
    return -1 ;
}
```

```
int main(){
    int x , y ;
    while(scanf("%d%d%d", &n, &m, &k)! = EOF){
        memset(vis, 0, sizeof(vis));
        while(!Q.empty())Q.pop();
        while(k --){
            scanf("%d%d", &x, &y);
            vis[x][y] = 1 ;
        }
        scanf("%d%d%d%d", &X1, &Y1, &x2, &y2);
        Point u ;
        u.x = X1, u.y = Y1, u.step = 1 ;
        Q.push(u);
        int ans = solve();
        printf("%d\n", ans);
    }
}
```

其中，类 Point 的 2 个成员 $x$ 和 $y$ 分别表示方格所在的行和列。在方格处，布线可沿右、下、左、上 4 个方向进行。沿这 4 个方向的移动分别记为 0、1、2、3 下。

| 移动 $i$ | 方　　向 | dir[$i$][0] | dir[$i$][1] |
|---|---|---|---|
| 0 | 右 | 0 | 1 |
| 1 | 下 | 1 | 0 |
| 2 | 左 | 0 | −1 |
| 3 | 上 | −1 | 0 |

二维数组 vis 表示所给的方格阵列。初始时，vis[$i$][$j$] = 0 表示该方格允许布线，而 vis[$i$][$j$] = 1 表示该方格被封锁，不允许布线。

我们可以举一个 7×7 方格阵列布线：起始位置是 $a$ =(3, 2)，目标位置是 $b$ =(4, 6)，阴影方格表示被封锁的方格。当算法搜索到目标方格 $b$ 时，将目标方格 $b$ 标记为从起始位置 $a$ 到 $b$ 的最短距离。此例中，$a$ 到 $b$ 的最短距离是 10，如图 6.7 所示。

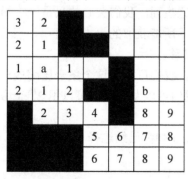

(a) 标记距离

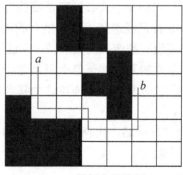

(b) 最短布线路径

图6.7　方格调整问题

此问题的时间复杂程度为 $O(n^2)$。

### 6.7.2 方格调整问题(难度：★★★☆☆)

**1. 题目描述**

给你一个数字矩阵，现在你要在每一行选一个数，使得所选数的总和最大，有个限制条件就是不能选同一列的数。

**输入格式**

输入一个数 $T$ 表示测试数据的组数；然后每组数据先是一个 $n$ 表示矩阵的大小，接下来的 $n$ 行每行输入 $n$ 个数，表示矩阵的每一个元素。

**输出格式**

对于每组数据输出一个数，表示最大能获得的权值和。

**输入样例**

```
2
2
1 5
2 1
3
1 2 3
6 5 4
8 1 2
```

**输出样例**

```
Case 1: 7
Case 2: 16
```

**2. 题目分析**

当我们在决策第 $i$ 行应该选哪一列的时候，我们需要知道前面 $i-1$ 行已经选了哪些列了，对于这些列，我们并不关心到底是哪些行选择了这些列，我们关心的只是一个最大的权值和，即前 $i-1$ 行已经选择了某个集合的列的前提下所能获取的最大权值和，然后我们枚举这个集合中还没有被选择的列在第 $i$ 行进行状态转移。

那么接下来的事情就是怎么表示这个集合了。我们可以将这个集合压缩成一个整数，用这个整数的二进制表示来描述这个集合，然后我们可以发现我们可以用 $2^{16}$ 个数来描述所有的状态了。

例如 $101011 = 43$，代表的意义是第 0、1、3、5 列都已经选择了。我们就用 43 这个数字来描述这个状态。

**3. 问题实现**

```
#include<cstdio>
#include<cstring>
const int maxn = 100010;
const int mod = 1000000007;
int dp[17][1<<17];
```

```
int a[17][17];
int main(){
    int n;
    int t, ca = 1;
    scanf("%d", &t);
    while(t--){
        scanf("%d", &n);
        for(int i = 0; i < n; i++){
            for(int j = 0; j < n; j++)scanf("%d", &a[i][j]);
        }
        for(int i = 0; i < n; i++){
            for(int j = 0; j < two[n]; j++)dp[i][j] = -1;  //一开始所有的状态
都是非法的
        }
        for(int i = 0; i < n; i++)dp[0][1<<i] = a[0][i];
        for(int i = 1; i < n; i++){
            //枚举前 i-1 行所有已经存在的状态，去更新前 i 行的状态①
            for(int j = 0; j <(1<<n); j++)if(dp[i-1][j]! = -1){  //前 i-1 行 j
的状态存在的前提下才能转移
                for(int k = 0; k < n; k++)if(!(j&(1<<k))){  // k 不在 j 集合中
                    dp[i][j|(1<<k)] = max(dp[i][j|(1<<k)], dp[i-1][j] + a[i][k]);
                }
            }
        }
        printf("Case %d: ", ca++);
        printf("%d\n", dp[n-1][(1<<n)-1]);
    }
    return 0;
}
```

本题时间复杂程度为 $O(n^2)$。

### 6.7.3  旅行售货员问题(难度：★★★☆☆)

1. 题目描述

旅行售货员问题又称 TSP 问题，问题如下：某售货员要到若干个城市推销商品，已知各城市之间的路程(或旅费)，他要选定一条从驻地出发，经过每个城市一遍最后回到驻地的路线，使总的路线(或总的旅费)最小。数学模型为给定一个无向图，求遍历每一个顶点一次且仅一次的一条回路，最后回到起点的最小花费。

**输入格式**

输入的第一行为测试样例的个数 $T(T < 120)$，接下来有 $T$ 个测试样例。每个测试样例的

---

① 在二进制中，判断 $j$ 是否属于集合 $i$ 是判断 $i\&(1<<j)$ 是否大于 $0$(即是否等于 $2^j$)；在集合 $i$ 中去除 $j$ 可通过语句 $i-(1<<j)$ 或者 $i\&(!(1<<j))$, $i\wedge(1<<j)$；在集合 $i$ 中加入点可通过 $i|(1<<j)$ 来实现。

第一行是无向图的顶点数 $n$、边数 $m(n < 12, m < 100)$，接下来 $m$ 行，每行三个整数 $u$、$v$ 和 $w$，表示顶点 $u$ 和 $v$ 之间有一条权值为 $w$ 的边相连。其中，$1 \leqslant u < v \leqslant n$、$w \leqslant 1000$。假设起点(驻地)为 1 号顶点。

**输出格式**

对应每个测试样例输出一行，格式为"Case #: W"，其中'#'表示第几个测试样例(从 1 开始计)，$W$ 为 TSP 问题的最优解，如果找不到可行方案则输出-1。

**输入样例**

2
5 8
1 2 5
1 4 7
1 5 9
2 3 10
2 4 3
2 5 6
3 4 8
4 5 4
3 1
1 2 10

**输出样例**

Case 1: 36
Case 2: -1

**2. 题目分析**

由于顶点数不多，我们可以用状态压缩的动态规划解决这一问题。我们用一个 $0 \sim (2^n-1)$ 的二进制数 $v$ 来表示状态，从最低位到最高位，依次表示第 1 个点到第 $n$ 个点是否被访问过。如 $n = 4$，表示状态的数 $v = 5$，5 表示成二进制为 0101，那这个状态就表示第 1 个点访问过了，2 未访问，3 访问过了，4 未访问。$n$ 最大只有 12，因此我们的状态数最多也就 $2^{12}$，也就是 4096 个状态，并不是很多。我们开一个 dp 数组，dp[$v$]表示在 $v$ 状态下，最优解是多少，即我们要访问 $v$ 所表示的状态下的那些被访问的点，至少要多少花费。那我们如何去更新这个状态呢？我们要从当前状态推到下一状态，显然我们要知道当前状态下，最后到的那个顶点是谁，因此 dp 数组还要增加一维，dp[$v$][$j$]表示 $v$ 状态，以 $j$ 结尾，最优解是多少。状态定义好了，那么我们的初状态和递推公式呢？很显然，初状态即当 $v = 1$，$j = 1$ 时，dp[$v$][$j$] = 0，否则 dp[$v$][$j$] = INF(无穷大)，因为我们的起点是 1。

递推公式：

$$dp[v][j] = \min(dp[v][j], dp[u][i] + dis[i][j])$$

其中，$u$ 为 $v$ 的子状态。即 $v$ 状态中被访问过的点，除去 $j$，便是 $u$ 状态。如 dp[5][3]，$v = 5$，$j = 3$，那么其子状态 $u = 1$。

这里我们还需要预处理出 dis 数组，dis[i][j]表示从 $i$ 号顶点到 $j$ 号顶点的最小费用，这个还是非常简单的。先将 dis 数组赋初值，对于 $I = j$，$dis[i][j] = 0$，否则 $dis[i][j] = INF$，然后每输入一条边 $u, v, w$，就更新 $dis[u][v] = dis[v][u] = min(dis[u][v], w)$。

我们将所有状态都推完后，答案该怎么得出呢？从 1 到 $n$ 枚举 $j$，$dp[2^{n-1}][j]$ 即我们走完了所有的点，停留在 $j$ 号顶点时的最小费用，那么答案就是这个最小费用加上 $dis[j][1]$，从枚举的所有 $j$ 里得出的和最小的那个。若最小值为 INF，那么就是无解了。

3. 问题实现

```c
#include<stdio.h>
#include<string.h>
const int INF = 111111111 ;
int dp[1<<15][15] ;          //dp[v][j]表示v状态，以j结尾，最优解是多少
int dis[15][15] ;            //dis[i][j]表示从i号顶点到j号顶点的最小费用
int min(int a , int b){ return a < b ? a : b ; }    //返回a，b中，较小的值
int main(){
    int n , m , i , j , u , v , w , tot , ans ;
    int T , ca = 0 ;
    scanf("%d" , &T);
    while(T --){
        scanf("%d%d" , &n , &m);
        tot = 1 << n ;
        for(i = 0 ; i < tot ; i ++)              //给dp数组赋初值
            for(j = 1 ; j < = n ; j ++)
                dp[i][j] = INF ;
        dp[1][1] = 0 ;
        for(i = 1 ; i < = n ; i ++)              //预处理dis数组
            for(j = 1 ; j < = n ; j ++)
                if(i == j)dis[i][j] = 0 ;
                else dis[i][j] = INF ;
        while(m --){
            scanf("%d%d%d" , &u , &v , &w);
            dis[u][v] = dis[v][u] = min(dis[u][v] , w);
        }
        for(v = 2 ; v < tot ; v ++)              //递推dp的值
            for(j = 1 ; j < = n ; j ++){
                if((v &(1 <<(j - 1)))== 0)continue ;//这里要判断以j结尾是否符合状态
                u = v ^(1 <<(j - 1));            //u即v状态把j除去
                for(i = 1 ; i < = n ; i ++){
                    if(dp[u][i] == INF)continue ;  //如果子状态非法，那就不推下去了
                    dp[v][j] = min(dp[v][j] , dp[u][i] + dis[i][j]);
                }
            }
        ans = INF ;
        for(j = 1 ; j < = n ; j ++)ans = min(ans , dp[tot-1][j] + dis[j][1]);
        if(ans == INF)ans = -1 ;
        printf("Case %d: %d\n" , ++ ca , ans);
    }
}
```

本题时间复杂程度为 $O(n^2)$。

### 6.7.4 Grandpa's Estate(难度：★★★☆☆)

**1. 题目描述**

给出一个去掉几个点后新的凸包点集，判断剩下的几个点组成的新凸包是不是原来点集的凸包。是输出"YES"，否输出"NO"。

**输入格式**

开始输入的数据 $m$ 表示有 $m$ 组的数据，输入一个 $n$ 表示有 $n$ 个点，随后的 $n$ 行中每行输入 $xi$ 和 $yi$，表示第 $i$ 个点。

**输出格式**

对于每组测试数据输出一行"YES"或者"NO"。

**输入样例**

```
1
6
0 0
1 2
3 4
2 0
2 4
5 0
```

**输出样例**

```
NO
```

**2. 题目分析**

只要新凸包的每条边上有 3 个或 3 个以上的点时，凸包就是原来那个凸包。

**3. 问题实现**

```
#include<stdio.h>
#include<string.h>
#include<math.h>
#define eps 1e-8
struct point {
    int x, y;
    bool operator <(const point &t)const {        //重载<符号
        return y < t.y ||(y == t.y && x < t.x);
    }
} p[1009];
int cross(point o, point a, point b){              //叉积
    return(a.x-o.x)*(b.y-o.y)-(a.y-o.y)*(b.x-o.x);
}
bool dotOnSeg(point a, point b, point c){          //判断点 c 是否在线段 ab 上
```

```
        return(!cross(a, b, c)&&(c.x - b.x)*(c.x - a.x)< = 0&&(c.y-b.y)*(c.y-a.y)< = 0);
}
int n, m;
point st[1009];
void graham(point *p, int n, point *st, int &m){      //凸包(水平序)
    int i;
    sort(p, p + n);
    m = 0;
    for(i = 2; i < n; i++){
        while(m > = 2 && cross(st[m-2], st[m-1], p[i])< = 0)m--;
        st[m++] = p[i];
    }
    int t = m+1;
    for(i = n - 2; i > = 0; i--){
        while(m > = t && cross(st[m-2], st[m-1], p[i])< = 0)m--;
        st[m++] = p[i];
    }
}
```

其中，$p$ 表示原点集，$n$ 表示原点集的点的个数，$st$ 表示凸包点集，$n$ 为凸包点集的点个数。对于凸包的每一条边，若 $p$ 中有 3 个点以上在这条边上，那么这条边一定是原来凸包的边。

```
bool judge(point *p, int n, point *st, int m){        //判断
    if(n < = 5 || m == 1)return 0;
    int i, j;
    for(i = 0; i < m-1; i++){                         //枚举凸包上的所有边
        int cnt = 0;                                  //计算点的个数
        for(j = 0; j < n; j++)
            if(dotOnSeg(st[i], st[i + 1], p[j]))cnt++;
        if(cnt < 3)return 0;
    }
    return 1;
}
int main(){
    int i, j, cas;
    scanf("%d", &cas);
    while(cas--){
        scanf("%d", &n);
        for(i = 0; i < n; i++)scanf("%d%d", &p[i].x, &p[i].y);
        graham(p, n, st, m);
        judge(p, n, st, m)? puts("YES"): puts("NO");
    }
    return 0;
}
```

本题时间复杂程度为 $O(n^2)$。

### 6.7.5　Find The Multiple(难度：★★★☆☆)

#### 1．题目描述

给定一个整数 $n(1 \leqslant n \leqslant 200)$，求任意一个它的倍数 $m$，要求 $m$ 必须只由十进制的'0'或'1'组成。

**输入格式**

多组测试数据。每组输入一个整数 $n(1 \leqslant n \leqslant 100)$，当 $n = 0$ 时结束程序，且对 $n = 0$ 不做计算。

**输出格式**

对于每个数字 $n$ 输出一个满足要求的只含 0 或 1 的字符串。

**输入样例**

```
2
6
19
0
```

**输出样例**

```
10
100100100100100100
111111111111111111
```

#### 2．题目分析

用 bfs 广度优先搜索可以解决这一问题。首位必须取 1，然后每次可以取 0 或 1，用队列进行 bfs，队列里放的结点信息为：$mod$ 取到当前位时的余数，$val$ 当前位选的值，$pre$ 搜这个结点之前的结点。

如果这样做复杂度为 $O(2^{100})$，会超时。因此，必须要有个剪枝。因为我们只需要找出一个解就可以了，所以可以用 vis 数组对 bfs 进行剪枝。

其中，vis 剪枝：对 $n$ 取模以后的余数如果出现第 2 次就不要将这种情况往下搜索。

#### 3．问题实现

```cpp
#include <cstdio>
#include <cstring>
#include <algorithm>
using namespace std;
struct node {
    int mod, val, pre;
    node(int mod, int val, int pre):
        mod(mod), val(val), pre(pre){
    }
```

```
        node(){}
};
node q[100005];                                    //手写队列
bool vis[203];
int s, t;
bool ans[100005];                                  //保存答案
int cnt;
int n;
int main(){
    int i, j;
    while(~scanf("%d", &n)&& n){
        s = t = 0;
        memset(vis, 0, sizeof(vis));
        q[t++] = node(1%n, 1, -1);                 //首位为 1 入队列
        vis[1%n] = 1;
        while(s != t){
            node u = q[s];
            if(!u.mod)break;
            for(int i = 0; i <= 1; i++){
                if(vis[(u.mod*10+i)%n])continue;
                q[t++] = node((u.mod*10+i)%n, i, s);
                vis[(u.mod*10+i)%n] = 1;
            }
            s++;
        }
        cnt = 0;
        i = s;
        while(i != -1){                            //由终点反着找到答案
            ans[cnt++] = q[i].val;
            i = q[i].pre;
        }
        for(i = cnt-1; i >= 0; i--)printf("%d", ans[i]);   //逆序输出答案
        puts("");
    }
    return 0;
}
```

其中，*mod* 表示取到当前位时的余数，*val* 表示当前位选的值，*pre* 表示搜这个结点之前的结点，*pre* 是为了记录答案用。因为我们只需要找出一个解，可以用 vis 数组对 bfs 进行剪枝。vis 剪枝是指对 $n$ 取模以后的余数，如果出现第 2 次就不要将这种情况往下搜索。

本题时间复杂程度为 $O(n^2)$。

# 6.8 小　结

分支限界法是把问题的可行解展开，如树的分支，再经由各个分支寻找最佳解。它是在问题的解空间中进行搜索，类似于回溯法，但两者对空间树的搜索方式不同。分支限界法优先扩展解空间树中的上层结点，并采用限界函数及时剪枝，同时，根据优先级不断调整搜索方向，选择最有可能取得最优解的子树优先进行搜索。分支限界法根据活结点表中选择下一个扩展结点的不同方式分为两种：队列式分支限界法和优先队列式分支限界法。

算法优点：可以求得最优解、平均速度快。因为从最小下界分支，每次算完限界后，把搜索树上当前所有的叶子结点的限界进行比较，找出限界最小的结点，此结点即为下次分支的结点。这种决策的优点是检查子问题较少，能较快的求得最佳解。

算法缺点：要存储很多叶子结点的限界和对应的耗费矩阵。花费很多内存空间。

存在的问题：分支限界法可应用于大量组合优化问题。其关键技术在于各结点权值如何估计，可以说一个分支限界求解方法的效率基本上由限界方法决定，若界估计不好，在极端情况下将与穷举搜索没多大区别。

利用分支限界法对问题的解空间树进行搜索过程如下：

(1) 产生当前扩展结点的所有孩子结点；

(2) 在产生的孩子结点中，抛弃那些不可能产生可行解或最优解的结点；

(3) 将其余的孩子结点加入活结点表；

(4) 从活结点表中选择下一个活结点作为新的扩展结点。

使用分支限界法解题，首先应掌握应用分支限界法的 3 个关键问题：

(1) 如何确定合适的限界函数；

(2) 如何组织待处理活结点表；

(3) 如何确定最优解中的各个分量。

分支限界法对问题的解空间树中结点的处理是跳跃式的，回溯也不是单纯地沿着双亲结点一层一层向上回溯，因此，当搜索到某个叶子结点且该叶子结点的目标函数值在表中最大时(假设求解最大化问题)，求得了问题的最优值，但是，却无法求得该叶子结点对应的最优解中的各个分量。这个问题可以用如下方法解决：

(1) 对每个扩展结点保存该结点到根结点的路径；

(2) 在搜索过程中构建搜索经过的树结构，在求得最优解时，从叶子结点不断回溯到根结点，以确定最优解中的各个分量。

为了让大家对分支限界法有深入的理解，我们对 5 个经典的 ACM 题目进行了解析。分别是布线问题、方格调整问题、旅行人员问题、Grandpa's Estate 和 Find The Multiple 等。

# 6.9 习　题

1．试分析分支限界法与回溯法有何不同？它们各有什么优缺点？

2．0-1 背包问题可用动态规划、回溯法、分支限界法解决，试比较用不同算法处理 0-1 背包问题各有什么特点和利弊。

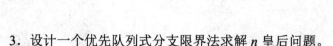

3．设计一个优先队列式分支限界法求解 $n$ 皇后问题。

4．设计一个优先队列式分支限界法求解最小重量机器设计问题。某一种机器由 $n$ 个部件组成，每一种部件都可以从 $m$ 个供应商处购买。$W_{ij}$ 是在供应商 $j$ 处购买部件 $i$ 的重量，$c_{ij}$ 是其价格。要求总价格不超过 $c$ 的最小重量机器设计。

5．设计一个优先队列式分支限界法求解运动员最佳配对问题。羽毛球队有男女运动员各 $n$ 人，组成 $n$ 组混合双打，使得男女双方竞赛优势乘积的总和最大。$P_{ij}$ 是男运动员 $i$ 和女运动员 $j$ 配对时的竞赛优势，$Q_{ij}$ 是女运动员 $i$ 和男运动员 $j$ 配对时的竞赛优势。

6．设计一个优先队列式分支限界法求解最佳调度问题。假设有 $n$ 个任务可由 $k$ 个并行工作的机器完成。任务 $i$ 的完成时间为 $t_i$，如何安排任务调度使得完成全部任务的时间最早。

7．设计一个优先队列式分支限界法求解圆排列问题。

8．设计一个优先队列式分支限界法求解图的最大团问题。

9．设计一个优先队列式分支限界法求解最小长度电路板排列问题。

10．设计一个队列式分支限界法求解最小长度电路板排列问题。

# 第 7 章

# 图的搜索算法

18 世纪初普鲁士的哥尼斯堡(Konigsberg, Prussia)，有一条河穿过，河上有两个小岛，有七座桥把两个岛与河岸联系起来，如图 7.1 所示。有个人提出一个问题：一个步行者怎样才能不重复、不遗漏地一次走完七座桥，最后回到出发点[①]。

(a) 问题的示意图

怎样散步才能
不重复地走过
每座桥？

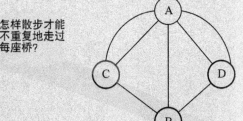

(b) 对应的无向图

图 7.1 七桥问题

问题提出后，很多人对此很感兴趣，纷纷进行试验(有些市民每星期六做一次走过所有七座桥的散步，每座桥只能经过一次且起点与终点必须是同一地点)，但在相当长的时间里，始终未能解决。而利用普通数学知识，每座桥均走一次，那这七座桥所有的走法一共有 5040 种，而这么多情况，要一一试验，这将会是很大的工作量。但怎么才能找到成功走过每座桥而不重复的路线呢？因而形成了著名的"哥尼斯堡七桥问题"。

1735 年，有几名大学生写信给当时正在俄罗斯的彼得斯堡科学院任职的天才数学家欧拉(见图 7.2)，请他帮忙解决这一问题。欧拉在亲自观察了哥尼斯堡七桥后，认真思考走法，但始终没能成功，于是他怀疑七桥问题是不是原本就无解呢？

---

[①] 欧拉通过对七桥问题的研究，不仅圆满地回答了哥尼斯堡居民提出的问题，而且得到并证明了更为广泛的有关一笔画的三条结论，人们通常称之为欧拉定理：对于一个连通图，通常把从某结点出发一笔画成所经过的路线叫做欧拉路。人们又通常把一笔画成回到出发点的欧拉路叫做欧拉回路。具有欧拉回路的图叫做欧拉图。

图 7.2 欧拉(Euler)

1736 年，在经过一年的研究之后，29 岁的欧拉提交了《哥尼斯堡七桥》的论文。在论文中，欧拉将七桥问题抽象出来，把每一块陆地考虑成一个点，连接两块陆地的桥以线表示。并由此得到了如图 7.1(b)一样的几何图形。若我们分别用 A、B、C、D 四个点表示为哥尼斯堡的四个区域。这样著名的"七桥问题"便转化为是否能够用一笔不重复的画出过此七条线的问题了。若可以画出来，则图形中必有终点和起点，并且起点和终点应该是同一点，由于对称性可知由 D 或 C 为起点得到的效果是一样的，若假设以 A 为起点和终点，则必有一离开线和对应的进入线，若我们定义进入 A 的线的条数为入度，离开线的条数为出度，与 A 有关的线的条数为 A 的度，则 A 的出度和入度是相等的，即 A 的度应该为偶数。即要使得从 A 出发有解则 A 的度数应该为偶数，而实际上 A 的度数是 5 为奇数，于是可知从 A 出发是无解的。同时若从 C 或 D 出发，由于 C、D 的度数都为奇数 3，即以之为起点都是无解的。

欧拉圆满地解决了这一问题，并且推广了这个问题，给出了"对于一个给定的图，能否用某种方式走遍所有的边且没有重复"的判定法则[①]。这项工作使欧拉成为图论及拓扑学的创始人。

关于图的基本知识，在"离散数学"、"数据结构"等相关课程中有详细的介绍。这里我们简单回顾一下图的基础知识。

如果图中的边是有方向的，则称其为有向图；否则称为无向图。图的存储方式通常有两种：邻接表和邻接矩阵。而图的遍历是从图中某一顶点出发，沿着与顶点相关的边，访问图中所有顶点各一次。图的遍历通常有两种基本方法：深度优先和广度优先。这两种方法都适用于有向图和无向图。

在前面的章节中，结合算法设计方法，讨论过图的最短路径问题、最小生成树问题，本章主要讨论图的遍历搜索算法，并探讨几个基本应用问题。

---

① 一笔画定理：凡是由偶点组成的连通图，一定可以一笔画成。画时可以把任一偶点为起点，最后一定能以这个点为终点画完此图；凡是只有两个奇点的连通图(其余都为偶点)，一定可以一笔画成。画时必须把一个奇点为起点，另一个奇点为终点；其他情况的图都不能一笔画出。(奇点数除以二便可算出此图需几笔画成)

# 7.1 图的广度优先搜索遍历

## 7.1.1 算法描述与分析

### 7.1.1.1 何谓 BFS

广度优先搜索(Breadth-First Search，BFS)是图搜索的一种最简单的算法之一。给定一个图(有向或无向)$G = <V, E>$和其中的一个源顶点$s$，广度优先搜索系统地探索$G$的边以"发现"从$s$出发每一个可达的顶点：发现从$s$出发距离为$k+1$的顶点之前先发现距离为$k$的顶点。搜索所经路径中的顶点，按先后顺序构成"父子关系"：先发现的顶点$u$，并由$u$出发发现与其相邻的顶点$v$，则称$u$为$v$的父亲。由于每个顶点只有最多一个顶点作为它的父亲，所以搜索路径必构成一棵根树(树根为起始顶点$s$)$G_\pi$。我们把这棵树称为$G$的广度优先树。与此同时，我们还计算出了从$s$到这些可达顶点的距离(最少的边数即"最短路径")。

### 7.1.1.2 算法的伪代码

为跟踪整个过程，广度优先搜索为每个顶点着白色、灰色或黑色。开始时，所有的顶点都着白色。然后可能变成灰色再后为黑色。一个顶点在搜索过程中首次被遇到称为被发现，此后它就不再是白色的了。所以，灰色的或黑色的顶点是已经发现的，广度优先搜索用两者间的区别来保证搜索进程以广度优先的方式进行。若$(u,v) \in E$且顶点$u$是黑色的，则顶点$v$非灰即黑，即与黑色顶点相邻的顶点必是已访问过的。灰色顶点可能有白色相邻顶点，它们表示已访问过的与未访问过的顶点之间的界线。

假定输入的图$G$是用邻接表表示的。每个顶点$u \in V$的颜色存储在$color(u)$中。为计算图$G$的广度优先树$G_\pi$和从$s$到各可达顶点的距离，用$\pi[u]$表示顶点$u$在$G_\pi$的父结点，用$d[u]$表示从$s$到$u$的距离，则图的广度优先搜索算法如下所示：

```
BFS(G, s)(){
    for(earch vertex u∈V[G]-{s}){
        color[u]←WHITE
        d[u]←∞;
        π[u]←NIL;
    }
    color[s]←GRAY;
    d[s]←0;
    Q←∅;                              //先进先出的队列Q来管理灰色顶点集合
    enQueue(Q, s);
    while(Q ≠ ∅){
        u←deQueue(Q)
        for each v∈Adj[u]{
            if(color[v] == WHITE){
                color[v]←GRAY;
                π[v]←u;
                d[v]←d[u]+1;
                enQueue(Q, v);
            }
        }
```

```
        color[u] ←BLACK;
    }
    return π and d;
}
```

其中，while 循环重复执行直至队列 $Q$ 空为止。每次重复将队首元素 $u$ (某灰色顶点)出队，将图 $G$ 中所有与 $u$ 邻接的白色顶点 $v$ 着成灰色(开始访问)，将 $v$ 的父结点指针指向 $u$，并将 $v$ 的距离属性 $d[v]$ 置为 $d[u]+1$，即从 $s$ 到 $v$ 的距离置为 $s$ 到其父结点 $u$ 的距离加 1，然后入队。最后将 $u$ 着成黑色(完成访问)。

由 BFS 产生树中的边在图 7.3 中表示为粗线。每个顶点 $u$ 内部显示的是 $d[u]$ [①]。队列 $Q$ 显示的是 while 循环每次重复前的状态[②]。队列中顶点距离显示在顶点下方。

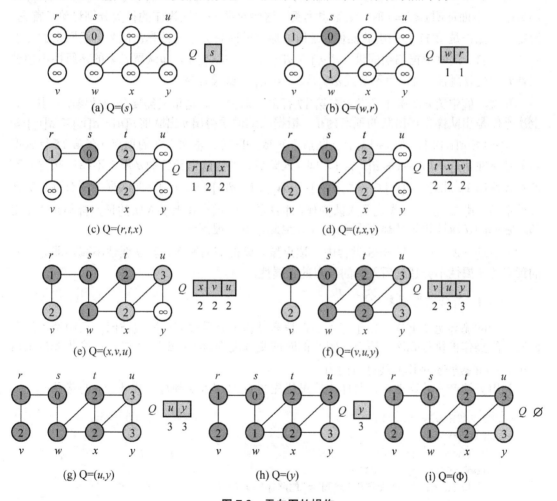

图 7.3　无向图的操作

---

① 运行 BFS 后，图 $G$ 中各顶点 $v$ 的 $d$ 属性记录了 $s$ 到 $v$ 的距离。

② while 循环只要还有灰色顶点就会重复，这些灰色顶点是已被发现但尚未扫描其邻接表的顶点。为证明此算法的正确性，需要说明算法运行结束时所有从 $s$ 可达的顶点 $v$ 都被搜索到，且 $\pi[v]$ 记录下从 $s$ 到 $v$ 的一条最短路径 $v$ 上的父结点，$d[u]$ 是这条最短路径的长度。

### 7.1.1.3 算法的正确性

**引理 7.1** 从源顶点 $s$ 到任何顶点 $v$ 的距离必不超过运行 BFS 后过此顶点的 $d$ 属性。这是因为若 $v$ 从 $s$ 不可达。则其 $d$ 属性将维持初始值 $\infty$。若 $v$ 从 $s$ 可达，则在 BFS 过程中其 $d$ 属性得到改写时必经过一条从 $s$ 出发的路径，其长度恰为 $d[v]$。按距离的意义，它是从 $s$ 到 $v$ 的最短路径的长度。所以，$d[v]$ 作为一条从 $s$ 到 $v$ 的路径长度当然不会小于 $s$ 到 $v$ 的距离。

**引理 7.2** 设队列 $Q = \{v_1, v_2, \cdots, v_r\}$，则 $d[v_r] \leq d[v_1] + 1$（即对尾元素的 $d$ 属性不超过队首元素的 $d$ 属性加 1），且 $d[v_1] \leq d[v_2] \leq \cdots d[v_r]$。

要证明这一事实，我们可以对算法中队列 $Q$ 的操作次数 $k$ 做数学归纳。设 $k = 1$ 时，即对 $Q$ 的第 1 次操作，此时 $Q = \{s\}$，结论当然为真。

假定 $1 < k < i$ 时，结论为真，即若 $Q = \{v_1, v_2, \cdots v_r\}$，$d[v_r] \geq d[v_1] + 1$，且 $d[v_1] \leq d[v_2] \leq \cdots d[v_r]$。下面证明 $1 < k = i$ 时，结论也为真。这要对第 $k = i$ 次操作的种类分别讨论。首先，假定本次操作是第 11 行的出队操作。这时，原来的队首元素 $v_1$ 被弹出队列，而原来的元素 $v_2$ 成为队首。这时根据归纳假设，$d[v_r] \leq d[v_1] + 1 \leq d[v_2] + 1$。即队尾元素的 $d$ 属性不超过队首元素的 $d$ 属性加 1，而不等式 $d[v_2] \leq \cdots \leq d[v_r]$ 继续保持。

其次，假定第 $k$ 次操作是发生在第 17 行的入队操作。这里又需要分两种情况：其一，上次操作是出队操作，出队的顶点为 $u$。根据归纳假设得出 $u$ 出队前 $d[u] = d[v_1] \leq d[v_2] \leq \cdots \leq d[v_r] \leq d[v_1] + 1 = d[u] + 1$。$u$ 出队后，$v_2$ 成为队首。本次入队的顶点 $v$ 在第 15 行获得新的 $d$ 属性 $d[v] = d[u] + 1 \leq d[v_2] + 1$，即 $v$ 入队后，作为队尾元素的 $d$ 属性不超过队首元素的 $d$ 属性加 1。此外，$d[v_2] \leq \cdots \leq d[v_r] \leq d[v_1] + 1 = d[u] + 1 = d[v]$，即队列中所有顶点的 $d$ 属性不减。其二，上次操作也是入队操作，本次的入队顶点和上次入队的顶点都与顶点 $u$ 相邻，它们的 $d$ 属性相等且都等于 $d[u] + 1$。至此，本引理得证。

由引理 7.2 可知，在 BFS 过程中，顶点按入队的前后顺序，其 $d$ 属性不减。即先入队的顶点的 $d$ 属性不会超过后入队的顶点的 $d$ 属性。

### 7.1.1.4 算法的时间复杂度

开始的循环重复 $|V|$ 次。由于每条边在搜索过程中有且仅有一次被访问，后面两重循环嵌套内的操作被执行 $|E|$ 次。所以，BFS 的时间复杂度为 $\Theta(V + E)$。于是，广度优先搜索运行于 $G$ 的邻接表示规模的线性时间内。

利用算法产生的属性 $\pi$，打印出广度优先树 $G_\pi$ 中从根 $s$ 到每一片叶子 $v$ 的路径：

```
PRINT-PATH(pi, s, v){
    if(v == s)
        then print(s);
    else if(pi[v] == NIL)
        then print("没有从"s"到"v"的路途");
    else {
        PRINT-PATH(pi, s, pi[v]);
        print(v);
    }
}
```

## 7.1.2　程序实现

由于本章的图算法都是针对图的邻接表表示进行计算的，所以需要先将图的邻接表实现为一个数据类型。该邻接表应包含表示各顶点邻接表构成的数组 *adj* 和表示图的顶点个数 *n*。

在图的广度优先搜索算法 BFS 过程中，需要使用队列这一数据结构。由于插入与删除操作分别在队尾与队首进行，所以要用指向链表的首、尾的两个指针 head 和 trail 来作为维护队列的属性。对队列的基本操作应包括创建队列过程、判断队列是否为空过程、在队列尾部加入元素的过程和在队列首部删除元素的过程。

与算法的伪代码过程相同，程序过程的两个参数分别是图的邻接表表示 *g* 和源顶点 *s*。由于 BFS 要返回两个数组 $\pi$ 和 *d*，而在 C 类语言中，函数或方法只能有一个返回值。所以需要将它们封装成一个对象。

为提高程序的可读性，可以定义包含 WHITE、GRAY、BLACK 3 种颜色的枚举类型 Color。此外，程序过程中需声明一个队列 *Q*，表示计算结果的数组。*color* (颜色枚举类型)、*d* (整型)和 *pi* (整型)，以及用来临时表示顶点的变量 *u* 和 *v*。由于我们把图的顶点用整数 $0 \sim n-1$ 编号，所以 *u*, *v* 也应该是整型的。

### 7.1.2.1　C 语言实现

首先需要用邻接表来表示图。为便于表示带权图，表中的结点用如下的 vertex 结构体：

```
typedef struct Vertex {
    float weight;               //表示边的权值
    int index;                  //表示邻接顶点
} Vertex;
```

下面实现图的邻接表如下：

```
typedef struct Graph {
    List **adj;                           //各顶点的邻接表构成的数组
    int n;                                //图的顶点个数
} Graph;
Graph *createGraph(float *a, int n){
    Graph *g =(Graph*)malloc(sizeof(Graph));
    int i, j;
    g->adj =(List**)malloc(n*sizeof(List*));
    g->n = n;
    for(i = 0;i<n;i++){                   //对每一个顶点 i
        List *l = NULL;                   //建立该顶点的邻接表
        for(j = n-1;j> = 0;j--)
            if(a[i*n+j]! = 0.0){          //j 与 i 邻接
                Vertex *v =(Vertex*)malloc(sizeof(Vertex));
                v->index = j;
                v->weight = a[i*n+j];
                listPushBegin(&l, v);     //将 j 加入到 i 的邻接表中
```

```
            }
            g->adj[i*sizeof(List*)] = l;
        }
        return g;
    }
    void graphClear(Graph *g){
        int i;
        for(i = g->n;i>-1;i--)                    //清理每个顶点的邻接表
            if((g->adj[i*sizeof(List*)])! = NULL){
                listClear(g->adj[i*sizeof(List*)]);
                free(g->adj[i*sizeof(List*)]);
            }
        free(g->adj);                             //释放邻接表数组
        g->n = 0;
    }
```

　　函数 createGraph( )用传递给它的参数(图的邻接矩阵 $a$ 和图的顶点数 $n$(也是 $a$ 的阶数))创建并初始化图的邻接表；外层 for 循环扫描图的每个顶点 $i$，对顶点 $i$ 创建一个邻接表 l；内嵌的 for 循环扫描从顶点出发的每一条边 $(i, j)$ 将边的权值($a[i][j]$)和邻接顶点 $j$ 存放在 Vertex 型的结点 $v$ 内并加入到 $i$ 的邻接表中。最后将得到的顶点 $i$ 的邻接表存放到 $adj[i]$ 中；函数 graphClear( )对传递给它的图的邻接表清除内存，以防内存泄漏。

　　由于在图的广度优先搜索算法中要借助一个队列来管理各顶点的搜索顺序，所以还需要实现队列的数据结构。为有效地使用存储空间，我们用单链表 List 作为队列的数据载体来实现队列：

```
    struct Queue {
        List *head;
        List *trail;
    };
    typedef struct Queue Queue;
    Queue *createQueue(){
        Queue *q =(Queue*)malloc(sizeof(Queue));
        q->head = q->trail = NULL;
        return q;
    }
    int empty(Queue *q){
        return q->head == NULL;
    }
    void enQueue(Queue *q, void *e){
        listPushBack(&(q->trail), e);       //将元素追加到队列尾部
        if(Empty(q))
            q->head=q->trail;   //将q的队首指针head指向新的结点(由q的队尾指针trait指引)
    }
    void *deQueue(Queue *q){
        void *e = listDeleteBeging(&(q->head)); //将队首结点从队列中摘取并赋予e
        if(Empty(q))
            q->trail = NULL;
        return e;
```

```
}
void queueClear(Queue *q){
    q->trail = NULL;
    if(q->head! = NULL){
        listClear(q->head);
        free(q->head);
        q->head = NULL;
    }
}
```

由于插入与删除操作分别在队尾与队首进行，所以要用指向链表的首、尾的两个指针 *head* 和 *trail* 来作为维护队列的属性；函数 createQueue( )创建并返回一个指向队列(初始时队首队尾都指向 NULL)的指针；函数 Empty( )通过检测 $q$ 的 head 域是否为 NULL 判断队列 $q$ 是否为空；函数 enQueue( )将元素 $e$ 加入到队列 $q$ 中；函数 deQueue( )将队列中的队首元素从链表中摘除并返回；函数 queueClear( )负责对传递给它的队列做内存清除。

做了这些数据结构的准备后，实现图的广度优先搜索算法如下：

```
enum vertex_color {WHITE, GRAY, BLACK};              //提高程序的可读性
typedef enum vertex_color Color;
struct Pair{//用来存储两个整数数组的结构体
    void *first;
    void *second;
};

Pair make_Pair(void *f, void *d){
    Pair p={f,d};
    return p;
}
Pair bfs(Graph *g, int s){
    Queue *Q = createQueue();
    int *pi, *d, i, *u, *v;
    Color *color;
    pi =(int*)malloc(g->n*sizeof(int));
    d =(int*)malloc(g->n*sizeof(int));
    color =(Color*)malloc(g->n*sizeof(Color));
    for(i = 0;i<g->n;i++){
        pi[i] = -1;
        d[i] = INT_MAX;
        color[i] = WHITE;
    }
    d[s] = 0;
    color[s] = GRAY;
    enQueue(Q, &s);
    while(!empty(Q)){
        u = deQueue(Q);
        List *q = *(List**)(g->adj+*u*sizeof(List*));
        while(q! = NULL){
```

```
            v =(int*)malloc(sizeof(int));          //①
            *v =((Vertex *)(q->data))->index;
            if(color[*v] == WHITE){
                color[*v] = GRAY;
                d[*v] = d[*u]+1;
                pi[*v] = *u;
                enQueue(Q, v);
            }
            q = q->next;
        }
        color[*u] = BLACK;
    }
    queueClear(Q);
    free(Q);
    return make_pair(pi, d);
}
void printPath(int *pi, int s, int v){
    if(v == s){
        printf("%d ", s);
        return;
    }
    if(pi[v] == -1)
        printf("no path from %d to %d!\n", s, v);
    else{
        printPath(pi, s, pi[v]);
        printf("%d ", v);
    }
}
int main(int argc, char** argv){
    int i, s = 1, n = 8, *pi, *d;
    Pair r;
    float a[] = {0, 1, 0, 0, 1, 0, 0, 0,
                 1, 0, 0, 0, 0, 1, 0, 0,
                 0, 0, 0, 1, 0, 1, 1, 0,
                 0, 0, 1, 0, 0, 0, 1, 1,
                 1, 0, 0, 0, 0, 0, 0, 0,
                 0, 1, 1, 0, 0, 0, 1, 0,
                 0, 0, 1, 1, 0, 1, 0, 1,
                 0, 0, 0, 1, 0, 0, 1, 0};
    Graph *g = createGraph(a, 8);
    r = bfs(g, s);
    pi = r.first;
    d = r.second;
    for(i = 0;i<n;i++)
        if(i! = s){
```

---

① 由于在 C 中为了让队列这一数据结构具有通用性，我们使用了 void*指针，所以程序中为了使用这样的数据结构就要借助指针来完成对数据的读写。读者需要对代码中的这些指针操作给予充分的注意。

```
                printPath(pi, s, i);
                printf(" length: %d\n", d[i]);
        }
    graphClear(g);
    free(g);
    return(EXIT_SUCCESS);
}
```

其中，函数 bfs( ) 实现算法 BFS，其两个参数分别是图的临界表 $g$ 和源顶点 $s$。由于 BFS 要返回两个数组，所以在 C 中需要将它们封装成一个对象。利用结构体 Pair 来作为封装两个数组的工具；数组 $a[ ]$ 说明图中顶点个数 8 创建图的邻接表并返回给 $g$(图中顶点 $r,s,t,u,v,w,x,y$ 对应程序中的顶点(0, 1, 2, 3, 4, 5, 6, 7))。

### 7.1.2.2　C ++ 语言实现

由于本章的算法都围绕着图的邻接表表示展开，为了统一数据结构的编程接口，我们在这里和下一段中给出图的邻接表表示的 C++ 实现：

```cpp
#include<list>
using namespace std;
struct Vertex {
    float weight;
    int index;
};
typedef struct Vertex Vertex;
class Graph {
public:
    list<Vertex> *adj;
    int n;
    Graph(float *a, int n):n(n){
        int i, j;
        adj = new list<Vertex>[n];
        for(i = 0;i<n;i++){
            for(j = 0;j<n;j++){
                if(a[i*n+j]! = 0.0){
                    Vertex v = {a[i*n+j], j};
                    adj[i].push_back(v);
                }
            }
        }
    }
    ~Graph(){
        delete []adj;
        adj = NULL;
    }
};
```

两重嵌套循环按行优先顺序扫描图的邻接矩阵 $a$，若 $a[i*n+j]\neq 0$ 则意味着顶点 $i$ 和 $j$ 相邻，我们就在 $adj[i]$ 中插入一个结点 node，并记录顶点 $j$ 与 $i$ 相邻的信息：该 node 的 weight 域置为 $a[i*n+j]$、index 域置为 $j$。

## 7.2　图的深度优先搜索遍历

### 7.2.1　算法描述与分析

#### 7.2.1.1　何谓 DFS

深度优先搜索(Depth First Search, DFS)所遵循的策略，如同其名称所云，是在图中尽可能"更深"地进行搜索。在深度优先搜索中，对最新发现的顶点 $v$ 来说，若尚有未探索过，则从其出发的边探索之。当 $v$ 的所有边都被探索过，则搜索"回溯"到从其出发发现顶点 $v$ 的顶点。此过程继续直至发现所有从源点可达的顶点。若图中还有未发现的顶点，则以其中之一为新的源点重复搜索，直至所有的顶点都被发现。这与广度优先搜索算法 BFS 中源顶点是指定的稍有不同。这样，搜索轨迹 $G_\pi$ 将形成一片森林(深度优先森林)，而不一定仅含一棵树。

如同广度优先搜索，用顶点上的颜色来指示顶点的状态。每一个顶点初始时是白色的，搜索一旦被发现就变成灰色，当其完成时也就是它的邻接表被完全考察过就成为黑色的。为了通过深度优先搜索揭示图的更多信息，我们在深度优先搜索过程中对每一个顶点 $u$ 跟踪两个时间：发现时间 $d[u]$ 和完成时间 $f[u]$。$d[u]$ 记录首次发现($u$ 由白色变成灰色)时刻，$f[u]$ 记录完成 $v$ 的邻接表检测(变成黑色)时刻。换句话说，对每个顶点 $u$，必有 $d[u] < f[u]$。

在时间 $d[u]$ 前顶点 $u$ 是白色的(WHITE)，在时间 $d[u]$ 和 $f[u]$ 之间是灰色的(GRAY)，$f[u]$ 之后是黑色的(BLACK)。所有这些时间是介于 1 到 $2|V|$ 的整数，这是因为对 $|V|$ 个顶点的每一个而言仅发生一次发现事件和一次完成事件。即对图 $G$ 深度优先搜索得到深度优先森林 $G_\pi$ 以及图中各顶点在搜索过程中的发现时间和完成时间。

#### 7.2.1.2　算法的伪代码

基本的深度优先算法 dfs($G$) 伪代码利用一个栈[①]来控制对顶点的访问顺序。输入的图 $G$ 可以是无向的也可以是有向的。变量 time 是一个用来表示时间的全局变量。

```
dfs(G){
    for(each vertex u∈V(G)){
        color[u]←WHITE;
        π[u]←NIL;
    }
    time←0;                              //时间计数器置零
    S←∅;
    for(each vertex s∈V[G]){
        if(color[s] == WHITE){
            color[s]←GRAY;
            d[s]←time←time+1;
            push(S, s);                  //将顶点 s 加入到栈 S
        }
        while(S≠∅){
```

---

① 所谓的"栈"是一种插入和删除操作都在同一端进行的线性表，它具有元素先进后出的特性。

```
            u← top(S);
            if(∃v∈Adj[u] and color[v]== WHITE ){
                color[v] ← GRAY;
                π[v]←u;
                d[v] ← time ← time+1;
                push(s, v);
            }
            else {
                color[u] ← BLACK;
                f[u] ← time ← time+1;
                pop(S);
            }
        return(d, f, andπ);
}
```

　　第二个 for 循环依次检测 $v$ 中的每个顶点 $s$，一旦发现一个白色的顶点，就以此顶点为源顶点，以深度优先的方式搜索从 $s$ 可达的所有顶点。该循环的每次重复，顶点 $s$ 变成深度优先森林中的一棵新树的根。时间计数器 time 增加了 1 并作为发现时间 $d[s]$。while 循环借助栈 $S$ 以深度优先的方式搜索所有从 $s$ 可达的顶点：每次重复寻找与处于栈顶的顶点相邻 $u$ 且未曾发现过的(白色)顶点。若有这样的顶点，则将其改为灰色，记录其发现时间，并压入栈 $S$，这时我们说深度优先搜索探索了边 $(u,v)$。否则，将处于栈顶的顶点 $u$ 着成黑色，记录完成时间 $f[u]$，将其从栈 $S$ 中弹出。当 DFS 返回时，图中每个顶点 $u$ 就被赋予一个发现时间 $d[u]$ 和一个完成时间 $f[u]$，以及 $u$ 在深度优先森林中的父结点 $\pi[u]$。

　　图 7.4 示例了对一个图的 DFS 的过程[①]。其中，各顶点按发现时间/完成时间格式做标记。

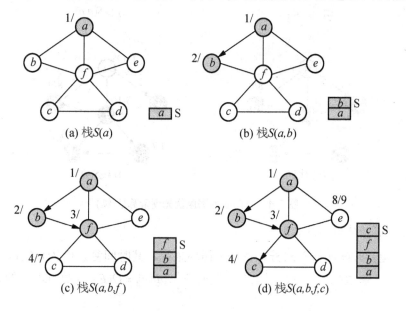

图 7.4　有向图的深度优先搜索算法

────────────────
[①] 注意：深度优先搜索的结果可能依赖于 DFS 所检测顶点的顺序，以及所访问的各相邻顶点的顺序。这些不同的访问顺序并不会在实践中发生什么问题，深度优先搜索的任一结果都可用另一本质上等价的结果所替代。

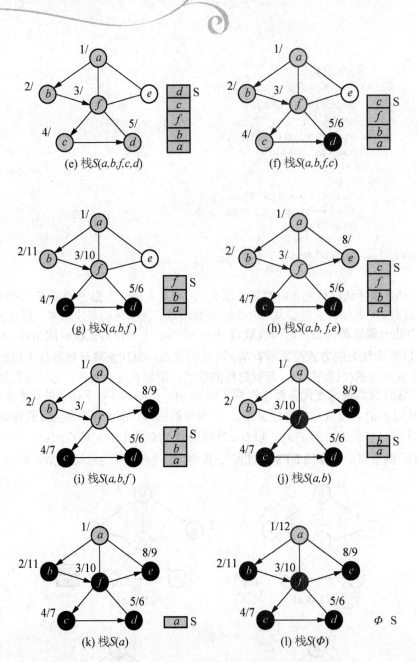

图 7.4  有向图的深度优先搜索算法(续)

### 7.2.1.3  算法的时间复杂度

DFS 的运行时间如何？对开始的 for 循环来说，其时间复杂度为 $\Theta(V)$。内嵌的循环操作对 $G$ 的每条边执行一次。因此，耗时 $\sum_{v \in V} |Adj[v]| = O(E)$，故 DFS 的运行时间为 $\Theta(V+E)$。

### 7.2.2  程序实现

与算法 DFS 一样，程序过程只需一个参数：图的邻接表 g。由于 DFS 要返回 3 个数组

$\pi$，$d$ 和 $f$，所以可以用两个嵌套的 Pair 作为返回值类型。此外，定义一个枚举数据类型 Color，增加代码的可读性。

用整型变量 $u$、$v$、$s$ 对应于算法中同名的表示顶点的临时变量。要声明一个与算法中同名的顶点颜色数组 color，还要声明 3 个数组整型 $pi$、$d$、$f$ 对应于算法中的数组 $\pi$、$d$、$f$。此外，还需要在程序过程中声明一个对应于算法中的同名栈 $S$。

在实现 BFS 时，关键是思考如何实现伪代码 if($\exists v \in Adj[u]$　and $color[v] == $ WHITE )。本质上，这需要在顶点 $u$ 的邻接表 $Adj[u]$(这是一个链表)中搜索，直到找到一个白色顶点或发现整个表中不存在白色顶点为止。所以，可以设置一个链表指针 $p$，初始置为指向 $Adj[u]$ 的首结点，然后让其在 $Adj[u]$ 中扫描，直到发现白色顶点或遇到链表尾为止。问题是，如果 $p$ 是在 while 循环内被初始化为 $Adj[u]$ 的首结点，而 $u$ 可能会多次出现在栈顶，这样就会使得曾经访问过与 $u$ 邻接的顶点可能会重复被访问，这不符合算法中对每一条边仅访问一次的描述。为避免这样的情形，我们可以事先为每一个顶点设置一个指向其邻接表的指针 $pos[u]$，初始化为指向 $Adj[u]$ 的首结点。while 的每次重复中对链表 $Adj[u]$ 的扫描局限于 $pos[u]$ 到链表尾的范围内，而不再重新检测 $Adj[u]$ 首到 $pos[u]$ 之间的那些已经访问过的非白色顶点。

```
enum vertex_color {WHITE, GRAY, BLACK};
typedef enum vertex_color Color;
Pair<int*, Pair<int*, int*> > dfs(Graph& g){     //DFS 的迭代版本
    int n = g.n, u, v, s;
    Color *color = new Color[n];
    int *pi = new int[n], *d = new int[n], *f = new int[n], time = 0;
    fill(pi, pi+n, -1);
    fill(color, color+n, WHITE);
    stack<int> S;                                //栈
    list<vertex>::iterator *pos = new list<vertex>::iterator[n];
    for(u = 0;u<n;u++)
      pos[u] = g.adj[u].begin();
    for(s = 0;s<n;s++){
      if(color[s] == WHITE){               //以顶点 i 为根创建一棵深度优先树
          color[s] = GRAY;
          d[s] = ++time;
          S.push(s);
          while(!S.empty()){
              u = S.top();
              list<vertex>::iterator p = pos[v];
              v =(p!g.adj[u].end()?((*p).index):1;
              while(pos[u]! = g.adj[u].end()&&color[v]! = WHITE){①
              pos[u]++;          //u 的邻接点中找尚存的未发现顶点
```

① 循环的条件是 $p! = g.adj[u].end()$ & &$color[v]! = $ WHITE。其中，$p$ 是 $pos[u]$ 的一个链表迭代器，$v$ 是 $p$ 所指向的与 $u$ 相邻的顶点。于是，作为逻辑与的第一个条件 $p! = g.adj[u].end()$ 指的是尚在 $u$ 的邻接表中扫描。而第二个条件 $color[v]! = $WHITE 检测的是表中当前元素对应的顶点是否为白色。

```
                    v =(p!g.adj[u].end()?((*p).index):-1;
                }
                pos[u] = p;
                if(pos[u]! = g.adj[u].end()){  //找到白色顶点将其压入栈 S
                    color[v] = GRAY;
                    d[v] = ++time;
                    pi[v] = u;
                    S.push(v);
                }else {                         //否则(没有与 u 邻接的顶点)完成对 u 的访问
                    color[u] = BLACK;
                    f[u] = ++time;
                    S.pop();
                    pos[u] = g.adj[u].begin(); //完成访问的顶点, 其邻接链表指针应还原
                }
            }
        }
    }
    return make_pair(pi, make_pair(d, f));
}
int main(int argc, char** argv){
    float a[] = {0, 1, 0, 0, 1, 1,                //图的邻接矩阵
                 1, 0, 0, 0, 0, 1,
                 0, 0, 0, 1, 0, 1,
                 0, 0, 1, 0, 0, 1,
                 1, 0, 0, 0, 0, 1,
                 1, 1, 1, 1, 1, 0};
    int i, n = 6, *pi, *d, *f;
    Pair<int*, Pair<int*, int*> > r;
    Graph g(a, n);
    r = dfs(g);
    pi = r.first;
    d =(r.second).first;
    f =(r.second).second;
    for(int i = 0;i<n;i++){          //对每一个顶点输出它在深度优先森林中的父结点及搜索中
的发现时间和完成时间①
    cout<<i<<":" <<" parent" <<pi[i];
    cout<<" discover/finish:" <<d[i]<<"/"<<f[i]<<endl;
    }
    return(EXIT_SUCCESS);
}
```

其中，*pos*[*u*]用来跟踪顶点*u*的邻接表中尚未扫描过的第一个元素位置。这样，就可保证在 DFS 过程中，每一条边有且仅有一次被访问；while 循环在*u*的邻接表中依次查找白色顶点。

① 注意，程序中的顶点 0、1、2、3、4、5 对应图中的顶点 a、b、c、d、e、f。

### 7.2.3　有向无圈图的拓扑排序

#### 7.2.3.1　深度优先搜索的性质

深度优先搜索最基本的性质也许就是搜索轨迹构成若干棵树的深度优先森林。首先，我们看到，图中的每个顶点有且仅有一次被发现和完成。所以，每个非源顶点的父结点是唯一的(源顶点没有父结点)，也就是说，从一个源顶点起，搜索过程将所有从源顶点可达的顶点构成一棵搜索的树。但图中一个顶点 $u$ 不必从另一个顶点 $s$ 可达，所以在以 $s$ 为源顶点进行深度优先搜索的过程中，$u$ 不必成为搜索树中的结点。因此，$u$ 可能成为另一个源顶点，搜索过程将构成另一棵搜索树。

深度优先搜索的另一个重要性质是发现时间和完成时间具有括号结构。如果我们把顶点 $u$ 的发现时间表示成左括号" $(u$ "并将其完成时间表示为" $u)$ "。则发现和完成的历史将构成一个在嵌套括号意义下的良好结构表达式。例如，图 7.5(a)的深度优先搜索对应的加括号展示在图 7.5(b)中。也就是说，图(有向或无向) $G$ 的深度优先森林中顶点 $v$ 为顶点 $u$ 的后代当且仅当 $d[u] < d[v] < f[v] < f[u]$。这从算法的执行也可见得：父亲先于孩子进栈(这意味着 $d[u] < d[v]$)，而后于孩子出栈(这意味着 $f[v] < f[u]$)。即 $d[u] < d[v] < f[v] < f[u]$。

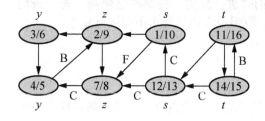

(a) 有向图的深度优先搜索结果

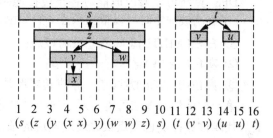

(b) 发现/完成时间构成的区间对应于所展示的加括号

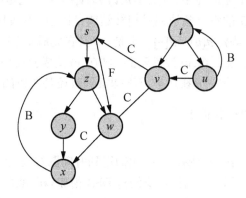

(c) 重画图(a)的结果

**图 7.5　深度优先搜索的性质**

深度优先搜索的另一个有趣的性质是它可以用来对作为输入的图 $G = <V, E>$ 的边进行分类。对图边的这一分类可用来获取有关图的重要信息。例如，我们将看到一个有向图是无圈的当且仅当一个深度优先搜索将得出无"回"边判断。

可以用由对图 $G$ 做深度优先搜索而产生的深度优先森林 $G_\pi$ 来定义 4 种类型的边[①]：

(1) 树枝边是指深度优先森林 $G_\pi$ 中的边。若 $v$ 是在探索边 $G$ 时首次被发现则边 $(u,v)$ 是一条树枝边。

(2) 回边是指那些从顶点 $u$ 连接到其在深度优先森林中的前辈 $v$ 的边 $(u,v)$。自循环边视为回边。

(3) 进边是指那些从顶点 $u$ 连接到其在深度优先森林中的后代 $v$，但不是树枝边的边 $(u,v)$。

(4) 跨边是指所有其他的边。它们可以同一棵深度优先树中两个顶点间的边但其中的任一个不是另一个的前辈，或它们连接两棵不同的深度优先树。

其中，图 7.5(a)是一个有向图的深度优先搜索结果。各顶点都标有发现时间/完成时间且各条边的类型；而图 7.5(b)表示每个顶点的发现时间和完成时间构成的区间对应于所展示的加括号方式。每一个矩形跨越对应顶点的由发现时间和完成时间构成的区间。树枝边也得以展示。若两个区间相交，则一个必嵌套在另一个之中，且对应于较小区间的顶点是对应于较大区间顶点的后代；图 7.5(c)重画图 7.5(a)中部分按树枝边和进边自上而下，而所有的由后代到前辈的回边是自底向上的。

DFS 算法可以修改成能对各条边在遇到它们时进行分类。关键的思想是，每一条边 $(u,v)$ 在首次被探索时可以根据顶点 $v$ 的颜色来分类(但是进边和跨边不能区分)：

① 白色(WHITE)意味着一条树枝边；

② 灰色(GRAY)意味着一条回边；

③ 黑色(BLACK)意味着一条进边或跨边。

第一种情形由算法可得。对于第二种情形，注意各灰色顶点总是形成一条对应于栈中的后代线性链；灰色顶点数比最近发现的顶点在深度优先森林中的深度还多 1。探索总是从最深的灰色顶点开始，所以到达的另一个灰色顶点的边就到达一个祖先。

值得注意的是，在一个无向图中，因为 $(u,v)$ 和 $(v,u)$ 实际上是一条边，所以在对无向图 $G$ 的深度优先搜索中，$G$ 的每一条边或是树枝边或是回边。为说明这一点，设 $(u,v)$ 是 $G$ 的任一条边，不失一般性，假定 $d[u] < d[v]$。于是，$v$ 必在完成 $u$ 之前被发现，这是因为 $v$ 在 $u$ 的邻接表中。若 $(u,v)$ 先从 $u$ 到 $(u,v)$ 被探索到，则 $(u,v)$ 变成树枝边。若 $(u,v)$ 先从 $v$ 到 $u$ 被探索到，则 $(u,v)$ 成为回边，因为 $u$ 在边被首次探索到时还是灰色的。

### 7.2.3.2 有向无圈图的拓扑排序

#### 1) 问题的理解与描述

由于回边意味着图中存在一个圈，所以我们得到有向图 $G$ 是无圈的充分必要条件是 $G$ 的一次深度优先搜索不产生回边。这样，我们对 DFS 稍加修改就可使其能对传递给它的有向图判断是否为有向无圈图(Directed Acyclic Graph, DAG)：设置一个标志 acyclicity，初始时置为 true，搜索过程中若遇到回边，则将其置为 false。

---

① 如图 7.5 所示，各条边都加了表示它们类型的标识。图 7.5(c)还展示了如何将图 7.5(a)重画成所有的树枝边和进边在深度优先树中自上而下，而回边则自底向上。

我们用此性质来解决一个有趣的问题：DAG 的拓扑排序。一个有向无圈图 $G = <V, E>$ 的拓扑排序是其所有顶点的一个线性排列，使得若边 $(u, v)$ 包含在 $G$ 中，则 $u$ 在排列中必出现在 $v$ 前(若图不是无圈的，则不可能有此线性排列)。一个图的拓扑排序可被视为将图的所有顶点水平排列时，所有的有向边从左指向右。

有向无圈图 DAG 在很多应用中用来说明事件间的先后顺序。图 7.6 给出了发生在某计算机系安排各门课程的教学时的一个例子。由于必须在学习一些课程之前学完另一些课程(例如，必须在学习普通物理前学完高等数学)。而对另一些课程却可按任意顺序进行(例如，程序设计与政治经济学等)。

在图 7.6(a)中有向无圈图的一条有向边 $(u, v)$ 意味着课程 $u$ 必须在 $v$ 之前学完。所以，此有向无圈图的一个拓扑排序给出了一个教学顺序。一次深度优先搜索的发现时间和完成时间标示在每个顶点的旁边；图 7.6(b)展示了对此有向无环路图做拓扑排序后水平排列的各个顶点，使得所有有向边都从左指向右。各顶点按完成时间的时间顺序排列。

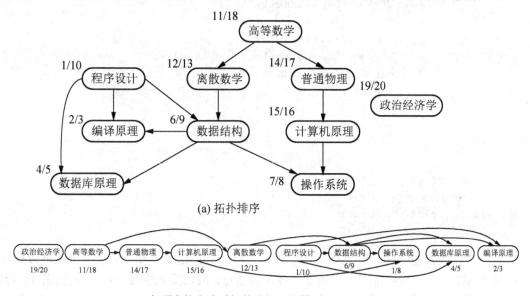

(a) 拓扑排序

(b) 各顶点按完成时间的地间顺序排列

**图 7.6　拓扑排列**

2) 算法的伪代码描述

对图的深度优先搜索过程中，顶点间的前辈与后代的关系就是按照边的指向引导的。顶点完成时间 $f$ 标示出了顶点间前辈/后代关系：若 $u$ 是 $v$ 的前辈，则 $f[u] > f[v]$。也就是说，对一个有向无圈图做 DFS 的过程中，我们只要按照顶点完成时间的降序跟踪各顶点，就可得到它们的拓扑排序 TOPLOGICAL-SORT(G)伪代码：

```
TOPLOGICAL-SORT(G){
    for(each vertex u∈V[G]){
        color[s]←WHITE;
        π[u]←NIL;
    }
```

```
        time ← 0;
        acyclicity ← true;                    //作为表示图是否无圈的标志
        toplogic ← VS ← Ø;
        for(each Vertex s∈V[G]){
            if(color[s]==WHITE){
                color[s] ← GRAY;
                d[s] ← time ← time+1;
                push(S, s);
                while S≠Ø{
                    u ← top(S);
                    if(∃v∈Adj[u] and color[v] == GRAY)
                        acyclicity ← false;
                    if(∃v∈Adj[u] and color[v] == WHITE){
                        color[v] ← GRAY;
                        π[v] ← u;
                        d[v] ← time ← time+1;
                        push(S, v);
                    }else{ color[u] ← BLACK;
                        f[u] ← time ← time+1;
                        push(toplogic, u);
                        pop(S);
                    }
                }
            }
        }
        if(acyclicity == true){
            return(toplogic);
        }else print( "G is not a DAG!" );
    }
```

　　其中，栈 *toplogic* 用来将完成访问的顶点入栈。一旦完成计算，依次输出栈顶数据就可得到 DAG 的一个拓扑排序。对处于 S 栈顶的顶点 u 的邻接表中搜索白色顶点(第 15 行)前，若搜索到灰色顶点，则意味着搜索到一条回边。也就是说，G 有一个圈。此时，将变量 *acyclicity* 置为 false。图 7.6(b)展示了一拓扑排序的顶点按完成时间的降序排列。

　　由于该伪代码的运行时间与 DFS 的运行时间一致，所以，可以在时间 $\Theta(V+E)$ 内计算有向无圈图 $G = <V, E>$ 的拓扑排序。

　　应当指出，DFS 过程中关于顶点的属性 $d$、$f$ 和 $\pi$ 在讨论 DFS 的性质时是十分有用的。而在具体的应用中，可以根据需要保留其中的若干，而舍弃其中的一部分(甚至全部)。例如，在计算有向图的拓扑排序算法中，可以省略属性 $d$、$f$ 和 $\pi$，因为在改变的值和顶点压入 *toplogic* 栈时无须检测这些属性的值。这样，可以将上述算法简化为：

```
TOPLOGICAL-SORT(G){
    for(each vertex u∈V[G]){
        color[s] ← WHITE;
    }
```

```
    acyclicity← true;
    toplogic← s← ∅;
    for(each vertex s∈V[G]){
        if(color[s]==WHITE){
            color[s] ← GRAY;
            push(S, s);
            while(S≠∅){
                u← top(S)
                if(∃v∈Adj[u] and color[v] == GRAY){
                    acyclicity← false;
                }
                if(∃v∈Adj[u] and color[v] == WHITE){
                    color[v] ← GRAY;
                    push(S, v);
                }else{
                    color[u] ← BLACK;
                    push(top-logic, u);
                    pop(S);
                }
            }
        }
    }
    if(acyclicity == true){
        return(toplogic);
    }else print( "G is not a DAG!" );
}
```

**3) 程序实现**

由于 TOPLOGICAL-SORT 是基于 DFS 的,所以程序过程只需一个参数(图的邻接表 g)。与 DFS 不同,TOPLOGICAL-SORT 只要返 1 个存放顶点拓扑顺序的栈 toplogic(可以用数组表示),由于顶点表示为 $0\sim n\text{-}1$ 的整数,所以该数组可以是整型的。

和实现 DFS 时一样,用整型变量 $u$、$v$、$s$ 对应于算法中同名的表示顶点的临时变量。要声明 1 个与算法中同名的顶点颜色数组 color 和 1 个作为计算结果的整型数组 toplogic。此外,需要在程序过程中声明一个应于算法中的同名栈 $S$。为确定图是否为一个 DAG,还需要设置一个标志变量 acyclicity,它应该是布尔型的。

在伪代码中我们需要思考检测条件 $∃v∈Adj[u]$ and $color[v]==$ GRAY 及 $∃v∈Adj[u]$ and $color[v]==$ WHITE 如何实现。我们知道,∃ 是存在量词,它意味着"存在……"。这在程序中就意味着要在 $Adj[u]$ 中进行查找。最简单的办法就是线性查找法:依次检测其中的每一个元素,直至找到符合条件的元素为止,并且这两个条件实际上是在同一个集合——顶点 $u$ 的邻接表 $Adj[u]$ 中考察灰色顶点(前者)或白色顶点(后者)的存在性。因此,可以用一个循环结构同时完成这两个条件的检测:依次扫描 $Adj[u]$ 中尚未访问过的元素,直至找到白色顶点。

对应的代码实现如下:

```cpp
#include <iostream>
#include <stack>
using namespace std;
#define  WHITE 0;
#define  GRAY 1;
#define  BLACK 2;
class GraphSearch {
public:
  Pair toplogicalSort(Graph g){
    int u, v, s, n = g.n, m = n, p;
    bool *acyclicity = new bool;
    *acyclicity = true;
    int *toplogic = new int[n],
    *color = new int[n],
    *pos = new int[n];
    for(u = 0;u<n;u++){
        color[u] = WHITE;
        pos[u] = 0;
    }
    Stack <int>  *S;
    S = new stack<int>;
    int index = 0;
    *v2 = new vertex;
    for(s = 0;s<n;s++){
        int white = WHITE;
        if(white == color[s]){
            color[s] = GRAY;
            S->push(s);
            while(!S->empty()){
                u = S->top();
                p = pos[u];
                v =(p == g.adj[u].size())?-1:Myget(g, p, u).index;
                int white2 = WHITE;
                while(p! = g.adj[u].size()&&color[v]! = white2){
                    int gray = GRAY;
                    if(color[v] == gray) acyclicity = false;
                    p++;
                    v =(p == g.adj[u].size())?-1:Myget(g, p, u).index;
                }
                pos[u] = p;
                if(pos[u]! = g.adj[u].size()){
                    color[v] = GRAY;
                    S->push(v);
                }else{
                    color[u] = BLACK;
                    toplogic[--m] = u;
                    S->pop();
                    pos[u] = 0;
                }
            }
```

```
        }
    }
    pair p1;
    return p1.MakePair(acyclicity, topLogic, n);
    }
    Vertex myGet(Graph g, int n, int u){
    list<Vertex>::iterator pos = g.adj[u].begin();
    int i = 0;
    while(pos! = g.adj[u].end()){
        if(i == n){    break;}
        else {
            pos++;
            i++;
        }
    }
    return *pos;
    }
};
void main(){
    float a[10][10] =
    {{0, 1, 1, 1, 0, 0, 0, 0, 0, 0},
    {0, 0, 0, 0, 0, 0, 0, 0, 0, 0},
    {0, 0, 0, 0, 0, 0, 0, 0, 0, 0},
    {0, 1, 1, 0, 0, 0, 0, 0, 1, 0},
    {0, 0, 0, 0, 0, 1, 1, 0, 0, 0},
    {0, 0, 0, 1, 0, 0, 0, 0, 0, 0},
    {0, 0, 0, 0, 0, 0, 0, 1, 0, 0},
    {0, 0, 0, 0, 0, 0, 0, 1, 0, 0},
    {0, 0, 0, 0, 0, 0, 0, 0, 0, 0},
    {0, 0, 0, 0, 0, 0, 0, 0, 0, 0}};
    string name[10] = {"程序设计", "编译原理", "数据库原理", "数据结构", "高等数
学", "离散数学", "普通物理", "计算机原理", "操作系统", "政治经济学"};
    int n = 10;
    int *topLogic;
    bool *acyclicity;
    Graph g(a, 10);
    GraphSearch gs;
    pair r = gs.toplogicalSort(g);
    acyclicity =(bool*)r.first;
    topLogic =(int*)(r.second);
    if(*acyclicity){
        for(int u = 0;u<n;u++)cout<<name[topLogic[u]]<<" ";
    }
}
```

其中，函数 toplogicalSort( )只有一个参数(图的邻接表 g)。与伪代码稍有不同的是，它将返回计算所得的无圈有向图标志 *acyclicity* 和数组 *toplogic* 构成的 Pair 型对象。

# 7.3 有向图的强连通分支

## 7.3.1 算法描述与分析

### 7.3.1.1 什么是 SCC

本小节将说明如何利用两次深度优先搜索将一个有向图分解为强连通分支(Strong Connected Components, SCC)。很多对有向图的算法都以这样的分解作为开头。分解后，算法分别对每一个强连通分支运行。问题的解按各分支间的连接结构合并而成。

所谓有向图 $G = (V, E)$ 的一个强连通分支 $C$ 是一个使得其中每一对顶点 $u$ 和 $v$ 均有 $u \in v$ 及 $v \in u$，即顶点 $u$ 和 $v$ 是相互可达的顶点集合 $C \subseteq V$，如图 7.7 所示。

我们寻求图 $G = <V, E>$ 的强连通分支的算法要用到 $G$ 的转置，也就是图 $G^T = <V, E^T>$，其中，$E^T = \{(u, v) : (v, u) \in E\}$，即 $E^T$ 是由 $G$ 的所有边的反向而得。给定 $G$ 的一个邻接表表示，创建 $G^T$ 的时间是 $\Theta(E + V)$。有趣的是 $G$ 和 $G^T$ 恰有相同的连通分支：$u$ 和 $v$ 在 $G$ 中相互可达当且仅当它们在 $G^T$ 中相互可达。图 7.7(b) 展示了图 7.7(a) 中的图的转置，其中的强连通分支带有阴影。如果我们把一个有向图 $G$ 中的各个强连通分支收缩为一个 "顶点"，则将得到一个称为 $G$ 的分支图的有向图。图 7.7(c) 展示了图 7.7(a) 的分支。

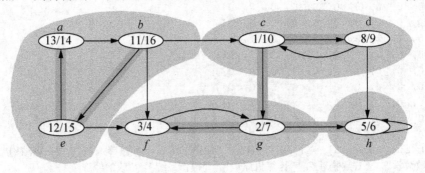

(a) 有向图 $G$

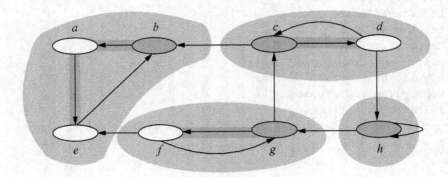

(b) 图 $G$ 的转置

图 7.7  有向图 $G$ 及其分支图

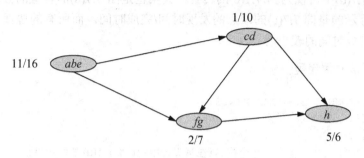

(c) 图 $G$ 的分支图

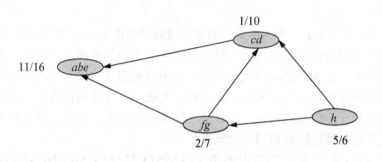

(d) 图 $G$ 的分支图

**图 7.7　有向图 $G$ 及其分支图(续)**

其中，$G$ 的强连通分支显示为阴影区域。每一个顶点标示出了它的发现时间和完成时间。树枝边也加有阴影。$G$ 的转置 $G^T$，展示了 STRONGLY-CONNECTED-COMPONENTS(G) 伪代码中第 3 行计算的深度优先森林，树枝边也加有阴影。每一个强连通分支对应已加了深色阴影的顶点 $b,c,g$ 和 $h$ 是由对 $G^T$ 进行深度优先搜索而产生的深度优先树的根。图 7.7(c) 将 $G$ 中的各强连通分支收缩为单一顶点后得到的分支图。图 7.7(d)为 $G^T$ 的分支图。

**定理 7.3** 有向图的分支图是一个有向无圈图。

这是因为如果分支图中存在一个圈，则该圈又构成 $G$ 的一个更大的连通分支，此与分支图的定义不符。

假定对有向图 $G$ 作了一次 DFS，则每个顶点 $u$ 都具有发现时间 $d[u]$ 和完成时间 $f[u]$。设 $G$ 有强连通分支 $C_1,C_2,\cdots,C_k$，对 $G$ 的分支图中的各个顶点( $G$ 的各个强连通分支 $C_i,i=1,2,\cdots,k$ )定义发现时间和完成时间 $d(C_i) = \min_{u \in C_i}\{d[u]\}$。例如，图 7.7(a)的分支图(c) 中各个顶点所标示的发现时间/完成时间。有趣的是，分支图中边的方向都是从完成时间较大的顶点指向完成时间较小的顶点。这不是偶然现象，因为由引理 7.4 可知，有向图的分支图是无环的，所以图中顶点按完成时间的降序恰为顶点的拓扑顺序。由此我们可以得到如下结论。

**引理 7.4** 设 $C$ 和 $C'$ 是有向图 $G=(V,E)$ 的两个不同的强连通分支。在一次深度优先搜索中其完成时间分别为 $f(C)$ 和 $f(C')$。若有边 $(u,v) \in E^T$，其中 $u \in C$ 及 $v \in C'$。则 $f(C) < f(C')$。

例如，图 7.7(d)中可视为图 7.7(c)的转置，其实也是图 7.7(a)的转置的分支图。其中，所有顶点旁边标示的是图 7.7(c)的顶点的发现时间/完成时间，而所有的边都是从完成时间的较大者指向完成时间的较小者。

### 7.3.1.2　算法的伪代码

```
STRONGLY-CONNECTED-COMPONENTS(G){;
1      调用 DFS(G)对每个顶点u计算 f(u)；
2      计算 G^T；
3      调 DFS(G^T)在 DFS 的上循环中按(以在第 1 行中的计算) f(u)的降序进行；
4      输出第 3 步所得的深度优先森林中的每一棵树中的顶点作为一个强连通分支；
}
```

伪代码第3步按在第1步中所得的顶点的完成时间降序作为第二次 DFS 的主循环顺序，再进入一个连通分支进行深度优先搜索，将完成该分支中的所有顶点的访问，形成一棵深度优先树。根据引理 7.2，此次搜索不会进入另一个强连通分支，因为完成时间较大的分支在分支图中没有指向完成时间较小的分支。所以，完成一个分支的搜索后，主循环会进入下一轮重复，进行另一个分支的搜索，形成又一棵深度优先树，……。第 4 步将对应强连通分支的搜索树中顶点输出刚好得到每个分支。

通过上面的表述，我们需要对 **STRONGLY-CONNECTED-COMPONENTS(G)**中的 DFS 做一点修改，使它能够按照一定的顺序执行主循环。

```
DFS-BY-ORDER(G, order){
    for(each Vertex u∈V[G]){
        color[u] ← WHITE;
        π[u] ← NIL;
    }
    toplogic ← S ← ∅;
    for(each Vertex s∈V[G]){
        if(color[order[s]] == WHITE){
            color[order[s]] ← GRAY;
            push(S, order[s]);
            while(S≠∅){
                u ← top(S);
                if(∃V∈Adj[u] and color[v] == WHITE){
                    color[v] ← GRAY;
                    π[v] ← u;
                    push(S, v);
                }else{
                    color[u] ← BLACK;
                    push(toplogic, u);
                    pop(S);
                }
            }
        }
    }
    return(π and toplogic)
}
```

与 DFS 相比，DFS-BY-ORDER 多了一个指示访问顶点顺序的数组 order 作为参数，其中的元素是 $1, 2, \cdots, n$ 的一个排列。主循环 for 的重复顺序为 $order[1], order[2], \cdots, order[n]$。

### 7.3.2　程序实现

因为我们要用 C 语言实现该算法，所以我们定义栈 stack 数据结构如下：

```
typedef struct stack {
    List *head;              //作为栈的数据元素载体的单链表，也是指向栈顶元素的指针
} stack;
stack *createStack(){    //创建栈的函数，返回一个安全的指向一个栈的指针
    stack *s =(stack*)malloc(sizeof(stack));
    s->head = NULL;
    return s;
}
int isEmpty(stack *S){
    return S->head == NULL;
}
void push(stack *S, void *e){            //将数据 e 压入栈 S 的操作函数
    listPushBegin(&(S->head), e);        //在 head 前加入元素 e
}
void *top(stack *S){
    if(!isEmpty(S))
        return S->head->data;
    return NULL;
}
void *pop(stack *S){
    void *r = NULL;
    if(!isEmpty(S))
        r = listDeleteBeging(&(S->head));
    return r;
}
```

上述代码中函数 top 和 pop 都返回栈顶元素，不同的是 pop 要将栈顶元素从栈中删除，而 top 函数则不做此删除工作。

利用栈 stack，我们实现能按照指定顺序执行主循环的 DFS-BY-ORDER 算法：

```
enum vertex_color {WHITE, GRAY, BLACK};
typedef enum vertex_color Color;

Pair dfsByOrder(Graph *g, int *order){
    int u, s, n = g->n, v, m = n, *pi, *topLogic;
    *pi =(int*)malloc(n*sizeof(int)),
    *topLogic =(int*)malloc(n*sizeof(int));
    Color *color =(Color*)malloc(n*sizeof(Color));
    List **pos =(List**)malloc(n*sizeof(List*));
    for(u = 0;u<n;u++){
        pi[u] = -1;
        color[u] = WHITE;
```

```
            pos[u*sizeof(List*)] = g->adj[u*sizeof(List*)];
    }
    stack *S = createStack();          //栈 stack 对象 S
    for(s = 0;s<n;s++){
        if(color[order[s]] == WHITE){
            color[order[s]] = GRAY;
            push(S, &order[s]);
            while(!isEmpty(S)){
                u = *(int*)(top(S));
                List *p = pos[u*sizeof(List*)];
                v =(p! = NULL)?((vertex*)(p->data))->index:-1;
                while(p! = NULL&&color[v]! = WHITE){
                    p = p->next;
                    v =(p! = NULL)?((vertex*)(p->data))->index:-1;
                }
                pos[u*sizeof(List*)] = p;
                if(pos[u*sizeof(List*)]! = NULL){
                    color[v] = GRAY;
                    pi[v] = u;
                    int *v1 =(int*)malloc(sizeof(int));     //指向顶点 v 的指针
                    *v1 = v;
                    push(S, v1);
                }else {
                    color[u] = BLACK;
                    topLogic[--m] = u;
                    pop(S);
                }
            }
        }
    }
    return make_pair(pi, topLogic);
}
```

其中，while 循环在顶点 $u$ 的邻接表中从 pose[$u$] 所指向的位置开始扫描寻找与 $u$ 相邻的白色顶点(实现伪代码中的"if($\exists V \in Adj[u]$ and color[$v$] == WHITE"))。之所以需要使用 pos[$u$] 来确定扫描的起始位置，是因为链表中前面的结点已经访问过而无需再考虑。

在计算有向图强连通分支的算法中需要计算图 $G$ 的转置 $G^T$，相应的代码如下：

```
Graph *transpose(Graph *g){
    Graph *gt =(Graph*)malloc(sizeof(Graph));
    int n = gt->n = g->n;
    gt->adj =(List**)malloc(n*sizeof(List*));
    List *i;
    int u, v;
    for(u = 0;u<n;u++)
        gt->adj[u*sizeof(List*)] = NULL;
    for(u = 0;u<n;u++){
        i = g->adj[u*sizeof(List*)];
        while(i! = NULL){
            Vertex *u1 =(Vertex*)malloc(sizeof(Vertex));
```

```
            v =((vertex *)(i->data))->index;
            u1->index = u;
            u1->weight =((Vertex *)(i->data))->weight;
            listPushBegin(&(gt->adj[v*sizeof(List*)]), u1);
            i = i->next;
        }
    }
    return gt;
}
```

其中,函数 transpose( )只有一个参数(图 $G$ 的邻接表 $g$)。它将返回 $G$ 的转置 $G^T$ 的邻接表 $gt$,转置图 $G^T$ 的顶点数与图 $G$ 的顶点数相同。

做好这些准备后,就可以把 STRONGLY-CONNECTED-COMPONENTS 过程实现如下:

```
enum vertex_color {WHITE, GRAY, BLACK};
typedef enum vertex_color Color;
int isRoot(int *pi, int r, int v){
    if(v == r)                              //树根本身
        return 1;
    if(pi[v] == -1)                         //另一棵树的根
        return 0;
    return isRoot(pi, r, pi[v]);            //递归检测父结点
}
void printComponents(int *pi, int n){
    int s, v;
    for(s = 0;s<n;s++){
        if(pi[s] == -1){                    //是一棵树的根
            for(v = 0;v<n;v++)              //输出该树
                if(isRoot(pi, s, v))
                    printf("%d ", v);
            printf("\n");
        }
    }
}
void strongConnectedComponents(Graph *g){
    int s, n = g->n, u;
    List *t;
    Pair r;
    int *pi, *order =(int*)malloc(n*sizeof(int));
    for(s = 0;s<n;s++)
        order[s] = s;
    Graph *gt = transpose(g);
    r = dfsByOrder(g, order);
    order =(int*)(r.second);
    r = dfsByOrder(gt, order);
    pi =(int*)(r.first);
    printComponents(pi, gt->n);
}
int main(int argc, char** argv){
```

```
float a[] = {0, 1, 0, 0, 0, 0, 0, 0,
             0, 0, 1, 0, 1, 1, 0, 0,
             0, 0, 0, 1, 0, 0, 1, 0,
             0, 0, 1, 0, 0, 0, 0, 1,
             1, 0, 0, 0, 0, 1, 0, 0,
             0, 0, 0, 0, 0, 0, 1, 0,
             0, 0, 0, 0, 0, 1, 0, 1,
             0, 0, 0, 0, 0, 0, 0, 1};    //代表有向图的邻接矩阵
    int s, u, n = 8;
    int *pi;
    Graph *g = createGraph(a, n), *gt;    //用数据 a 创建该图的邻接表 g
    List *r;
    strongConnectedComponents(g);
    graphClear(g);
    free(g);
    return(EXIT_SUCCESS);
}
```

其中，数组 $a$ 表示图 7.7(a)中有向图的邻接矩阵。函数 strongConnectedComponents() 计算 $g$ 的强连通分支。

# 7.4  无向图的双连通分支

## 7.4.1  算法描述与分析

### 7.4.1.1  问题的理解与描述

设 $G = <V, E>$ 是一个连通无向图，$G$ 的一个关结点是移除该点将导致该图不连通的顶点。$G$ 的一座桥(bridge)是 $G$ 的一条边，移除该边将导致 $G$ 不连通。$G$ 的一个双连通分支是一个边的最大集合。其中的任意两条边都同在一条简单环路上，如图 7.8 所示，关结点加了深色的阴影，桥也加上了深色的阴影。双连通分支是阴影区域中的边，并加以编号。

我们可以利用深度优先搜索来确定关结点、桥和双连通分支。设 $G_\pi = (V, E_\pi)$ 是 $G$ 的一棵深度优先树。

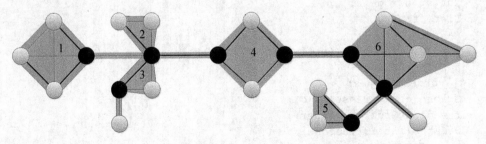

**图 7.8  连通无向图的关结点、桥和双连通分支**

显然，没有关结点的图是双连通图。若两个关结点 $u$、$v$ 之间存在 $G$ 的边 $(u,v)$ ，则 $(u,v)$ 就是 $G$ 的一座桥。删除所有的桥，得到的 $G$ 的子图构成 $G$ 的双连通分支。所以，计算图的

关结点是一个关键问题。

### 7.4.1.2 关结点在 DFS 过程中的性质

用一个简单的例子来说明关结点在 DFS 过程中的特性，并由此来设计一个利用对无向连通图的 DFS 查找关结点的算法。在图 7.9 中，图 7.9(a)所表示的无向连通图具有 c、b、g 和 h4 个关结点(标示为灰色)；图 7.9(b)和图 7.9(c)都是对图 7.9(a)中的图进行 DFS 后形成的搜索树，结点 d/f 标示发现时间和完成时间；图 7.9(b)的源顶点是 b，图 7.9(c)的源顶点是 a。

在这两棵深度优先树中，我们观察到：

(1) 如果树根是图中的一个关结点，则它有多于一个孩子(图 7.9(b)中的情形)；

(2) 如果树中的一个非根结点 $v$ 是图中的一个关结点，则该结点必不存在一个孩子结点 $w$，它有一条指向 $v$ 的父亲的回边。

为了使 DFS 过程能跟踪顶点是否具有关结点的性质，我们定义深度优先树中的结点 $v$ 的属性，有

$$low[v] = \min \begin{cases} d[v] \\ d[u] \ (v,u)\text{为一条回边} \\ low[w] \ w\text{是}v\text{的孩子} \end{cases}$$

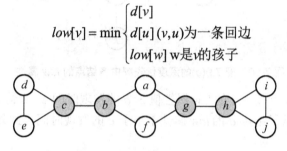

(a) 无向连通图

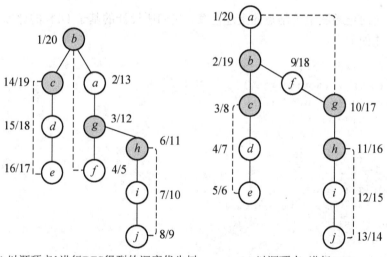

(b) 以源顶点 $b$ 进行DFS得到的深度优先树
(虚线边为回边)

(c) 以源顶点 $a$ 进行DFS
得到的深度优先树

**图 7.9　关结点在深度优先树中的特性[①]**

---

① 作为关结点，无论在图 7.9(b)或图 7.9(c)中，只要不是树根，都不会存在从孩子结点指向父亲结点的回边。

对一个非根结点 $v$ 而言，如果有它的孩子 $w$ 的属性 $low[w]$ 不小于它的发现时间 $d[v]$。则意味着 $v$ 不存在后代有指向 $v$ 的前辈的回边。这样，我们就可判断 $v$ 就是图中的一个关结点。按结点的 $low$ 属性定义，我们将图 7.9(c) 中的深度优先树中各结点的 $low$ 属性值添加在发现时间/完成时间标示之后，这样每个结点就有标示：$d / f$ 或 $low$，如图 7.10 所示。

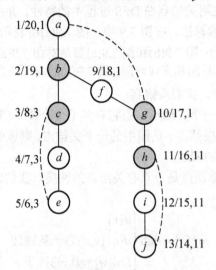

**图 7.10    图 7.9(c) 的深度优先树中各结点的 $low$ 属性**

注意，树中结点 $b$ 有孩子 $c$ 的 $low$ 属性值 3>$b$ 的发现时间 2，$b$ 恰为图中一个关结点。同样的，关结点 $c$ 有孩子结点 $d$ 的 $low$ 属性不小于 $c$ 的发现时间。此外，关结点 $g$ 和 $h$ 也是如此。

### 7.4.1.3  算法的伪代码描述

有了对无向连通图中关结点的上述观察，我们所设计的基于 DFS 的计算无向连通图的关结点的算法如下：

```
ARTICULATION(G, s){
    for(each Vertex u∈V[G]){
        color[u] ← WHITE;
        π[u] ← NIL;
    }
    time ← rootdegree ← 0;
    A ← S ← ∅;
    color[s] ← GRAY;
    low[s] ← d[s] ← time ← time+1;
    PUSH(S, s);
    while(S ≠ ∅){
        u ← top(S);
        for(each v∈Adj[u] and color[v] = GRAY){
            low[u] = min{low[u], d[v]};
        }
        if(∃v∈Adj[u] and color == WHITE){
            color[v] ← GRAY;
```

```
                π[v]←u;
                low[v]←d[v]←time←time+1;
                if(u == s)rootdegree←rootdegree+1;
                push(S, v);
            }else{
                color[u]←BLACK;
                pop(S);
            }
        }
        for(v←1 to n){
            if(π[v]≠NIL){                              //非根结点
                if(low[π[v]]>low[v]){
                    low[π[v]]←low[v];
                }
            }
        }
        if(rootdegree>1){
            insert(s, A);                             //根结点是关结点
        }
        for(u←1 to n){
            if(π[u]≠s){
                if(low[u]≥d[π[u]]){
                    insert(π[u], A);                 //非根结点π[u]是关结点
                }
            }
        }
        return A;
    }
```

在此过程中，我们需要计算每个顶点 $u$ 的 $low$ 属性。而 $low$ 属性需要根据发现时间 $d$ 和顶点间的父子关系 $\pi$ 来计算。注意，实际上顶点 $u$ 的发现时间和完成时间没有计算上的关系，所以可以省略完成时间而不影响发现时间和 $low$ 属性的计算。

对每一个顶点 $v$，压栈时将属性 $low[v]$ 初始化为发现时间 $d[v]$。在搜索 $u$ 的邻接表过程中，一旦发现一条回边(我们知道，在无向图中，除了树枝边只有回边) $(u,v)$，就将 $low[u]$ 置为 $low[u]$ 和 $d[v]$ 较小者。在完成深度优先搜索后，利用计算所得的 $\pi$ (深度优先树中结点间的父子关系)数组，检测各顶点 $v(=\pi[u])$ 与其孩子顶点 $u$ 之间 $low$ 属性大小，将较小者赋予 $low[u]$。这样，对于每一个顶点，计算了它的 $low$ 属性。

对于源顶点 $s$，作为优先树的根结点，一旦发现它有一棵非空子树，就将其子树计数器 rootdegree 增加 1。如果根结点有多于 1 棵子树，则它是一个关结点。对于非根结点 $v$，第 28~31 行检测是否有它的孩子结点 $u$ 使得 $low[u] \geq d[v]$。若是，则 $v$ 为一个关结点。

由于过程 ARTICULATION 是基于 DFS 的计算无向连通图的关结点，所以其时间复杂度和 DFS 的一样，为 $\Theta(V + E)$。

### 7.4.2 程序实现

```
vector<int> articpoint(Graph& g, int s){      //计算无向连通图的关结点
    vector<int> a;
    int n = g.n, u, v, time = 0, rootDegree = 0;
    Color *color = new Color[n];
    int *pi = new int[n], *d = new int[n], *low = new int[n];
    fill(pi, pi+n, -1);                          //初始化数据 pi
    fill(color, color+n, WHITE);                 //初始化数组 color
    list<Vertex>::iterator pos;
    for(u = 0;u<n;u++)                           //初始化数组 pos
        pos[u] = g.adj[u].begin();
    stack<int> S;
    color[s] = GRAY;
    low[s] = d[s] = ++time;
    S.push(s);
    while(!S.empty()){
        u = S.top();
        list<Vertex>::iterator p = pos[u];
        v =(p! = g.adj[u].end())?((*p).index):-1;
        while(p! = g.adj[u].end()&&color[v]! = WHITE){
            if(pi[u]! = v){                      //回边
                if(low[u]>d[v])
                    low[u] = d[v];
            }
            p++;
            v =(p! = g.adj[u].end())?((*p).index):-1;
        }
        pos[u] = p;
        if(pos[u]! = g.adj[u].end()){            //找到白色顶点将其压入栈 S
            if(u == s)rootDegree++;
            color[v] = GRAY;
            low[v] = d[v] = ++time;
            pi[v] = u;
            S.push(v);
        }else {                  //否则(没有与 u 邻接的顶点)则完成对 u 的访问
            color[u] = BLACK;
            S.pop();
        }
    }
    for(u = 0;u<n;u++){
        if(pi[u]! = -1)
            if(low[pi[u]]>low[u])
```

```
                low[pi[u]] = low[u];
    }
    if(rootDegree>1)result.push_back(s);
    for(u = 0;u<n;u++){
        if(pi[u]! = s){
            if(low[u]> = d[pi[u]])
                result.push_back(pi[u]);
        }
    }
    return result;
}
int main(int argc, char** argv){
    int i, s = 1, n = 6, *pi, *d, *f, *low;
    char *name = "abcdefghij";
    vector<int> r;
    float b[] = {0, 1, 0, 0, 0, 0, 1, 0, 0, 0,
                 1, 0, 1, 0, 0, 1, 0, 0, 0, 0,
                 0, 1, 0, 1, 1, 0, 0, 0, 0, 0,
                 0, 0, 1, 0, 1, 0, 0, 0, 0, 0,
                 0, 0, 1, 1, 0, 0, 0, 0, 0, 0,
                 0, 1, 0, 0, 0, 1, 0, 0, 0, 0,
                 1, 0, 0, 0, 0, 1, 0, 1, 0, 0,
                 0, 0, 0, 0, 0, 0, 1, 0, 1, 1,
                 0, 0, 0, 0, 0, 0, 0, 1, 0, 1,
                 0, 0, 0, 0, 0, 0, 0, 1, 1, 0};
    Graph g(b, 10);
    for(s = 0;s<10;s++){
        r = articpoint(g, s);
        for(int i = 0;i<r.size();i++)
            cout<<name[r[i]]<<" ";
        cout<<endl;
    }
    return(EXIT_SUCCESS);
}
```

　　其中，数组 b 表示图 7.9(a)中无向连通图的邻接矩阵。由于在无向图中进行 DFS 所生成的深度优先树中除了树枝边就是回边，所以对顶点 $u$ 的邻接表扫描时，只要没遇到树枝边，遇到的就可能是回边(扫描到的顶点是灰色的)。但是，即使相邻顶点 $v$ 是灰色的，$(u,v)$ 也未必是一条回边：在无向图中，$(u,v)$ 和 $(v,u)$ 是同一条边，如果这条边是按 $v$ 到 $u$ 顺序首次被访问到，那么，从 $u$ 再次遇到 $v$，$(u,v)$ 就不是一条回边。所以，对于扫描到灰色顶点只有满足 $\pi[u] \neq v$，$(u,v)$ 才是一条回边。

## 7.5 流网络与最大流问题

### 7.5.1 算法描述与分析

#### 7.5.1.1 问题的理解与描述

**1) 流网络**

一个流网络 $G = <V, E>$ 是一个有向图，其中每一条边 $(u,v) \in E$ 都是非负的 $c(u,v) \geqslant 0$。若 $(u,v) \notin E$，我们假定 $c(u,v) = 0$。即

$$c(u,v) = \begin{cases} \text{非负实数} & u,v \in V, \ \text{且}(u,v) \in E \\ 0 & u,v \in V, \ \text{且}(u,v) \notin E \end{cases}$$

我们在网络中标识两个顶点：一个称为源点，记为 $s$，一个称为汇点，记为 $t$。假定每一个顶点都位于从源点到汇点之间的某条路径上，如图 7.11 所示。

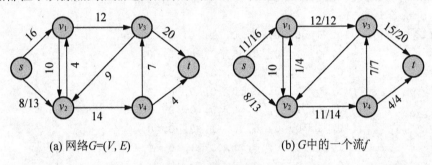

(a) 网络 $G=(V,E)$          (b) $G$ 中的一个流 $f$

**图 7.11 流网络**

其中，图 7.11(a) 为网络 $G = (V, E)$，源点为 $s$，汇点为 $t$。每条边都标注其容量；图 7.11(b) 为 $G$ 中的一个流 $f$，其值 $|f| = 19$。图中只显示正的流，若 $f(u,v) > 0$，边 $(u,v)$ 标示为 $f(u,v)/c(u,v)$ [①]。若 $f(u,v) \leqslant 0$，边 $(u,v)$ 仅标示为其容量。

**2) 流**

设 $G = <V, E>$ 是一个网络，其容量函数为 $c$。设 $s$ 为该网络的源点，$t$ 是汇点。$G$ 中的一个流是一个实数值函数 $f: V \times V \to R$，它满足如下 3 条性质：

① 容量约束：对所有的 $(u,v) \in V$，要求 $f(u,v) \leqslant c(u,v)$。

② 斜对称性：对所有的 $(u,v) \in V$，要求 $f(u,v) = -f(v,u)$。

③ 流守恒性：对所有的 $u \in V - \{s,t\}$，要求 $\sum\limits_{v \in V} f(u,v) = 0$。

函数 $f(u,v)$ 可以是正的、零或负的，称为是从顶点 $u$ 到顶点 $v$ 的流。一个流 $f$ 的值定义为 $|f| = \sum\limits_{v \in V} f(s,v)$，其是流出源点的总的流(此处 $|\cdot|$ 表示流的值，并非绝对值或势)，如图 7.11 所示。

对于任何流网络 $G$，必存在流 $f$。例如，对所有的 $(u,v) \in V \times V$，令 $f(u,v) = 0$，这一函数满足流的所有 3 个性质，所以它是 $G$ 的一个流。我们把这一特殊的流记为 $f_0$。显然，

---

① 斜杠仅用来分隔流与容量，并不表示除法。

$|f_0| = 0$。

**3) 最大流问题**

在最大流问题中，已知一个网络 $G$ 及其源点 $s$ 和汇点 $t$，希望找到具有最大值的流。形式化为

① 输入：网络 $G = <V, E>$，其中源点为 $s$ 和汇点为 $t$，定义在 $V \times V$ 上的容量 $c$。

② 输出：定义在 $V \times V$ 上的流 $f: V \times V \to R$，使得 $|f| = \sum_{v \in V} f(s, v)$ 最大。

**4) 剩余网络**

在解决最大流问题的方法中，有一个很重要的概念——剩余网络。直观地看，对给定的网络及一个流，其剩余网络由可以接受更多流的边组成。更形式化地说，假定有一个网络 $G = <V, E>$ 的源点为 $s$，汇点为 $t$。设 $f$ 为 $G$ 中的一个流，考虑一对顶点 $u, v \in V$。不超过容量 $c(u, v)$，从 $u$ 到 $v$ 可以添加的流量是 $(u, v)$ 的剩余容量，定义如下：

$$c_f(u, v) = c(u, v) \times f(u, v)$$

例如，若 $c(u, v) = 16$ 且 $f(u, v) = 11$，则可以在对边 $(u, v)$ 的容量限制下对 $f(u, v)$ 增加 $c_f(u, v) = 5$ 个单位。当流 $f(u, v)$ 为负时，剩余容量 $c_f(u, v)$ 将大于容量 $c(u, v)$。例如，若 $c(u, v) = 16$，且 $f(u, v) = -4$，则剩余容量 $c_f(u, v)$ 为 20。

也就是说，剩余网络的每一条边，也称为剩余边，可容纳一个大于 0 的流。图 7.12(a) 重复了图 7.11(b) 的网络 $G$ 和流 $f$，而图 7.12(b) 展示了对应的剩余网络 $G_f$。注意：剩余网络自身是容量为 $c_f$ 的流网络。

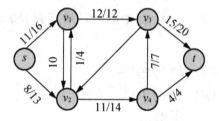

(a) 图 7.11(b) 的网络 $G$ 和流 $f$

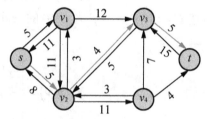

(b) 对应左图的剩余网络 $G_f$

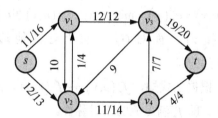

(c) 沿路径 $p$ 增加 4 个剩余容量网络 $G$ 和流 $f$

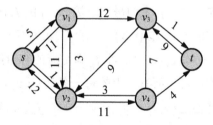

(d) 对应左图的剩余网络 $G_f$

**图 7.12　剩余网络**

其中，图 7.12(b) 剩余网络 $G_f$ 中带有阴影的是增广路径 $p$；其剩余容量为 $c_f(p) = c(v_2, v_3) = 4$。给定一个流网络 $G = <V, E>$，和一个流 $f$，$G$ 的根据 $f$ 的剩余网络

记为 $G_f =<V, E_f>$，其中，$E_f = \left\{ (u,v) \in V \times V : c_f(u,v) > 0 \right\}$。

5）增广路径

我们先讨论流网络中两个流的和。已知流网络 $G =<V, E>$，设 $f_1$ 和 $f_2$ 为从 $V \times V$ 到 $R$ 的流函数。定义 $V \times V$ 到 $R$ 函数 $f_1 + f_2$：

$$(f_1 + f_2)(u,v) = f_1(u,v) + f_2(u,v) \text{（对任意的} u,v \in V \text{）}$$

若 $(f_1 + f_2)$ 满足容量约束性，即对所有的 $u,v \in V$，有 $(f_1 + f_2)(u,v) \leqslant c(u,v)$，不难得知，$(f_1 + f_2)$ 是流网络 $G$ 的一个流。这是因为 $(f_1 + f_2)$ 除了满足容量约束性外，对所有的 $u,v \in V$，有 $(f_1 + f_2)(u,v) = f_1(u,v) + f_2(u,v) = -f_1(v,u) + f_2(v,u) = -(f_1 + f_2)(v,u)$ 即 $(f_1 + f_2)$ 满足流的斜对称性。此外，对所有的 $u \in V - \{s,t\}$，有 $\sum_{v \in V}(f_1 + f_2)(u,v) = \sum_{v \in V}(f_1(u,v) + f_2(u,v)) = \sum_{v \in V}f_1(u,v) + \sum_{v \in V}f_2(u,v) = 0 + 0 = 0$，即 $(f_1 + f_2)$ 满足流的守恒性质。

给定网络 $G =<V, E>$ 及一个流 $f$，一条增广路径 $p$ 是剩余网络 $G_f$ 的一条从 $s$ 到 $t$ 的简单路径。根据剩余网络的定义，增广路径上的每一条边 $(u,v)$ 将接纳一些从 $u$ 到 $v$ 的附加正流而不会违背该边上的容量限制。

图 7.12(b)中带有阴影的路径就是一条增广路径。将图中的剩余网络场视为一个网络，可以对此路径上的每一条边增加 4 个单位的流而不违背容量限制，这是因为此路径上的最小剩余容量为 $c_f(v_2,v_3) = 4$。我们称能在增广路径 $p$ 的每条边上增加的最大流量为 $p$ 的剩余容量，定义如下：

$$c_f(p) = \min\left\{c_f(u,v) : (u,v) \text{在} p \text{上}\right\}$$

设网络 $G =<V, E>$，$f$ 为 $G$ 中的一个流，$p$ 为 $G_f$ 中的一条增广路径。定义函数 $f_p : V \times V \to Z$ 为

$$f_p(u,v) = \begin{cases} c_f(p) & (u,v) \text{在} p \text{上} \\ -c_f(p) & (v,u) \text{在} p \text{上} \\ 0 & \text{其他} \end{cases}$$

则可以验证 $f_p$ 是 $G_f$ 中的一个值为 $|f_p| = c_f(p) > 0$ 的流。

首先，对于 $p$ 上的每一条边 $(u,v)$ 由 $f_p(u,v) = c_f(p) = \min\left\{c_f(u,v) : (u,v) \text{在} p \text{上}\right\}$ 知，对 $p$ 上的每一条边 $(u,v)$，有 $f_p(u,v) \leqslant c_f(u,v)$，而对 $G_f$ 中的所有其他边 $(u,v)$，$f_p(u,v) = 0 \leqslant c_f(u,v)$。即 $f_p$ 满足流的容量约束性。

其次，对于所有 $p$ 上的每一条边 $(u,v)$，根据上式知，$f_p(u,v) = -f_p(v,u)$，而对 $G_f$ 中的所有其他边 $(u,v)$，$f_p(u,v) = 0 = -f_p(v,u)$。即 $f_p$ 满足流的斜对称性。

最后，对所有的 $u \in V - \{s,t\}$、$v \in V$，若 $(u,v)$ 在 $p$ 上，则可能有 3 种情形：

① 其一，$v = s$，此时 $f_p(u,v) = -f_p(v,u) = -f_p(s,u) = -c_f(p)$；

② 其二，$v \neq s$ 且 $v \neq t$，此时，$f_p(u,v)$ 和 $f_p(v,u)$ 都出现在和式 $\sum_{v \in V} f_p(u,v)$ 中，根据斜对称性相互抵消；

③ 其三，$v = t$，此时 $f_p(u,v) = f_p(u,t) = c_f(p)$，它与第一种情形相加亦相互抵消。

对 $(u,v)$ 和 $(v,u)$ 均不在 $p$ 上的情形，$f_p(u,v)=0$。总之，对所有的 $u \in V-\{s,t\}, v \in V$，$\sum\limits_{v \in V} f_p(u,v)=0$。说明 $f_p$ 是 $G_f$ 的一个流。而 $|f_p|=c_f(p)$ 是因为增广路上所有边的流量都是 $c_f(p)$。

定义函数 $f':V \times V \to R$，其中 $f'=f+f_p$。则 $f'$ 为 $G$ 中值为 $|f'|=|f|+|f_p|>|f|$ 的一个流。这是因为根据 $c_f(u,v)$ 的定义，对所有的 $u,v \in V$，$f_p(u,v) \leqslant c_f(u,v)=c(u,v)-f(u,v)$。所以有

$$
\begin{aligned}
f'(u,v) &= (f+f_p)(u,v) \\
&= f(u,v)+f_p(u,v) \\
&\leqslant f(u,v)+(c(u,v)-f(u,v)) \\
&= c(u,v)
\end{aligned}
$$

这说明 $f'=f+f_p$ 是 $G$ 的一个流。由于 $|f'|=|f+f_p|=|f|+|f_p|$，而 $|f_p|=c_f(p)>0$，所以 $|f'|>|f|$。

此性质说明，我们可以利用流网络关于流 $f$ 的剩余网络中的增广路径使流网络 $G$ 的流增值，并且有如下结论。

**定理 7.5** 若 $f$ 是 $G$ 的一个最大流，则 $G$ 关于 $f$ 的剩余网络 $G_f$ 中不存在增广路径。

这是因为，若还有一条增广路径 $p$，根据 $f_p(u,v)$ 的定义，$f_p$ 是 $G_f$ 的一个流。所以流和 $f+f_p$ 是 $G$ 中一个其值严格大于 $|f|$ 的流。这与 $f$ 是一个最大流矛盾。

6) 流网络的割

流网络 $G=<V,E>$ 的一个割 $(S,T)$ 是 $V$ 的一个分为 $S$ 和 $T=V-S$，且 $s \in S$ 及 $t \in T$ 的一个划分。若 $f$ 是一个流，则跨越割 $(S,T)$ 的净流定义为 $\sum\limits_{u \in S}\sum\limits_{v \in T} f(u,v)$。割 $(S,T)$ 的容量为 $\sum\limits_{u \in S}\sum\limits_{v \in T} c(u,v)$。一个网络的最小割是该网络的容量最小的割。

图 7.13 展示了图 7.10(b) 中的流网络的割 $\{s,v_1,v_2\},\{v_3,v_4,t\}$ 跨越该割的净流为 $f(v_1,v_3)+f(v_2,v_3)+f(v_2,v_4)=12+(-4)+11=19$，且其容量为 $c(v_1,v_3)+c(v_2,v_4)=12+14=26$。

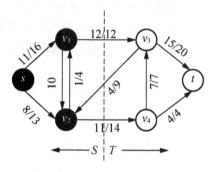

图 7.13　流网络的割

其中，$S = \{s, v_1, v_2\}$，而 $T = \{v_3, v_4, t\}$。$S$ 中的顶点是黑色的，$T$ 中的顶点是白色的。跨越 $(S, T)$ 的净流是 $f(S, T) = 19$，其容量为 $c(S, T) = 26$。

设 $f$ 流网络 $G$ 中的一个流，源点为 $s$ 汇点为 $t$。设 $(S, T)$ 为 $G$ 的一个割，则跨越 $(S, T)$ 的净流 $\sum_{u \in S} \sum_{v \in T} f(u, v) = |f|$。这是因为

$$\sum_{u \in S} \sum_{v \in T} f(u, v) = \sum_{u \in S} \sum_{v \in V-S} f(u, v) \qquad \text{（根据割的定义）}$$

$$= \sum_{u \in S} \sum_{v \in V} f(u, v) - \sum_{u \in S} \sum_{v \in S} f(u, v) \qquad \text{（和式性质）}$$

$$= \sum_{u \in S} \sum_{v \in V} f(u, v) \qquad \text{（根据流的斜对称性）}$$

$$= \sum_{v \in V} f(s, v) + \sum_{u \in S-s} \sum_{v \in T} f(u, v) \qquad \text{（和式性质）}$$

$$= \sum_{v \in V} f(s, v) \qquad \text{（根据流的守恒性质）}$$

$$= |f| \qquad \text{（流的值定义）}$$

**引理 7.6** 流网络 $G$ 中的任一个流 $f$，以 $G$ 的任一割的容量为上界。

这是因为根据流的定义，有 $|f| = \sum_{u \in S} \sum_{v \in T} f(u, v) \leqslant \sum_{u \in S} \sum_{v \in T} c(u, v)$。等号在流 $f$ 的值 $|f|$ 最大且割 $(S, T)$ 的容量 $\sum_{u \in S} \sum_{v \in T} c(u, v)$ 最小时取得。

**定理 7.7** 设流网络 $G$ 关于流 $f$ 不存在增广路径，则 $f$ 是 $G$ 的一个最大流。

由于 $G_f$ 中没有增广路径，即在 $G_f$ 中没有从 $s$ 到 $t$ 的路径。定义 $S = \{v \in V : G_f$ 中存在从 $s$ 到 $v$ 的路径$\}$ 及 $T = V - S$ 路径。划分 $(S, T)$ 是一个割：显然 $s \in S$，而 $t \notin S$，这是因为在 $G_f$ 中没有从 $s$ 到 $t$ 的路径。每一对满足 $u \in S$ 且 $v \in T$ 的顶点，我们有 $f(u, v) = c(u, v)$，这是因为若否，$(u, v) \in E_f$，这意味着 $v$ 在 $S$ 中。因此，$|f| = \sum_{u \in S} \sum_{v \in T} f(u, v) = \sum_{u \in S} \sum_{v \in T} c(u, v)$。根据引理 7.7 知，$f$ 是 $G$ 的一个最大流。

#### 7.5.1.2 算法的伪代码描述

定理 7.5 和定理 7.7 实际上告诉我们流网络 $G$ 的一个流 $f$ 是其一个最大流当且仅当 $G$ 关于 $f$ 的剩余网络场中不存在增广路径。这就引出了一个计算流网络最大流的算法：从流 $f_0$ 开始，通过一系列的迭代，每次迭代寻求一条增广路径 $p$，并对 $p$ 上每条边的流加上剩余容量 $c_f(p)$ 得到新的更大的流 $f$，计算流网络关于 $f$ 的剩余网络 $G_f$，直至 $G_f$ 中不存在增广路径为止。因此，解决最大流问题的算法 DMONDSKARP($G$, $s$, $t$, $c$) 的伪代码描述如下：

```
EDMONDS-KARP(G, s, t, c){;
    f ← f₀;
    c_f ← c;
    G_f ← G;
    (π, d) ← BFS(G_f, s);
    while d[t] ≠ ∞;
```

$p \leftarrow$ 由 $\pi$ 决定的从 $s$ 到 $t$ 的路径;
$c_p \leftarrow \min\{c_f(u,v) : (u,v)$ 在 $p$ 中$\}$;
$for$($p$ 中的每条 $(u,v)$){;
　　　$f[u,v] \leftarrow f[u,v]+c_p$;
　　　$f[v,u] \leftarrow -f[u,v]$;
　　　$c_f[u,v] \leftarrow c_f[u,v]-c_p$;
　　　$c_f[v,u] \leftarrow c_f[u,v]+c_p$;
}
$G_f \leftarrow$ 由 $c_f$ 决定的有向图;
$(\pi, d) \leftarrow BFS(G_t, s)$;
}
$return\ f$
}

其中，广度优先搜索算法 BFS 对 $G_f$ 计算以 $s$ 为源顶点的广度优先树 $\pi$ 和 $s$ 到图中各顶点的最短距离 $d$，while 循环反复寻求 $G_f$ 中的一条增广路径 $p$，通过 for 循环对增广路径 $p$ 上每一边计算剩余流，$c_f$ 表示剩余容量；剩余网络场 $G_f$[①]。

图 7.14 展示了 DMONDS-KARP 在一个样本上运行的每一次迭代的结果。

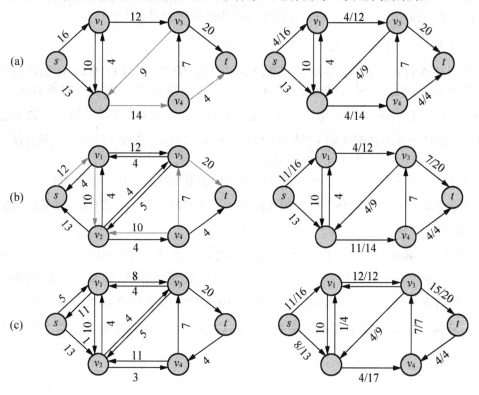

图 7.14　基本 Ford-Fulkerson 算法的执行

---

① BFS($G_f, s$)返回的数组 $d$ 记录了 $G_f$ 中从 $s$ 到各顶点的最短距离，$d[d] \neq \infty$ 蕴含着 $G_f$ 中存在增广路径。

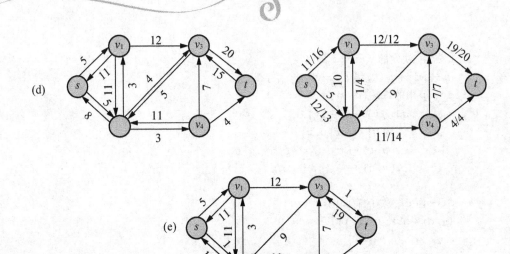

图 7.14　基本 Ford-Fulkerson 算法的执行(续)

其中，图 7.14(a)~(d)是 while 循环的连续迭代。每一部分的左边展示的是第 4 行确定的剩余网络 $G_f$，带隐形的路程为其增广路径 $p$。每一部分的右边展示了在 $f$ 上加上 $f_p$ 的结果。图 7.14(a)中的剩余网络就是输入网络 $G$。图 7.13(e)while 循环最后检测的剩余网络。其中已无增广路径了，所以，展示在图 7.14(d)中的流 $f$ 就是最大流。

### 7.5.1.3　算法时间复杂度

算法 EDMONDS-KARP 的时间复杂度取决于伪代码中 5~14 行的 while 循环的重复次数。若在剩余网络 $G_f$ 中的增广路径 $p$ 上边 $(u,v)$ 的剩余容量为 $p$ 的剩余容量，即若 $c_f[u,v]=c_p$，我们说 $(u,v)$ 在增广路径 $p$ 上是临界的。在沿着一条增广路径增加流之后，该路径上的任一临界边都从剩余网络中消失。此外，在任一条增广路径上，至少有一条临界边。为此。我们首先说明如下的引理。

**引理 7.8**　对任意 $v \in V - \{s,t\}$，其在剩余网络中的最短路径 $d_f[v]$ 随流的增广而单调增加。

**定理 7.9**　若 EDMONDS-KARP 算法运行于一个流网络 $G=(V,E)$ 上，则其时间复杂度为 $O(VE^2)$。

这是因为 while 循环的 $O(VE)$ 重复的每一次执行时，for 循环耗时为 $O(V)$，调用 BFS 耗时 $O(V+E)$。由于所有顶点从 $s$ 都是可达的，所以 $|E| \geqslant |V|-1$，故每次重复耗时 $O(E)$。这样，我们就得到算法的运行时为 $O(VE^2)$。EDMONDS-KARP 算法还有一个很有趣的性质：若流网络 $G$ 中的容量均取整数值。则 $G$ 最大流的值也是整数。这个特性称为完备性[①]。

---

[①]　完备性的正确性可以通过对如下事实的观察得到：EDMONDS-KARP 算法是从 $f_0$ 开始，反复增广最终得到流网络 $G$ 的最大流 $f$。每次增广得到的剩余网络中的容量都是整数值的增减。增加的流量也是整数值。

### 7.5.2　程序实现

EDMONDS-KARP 算法有 4 个参数：流网络 $G = (V,E)$、源顶点 $s$、汇顶点 $t$ 和定义在 $V \times V$ 上的容量函数 $c$。设 $G$ 中有 $n$ 个顶点，且顶点集 $V$ 表示为 $\{0,1,2,\cdots,n-1\}$，则 $c$ 可表示为一个 $n \times n$ 的矩阵，且 $G$ 可由矩阵 $c$ 所确定。因此，程序过程可以只设置 3 个参数：表示流网络的容量函数的矩阵 $c$，源顶点 $s$ 和汇顶点 $t$。其中 $c$ 的元素类型为浮点型，其中 $s$ 和 $t$ 为整型。

需要在程序过程中设置一个表示当前增广流的浮点型矩阵 $f$，浮点型剩余容量的矩阵 $c_f$，增广路径上的最小剩余容量 $c_p$ (显然应当是浮点型的)以及剩余网络 $G_f$。此外，还需要设置两个表示流网络中顶点的整型变量 $u$ 和 $v$。

具体的代码实现如下：

```cpp
#include "Graph.h"
#include "Pair.h"
#include "bfs.h"
#include <limits>
using namespace std;
class MaxFlow {
public: double** edmondsKarp(double** c, int s, int t){
    int n = 6, u, v;
    double **f;
    double **cf;
    f = new double*[6];
    cf = new double *[6];
    for(int i = 0;i<6;i++){
    f[i] = new double [6];
        cf[i] = new double [6];
    }
    for(int ii = 0;ii<6;ii++){
        for(int jj = 0;jj<6;jj++){
            cf[ii][jj] = c[ii][jj];
            f[ii][jj] = 0;
        }
    }
    Graph *gf;
    gf = new Graph(cf, n);
    Pair p = bfs(gf, s);
    while(((int*)(p.second))[t]<INT_MAX){
        v = t;
        u =((int*)(p.first))[v];
        double cp = DBL_MAX;
        while(u! = -1){
            if(cf[u][v]<cp)
```

```
                cp = cf[u][v];
            v = u;
            u =((int*)(p.first))[v];
        }
        for(v = t, u =((int*)(p.first))[v];u! = -1;v = u, u =((int*)(p.first))[v]){
            cf[u][v]- = cp;
            f[u][v]+ = cp;
            cf[v][u]+ = cp;
            f[v][u]- = cp;
        }
        gf = new Graph(cf, n);
        p = bfs(gf, s);
    }
    return f;
    }
};
```

其中，while 循环的重复条件(p.second)[t]< INT_MAX 等价 $d[i] \neq \infty$，也等价于从源顶点 $s$ 到汇顶点 $t$ 尚有增广路径。

可用下列代码来测试所实现 MaxFlow 类的静态方法 edmondsKarp：

```cpp
#include "Graph.h"
#include "Pair.h"
#include "bfs.h"
#include <iostream>
#include "MaxFlow.h"
using namespace std;
void main(){
    double c[6][6] = {{0, 16, 13, 0, 0, 0},
    {0, 0, 10, 12, 0, 0},
    {0, 4, 0, 0, 14, 0},
    {0, 0, 9, 0, 0, 20},
    {0, 0, 0, 7, 0, 4},
    {0, 0, 0, 0, 0, 0}};
    double **c1 = NULL;
    c1 = new double*[6];
    for(int i = 0;i<6;i++){
        c1[i] = new double [6];
    }
    for(int ii = 0;ii<6;ii++){
        for(int jj = 0;jj<6;jj++){
            c1[ii][jj] = c[ii][jj];
        }
    }
    double **f;
    int n = 6;
    double value = 0.0;
```

```
    MaxFlow m;
    f = m.edmondsKarp(c1, 0, n-1);
    for(int i = 0;i<n;i++){
        value+ = f[0][i];
        cout<<value;
    }
}
```

首先,定义了具有 6 个顶点的流网络 $G$ 的容量矩阵的二维数组 c,其顶点 $\{s, v_1, v_2, v_3, v_4, t\}$ 对应 $\{0,1,2,3,4,5\}$(如图 7.12(a)所示)。调用类 MaxFlow 中的静态方法 edmondsKarp,将计算所得的流网络 $G$ 的最大流矩阵返回给二维数组对象 $f$。最后的 for 循环将 $f[0][1]$($i = 0,1,2,\cdots,n-1$)累加到 value 中,输出最大流 $f$ 的值 $value = \sum_{v \in V} f(s,v)$,程序输出结果为 23.0。

## 7.6　ACM 经典问题解析

### 7.6.1　Is It A Tree?(难度:★★★☆☆)

1. 题目描述

树是一种众所周知的数据结构,要么是空集,要么是一个或多个结点通过有向边相互连接的集合,同时满足下面的要求下:

(1) 只有一个根结点,即没有边指向它;

(2) 根之外的每个结点都有且只有一条边指向它;

(3) 从根到每个结点存在且只存在一条路径;

(4) 现在,给出所有的边,问给定的图是不是一棵树。

**输入格式**

运行程序直到输入 -1 为止。每一组数据以 0 0 作为结束标志。每次输入两个数 $a$、$b$,代表有一条从 $a$ 指向 $b$ 的边。

**输出格式**

对每一组数据输出 "Case k is a tree" 或者 "Case k is not a tree",k 表示第 k 组数据。

**输入样例**

```
6 8   5 3   5 2   6 4   5 6   0 0
8 1   7 3   6 2   8 9   7 5   7 4   7 8   7 6   0 0
3 8   6 8   6 4   5 3   5 6   5 2   0 0
-1 -1
```

**输出样例**

Case 1 is a tree.

Case 2 is a tree.

Case 3 is not a tree.

2. 题目分析

这是并查集的应用，通过并查集判断当前边所连接的两个点的集合是不是同一个。如果是的话，那么就说明图中存在回路，不是树。此外，还需要判断森林的情况，即存在多棵树。

3. 问题实现

```c
#include <stdio.h>
#include <string.h>
int fa[101000];                    // 并查集表示集合用的数组
int flag[101000];                  // 表示这个点有没有出现在图中
int Find(int x){                   // 找到对应集合的代表元
    return fa[x] =(fa[x] == x)? x : Find(fa[x]);
}
int merge(int a, int b){           // 连接两个点
    a = Find(a);
    b = Find(b);
    if(a == b)return 0;
    fa[b] = a;
    return 1;
}
int main(){
    int a, b, i;
    int tree, cmp;
    int ca = 0;
    while(scanf("%d%d", &a, &b)! = EOF){
        if(a < 0 && b < 0)break;
        for(i = 0; i < 101000; i ++){
            fa[i] = i;
            flag[i] = 0;
        }
        tree = 1;
        if(a ! = 0 || b ! = 0){          // 通过有向边进行集合合并
            do {
                flag[a] = flag[b] = 1;
                if(merge(a, b)== 0)tree = 0;
            } while(scanf("%d%d", &a, &b)&&(a ! = 0 || b ! = 0));
        }
        // 判断是否存在森林
        cmp = -1;
        for(i = 0; i < 101000; i ++)if(flag[i] == 1){
            if(cmp < 0)cmp = Find(i);
            else {
                if(cmp ! = Find(i))tree = 0;
            }
        }
```

```
        ca ++;
        if(tree == 1)printf("Case %d is a tree.\n", ca);
        else printf("Case %d is not a tree.\n", ca);
    }
    return 0;
}
```

本题时间复杂程度为 $O(n^2)$。

## 7.6.2　Stockbroker Grapevine(难度：★★★☆☆)

### 1. 题目描述

股票经纪人要在一群人中散布一个谣言，而谣言只能在亲密的人中传递，题目给出了人与人之间的关系及传递谣言所用的时间，要求程序给出应以哪个人为起点，可以在最短的时间内让所有的人都得知这个谣言。要注意从 $a$ 到 $b$ 传递的时间不一定等于从 $b$ 到 $a$ 的时间。

**输入格式**

输入第一行为 $n$，代表总人数，当 $n = 0$ 时结束程序；接着 $n$ 行，第 $i$+1 行的第一个是一个整数 $t$，表示第 $i$ 个人与 $t$ 个人的关系要好，接着有 $t$ 对整数，每对的第一个数是 $j$，表示 $i$ 与 $j$ 要好，第二个数是从 $i$ 直接传递谣言到 $j$ 所用的时间。

**输出格式**

输出是两个整数，第一个为选点的散布谣言的起点，第二个整数是所有人得知谣言的最短时间。如果没有方案能够让每一个人都知道谣言，则输出"disjoint"。

**输入样例**

```
3
2 2 4 3 5
2 1 2 3 6
2 1 2 2 2
5
3 4 4 2 8 5 3
1 5 8
4 1 6 4 10 2 7 5 2
0
2 2 5 1 5
0
```

**输出样例**

```
3 2
3 10
```

### 2. 题目分析

首先，用 Floyd 最短路径算法求出任意两个人之间的传播时间，然后我们可以通过枚举每个人作为起点时的最大值里取一个最小值，即为答案。

### 3. 问题实现

```c
#include <stdio.h>
const int INF = 10000;
int dis[105][105];                                      //表示从 i 到 j 的最小距离
int n;
int min(int a, int b){ return a < b ? a : b; }
int max(int a, int b){ return a > b ? a : b; }
int main(){
    int i, j, k, m, b, c;
    while(scanf("%d", &n)! = EOF && n ! = 0){
        for(i = 1; i < = n; i ++){
            for(j = 1; j < = n; j ++){
                if(i == j)dis[i][j] = 0;
                else dis[i][j] = INF;
            }
        }
        for(i = 1; i < = n; i ++){
            scanf("%d", &m);
            while(m --){
                scanf("%d%d", &b, &c);
                dis[i][b] = c;
            }
        }
        for(k = 1; k < = n; k ++){                      // Floyd算法求最短路
            for(i = 1; i < = n; i ++){
                for(j = 1; j < = n; j ++){
                    dis[i][j] = min(dis[i][j], dis[i][k]+dis[k][j]);
                }
            }
        }
        int maxn, ans = INF;
        int start;
        for(i = 1; i < = n; i ++){
            maxn = 0;
            for(j = 1; j < = n; j ++){
                maxn = max(maxn, dis[i][j]);
            }
            if(ans > maxn){
                ans = maxn;
                start = i;
            }
        }
```

```
        if(ans == INF)printf("disjoint\n");        //若 ans = INF 则说明没有可行解
        else printf("%d %d\n", start, ans);
    }
    return 0;
}
```

本题时间复杂程度为 $O(n^3)$。

### 7.6.3  A Plug for UNIX(难度：★★★☆☆)

1. 题目描述

你负责为联合国互联网管理委员会(UNIX)的首次会议准备新闻发布室，UNIX 有个国际性任务，就是使互联网上累赘的信息和想法尽可能畅通无阻。因为新闻发布会要接待来自世界各地的记者，所以在建造发布室时，它要配备各种电插座以满足当时各个国家电器不同形状和电插头。

在一个会议室里有 $n$ 种插座，每种插座一个插头。每个插座只能插一种以及一个电器(或者适配器)。现在有 $m$ 个电器，每个电器有一个插头需要插在相应一种插座上，但不是所有电器都能在会议室找到相应插座。现在还有 $k$ 种适配器，每种适配器可以有无限多个。每种适配器$(a, b)$可以把 $b$ 类插座变为 $a$ 类插座。问最后最少有多少个电器无法使用。

**输入格式**

首先输入一个 $n(1 \leqslant n \leqslant 100)$，表示插座数量。然后 $n$ 行，每行输入一个字符串，表示 $n$ 个名称。然后再输入一个整数 $m(1 \leqslant m \leqslant 100)$，表示有 $m$ 个电器，然后 $m$ 行，每行有两个字符串，第一个表示电器名称，第二个表示该电器的插头名称。再输入一个整数 $k(1 \leqslant k \leqslant 100)$，表示转换器的种类，下面 $k$ 行，每行两个字符串 $a$、$b$，表示能将 $b$ 类插座转变为 $a$ 类插座。所有字符串长度都不超过 24。

**输出格式**

输出一个正整数，表示最少无法使用的电器个数。

**输入样例**

```
4
A
B
C
D
5
laptop B
phone C
pager B
clock B
comb X
3
```

```
    B X
    X A
    X D
```
**输出样例**
```
    1
```

2. 题目分析

最大流关键在于建图，构造一个源点和汇点，先读入插座，然后将这些点连到汇点，然后由源点连边到所有电器，容量为 1。

转换器能将 $b$ 插口转换成 $a$ 插口，那么就建一条边，$a$ 连到 $b$，容量为 INF。另外，如果点不存在，那么需要加点。然后走一遍最大流就可以了。

3. 问题实现

```cpp
#include<cstdio>
#include<cstring>
#include<algorithm>
using namespace std;
const int INF = 0x0fffffff;
const int MAXN = 444;
int tot, head[MAXN];
struct Edge {
    int t, c, next;
}edge[MAXN<<2];
void add_edge(int a, int b, int c){
    edge[tot].t = b;
    edge[tot].c = c;
    edge[tot].next = head[a];
    head[a] = tot ++;
    edge[tot].t = a;                        //建反向边，容量为 0
    edge[tot].c = 0;
    edge[tot].next = head[b];
    head[b] = tot ++;
}
int gap[MAXN];                              // gap[]：记录各层次点的数量
int dis[MAXN];                              // dis[]：记录各点的层次
int pre[MAXN];                              // pre[]：记录当前点的前驱
int cur[MAXN];                              // cur[]：邻接表表头 head[]的替身
int sap(int s, int t, int n){              // s 源点，t 汇点
    for(int i = 0; i < = n; i++){
        dis[i] = gap[i] = 0;
        cur[i] = head[i];
    }
    gap[0] = n;                            //初始化 所有点的层次都是 0
    int u = pre[s] = s, maxf = 0, aug = INF;
```

```
        while(dis[s] < n){
  loop:   for(int e = cur[u]; e ! = -1; e = edge[e].next){       // "部分" 遍历
邻接表 注意： cur[u] = i 表头不断在更新
                int v = edge[e].t;
                if(edge[e].c > 0 && dis[u] == dis[v] + 1){
                    aug = min(aug, edge[e].c);
                    pre[v] = u;
                    cur[u] = e; //(1)
                    u = v;
                    if(u == t){
                        while(u ! = s){
                            u = pre[u];
                            edge[cur[u]].c - = aug;
                            edge[cur[u] ^ 1].c + = aug;
                        }
                        maxf + = aug;
                        aug = INF;
                    }
                    goto loop;
                }
            }
            int min_d = n;
            for(int e = head[u]; e ! = -1; e = edge[e].next){
                int v = edge[e].t;
                if(edge[e].c > 0 && dis[v] < min_d){
                    min_d = dis[v];
                    cur[u] = e;//(2)
                }
            }
            if(!(--gap[dis[u]]))                          // 出现断层，结束 sap
                break;
            ++gap[dis[u] = min_d + 1];
            u = pre[u];
        }
    return maxf;
}
char rec[MAXN][25];
int get_id(char *pat, int n){                   //获得某个名字的点的编号，不存在为-1
    for(int i = 0; i < n; i ++)
        if(strcmp(rec[i], pat)== 0)return i;
    return -1;
}
char na[25], re[25], de[25];
int main()
{
```

```
    int n;
    while(~scanf("%d", &n)){
        tot = 0;
        memset(head, -1, sizeof(head));
        for(int i = 0; i < n; i ++){
            scanf("%s", rec[i]);
            add_edge(i+2, 1, 1);
        }
        int m;
        scanf("%d", &m);
        for(int i = 0; i < m; i ++){
            scanf("%s%s", na, de);
            int id = get_id(de, n);
            if(id == -1){                      //点不存在
                add_edge(0, n+2, 1);           //连接源点与该点
                strcpy(rec[n ++], de);         //加点
            }
            else    {add_edge(0, id+2, 1);}
        }
        int k;
        scanf("%d", &k);
        for(int i = 0; i < k; i ++){
            scanf("%s%s", re, de);
            int id = get_id(re, n);
            int id2 = get_id(de, n);
            if(id == -1 && id2 == -1){         //如果两个点都不存在
                add_edge(n+2, n+3, INF);
                strcpy(rec[n ++], re);         //加点
                strcpy(rec[n ++], de);
            }
            else if(id == -1){
                add_edge(n+2, id2+2, INF);
                strcpy(rec[n ++], re);
            }
            else if(id2 == -1){
                add_edge(n+2, id+2, INF);
                strcpy(rec[n ++], de);
            }
            else {add_edge(id+2, id2+2, INF);}
        }
        printf("%d\n", m - sap(0, 1, n + 2));           //最大流
    }
    return 0;
}
```

其中，cur[ ]表示邻接表表头 head[ ]的替身，通过不断更新，并配合条件 edge[$i$].c>0，寻找最近的允许边；语句 aug = min(aug, edge[$e$].c)是为了能使 $u = t$ 这一条件满足时直接进

行增广，aug 取所有允许边中的最小值。同时，体现了 cur[u]不断维护的优点，可以立刻再次沿增广路增广，若已完成增广，会跳过不允许边继续操作；语句"cur[u] = e //(1)"为了在在邻接表中顺序靠前的：包括当前结点若存在层次较高(与父结点层次相同)的兄弟结点，或边权为零(未增广的反向边，已增广的正向边)，做此操作，等价于忽略其之前的兄弟结点；语句"cur[u] = e;//(2)"为了与 cur[u] = i 对应，更新 cur[u]的值，使邻接表能够从最近的允许边开始遍历；语句 add_edge(i+2, 1, 1)中有 i+2 是因为我们一开始设源点为 0，汇点为 1，所以，所有点编号都+2，输入为插座，连接该点与汇点。

本问题的时间复杂程度为 $O(n^2)$。

## 7.7　小　　结

本章讨论了图的基本搜索算法：广度优先搜索(BFS)和深度优先搜索(DFS)，及其初等应用，包括拓扑排序、图的连通性研究及流网络等。它们都是智能计算中知识搜索算法的基础。利用了两个基本数据结构：队列和栈来控制搜索过程中顶点访问的顺序。BFS 使用队列来实现广度优先访问顺序，而 DFS 用栈来控制深度优先访问顺序。在 C 语言中，需要自行开发这两种数据结构，而在 C++中，这两个数据结构分别由 STL 和 Collection Framework 提供。

同时，本章最后也对 ACM 两个经典问题(判断图是否为树问题、股票经纪人散布谣言问题)进行了解析，以期提高大家对图搜索算法的掌握程度。

## 7.8　习　　题

1. Vase Collection(难度：★★★☆☆)

有一些花瓶，它们有各自的形状和颜色，现在要选择其中的一些花瓶。假设你选出的花瓶共有 $k$ 种颜色，那么，被挑选出来的花瓶的每一种形状都应该包含 $k$ 种颜色。问能选出的花瓶的最大数量是多少。

**输入格式**

首先输入测试组数。每一组数据首先输入一个 $n$，表示花瓶的数量，然后 $n$ 行每行两个数字分别是每一个花瓶的形状和颜色。

**输出格式**

最多的被选出的花瓶数量。

**输入样例**

```
2
5
11 13
23 5
17 36
11 5
23 13
2
```

```
        23 15
        15 23
输出样例
        2
        1
```

2. Channel Allocation(难度: ★★★☆☆)

现假设有 $N$ 个站点,有些站点是相邻的站点,所有站点都在同一个平面上且连接相邻两点的线段都不相交,现要给每个站点一个频段使得相邻两个站都不在同一个频段上,问最少需要几个频段。

**输入格式**

第一行输入一个整数 $n$ 表示有 $n$ 个站点。之后每行代表一个站点,用 $A$,$B$,$C$,$D$⋯表示,冒号后面的字母表示与该站点相邻的站点,保证如果 $A$ 与 $B$ 相邻,则 $B$ 与 $A$ 一定相邻。以 $n$ 为 0 时结束。

**输出格式**

输出最少的频段数,以"X channels needed."的形式输出,如果 $X$ 为 1 时要用单数形式。

**输入样例**

```
        2
        A:
        B:
        4
        A:BC
        B:ACD
        C:ABD
        D:BC
        4
        A:BCD
        B:ACD
        C:ABD
        D:ABC
        0
```

**输出样例**

```
        1 channel needed.
        3 channels needed.
        4 channels needed.
```

3. Alien Security(难度: ★★★☆☆)

假设有 $n$ 个房间,房间之间由单向边相连,其中有一个房间里有个 ET,先要找出一个房间,使得所有要从 0 号房间到达 ET 所在房间的人都必须经过这个房间,且这个房间与 ET 房间的距离最近。

**输入格式**

第一行输入两个整数 $n$ 和 $t$，表示有 $n$ 个房间、ET 在房间 $t$。之后每行两个整数 $a, b$ 表示可以从房间 $a$ 到达房间 $b$。

**输出格式**

输出房间号，以 Put guards in room X.的形式输出。

**输入样例**

```
9 4
0 2
2 3
3 4
5 3
5 4
3 6
6 5
6 7
6 8
4 7
0 1
1 7
7 0
```

**输出样例**

Put guards in room 3.

4. Sorting Slides(难度：★★★☆☆)

给出一些矩形的坐标和一些点的坐标，若点在矩形内，则该点和该矩形匹配，问是否存在某个匹配在所有的完美匹配中？可以先任意找出一个完美匹配，然后依次删除该匹配的每一条边，若仍能构成完美匹配，则这个匹配不唯一，若不能构成完美匹配，则该匹配唯一。

**输入格式**

第一行输入一个整数 $n$，表示有 $n$ 个矩形和点。之后 $n$ 行，每行四个值分别表示一个矩形的左下角和右上角的坐标 $x_1$、$x_2$、$y_1$、$y_2$。之后 $n$ 行，每行两个值表示点的坐标 $x$、$y$。零表示结束。

**输出格式**

输出所有的唯一匹配

**输入样例**

```
4
6 22 10 20
4 18 6 16
```

```
8 20 2 18
10 24 4 8
9 15
19 17
11 7
21 11
2
0 2 0 2
0 2 0 2
1 1
1 1
0
```

**输出样例**

```
Heap 1
(A, 4)(B, 1)(C, 2)(D, 3)


Heap 2
none
```

5. Supermarket(难度: ★★★☆☆)

Jone 有一张购物单，单子上有 $N(1 \leqslant N \leqslant 100000)$ 个要买的物品，且按照购物单上物品的顺序购物，由于超市拥挤，他不愿意来回走，所以他无回头地走过 $M(1 \leqslant M \leqslant 100)$ 个通道；问你能否买齐单子上的物品，若能则最小的费用是多少。现在按先后顺序告诉你，你要买的物品 $X_i$ ($1 \leqslant X_i \leqslant 100000$) 和每个通道上有的物品 $X(1 \leqslant X \leqslant 100000)$ 和价格 $K(1 \leqslant K \leqslant 100000)$。

**输入格式**

第一行输入一个 $N$ 和 $M$ 表示需要买的物品数和通道的个数。第二行输入 $N$ 个物品的编号。第三行输入 $M$ 个通道中的物品编号和价格。

**输出格式**

如果不存在，则输出 Impossible，如果存在则输出最小的解(保留 2 位小数)。

**输入样例**

```
4 8
1 1 2 20
2 0.29
1 0.30
20 0.15
1 1.00
5 0.05
2 10.00
```

　　　　20 20.00
　　　　20 10.00
**输出样例**
　　　　21.30

6. king(难度：★★★☆☆)

有一个王子，他有点弱智，只懂得计算连续的一串整数的和与比较两个数的大小；问是否存在一组 $n$ 个数($a_1, a_2, a_3, \cdots, a_n$)，使得对于 $M$ 个不等式的解都存在，不等式的形式为

$$a[li] + a[li+1] + \cdots + a[ri] < ki \text{ 或者 } a[li] + a[li+1] + \cdots + a[ri] > ki。$$

**输入格式**

第一行输入一个 $n$ 和 $M$，分别表示数组的大小和不等式的个数(当 $n = 0$ 停止输入)。接着 $M$ 行每行输入：正整数1，正整数 $ri$，字符串 $oi$，正整数 $ki$。其中，$li$ 表示在 $a$ 数组中第 $li$ 个元素，$ri$ 表示个数，$oi$ 表示大小关系，$ki$ 表示值，具体意思看描述中的不等式。

若 $oi$ = "$gt$"，则表示该不等式为表示大于关系，若 $oi$ = "$lt$"，则表示该不等式为小于关系。

**输出格式**

存在输出 lamentable kingdom

否则输出 successful conspiracy

**输入样例**
　　　　4 2
　　　　1 2 gt 0
　　　　2 2 lt 2
　　　　1 2
　　　　1 0 gt 0
　　　　1 0 lt 0
　　　　0

**输出样例**
　　　　lamentable kingdom
　　　　successful conspiracy

7. 营救天使(难度：★★★☆☆)

天使(a)被困于迷宫(一个 N*M 的矩阵)，它的朋友(r)去救她，在迷宫中会有守卫(x)。r 每走一步耗费一个单位的时间，如果路途遇上 x，杀死 x 则需要一个单位的时间，r 只可以朝上下左右四个方向走，求 r 找到 a 的最短时间。如果找不到就输出"Poor ANGEL has to stay in the prison all his life."

**输入格式**

第一行输入两个整数 $N$ 和 $M$(均为不大于 200 的正整数)。然后是 $N$ 行，每行有 $M$ 个字符。字符仅由"#"、"."、"a"、"r"和"x"组成，其中"."代表路，"a"代表天使，"r"代表天使的每一个朋友。

**输出格式**

对每一组数据输出一个整数代表天使的朋友能救出天使的最小时间，如果找不到就输出"Poor ANGEL has to stay in the prison all his life."。

**输入样例**

```
7 8
#.#####.
#.a#..r.
#..#x...
..#..#.#
#...##..
.#......
........
```

**输出样例**

```
13
```

8. 探险者的骨头(难度: ★★★☆☆)

有一只狗要吃骨头，结果进入了一个迷宫陷阱，迷宫里每走过一个地板费时一秒，该地板就会在下一秒塌陷，所以你不能在该地板上逗留。迷宫里面有一个门，只能在特定的某一秒才能打开，让狗逃出去。现在题目告诉迷宫的大小和门打开的时间，问狗可不可以逃出去，可以就输出 YES，否则 NO。

**输入格式**

每组第一行输入两个整数 $N$、$M$(均为不大于 7 的正整数，表示迷宫的大小)和 $T$(小于 50 的正整数，表示门打开的时间)。然后是 $N$ 行，每行有 $M$ 个字符。字符仅由"S"、"."、"X"、"D"组成，其中"."代表空地板，"S"代表狗开始的地方，"X"代表墙，"D"代表门所在位置。输入 3 个 0 代表输入结束。

**输出格式**

对每一组数据如果狗能逃出去则输出 YES，否则输出 NO。

**输入样例**

```
4 4 5
S.X.
..X.
..XD
....
3 4 5
S.X.
..X.
...D
0 0 0
```

**输出样例**

```
NO
YES
```

9. 噩梦(难度: ★★★★☆)

汤姆在有一炸弹(定时 6 分钟)迷宫中，0 是墙，1 是空地，2 是起点，3 是终点，4 是炸弹重置点(重新定时为 6)，问能否安全到达终点，并求出需要的最小时间。

**输入格式**

第一行输入一个整数 T 表示测试组数。随后有 T 组测试数据。每组第一行输入两个整数 N、M(均为不大于 8 的正整数，表示迷宫的大小)。然后是 N 行，每行有 M 个整数。其中，"0" 代表墙，不能走，"1" 代表空地，"2" 代表汤姆开始的地方，"3" 代表迷宫出口位置，"4" 代表炸弹重置点，走到这个地方炸弹重置为 6 分钟。

**输出格式**

对每一组数据如果汤姆能逃出去则输出他出去的最短时间，否则输出-1。

**输入样例**

```
3
3 3
2 1 1
1 1 0
1 1 3
4 8
2 1 1 0 1 1 1 0
1 0 4 1 1 0 4 1
1 0 0 0 0 0 0 1
1 1 1 4 1 1 1 3
5 8
1 2 1 1 1 1 1 4
1 0 0 0 1 0 0 1
1 4 1 0 1 1 0 1
1 0 0 0 0 3 0 1
1 1 4 1 1 1 1 1
```

**输出样例**

```
4
-1
13
```

10. 骑士跳跃(难度: ★★★★☆)

在国际象棋棋盘中，现在给出 2 个位置 Ⅰ 和 Ⅱ，分别用坐标 a~h 及 1~8 组合表示，现问你从位置 Ⅰ 到位置 Ⅱ，如果用马来跳，最少几步能到。马的走法如图 7.15 所示。

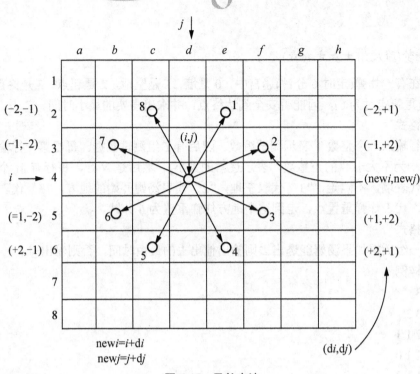

new$i$=$i$+d$i$
new$j$=$j$+d$j$

**图 7.15 马的走法**

**输入格式**

多组测试数据。其中，每组输入两个格子的坐标。

**输出格式**

对每一组数据输出一行"To get from xx to yy takes n knight moves."。其中 *xx*，*yy* 及 *n* 用实际数据代替。

**输入样例**

e2 e4

a1 b2

b2 c3

a1 h8

a1 h7

h8 a1

b1 c3

f6 f6

**输出样例**

To get from e2 to e4 takes 2 knight moves.

To get from a1 to b2 takes 4 knight moves.

To get from b2 to c3 takes 2 knight moves.

To get from a1 to h8 takes 6 knight moves.

To get from a1 to h7 takes 5 knight moves.

To get from h8 to a1 takes 6 knight moves.

To get from b1 to c3 takes 1 knight moves.

To get from f6 to f6 takes 0 knight moves.

# 第 8 章

# 公钥加密算法

密码学的主要目标是研究通信内容的保密性，它有着悠久的历史。在古代战争中，因为战场上需要保密通信，密码技术就被用于传递秘密消息。古罗马的恺撒大帝是威震世界的罗马统帅，他为了避免军令落入敌人手中而泄密，发明了一种加密方法与其将军们进行联系，叫做恺撒密码。恺撒密码的思想非常简单：传递信息时，它将消息每个字母顺序推后 $k$ 位起到加密作用。例如，当 $k = 3$ 时，字母 $A$ 将被替换成 $D$，$B$ 变成 $E$，以此类推。接受信息的人只有也知道这个偏移量 $k$ 时，才能还原成原始消息。

加密实际上是用某种变换隐藏消息内容的方法。被加密的消息称为明文，加密后的消息称为密文，明文转换成密文的过程称为加密，将密文转换成明文的过程称为解密。

图 8.1 中发送者 A 将明文消息 $m$ 用密钥 $k$ 加密成密文 $c = E_k(m)$，然后他将密文 $c$ 发送给接收者 B；接收者 B 接收到密文后，他用密钥 $k$ 解密出明文 $m = E_k(c)$。

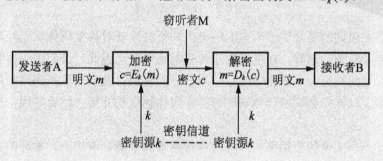

**图 8.1　对称加密过程**

可见，传统的加密体制中，发送者的加密密钥 $k$ 和接收者的解密密钥 $k$ 是相同的，因此，它又被称为对称密码体制。由于对称密码体制中要求发送者和接收者共用一个密钥 $k$，这就导致了以下问题。

如何将密钥安全地分配给通信双方，使得只有通信双方知道密钥，其他任何窃听者均不能得知此密钥？这当然可以通过双方见面协商密钥，或者通过其他安全信道，比如打电话来分配密钥。然而，这些解决方法都需要额外的假设，因而并不太方便，有时甚至难以实现。

那么有没有其他更加好的方法来分配密钥呢？以前大多数人认为实现这个目标是不可能的！既然通信双方能通过交互传送一些信息来计算出密钥，那么拥有强大计算能力的窃听者为什么不能从窃听的信息计算出这个密钥呢？

1976 年，Diffie 和 Hellman 发表了 *New Directions in Cryptography*，提出了 Diffie-Hellman(DH)密钥交换协议[①]，它不依赖任何安全信道就能使通信双方协商出一个密钥，从而解决了传统对称密码体制的密钥分配问题。DH 密钥交换协议的发明是密码学的一个惊人的突破，标志着公钥密码学的诞生！

公钥密码体制与传统的对称密钥体制有着本质的区别。在公钥密码体制中，每个用户拥有两个密钥：公钥和私钥。顾名思义，私钥是用户保密的，而公钥则是公开发布出去的。用公钥加密的信息只能用相应的私钥来解密。公钥密码体制又称为非对称密码体制，它极大地扩展了密码学的应用范围。

图 8.2 中发送者 A 用接收者 B 的公钥加密消息 $m$ 得到密文 $c = E_{pk_B}(m)$，然后他将 $c$ 传送给接收者 B；接收者 B 接收到密文后，它用私钥 $sk_B$ 解密出明文 $m = E_{sk_B}(c)$。因为 B 的公钥是公开的，因此不需要安全信道来分配它。任何人都可以用 B 的公钥 $pk_B$ 加密数据给 B，只有 B 拥有私钥 $sk_B$，因此只有他才能解密这些消息。

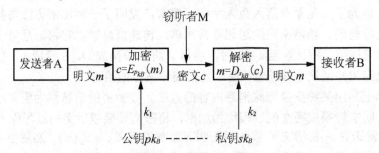

**图 8.2  公钥加密过程**

然而，必须强调的是公钥密码体制的诞生并不意味着对称密码体制已经落伍了。由于公钥密码学涉及复杂的运算，速度远慢于对称密码体制，因此，公钥密码体制通常并不用于直接加密大量的数据，而多用于为通信双方分配密钥，然后对称密码体制用这个密钥来加密大量数据。这样，公钥密码体制和对称密码体制取长补短，结合使用，形成了混合密码体制。

要想设计一个安全的公钥密钥体制是非常困难的事情。事实上，现存的公钥密钥体制非常稀少，目前主要有两类流行的公钥密钥体制：RSA 公钥密钥体制和离散对数密码体制。

要想理解公钥密码学，我们需要一些数论知识。数论是研究整数性质的一门基础学科，曾经被看作一种虽然优美但却无用的学科，因此，被人们戏称为"数学的皇后"。随着公钥密码学的发明，数论已经被广泛地应用到密码学领域。

---

① DH 协议是一个密钥交换协议，并不是公钥加密体制。但是它距离真正的公钥加密体制其实只有一步之遥，很容易转换成公钥加密体制。1985 年 ElGamal 将 DH 协议改造成 ElGamal 公钥加密体制。

# 8.1 RSA 公钥密码算法

1978 年，麻省理工学院(MIT)研究人员 Ron Rivest，Adi Shamir 和 Leonard Adleman 首次发表了以他们三人名字的首字母命名的 RSA 算法，该算法是第一个可行公钥加密体制。

RSA 算法自诞生之日起已经历了各种攻击，至今仍未被攻破。目前它已经成为广泛接受并通用的公钥加密算法。由于发现了 RSA 算法，他们三人被授予 2002 年度计算机科学最高奖——图灵奖。图 8.3 为三人在 MIT 工作时的合影。

图 8.3 在 MIT 工作时的 Ron Rivest，Adi Shamir 和 Leonard Adleman

## 8.1.1 算法描述

对于一个用户按照下列步骤生成公钥 $PK$ 和私钥 $SK$。

### 8.1.1.1 参数生成

(1) 随机选择两个大素数 $p,q$，使得 $p \neq q$；

(2) 计算 $N = pq$；

(3) 选择一个随机奇数 $e(1 < e < \phi(N))$，满足 $\gcd(e, \phi(N)) = 1$。其中，$\phi(N) = (p-1)(q-1)$ 是欧拉函数；

(4) 计算 $e$ 模 $\phi(N)$ 的逆元 $d$，使得 $ed = 1(\bmod \phi(N))$，即 $d = e^{-1}(\bmod \phi(N))$。

所以，我们得到公钥 $PK = (e, N)$，私钥 $SK = d$（$p,q$ 不再需要，可以销毁！）。

### 8.1.1.2 加密

对于明文 $M < n$，其对应的密文 $C = M^e(\bmod N)$。

### 8.1.1.3 解密

对于密文 $C$，其对应的明文 $M = C^d(\bmod N)$。例如，用户 Alice 按照下列步骤就可生成

公钥 $PK$ 和私钥 $SK$。

生成系统参数的过程如下：

(1) 选择两个素数 $p=17, q=11$；

(2) 计算 $N=pq=17\times11=187$；

(3) 计算 $\phi(N)=(p-1)(q-1)=16\times10=160$；

(4) 选择一个奇数 $e$ 使其与 $\phi(N)=160$ 互素且小于 $\phi(N)$，这里选择 $e=7$；

(5) 计算 $d$ 使得 $7\times d=1(\bmod 160)$，即 $d=23$。

我们得到公钥 $PK=(7,187)$、私钥 $SK=23$。

假设发送者 Bob 拥有明文 $M=88$，计算加密过程如下：

$$C=M^e=88^7\equiv11(\bmod 187)$$

接收者 Alice 收到密文 $C=11$ 后，计算解密过程如下：

$$M=C^d=11^{23}\equiv88(\bmod 187)$$

**定理 8.1** RSA 算法的正确性。

**证明：** 我们需要证明 RSA 解密算法能够从密文 $C$ 正确地恢复明文 $M$，下面分两种情况考虑：

(1) 当 $M$ 与 $N$ 互素，即 $\gcd(M,N)=1$

由于 $ed\equiv1(\bmod\phi(N))$ 意味着存在某个整数 $k$，使得 $ed=1+k\phi(N)$。所以，Alice 对密文的解密过程如下：

$$C^d\equiv(M^e)^d\equiv M^{ed}\equiv M^{1+k\phi(n)}\equiv M\times(M^{\phi(n)})^k(\bmod N)$$

而由欧拉定理(见附录 E.6)可知，对于任意与 $n$ 互素的元素 $a$，均有 $a^{\phi(N)}\equiv1(\bmod N)$。因此，由上式最后一项可得 $C^d\equiv M\times1^k\equiv M(\bmod N)$。

(2) 当 $M$ 与 $n$ 不互素，即 $\gcd(M,N)\neq1$

因为 $N=pq$，并且 $p,q$ 都是素数且 $M<N$，所以 $\gcd(M,N)$ 一定为 $p$ 或者 $q$，$M$ 不可能既是 $p$ 的倍数又是 $q$ 的倍数。不妨设 $M$ 是 $p$ 的倍数，即 $M=cp$。由于 $M$ 不是 $q$ 的倍数，即 $\gcd(M,q)=1$。因此，按照费马小定理(见附录 E.7)，有 $M^{q-1}\equiv1(\bmod q)$，于是 $M^{k(q-1)(p-1)}\equiv1(\bmod q)$，即存在某个 $t$，使得

$$M^{k(q-1)(p-1)}=1+tq$$

两边同乘以 $M=cp$，得

$$M^{k(q-1)(p-1)+1}=M+tcpq=M+tcN$$

将 $tc$ 看成是一个常数，则

$$M^{ed}\equiv M^{k\phi(N)+1}\equiv M(\bmod N)$$

因此，可有 $M^{ed}\equiv M(\bmod N)$。

综合情况(1)和(2)，对任意 $M<N, M<N$，RSA 算法都能正确解密。

RSA 算法的计算过程涉及一些复杂的运算，如素数生成、模指数运算和求逆运算等等，下面我们研究上述问题的快速计算方法。

### 8.1.2 快速模幂算法

RSA 加密和解密都需要计算 $a^b\bmod N$，称为模幂或模指数运算。如果简单地穷举计算，

则需要 $b-1$ 次模乘运算，其时间复杂度为 $O(b)$。以计算 $a^{16} \bmod N$ 为例，它需要 15 次乘法。$a^{16} = a \times a \times a \times a \times a \times a \times a \times a \times a \times a \times a \times a \times a \times a \times a \times a$。因为 RSA 加解密指数通常非常大，所以上述计算方法不可行。幸运的是，我们有快速计算模幂的算法。以计算 $a^{16} \bmod N$ 为例，如果重复利用中间计算结果，先计算 $a^2 \bmod N$，然后计算 $a^4 \bmod N$、$a^8 \bmod N$ 和 $a^{16} \bmod N$，那么只需要计算 4 次乘法就可计算出 $a^{16} \bmod N$。

更一般地，我们要计算 $a^b$，先将 $b$ 表示成二进制形式 $b = b_k b_{k-1} \cdots b_0$，则 $b = \sum_{i=0}^{i=k-1} b_i 2^i \bmod N = \sum_{b_i=1} 2^i$。所以，有 $a^b \equiv a^{\sum_{b_i=1} 2^i} \bmod N = \sum_{b_i=1} a^{2^i} \bmod N = (\prod_{b_i=1} (a^{2^i} \bmod N) \bmod N)$。例如，我们要计算 $2^{999}$，先计算如下值：

$$2^2 = 2 \times 2$$
$$2^4 = (2^2) \times (2^2)$$
$$\cdots\cdots$$
$$2^{256} = (2^{128}) \times (2^{128})$$
$$2^{512} = (2^{256}) \times (2^{256})$$

由于 999 的 2 进制可表示为 1111100111，我们将比特位为 1 的相应项乘起来，即
$$2^{999} = 2^{(512+256+128+64+32+4+2+1)}$$
$$= (2^{512}) \times (2^{256}) \times (2^{128}) \times (2^{64}) \times (2^{32}) \times (2^4) \times (2^2) \times (2^1)$$

该算法只需要 16 次乘法运算，而穷举方法需要 998 次乘法。其中，快速模幂算法计算 $a^b \bmod N$ 代码如下：

```
int exp_mod(int a, int b, int N){
    int f = 1;
    while(b){
        if(b%2!= 0) f =(f*a)%N;
        a =(a*a)%N;
        b = b/2;
    }
    return f;
}
```

经过对上述代码的分析，我们知道快速模幂算法的时间复杂度为 $O(\log^2 b)$，而穷举方法的时间复杂度 $O(b)$。

## 8.1.3 素数的生成

如何快速判定一个整数是素数还是合数是数论重要问题之一，也是现代密码学应用中的重要步骤。RSA 算法的第一步就是生成两个大素数。因此，研究如何快速地生成素数是非常重要的。

### 8.1.3.1 素数的密度

生成素数的方法一般是选择一个随机整数 $n$，然后判定 $n$ 是否为素数。然而，我们首

先需要知道整数 $n$ 本身就是素数的概率。幸运的是，大素数并不少，因此随机选择整数 $n$ 并测试素性是可行的。数论中的素数定理告诉我们，为了找出一个长度与 $n$ 相同的素数，要在 $n$ 附近检查随机选取的 $\ln(n)$ 个整数。如果排除了偶数，实际上只需测试 $\ln(n)/2$ 个整数。例如，要找一个 $2^{200}$ 左右的素数，我们只需要进行大约 $\ln(2^{200})/2 = 70$ 次尝试。

下面我们将考虑判定一个大整数是否为素数的方法。一般而言，素数的判定通常有两种方法：确定性素数产生方法、概率性素数产生方法。解决素数问题一种简便的确定性方法是试除。试用每个整数 $2,3,\cdots,\lfloor\sqrt{n}\rfloor$ 分别试除 $n$。很容易看出，$n$ 是素数当且仅当没有一个数能整除 $n$。该方法的时间复杂度是 $O(\sqrt{n})$。因此，只有当 $n$ 较小时，该方法才能有效地执行。

所谓概率性素数判定法，是指一种算法，其输入为一奇数 $n$，输出为两种状态 Yes 或 No 之一。若输出为 No，则表示 $n$ 为合数；若输出为 Yes，则表示 $n$ 为素数的概率为 $1-r$。其中，$r$ 为此素数判定法中可控制的任意小数，但不为 0。由于概率性素数判定算法速度较快，因此，实际应用中大多使用概率性素数判定算法。目前最快的概率性素数判定算法是 Miller-Rabin(拉宾米勒)测试算法。

介绍 Miller-Rabin 测试方法之前，我们回忆一下费马小定理，它为素数判定提供了一个有力的工具。

### 8.1.3.2　费马小定理

如果 $p$ 是一个素数，且 $0 < a < p$，则 $a^{p-1} \equiv 1(\bmod p)$。

例如 67 是素数，则 $2^{66} \equiv 1(\bmod 67)$。我们可以通过计算 $d = 2^{n-1}(\bmod n)$ 来判定整数 $n$ 是否为素数。利用费马小定理，我们可以设计一个判定整数 $n$ 是否为素数的算法，其代码如下：

```
int Prime(int n){
    int d = exp_mod(2, n-1, n);
    if(d != 1)return 0;              //n 是合数
    else
        return 1;                   //n 是素数
}
```

如果上述算法计算 $d \neq 1$，那么由费马小定理的逆反命题，$n$ 肯定是合数。然而，由于费马小定理是判定素数的必要条件，而非充分条件。也就是说，如果 $d = 1$，那么 $n$ 可能是素数，也可能是合数。如果 $n$ 是一个合数，且满足 $a^{n-1} \equiv 1(\bmod n)$，则我们称 $n$ 是一个基为 $a$ 的伪素数。

也就是说，如果算法判定 $n$ 是一个素数，那么当 $n$ 是基于 2 的伪素数时可能出错！那么这个算法出错的概率有多大？其实机会非常小，在小于 10000 的值中，只有其中 22 个值可能出错。最靠前的四个值分别为 341，561，645，1105。如果一个随机选择的 512 位的大数，它是基于 2 的伪素数的概率不到 $1/10^{20}$。因此，上述只是为了某个应用选择一个随机素数，那么上述算法是可行的！然而，如果被测试的数不是随机选取的，而是人为给定的，那么我们下面就可以看到上述算法就不成立了。

那么我们能否通过选择不同的基(例如 $a = 3, 4, \cdots$)来判定素数呢？很遗憾，这样做不行！因为总存在一些合数 $n$，它对所有的基 $a$(满足 $\gcd(a, n) = 1$)，公式 $a^{n-1} = 1(\bmod n)$ 都满足，这样的合数叫 Carmichael 数。前三个 Carmichael 数是 561，1105，1729。Carmichael 数极少，例如，在小于 100000000 的数中，只有 255 个 Carmichael 数。为了对 Carmichael 数进行成功的检测，我们需要对上述算法进行改进。于是，我们引进如下定理：

**定理 8.2** 如果 $p$ 是一个奇素数，则方程 $x^2 \equiv 1(\bmod p)$ 仅仅有两个平凡解，$x = 1$ 或者 $x = -1$。

**证明：**

上述方程等价于 $p \mid (x+1)(x-1)$。显然，有 $p \mid (x+1)$ 或 $p \mid (x-1)$，但不同时成立。如果 $p \mid (x-1)$，那么，$x \equiv 1(\bmod p)$。同样，如果 $p \mid (x+1)$，那么，$x \equiv -1(\bmod p)$。因此，$x = 1$ 或者 $x = -1$。

根据定理 8.2 的逆否命题，如果存在模 $n$ 除了 1，$-1$ 以外的非平凡的平方根，那么 $n$ 是一个合数。

### 8.1.3.3 Miller-Rabin 素数判定算法

Miller-Rabin 算法对前面的素数判定算法进行扩展，它不把 Carmichael 数判定成素数。与前面的素数判定算法相比，它增加了以下两点改进：

(1) 使用随机选取多个基数，而不是只选取 2；

(2) 使用定理 8.2 的结论，来判断是否为合数。

下面的代码是 Miller-Rabin 素数判定算法。算法执行前，先将 $n-1$ 写成 $2^t r$ 的形式。其中，$r$ 是奇数。例如，$n = 561$，$n-1 = 560 = 2^4 \times 35$。

```
int Miller_Rabin_Prime(int n, int t, int r){
    int a, x, t;
    a = rand();
    x = exp_mod(a, r, n);
    for(i = 1; i <= t; t++){
        t = x;
        x = x*x % n;
        if(x == 1&& t != 1 && t != n-1)
            return 0;                        //n 是合数
    }
    if(x! = 1)
        return 0;                            //n 是合数
    return 1;                                //n 是素数
}
```

代码的结构很简单，每次执行都会随机选择一个值 $a$ 作为基数。如果程序从第一个 return 0 语句返回，则它已经发现一个模 $n$ 为 1 的非平凡平方根，因 $x_i = 1$ 但 $x_{i-1} \neq 1$ and $x_{i-1} \neq n-1$。定理 2 表明 $n$ 是合数。

如果程序从第二个 return 0 语句返回，则它已经发现 $x \equiv a^{n-1}(\bmod n) \neq 1$。由费马小定理可知，$n$ 一定是合数。

虽然 Miller-Rabin 算法的结果仍旧有可能产生误差，但这个误差并不依赖于 $n$，而是取决于选择随机数 $a$ 的运气。也就是说，并不存在某些特殊的 $n$，使得算法总判断错误。

可以证明，给定一个合数 $n$ 和一个随机选择的整数 $a(1 < a < n-1)$，程序返回 PRIME 的概率小于 1/4。因此，如果我们重复执行算法 $s$，每次都判定 $n$ 都返回 PRIME 的概率小于 $1/4^s$。例如，取 $s = 10$ 时，$n$ 通过测试的概率小于 $10^{-6}$。因此，取足够大的 $s$，如果 Miller-Rabin 算法总是返回 1，那么我们有很大的把握说 $n$ 是素数。

### 8.1.4 扩展欧几里得算法

介绍扩展欧几里得算法之前，我们先介绍欧几里得算法，它又叫辗转相除法，它用来计算两个数的最大公因子。对整数 $a > b$，总可以写成 $a = bq + r$ 的形式，其中 $q \neq 0$($a$ 除以 $b$ 的商)且 $0 \leqslant r < b$($a$ 除以 $b$ 的余数)。

根据定义，$\gcd(a,b)$ 整除 $a$ 和 $b$，上式表明它必然整除 $r$，所以 $\gcd(a,b) = \gcd(b,r)$。继续使用辗转相除法，我们有如下序列：

$$a = bq_1 + r_1$$
$$b = rq_2 + r_2$$
$$r_1 = r_2q_3 + r_3$$
$$\vdots$$
$$r_{k-3} = r_{k-2}q_{k-1} + r_{k-1}$$
$$r_{k-2} = r_{k-1}q_k + r_k$$

其中，$r_k = 0$，即 $r_{k-1}$ 为 $a$ 和 $b$ 的最大公因子，则欧几里得算法描述如下：

```
int gcd(int a, int b){
    if(b == 0)
        return a;
    else
        return gcd(b, a%b);
}
```

例如，$\gcd(108,42)$ 包括如下递归计算过程：

$$\gcd(108,42) = \gcd(42,24) = \gcd(24,18) = \gcd(18,6) = \gcd(6,0) = 6$$

通过对上述算法的分析，我们知道欧几里得算法的时间复杂度 $O(\log B)$，其中 $B$ 是两个数中较小的那个数。

上述欧几里得算法在计算 $\gcd(a,b)$ 的过程中丢弃了一些中间商数。如果在 $\gcd(a,b)$ 的计算过程把它们积累起来，就可以得到比 $\gcd(a,b)$ 更多的东西。上式计算 $\gcd(a,b)$ 的前两个等式可以写成

$$a + b(-q_1) = r_1$$
$$a(-q_2) + b(1 + q_1q_2) = r_2$$

一般地，对 $i = 1,2,\cdots,k$，我们有

$$ax_i + by_i = r_i$$

因此，存在两个数 $x,y$ 使得

$$ax + by = r_{k-1} = \gcd(a,b)$$

给定输入 $a,b$ ，扩展欧几里德算法实际上就是在求 $a$ 和 $b$ 最大公约数的同时，也将满足方程 $ax + by = \gcd(a,b)$ 的一组 $x$ 和 $y$ 的值求出来。

下面我们介绍扩展欧几里德算法的推导方法。因为 $\gcd(a,b) = ax + by$ ，利用辗转相除法，令 $a' = b$ ， $b' = (a \bmod b)$ 。这里，我们得到另一个公式：

$$a'x' + b'y' = \gcd(a',b')$$

上式也可写成

$$bx' + (a \bmod b)y' = bx' + (a - \lfloor a/b \rfloor * b)y'$$

再调整，得到 $ay' + b(x' - \lfloor a/b \rfloor \times y')$ 。由于 $\gcd(a,b) = \gcd(a',b')$ ，所以有

$$ay' + b(x' - (a/b) \times y') = ax + by$$

恒等变换得

$$x = y'$$
$$y = x' - (a/b) \times y'$$

则在使用扩展欧几里得时，我们就知道相应的参数 $x, y$ 的变化。对应扩展欧几里德算法的代码如下：

```
int ex_gcd(int a, int b, int& x, int& y){
    if(b == 0){
        d = a;
        x = 1; y = 0;
        return d;
    }
    else {
        ex_gcd(b, a%b, x, y);
        int t = x;
        x = y;
        y = t -(a/b)* y;
    }
    return d;
}
```

通过对上述算法的分析，我们知道扩展欧几里得算法的时间复杂度与欧几里得算法的时间复杂度相当，即 $O(\log B)$ ，其中 $B$ 是两个数中较小的那个数。

表 8.1 演示了用 ex_gcd 算法计算 $\gcd(99,78)$ 的过程。调用 ex_gcd(99,78) 返回 $d = 3$ ， $x = -11$ ， $y = 14$ ，则有 $\gcd(99,78) = 99 \times (-11) + 78 \times 14$ 。

表 8.1  ex_gcd 算法计算 gcd(99,78)的过程

| a | b | a/b | d | x | y |
|---|---|---|---|---|---|
| 99 | 78 | 1 | 3 | −11 | 14 |
| 78 | 21 | 3 | 3 | 3 | −11 |
| 21 | 15 | 1 | 3 | −2 | 3 |
| 15 | 6 | 2 | 3 | 1 | −2 |
| 6 | 3 | 2 | 3 | 0 | 1 |
| 3 | 0 | — | 3 | 1 | 0 |

递归函数返回的条件是当 $b=0$ 时，这时函数返回最大公约数 $a$，而且返回系数 $x=1$ 和 $y=0$，使得 $a=ax+by=a\times1+b\times0$。如果 $b\neq0$，则必须先计算满足 $d'=bx'+(a\bmod b)y'$ 的值 $(d',x',y')$。由于 $d=\gcd(a,b)=d'=\gcd(b,a\bmod b)$，我们可以利用上面推导的公式

$$x=y'$$
$$y=x'-(a/b)*y'$$

来计算满足 $d=ax+by$ 的系数 $x,y$。

对于我们而言，扩展欧几里得算法的一个重要的应用是求解乘法逆元。在 RSA 参数生成阶段，已知 $e$ 和 $\phi(N)$，我们需要计算值 $d=e^{-1}\bmod(\phi(N))$，使得 $ed\equiv1\bmod\phi(N)$。

由 $\gcd(\phi(N),e)=1$，上述计算过程可表示为求解系数 $d$ 和 $k$，使得 $ed+k\phi(N)=\gcd(e,\phi(N))=1$。因此，我们可用扩展欧几里得算法快速地求解 RSA 私钥 $d$。

## 8.2 因子分解算法

对于密码学算法而言，其最高的评价准则不是计算复杂度，而是安全性。再好的密码算法，若不安全则一文不值。若一个算法不安全，证明它是不安全的则很容易，只需要找到一种攻击即可。但是，要证明一个算法的安全性是很难的，因为它需要证明不存在针对该算法的任何攻击。因此，一个密码学算法的安全性只能通过时间来检验，如果经过多年的攻击，仍然不能破解，那么我们就相信这个算法是安全的。

RSA 从提出到现在已经三十多年，经历了各种攻击的考验，逐渐为人们接受，普遍认为是目前最优秀的公钥方案之一。RSA 的安全性依赖于整数因子分解的难度。如果 $N=pq$ 被因式分解，则攻击者得到解密密钥 $d$，从而能解密密文，因此 RSA 解密问题不比因子分解难。但是 RSA 解密问题是否等价于大数分解一直未能得到理论上的证明，因为没有证明破解 RSA 解密问题就一定需要做整数因子分解。

分解模数 $N$ 是最直接也是最显然的攻击目标，它一直是数论与密码学理论研究的重要课题，费马、欧拉和高斯等数学家都对因子分解算法做出过巨大的贡献。如同素数检测算法，最简单的因子分解算法是试除。试用每个整数 $2,3,\cdots,\lfloor\sqrt{N}\rfloor$ 分别试除 $N$，则一定能找到 $N$ 的因子，但该方法的时间复杂度是 $O(\sqrt{N})$。因此，只有当 $N$ 较小时，该方法才能有效地执行。

人们提出了许多比试除法更快的高级因子分解算法，其中最新的广义数域筛法有亚指数时间复杂度，它使得我们应该规定 $p,q$ 为 512 位大素数，$N$ 为 1024 位合数。由于广义数域筛法的知识超出本书范围，本节我们将介绍经典的 Pollard's p-1 法和 Pollard's rho 法。

### 8.2.1 Pollard's p-1 法

Pollard's rho 法可以高效地找到 $N=pq$ 的一个因子 $p$，如果 $p-1$ 只有小素因子。其关键的方法是找一个整数 $a$，使得

$$a\equiv1(\bmod p)$$
$$a\equiv1(\bmod q)$$

上式表示 $p$ 整除 $a-1$，但 $q$ 不整除 $a-1$。因此，$\gcd(a-1,N)=p$ 是一个非平凡因子。

那么怎样来找到这样一个 $a$ 呢？

我们先给出定义：整数 $n$ 是 $B$ 平滑的，如果 $n$ 的每个素因子的幂均小于或等于 $B$。如 $n = 2^5 3^3$，那么 $n$ 是 32 平滑。现在假设我们知道某个 $B$，使得 $p-1$ 是 $B$ 平滑的，而 $q-1$ 不是 $B$ 平滑的。于是有 $p-1 | B!, q-1 \nmid B!$，然后我们计算 $a = 2^{B!} (\bmod N)$。

由于 $p-1 | B!$，由费马定理 $a^{p-1} \equiv 1 (\bmod p)$ 可知 $a \equiv 1 (\bmod p)$。由于而 $q-1$ 不是 $B$ 平滑的，可以证明，$a! \equiv 1 (\bmod q)$ 以很大的概率成立。因此，我们找到 $a$ 满足

$$p | a-1$$
$$q \nmid a-1$$

因此，我们可以计算 $p = \gcd(a-1, N)$。

```
int Pollard_p_minus_1(int N, int B){
    int i, d, x = 2;
    for(int i = 2;i <= B;i++)x = expmod(x, i, N);
    d = gcd(x-1, N);
    if(d == 1||d == N)return -1;                    // 失败
    return d;
}
```

Pollard's rho 法的时间复杂度为 $O(B \log B)$，因此只有 $B$ 较小时，此算法才是有效的。例如，设 $N = 15770708441 = 135979 \times 115979$，则

$$p-1 = 135979 - 1 = 2 \times 3 \times 131 \times 173$$
$$q-1 = 115979 - 1 = 2 \times 103 \times 563$$

设 $B = 180$，$x = 2$，计算可得

$$a = 2^{180!} (\bmod N) = 1162022425$$

于是，有

$$p = \gcd(a-1, N) = 135979$$

**注意**：$B$ 的选择很重要，$B$ 太小或者太大都可能找不到非平凡解。

例如 $N = 61 \times 71$，那么 $61-1 = 60 = 2^2 \times 3 \times 5$ 和 $71-1 = 70 = 2 \times 5 \times 7$ 均是 7 平滑的。假设 $B = 7$，有 $2^{7!} - 1 \equiv 0 (\bmod N)$。因此，$\gcd(2^{7!} - 1, N) = N$，这是一个平凡解，没什么用。

假设 $B = 5$，那么 $2^{5!} - 1 \equiv 1464 (\bmod N)$，$\gcd(2^{5!} - 1, N) = 61$，这是一个非平凡解。即使选择正确的 $B$，算法也可能找不到非平凡因子，这种情况下可以选择新的 $x$，重新执行算法，它最终将输出非平凡解。

由于 Pollard p-1 算法，RSA 合数 $N = pq$ 通常应该选为使得 $p-1$，$q-1$ 均有大素数因子，即

$$p-1 = 2p_1 + 1$$
$$p-1 = 2p_2 + 1$$

其中，$p_1, q_1$ 均是大素数。这样的素数 $p, q$ 称为安全素数。当使用安全素数时，由于 $B$ 很大，Pollard p-1 算法将不再有效。

### 8.2.2 Pollard's rho 法

Pollard rho 算法的原理是找到其中两个整数 $x_i, x_j \in Z_N$，使得下面两条件同时成立：

$$x_j - x_i = 0 (\bmod p)$$
$$x_j - x_i \neq 0 (\bmod N)$$

这样，$p = \gcd(x_j - x_i, N)$ 就是 $N$ 的一个非平凡因子。

如何找到符合要求的 $x_i, x_j$ 呢？一种方法是通过 $x_i = f(x_{i-1}) \bmod N$ 计算一个随机序列 $x_0, x_1, x_2, \cdots, x_k$ 直到找到 $x_i, x_j$ 满足上述条件，于是 $\gcd(x_j - x_i, N)$ 产生 $N$ 的一个非平凡因子。例如，设 $N = 1079 = 13 \times 83$，$f(x) = x^2 - 1, x_0 = 2$，那么一系列整数如下：

$$2, 3, 8, 63, 1194, 1186, 177, 814, 996, 310, 396, \cdots$$

每一步，我们都计算 $\gcd(x_j - x_i, N)(i < j)$，即

$$\gcd(x_1 - x_0, N) = \gcd(3 - 2, 1079) = 1$$
$$\gcd(x_2 - x_1, N) = \gcd(8 - 3, 1079) = 1$$
$$\gcd(x_2 - x_0, N) = \gcd(8 - 2, 1079) = 1$$
$$\gcd(x_3 - x_2, N) = \gcd(63 - 8, 1079) = 1$$
$$\gcd(x_3 - x_1, N) = \gcd(63 - 3, 1079) = 1$$
$$\gcd(x_3 - x_0, N) = \gcd(63 - 2, 1079) = 1$$
$$\gcd(x_4 - x_3, N) = \gcd(1194 - 63, 1079) = 13$$

本算法只需要 7 次计算就找 1079 的一个因子 13。

上述算法要对所有的 $i, j \leqslant k$ 均计算 $\gcd(x_j - x_i, N)$，随着序列长度的增加计算量 $\binom{k}{2} = O(k^2)$ 将很大。而且我们还要将所有序列存储起来再进行比较，因此，空间复杂度 $O(k)$ 也很大。

Pollard rho 算法用 $f(x) = x^2 + 1 (\bmod N)$ 生成序列，不对每对 $x_i, x_j (i, j \leqslant k)$ 进行比较，而是使用一个叫 Floyd 循环检测方法来计算 $\gcd(x_{2i} - x_i, N), i = 1, 2, \cdots$，以提高效率。为什么这么做是正确的？

假设 $x_t \equiv x_{t+\ell} (\bmod p)$，其中 $\ell$ 是周期，容易知道下列序列也成立 $x_{t+\delta} \equiv x_{t+\delta} (\bmod p)$，$\delta = 0, 1, 2, \cdots$，这时取 $i = t + \ell - (t \bmod \ell) = \ell * \lfloor t / \ell \rfloor$。可以看出，$t \leqslant i < t + \ell$ 并且是周期 $\ell$ 的最小倍数，于是 $2i - i = i$ 也是周期 $\ell$ 的倍数，即 $x_{2i} = x_i (\bmod p)$ 成立。

相比与上述方法，Pollard rho 算法计算次数从 $O(k^2)$ 降低到 $O(k)$，而且空间复杂度仅为 $O(1)$。

那么当 $k$ 多大时，我们可以找到其中一对符合要求的 $x_i, x_j (i, j \leqslant k)$ 呢？由于所有的值 $x_0, x_1, x_2, \cdots, x_k$ 均取随机均匀取值于 $Z_N$。因此，$\{x_i \bmod p\}_{i=1}^{k}$ 随机取值于 $Z_p$。由生日悖论[①]可

---

① 生日悖论，指如果一个房间里有 23 个或 23 个以上的人，那么至少有两个人的生日相同的概率要大于 50%。这就意味着在一个典型的标准小学班级(30 人)中，存在两人生日相同的可能性更高。对于 60 或者更多的人，这种概率要大于 99%。从引起逻辑矛盾的角度来说生日悖论并不是一种悖论，从这个数

证，平均意义上 $k = O(\sqrt{p})$，找到 $x_i, x_j (i, j \leqslant k)$ 使得 $x_j \equiv x_i (\mathrm{mod}\, p)$。此外，由于 $x_i, x_j$ 均取随机均匀取值于 $Z_N$，只要 $p$ 比 $N$ 小很多，$x_j \equiv x_i (\mathrm{mod}\, N)$ 不成立可能性很大。因此，由于 $N = pq$，Pollard rho 算法时间复杂度为 $O(\sqrt{p}) = O(N^{1/4})$。

上述分析是启发式的，因为函数 $f(x) = x^2 + 1(\mathrm{mod}\, N)$ 并不是完全随机的，该算法可能失败，这时它输出平凡的因子 $N$，这个结果没意义。这时，我们可以选择新的函数 $f(x) = x^2 + c(\mathrm{mod}\, N)(c > 1)$ 重新运行程序。

对应的 Pollard rho 算法代码如下：

```
int f(int a){
    int c = 1;
    return a*a+c;
}
int PollardRho(int N){
    int a0 = 2;
    int x = a0, y = a0, d = 1;
    while(d == 1){
        x = f(x)%N;
        y = f(f(y)%N)%N;
        if(x == y)return -1;
        d = gcd(abs(x-y), N);
    }
    return d;
}
```

其中，$d$ 为整数 $N$ 的非平凡因子。

## 8.3 离散对数密码算法

除了 RSA 密码体制以外，还有一大类基于离散对数问题的密码体制，称为离散对数密码体制。其中，最著名的就是 Diffie-Hellman 密钥交换协议和 ElGamal 加密体制。$Z_p^*$ 上的离散对数问题定义如下：

输入：给定 $g \in Z_p^*, Y \in <g>$；

输出：唯一的 $x$ 使得 $Y = g^x(\mathrm{mod}\, p)$，记 $x = \log_{g,p} Y$。

### 8.3.1 Diffie-Hellman 密钥交换协议

前面提到，对称密码体制要求在进行通信之前通信双方必须建立一个密钥。在公钥密

学事实与一般直觉相抵触的意义上，它才称得上是一个悖论。大多数人会认为，23 人中有 2 人生日相同的概率应该远远小于 50%。计算与此相关的概率被称为生日问题。

生日悖论的本质就是，随着元素增多，出现重复元素的概率会以惊人速度增长，而我们低估了它的速度。这个问题不容忽视，因为它意味着，在密码学中，我们低估了散列值出现碰撞的概率。这一结论应用于对散列函数的攻击中，称为"生日攻击(Birthday Attack)"。

码体制提出之前，通信双方建立共享密钥一直是比较困难的问题，通常需要假设一条安全信道来分配密钥。

公钥密码体制的主要目标就是无须安全信道就可以为通信双方建立密钥。最早实现这一目标的是 Diffie-Hellman 密钥交换协议，如图 8.4 所示。图中 $p$ 为大素数，$g$ 为生成元，而 Alice 和 Bob 共享一个秘密元素 $k$。

| **Alice**$(g, p)$ | | **Bob**$(g, p)$ |
|---|---|---|
| 1．生成随机数 $x \in \mathbb{Z}_{p-1}$ | | 1．生成随机数 $y \in \mathbb{Z}_{p-1}$ |
| 2．计算 $X = g^x (\bmod p)$ | $\xrightarrow{\quad X \quad}$ $\xleftarrow{\quad Y \quad}$ | 2．计算 $Y = g^y (\bmod p)$ |
| 3．计算密钥 $k = Y^x (\bmod p)$ | | 3．计算密钥 $k = X^y (\bmod p)$ |

图 8.4　Diffie-Hellman 密钥交换协议

其中，(1)Alice 选择 $x \in Z_{p-1}$，计算 $X = g^x (\bmod p)$，发送 $X$ 给 Bob；(2)Bob 选择 $y \in Z_{p-1}$，计算 $Y = g^y (\bmod p)$，发送 $Y$ 给 Alice；(3)Alice 计算 $k = Y^x (\bmod p)$；(4)Bob 计算 $k = X^y (\bmod p)$。

例如，设 $p = 43$、$g = 3$ 是 mod 43 的生成元。Alice 和 Bob 知道公开参数 $(p, g) = (43, 3)$。为了协商一个密钥，Alice 随机选取她的秘密指数 8，将 $3^8 \equiv 20 (\bmod 43)$ 发送给 Bob；同时 Bob 随机选取她的秘密指数 37，将 $3^{37} \equiv 20 (\bmod 43)$ 发送给 Alice。于是，他们所协商的密钥就是 $9 \equiv 20^8 \equiv 25^{37} (\bmod 43)$。

Diffie-Hellman 密钥交换协议以令人惊奇地简单的方法为通信双方生成一个共同的随机密钥，该密钥可当作对称密钥体制的密钥，因此它成功地解决了对称密码体制密钥分配问题。然而，该协议并不是真正意义上的公钥加密体制，Alice 不能用它将有意义的消息传送给 Bob。但是，其实它离真正的公钥加密体制其实只有一步之遥，它很容易转换成公钥加密体制。

### 8.3.2　ElGamal 公钥密码算法

1985 年，ElGamal 将 Diffie-Hellman 密钥交换协议改造成 ElGamal 公钥加密体制，其基本思想是：

(1) 消息接收者 Bob 不是每次通信都生成一个临时随机值 $Y$，而是生成一个固定公钥 $Y$；

(2) 消息发送者 Alice 则每次选择一个随机 $C_1 = X$，计算密钥 $k = Y^x (\bmod p)$，然后她将消息 $M$ 与 $k$ 相乘得到 $C_2$，最后 Alice 将 $C_1, C_2$ 一起发送给 Bob；

(3) 由于 Bob 能够计算 $k = X^y (\bmod p)$，于是他能从 $C_2$ 中解密出明文 $M$。

#### 8.3.2.1　参数生成

(1) Alice 选择两个随机大素数 $p$；

(2) 选择 $Z_p^*$ 的一个生成元 $g$；

(3) 随机选择 $x \in Z_p^*$ 作为私钥，计算公钥 $Y = g^x (\bmod p)$；

公钥 $PK = (p, g, Y)$，私钥 $SK = x$。

#### 8.3.2.2 加密

对明文 $M < p$，发送者 Bob 选取 $k \in Z_{p-1}$，计算密文 $(c_1, c_2)$：

$$c_1 = g^k (\bmod\ p)$$
$$c_2 = Y^k M (\bmod\ p)$$

#### 8.3.2.3 解密

对密文 $(c_1, c_2)$，Alice 使用其私钥 $x$ 计算

$$M = c_2 / c_1^x (\bmod\ p)$$

ElGamal 公钥密码算法的正确性很容易证明，私钥拥有者能从密文 $(c_1, c_2)$ 正确地恢复明文 $M$，有 $c_2 / c_1^x \equiv c_2 / (g^k)^x \equiv Y^k M / g^{kx} \equiv M (\bmod\ p)$。

例如，Alice 选取 7 为她的私钥，计算公钥 $37 = 3^7 (\bmod\ 43)$，公开参数为 $(p, g, Y) = (43, 3, 37)$。

现假设发送者 Bob 明文消息为 $M=14$，他随机选择指数 26，计算

$$c_2 = 37^{26} \times 14 \equiv 31 (\bmod\ 43)$$
$$c_1 = 3^{26} \equiv 15 (\bmod\ 43)$$

则密文为 $(15, 31)$。

为了解密密文 $(15, 31)$，Alice 利用私钥 7 来计算 $c_2 / c_1^x \equiv 31 / 15^7 \equiv 14 (\bmod\ 43)$。

## 8.4 离散对数算法

Diffie-Hellman 密钥交换协议和 ElGamal 公钥密码算法的安全性均基于离散对数问题的难度，看上去求解离解对数问题看上去和实数范围内求对数类似，然而却并不相同。在实数范围内，我们要近似解，而这里我们要求解是精确的。解决离散对数问题的方法有很多种，最简单的穷举法。给定 $g$ 和 $Y$，计算如下序列：

$$g^1, g^2, g^3, \cdots, g^q$$

我们一定可以找到唯一的值 $x$ 使得 $g^x \equiv Y (\bmod\ p)$，然而计算复杂度是 $O(q)$。其中，$q = p - 1$ 是群 $Z_p^*$ 的阶。因此，对于较大的群[①]，我们需要更快的算法。为此人们提出了许多比试除法更快的高级因子分解算法，其中，最新的指数演算法有亚指数时间复杂度，它使得我们应该规定模数 $p$ 为 1024 位大素数。由于指数演算法的知识超出本书范围，下面我们介绍经典的小步/大步法和 Pohlig-Hellman 法。

---

① 群 $(S, \oplus)$ 是一个集合和定义在 $S$ 上的二进制运算 $\oplus$，该运算满足 4 个性质：封闭性(对所有 $a, b \in S$，有 $a \oplus b \in S$)、单位元(存在一个元素 $e \in S$，称为群的单位元，满足对所有 $a \in S$，有 $a \oplus e = a \oplus e = a$)、结合律(对所有 $a, b, c \in S$，有 $(a \oplus b) \oplus c = a \oplus (b \oplus c)$)和逆元(对每个 $a \in S$，存在唯一的元素 $b \in S$，称为 $a$ 的逆元，满足 $a \oplus b = b \oplus a = e$)。例如，对于整数加法群 $(Z, +)$，0 为单位元，$a$ 的逆元为 $-a$；对于整数乘法群 $(Z, \times)$，1 为单位元，$a$ 的逆元为 $a-1$；若 $|Z| < \infty$，则称它是一个有限群；若 $a \oplus b = b \oplus a$，则称其是一个交换群。

### 8.4.1 小步/大步法

Shanks 发明的小步/大步方法将求解离散对数问题的复杂度降低到 $O(\sqrt{q})$。其中，$q$ 是群的阶。

记 $t = \lceil \sqrt{q} \rceil$ 的序列，如果 $Y = g^x$，那么我们可写 $x = x_0 + x_1 t$。由于 $x \leqslant q$，因此 $0 \leqslant x_0, x_1 < 1$。我们现在计算小步序列 $g_i = g^i, 0 \leqslant i < t$。

我们将把这些对 $\{g_i, i\}_{i=0}^{t-1}$ 以第一个元素为索引存储起来以便以后的查找，这可以通过按第一个元素排序或者使用 Hash 表技术来实现。我们现在计算大步序列 $h_j = Yg^{-jt} (0 \leqslant j < t)$。

对每个元素 $h_j$，我们在小步序列中查找一个元素，使得 $g_i = h_j$，因此 $g_i = Yg^{-jt} \Leftrightarrow Y = g^{i+jt}$。由 $x_0 = i, x_1 = j$，我们可以容易解决 $\log_g Y = (i + jt)$。

由于该算法需要计算 $t = \lceil \sqrt{q} \rceil$ 长度的小步序列并把它存储起来，所以它的时间与空间复杂度均为 $O(\sqrt{q})$。例如，设一个循环群 $Z_{113}^*$，其阶为 112。设 $g = 3, Y = 57$，现求 $\log_3 57$（以下运算略去(mod 113)）。

(1) 首先设 $\lceil \sqrt{113} \rceil = 11$；

(2) 构造表小步序列 $(g_i, i), 0 \leqslant i < 11$，结果如下：

| $i$ | 0 | 1 | 2 | 3 | 4 | 5 | 6 | 7 | 8 | 9 | 10 |
|---|---|---|---|---|---|---|---|---|---|---|---|
| $3^i$ | 1 | 3 | 9 | 27 | 81 | 17 | 51 | 40 | 7 | 21 | 63 |

(3) 将上述小步序列按第二个元素排序，结果如下：

| $i$ | 0 | 1 | 8 | 2 | 5 | 9 | 3 | 7 | 6 | 10 | 4 |
|---|---|---|---|---|---|---|---|---|---|---|---|
| $3^i$ | 1 | 3 | 7 | 9 | 17 | 21 | 27 | 40 | 51 | 63 | 81 |

(4) 计算大步序列 $h_j = Yg^{-jt}, 0 \leqslant j < t$，结果如下：

| | $j$ | 0 | 1 | 2 | 3 | 4 | 5 | 6 | 7 | 8 | 9 |
|---|---|---|---|---|---|---|---|---|---|---|---|
| $h_j = 57 \times 3^{-11j}$ | | 57 | 29 | 100 | 37 | 112 | 55 | 26 | 39 | 2 | 3 |

(5) 对照小步、大步序列表，可知当 $i = 1, j = 9$ 时，$h_j = g_i$，即 $\log_3 57 = (1 + 9 \times 11) = 100$。

小步/大步算法的代码如下：

```
#include <stdio.h>
#include <math.h>
//小步/大步法解决离散对数问题
#define MAXN 1000
struct HashNode{int  data, id, next;};
HashNode  hash[MAXN*2];              //用 Hash 表技术来实现元素查找
bool flag[MAXN*2];                   //flag[i] == 0，表示位置 i 没有放入元素
int  top;                            //用于解决冲突
void insert(int a, int b){
    int  k = b&MAXN;
    if(flag[k] == false){            //可放
        flag[k] = true;
        hash[k].next = -1;
        hash[k].id = a;
        hash[k].data = b;
        return;
```

```
        }
        while(hash[k].next != -1){    //冲突
            if(hash[k].data == b)return;
            k = hash[k].next;
        }
        if(hash[k].data == b)return;
        hash[k].next = ++top;
        hash[top].next = -1;
        hash[top].id = a;
        hash[top].data = b;
}
int find(int b){
    int k = b&MAXN;
    if(flag[k] == false)return -1;
    while(k != -1){
        if(hash[k].data == b)return hash[k].id;        //找到则返回序号
        k = hash[k].next;
    }
    return -1;
}
int babyStep_giantStep(int a, int b, int c){
    top = MAXN;
    b% = c;
    int tmp = 1, i;
    for(i = 0;i< = 100; tmp = tmp*a%c, i++)
        if(tmp == b%c)return i;
    int d = 1;
    int m =(int)ceil(sqrt(C+0.0));
    for(tmp = 1, i = 0;i< = m;tmp = tmp*a%c, i++)insert(i, tmp);
    int x, y, k = exp_mod(a, m, c);
    for(i = 0;i< = m;i++){
        ex_gcd(d, c, x, y);
        tmp =((b*x)%c + c)% c;
        if((y = Find(tmp))! = -1)
            return i * M + y ;
        d = d* k% c;
    }
    return -1;
}
int main(){
    int a, b, c;
    scanf("%d%d%d", &a, &b, &c);
    int tmp = BabyStep_GiantStep(a, b, c);
        if(tmp<0)puts("No Result!");
        else
            printf("%d\n", tmp);
    return 0;
}
```

该算法的时间与空间复杂度均为 $O(\sqrt{q})$，优于穷举法的 $O(q)$。

## 8.4.2　Pohlig-Hellman 法

Pohlig-Hellman 法可以高效地求解 $Z_p^*$ 中的离散对数问题，如果 $p-1=q_1,q_2,\cdots,q_k$ 每一个因子 $q_i(1\leq i\leq k)$ 都较小。回忆一下，$ord_p(g)$ 表示最小的正整数使得 $ord_p(g)=1$，我们

先介绍下面的引理。

**引理：** 如 $ord_p(g) = q, t \mid q$，那么 $ord_p(g^t) = q/t$。

**证明：** 由于 $(g^t)^{q/t} = g^q = 1$，因此 $ord_p(g^t) \leqslant q/t$。设 $i > 0$ 使得 $(g^t)^i = 1$，那么 $g^{ti} = 1$。由于 $ord_p(g) = q$，那么 $ti > q$，即 $i \geqslant q/t$。因此 $ord_p(g^t) = q/t$。

现在，我们将 $q$ 因子分解 $q = \prod_{i=1}^k q_i$。这些 $\{q_i\}$ 是互素的。我们知道 $(g^{q/q_i})^x = (g^x)^{q/q_i} = Y^{q/q_i}, i = 1, \cdots, k$。我们将 $g^{q/q_i}$ 记为 $g_i$，于是我们得到了 $k$ 个离散对数问题 $g_i^x \{1 \leqslant i \leqslant k\}$，这些问题工作在更小的循环子群，这些子群的阶为 $ord_p(g_i) = q_i$。现在我们可以使用其他求解离散对数的方法，如小步/大步方法解决 $k$ 个小子群离散对数问题，从而得到 $\{x_i\}_{i=1}^k$ 满足 $g_i^{x_i} = Y^{q/q_i} = (g_i)^x$。易知 $x \equiv x_i \bmod q_i, i = 1, \cdots, k$。因此有

$$x \equiv x_1 \bmod q_1$$
$$x \equiv x_2 \bmod q_2$$
$$\vdots$$
$$x \equiv x_i \bmod q_i$$

上式可由中国剩余定理高效地求解 $x \equiv \bmod q$。

例如设一个循环群 $Z_{31}^*$，其阶为 $q = p - 1 = 30 = 2 * 3 * 5$。设 $g = 3, Y = 26$，现求 $\log_3 26$（以下运算略去 (mod 31)）。其计算序列如下：

$$(3^{30/2})^x = (3^x)^{15} \Rightarrow (3^{15})^x = 30^x = 26^{15} = 30$$
$$(3^{30/3})^x = (3^x)^{10} \Rightarrow (3^{10})^x = 25^x = 26^{10} = 5$$
$$(3^{30/5})^x = (3^x)^6 \Rightarrow (3^6)^x = 16^x = 26^6 = 1$$

于是，我们用小步/大步法求解上述小子群离散对数问题，得到

$$x \equiv 0 \bmod 5$$
$$x \equiv 2 \bmod 3$$
$$x \equiv 1 \bmod 2$$

由中国剩余定理可求解 $x \equiv 5 \bmod 30$，即 $3^5 \equiv 26 \bmod 31$。

Pohlig-Hellman 算法的时间复杂度为 $O(poly \log(q)) * \sum_i^k \sqrt{q_i}$。由于 $q$ 最多有 $\log(q)$ 个因子，因此，时间复杂度可简化为 $O(poly \log(q) * \max_i\{\sqrt{q_i}\})$。因为 Pohlig-Hellman 法的时间复杂度取决于群阶 $q$ 的最大因子 $q_i$，与小步/大步法相比有明显的改善。然而 Pohlig-Hellman 法仅当 $q_i$ 较小时才有效。

例如，考虑乘法群 $Z_p^*$，其中 $p$ 为 107 位十进制素数：

$$p = 22708823198678103974314518195027102158525052496759285596453269189798311427475159776411276642277139650833937$$

因子分解 $p - 1 = 2^4 \times 104729^8 \times 224737^8 \times 350377^4$。由于 $p - 1$ 的最大素数因子仅为 350377，这样 Pohlig-Hellman 法计算离散对数问题就简单了。然而，如果 $p - 1$ 含大素数因子，那么 Pohlig-Hellman 法就无效了。根据 Pohlig-Hellman 法，我们在选择群 $Z_p^*$ 时，要求 $p - 1$ 有大素数因子。

# 8.5　ACM 的经典问题

## 8.5.1　简单的加密算法(难度：★★☆☆☆)

### 1. 题目描述

简单的加密算法：把字符串中的字符替换成另外的字符，只有对方知道如何替换就可以解密。要求根据给定的加密方法和密文，得到原始消息。

**输入格式**

第一行输入密钥，第二行输入密文。

**输出格式**

对输入的数据输出解密后的原始信息。

**输入样例**

eydbkmiqugjxlvtzpnwohracsf

Kifq oua zarxa suar bti yaagrj fa xtfgrj

**输出样例**

Jump the fence when you seeing me coming

### 2. 题目分析

第一行的"eydbkmiqugjxlvtzpnwohracsf"相当于密钥，含义是 a 对应 e、b 对应 y、c 对应 d，…。因此，只要把密文序列中的相应字符替换为对应后面的字符即可。即对于"Kifq oua zarxa suar bti yaagrj fa xtfgrj"，把 K 替换成 J，把 i 替换成 u，把 f 替换成 m，…。但要注意大小写。

编程的时候，可以定义数组表示密钥。然后对密文进行遍历得到原始信息。

### 3. 问题实现

```
#include<stdio.h>
void main(){
    char a[128], b[100], c[100];
    int i;
    int j = 0;
    //freopen("in.txt", "r", stdin);
    for(i = 'a';i< = 'z';i++){
        scanf("%c", &a[i]);
    }
    for(i = 'a';i< = 'z';i++){
        a[i-32] = a[i]-32;              //复制到大写字母的区域
    }
    getchar();
    gets(b);                           //输入需要转换的字符串
```

```
    while(b[j]! = '\0'){              //如果需要转换的字符串没有到达末尾继续转换
        if(b[j] == ' '){             //如果是空格，不转换
            c[j++] = b[j];
            continue;
        }
        c[j] = a[b[j]];
        j++;
    }
    c[j] = '\0';                     //加上结束符
    puts(c);
}
```

### 8.5.2 古代密码(难度：★★★☆☆)

**1. 题目描述**

古罗马帝国有两种简单的加密算法，第一种按照顺序替换，例如把 a-y 分别替换成 b-z，把 z 替换成 a，这样可以把 VICTORIOUS 替换成 WJDUPSJPVT。

第二种是打乱顺序消息的顺序，例如<2, 1, 5, 4, 3, 7, 6, 10, 9, 8>的含义就是把第二个字符放在第一位，而把第一位的字符放到第二位，然后是第 5 个字符，第 4 个字符，…，可以把 VICTORIOUS 替换成 IVOTCIRSUO。

后来发现同时使用两种算法，加密效果更好。可以把 VICTORIOUS 替换成 JWPUDJSTVP。

题目要求：能不能把第二行中的原文转换为第一行的密文。

**输入格式**

输入包括两行：第一行为加密后的密文，第二行原文。

**输出格式**

如果能够按此方法把第二行的原文转换为第一行的密文，则输出 YES，否则输出 NO。

**输入样例**

JWPUDJSTVP
VICTORIOUS

**输出样例**

YES

**2. 题目分析**

首先，要找出规律，第二种方法只会改变每个字符的位置，但是不会影响每个字符在字符串中出现的次数。例如 A 在原来的字符串中出现 3 次，那么通过第二种算法它出现的次数还是 3 次。第一种算法虽然改变了字符串的内容，但是有些东西没有变化，例如原来字符串中的 a、b、c 出现的次数分别 n1、n2、n3，假设 abc 替换 def，则 d、e、f 出现的次数应该是 n1、n2、n3。所以只要保证相对位置上的字符出现的次数相同即可实现转换。

统计输入信息第一行中每个字符出现的次数。使用长度为 26 的数组表示，分别表示字母 A 到字母 Z 出现的次数，使用 int[] a 表示。

　　统计输入信息第二行中的每个字符出现的次数。使用长度为 26 的数组表示，分别表示字母 A 到字母 Z 出现的次数，使用 int[] b 表示。

　　我们循环 26 次，第 j 次循环中，再循环比较 a[(i+j)%26] 与 b[i] 是否相同，如果都相同则说明能够转换，输出 YES 即可，退出外层循环，否则继续循环。如果 26 次循环完之后，没有得到结果，输出 NO。

### 3. 问题实现

```c
#include<stdio.h>
#include<string.h>
void init(), work(), sort(), print();
int sum1[120], sum2[120], sm1, sm2, count1[120], count2[120], bj;
char s1[120], s2[120];
int main(){
    init();
    work();
    return 0;
}
void init(){
    int i;
    for(i = 1; i < = 119; ++i){
        sum1[i] = sum2[i] = count1[i] = count2[i] = 0;
    }
    sm1 = 0;
    sm2 = 0;
    gets(s1);
    gets(s2);
}
void work(){
    int i;
    for(i = 0 ; i < = strlen(s1)- 1; ++i){
        ++sum1[s1[i] - 'A' + 1];
        ++sum2[s2[i] - 'A' + 1];
    }
    for(i = 1; i < = 26; ++i){
        if(sum1[i])
            count1[++sm1] = sum1[i];
        if(sum2[i])
            count2[++sm2] = sum2[i];
    }
    if(sm1 != sm2){
        bj = 1;
        print();
    }
    else {
        sort();
        bj = 2;
        for(i = 1; i <= sm1; ++i)
```

```
                if(count1[i] != count2[i]){
                    bj = 1;
                    break;
                }
            print();
        }
}
void print(){
    if(bj == 1)printf("NO\n");
    else
        printf("YES\n");
}
void sort(){
    int i, j, ch;
    for(i = 1; i <= sm1; ++i)
        for(j = i + 1; j < = sm1; ++j){
            if(count1[i] > count1[j]){
                ch = count1[i];
                count1[i] = count1[j];
                count1[j] = ch;
            }
            if(count2[i] > count2[j]){
                ch = count2[i];
                count2[i] = count2[j];
                count2[j] = ch;
            }
        }
}
```

# 8.6 小　　结

　　本章介绍了著名的并已得到广泛应用的两类公钥密码体制：RSA 公钥密码体制和离散对数密码体制，并给出算法实现过程。同时，我们介绍了这两类公钥体制的基石：因子分解问题和离散对数问题。

　　我们介绍了 RSA 算法的原理，介绍了实现 RSA 算法的关键技术步骤：如快速模幂算法、Miller-Rabin 素数判定算法、扩展欧几里得算法。然后，我们介绍了求解因子分解的算法 Pollard's p-1 和 Pollard's rho 方法。

　　我们也介绍了另一类基于离散对数问题的公钥密码体制：Diffie-Hellman 密钥交换协议和 ElGamal 公钥加密体制。然后，我们介绍了求解离散对数问题小步/大步法和 Pohlig-Hellman 法。

　　通过本章的学习，我们应该掌握公钥密码学的概念，理解 RSA 公钥密码体制和离散对数公钥密码体制工作原理以及实现细节，能够编程实现这些算法，并且了解因子分解问题和离散对数问题的求解过程。

　　同时，本章最后也对 ACM 两个经典问题(简单加密算法问题、古代密码问题)进行了解析，以期提高大家对加密算法的掌握程度。

## 8.7　习　　题

1. 使用 RSA 的公钥加密体制中，已知公钥 $n = 33$，$e = 7$，$M = 5$，那么密文是多少？

2. 使用 RSA 的公钥加密体制中，已知公钥 $e = 5$，$n = 35$，现已截获一个密文 $C = 10$，那么明文 $M$ 是多少？

3. Bob 使用 RSA 公钥加密体制，其中模数 $n$ 非常大，不能够因子分解。假设 Alice 给 Bob 发送消息，她将消息按字母单独分组加密，这种方法安全吗？为什么？

4. Bob 截获了一个发给 Alice 的密文 $C$，它是用 Alice 的公钥加密 $e$ 的。Bob 想得到明文 $M$。如果他选择一个小于 $n$ 的随机数 $r$，并计算

$$Z = r^e \bmod N$$

$$X = ZC \bmod N$$

然后，Bob 将 X 发送给 Alice 解密，Alice 返回 $Y = X^d \bmod N$。这时，Bob 可以求解明文 M 吗？

5. 在 RSA 的公钥加密体制中，假设用户 Bob 的私钥 $d$ 不小心泄露了，他决定用同样的模数 $N$ 来生产新的公钥 $e$ 和私钥 $d$，这样做是否安全？为什么？

6. 使用快速模幂算法，计算 $5^{596} \bmod 1234$，并给出计算过程。

7. Alice 和 Bob 使用 Diffie-Hellman 密钥交换协议来生成密钥，设素数为 $p = 31$，生成元 $g = 7$。

(a) 如果 Alice 的私钥 $x = 5$，则她的公钥是多少？

(b) 如果 Bob 的私钥是 $x = 12$，则他的公钥是多少？

(c) 共享密钥是多少？

8. 设 ElGamal 体制素数 $p = 71$，生成元 $g = 7$。如 Bob 的公钥为 $Y = 3$，Alice 选择的随机数 $k = 2$，那么 $M = 30$ 的密文是多少？

9. Diffie-Hellman 密钥交换协议容易受到中间人攻击，请给出中间人攻击方法，并说明如何避免中间人攻击。

# 第 9 章

# P 和 NP 问题浅析

艾伦·麦席森·图灵(Alan Mathison Turing)，又译名阿兰·图灵，是英国数学家、逻辑学家，他被视为计算机科学之父，如图 9.1 所示。

**图 9.1　图灵**

1931 年图灵入剑桥大学国王学院，毕业后到美国普林斯顿大学攻读博士学位，二战爆发后回到剑桥，后曾协助军方破解德国的著名密码系统 Enigma，对盟军取得了二战的胜利有一定的帮助。

图灵对于人工智能的发展有诸多贡献，例如图灵曾写过一篇名为《机器会思考吗？》(Can Machines Think?)的论文，其中提出了一种用于判定机器是否具有智能的试验方法，即图灵测试。至今，每年都有试验的比赛。此外，图灵提出著名的图灵机模型为现代计算机的逻辑工作方式奠定了基础。图 9.2 为图灵机的艺术表示。

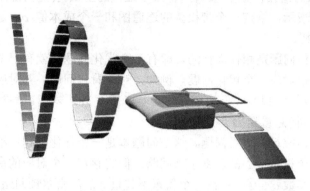

**图9.2 图灵机的艺术表示**

从计算的角度来看，考虑要解决问题的内在复杂性，其是"易解的(tractable)"还是"难解的(intractable)"呢[1]？通过解决问题所需要的计算量可以度量问题的计算复杂性。人们将可在多项式时间内解决的问题看成是"易解"的P类问题，而将需要指数函数时间解决的问题看成是"难解的"NP类问题。其中，易解首先必须是有解的，即存在一个解答；其次，这个解答能够被找出来。而第二个属性非常重要。这个属性意味着寻找解答的算法的时间和空间效率必须是合理的，可以达到的。如果解答一个问题需要的时间或空间无限的，自然我们就不能寻找到答案。因为目前世界上尚不存在一台空间无限的计算机，而且也没有什么人能长生不老。例如，排序问题、查找问题、欧拉回路问题等都属于易处理问题，而旅行商问题、汉诺塔问题、哈密尔顿回路问题等则属于难处理的问题。

另外，我们要特别提请注意：所谓"在多项式时间内可解"是相对于输入的规模而言的，即求解所花费的成本可以表示为输入规模的一个多项式。如果输入规模本身就是指数级的，则无论算法如果构造，其最终结果必然是指数级的。因此，独立于输入规模来谈多项式级或指数级是没有意义的。

如果事先知道解决一个问题的计算时间下界，那么我们就可以对解决该类问题的各种算法的效率做出正确的评价，同时可以确定已有算法还有多少改进的余地。虽然已有的各种分析问题计算复杂性的方法和工具，可以准确地确定一些问题的计算复杂性，但仍存在许多的实际问题，至今仍无法确切分析其内在的计算复杂性。因此，只能用分类的方法将计算复杂性大致相同的问题归类研究。

## 9.1 决策问题和优化问题

我们这本书讨论的所有问题都可以归纳为两种类型：决策问题和优化问题。其中，决策问题讨论的是"一个特定的表述"是否为真，而优化问题讨论的则是寻找一个最好或得分最高的解答[2](这个最好或得分最高是按照人们事先规定的标准进行判断的)。

例如，对于一个带权重的连通图，寻找一棵最小生成树就是一个优化问题，即在所有

---

[1] 我们把可以在多项式时间内求解的问题称为易解的，而不能在多项式时间内求解的问题则称为难解的。

[2] 用人生来做比喻，决策问题就是"选择活着还是选择死亡"，优化问题就是"怎样活出最好的人生"。

可能的生成树里(所有潜在答案)，要找那棵成本最低的生成树(优化目标)。而同一个问题，也可用决策问题来表示，给定一个带权重的连通图和一个成本值 $c$，是否存在一棵其成本小于等于 $c$ 的生成树。

优化问题和决策问题是相伴而行的，即有一个优化问题，就有一个对应的决策问题，而每一个决策问题也对应一个优化问题。例如，对于背包问题，其对应的决策问题是：给定 $n$ 个物品、物品 $i$ 的价值 $v_i$、重量 $w_i$、一个总重量 $w$ 和实数 $c$；是否存在一个物品组合，其价值大于等于 $c$，而总重量小于等于 $w$？

再举一个例子，旅行售货员问题。这个问题本是一个优化问题：给定一个带权重的完全图，要求寻找一个权重最小的汉密尔顿回路。但它存在一个对应的决策问题：给定一个带权重的完全图和实数 $c$，是否存在一个权重不超过 $c$ 的汉密尔顿回路？

从某种角度看，决策问题和优化问题是可以相互转换的。例如，"选择活着或选择死亡"看上去是一个决策问题，但完全可以转换为一个优化问题："如何选择才能做出最大的贡献呢？"对于某些人来说，旅行售货员问题"选择活着"会贡献大点，对另一些人来说，"选择死亡"的贡献可能更大！而"怎样活着"的优化问题也可以很容易地转换为决策问题。

这个决策和优化问题之间的关系和转换对于算法研究非常重要。正是由于它们之间存在的对应及相互转换，我们下面可以只讨论决策问题！

如果我们对一个决策问题的回答是"是"，则通常需要提供一个"证人"来证明我们的回答。例如，对于汉密尔顿回路问题，结点 $v_1$，$v_2$，…，$v_n$ 的任意排列都是一个潜在的证人。但如果在此排列下，$v_1$ 与 $v_2$ 相邻，$v_2$ 与 $v_3$ 相邻……$v_n$ 与 $v_1$ 相邻，则这个证人就是"真"证人。而对于旅行售货员问题，任何一个汉密尔顿回路都是一个潜在证人，而如果该证人的成本不超过 $c$，则这个潜在证人就是一个"真"证人。

## 9.2 何谓 P 类和 NP 类问题

### 9.2.1 P 类问题

现在我们可以来定义算法中著名的 P 类问题了。一个决策问题 $D$，如果其满足下列条件，则被认为是多项式时间可求解的：

(1) 存在一个算法 $A$，$A$ 的输入是 $D$ 的实例，$A$ 总是正确地输出"是"和"否"的答案。

(2) 存在一个多项式函数 $p$，如果 $D$ 的实例大小为 $n$，则 $A$ 在不超过 $p(n)$ 个步骤里终结。

如果一个问题是多项式时间可求解的，则我们说这个问题属于 P 类问题！而所有满足上述条件的问题就构成了 P 类问题的集合！

对一个算法来说，如果其最坏情况下的时间复杂性是输入规模的一个多项式函数，则该算法被称为多项式限定的(Polynomial Bounded)。具有多项式限定算法的问题称为多项式限定问题。从这个角度看，P 类问题就是多项式限定的决策问题。例如，最小生成树问题就是一个 P 类问题。

通常，人们将 P 类问题等同于计算可行性问题，或者说，易解的问题。但这个看法并不现实。例如 $n^{1000}$ 问题是易解的问题吗？但即便如此，算法分析中一个基本观点还是多项式(或更低阶)函数是合理增长的、可控的，即易解问题；指数(或更高阶)函数是爆炸式上升的、不可接受的，即难解问题。

### 9.2.2　NP 类问题

与 P 类问题对应是所谓的 NP 问题。也许大家都听说过 NP，但 NP 代表什么意思呢？有人说 NP 代表"不是问题"(No Problem)，有人说它代表非多项式可解(Not Polynomial)，还有人说代表不可能(Not Possible)等。不过这些说法都不正确。那么 NP 到底是什么呢？它是 Non-Deterministically Polynomial-time solvable 的缩写，即非确定性多项式时间可解的意思。而它与 P 类的多项式时间可解是对应的。其中，"多项式时间可解"实际上指的是"确定性多项式时间可解"。

一个决策问题 $D$，如果满足下列条件，我们就称其为非确定性多项式时间可解：

(1) 存在一个算法 $A$，$A$ 的输入是 $D$ 的潜在证人，$A$ 总是正确辨认该证人的真假。

(2) 存在一个多项式函数 $p$，如果潜在证人对应的 $D$ 的实例大小为 $n$，则 $A$ 在不超过 $p(n)$ 个步骤里终结。如果一个问题是非确定性多项式时间可求解的，则我们说这个问题属于 NP 类问题。

乍一看，NP 的定义似乎与 P 的定义一样。这个区别就在第 1 条上。P 定义的第 1 条是能够给出答案，而 NP 定义的第 1 条是能够指出一个答案是否正确。众所周知，给出答案和判断答案是难度很不相同的两回事情。这就是为什么一般人更愿意做选择题，而不愿意做解答题！

从另外一个角度看，NP 代表的是可以被非确定性图灵机在多项式时间解决的所有问题！其等价的定义是 NP 代表所有其解答可以被一个确定性图灵机在多项式时间内验证的问题。

## 9.3　(确定性)图灵机

图灵在人们还没有搞清楚什么是计算机的时候就提出了一个虚无缥缈的图灵机概念。该虚拟机器(注意不要与今天的虚拟机搞混了)虽然简单，但功能极为强大。

### 9.3.1　图灵机的定义

确定性图灵机，或简单地说，图灵机是一个状态机。我们可以将图灵机抽象成为一个带有很长磁带的机器，机器的磁头在磁带上左右移动。磁头下面的字母为图灵机的输入，如图 9.3 所示。

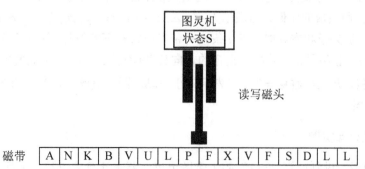

图 9.3　图灵机示意

由有限状态控制器和 $k$ 条读写带组成，读写带右边无限长，每一条读写带从左至右划分为若干单元，每一个单元可存放有限个带符号中的一个，每条读写带上有一个可进行读和写的带头，操作由有限控制的原始程序决定，有限控制属于有限状态中的一个。

$k$ 带图灵机模型如图 9.4 所示。

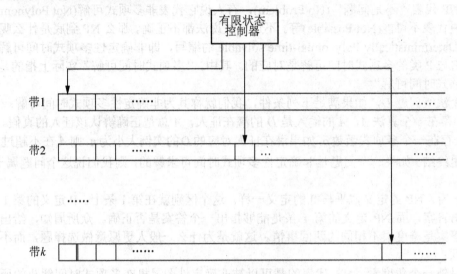

**图 9.4　$k$ 带图灵机模型**

图灵机的计算步骤如下：

(1) 根据当前状态和各带头扫描到当前符号所确定的映射关系，当前状态改变为新状态；

(2) 根据程序规定，或清除各带头下当前方格中原有带的符号；

(3) 独立地将某一个或所有带头向左 ($L$) 或向右 ($R$) 移动一个方格或者停 ($S$) 在当前位置不动。

### 9.3.2　$k$ 带图灵机形式化描述

一个 $k$ 带图灵机可用一个 7 元组 $(Q,T,I,\delta,b,q_0,q_f)$ 表示，其中，$Q$ 是有限个状态集合；$T$ 是有限个带符号集合；$I$ 是输入符号集合，$I \subseteq T$；$b$ 是唯一的空白符，$b \in T-I$；$q_0$ 是初始状态；$q_f$ 是终止(或接受)状态；$\delta$ 是带头移动函数，$\delta : Q \times T^k \to Q \times (T \times \{L,R,S\})^k$。

当图灵机由状态 $q$ 变为状态 $q'$ 时，移动函数将给出一个新的状态和 $k$ 个由新的带符号和读写头移动方向所组成的序偶，可表示为 $\delta(q,a_1,a_2,\cdots,a_k)=(q',(a_1,d_1),(a_2,d_2),\cdots,(a_k,d_k))$。其中，$a_i$ 是图灵机处于状态 $q$ 时的第 $i$ 条读写带当前方格下的符号，图灵机状态由 $q$ 变为 $q'$ 时，清除 $a_i$，写上新符号 $a_i$，并按 $d_i$ 指定的方向移动读写头。其中，$d_i$ 取值集合为 $\{L,R,S\}$，$L$ 表示左移一格，$R$ 表示右移一格，$S$ 表示停止不动。图灵机既能作为语言接收器，也可以作为函数计算器。

### 9.3.3　图灵机计算实例

**例 9.1** 利用二进制计算 "$x+1$" 的 1 带图灵机，要求计算完成时，读写头要回归原位。构造图灵机如下：

❖　状态集合 $Q$：$\{Start, Add, Carry, Noncarry, Overflow, \mathrm{Re}\, turn, Halt\}$；

❖　带符号集合 $T$：$\{0,1,*\}$；

❖　空白符号 $b$：$*$；

❖　输入符号集合 $I$：$\{0,1\}$；

❖　初始状态：$Start$；

❖　停机状态 $h$：$Halt$。

带头移动函数 $\delta$ 的映射规则如表 9.1 所示。

**表 9.1　例 9.1 移动函数 $\delta$**

| 输　　入 | | 响　　应 | | |
| --- | --- | --- | --- | --- |
| 当前状态 | 当前符号 | 新符号 | 读写头移动 | 新状态 |
| Start | * | * | L | Add |
| Add | 0 | 1 | L | Noncarry |
| Add | 1 | 0 | L | Carry |
| Add | * | * | R | Halt |
| Carry | 0 | 1 | L | Noncarry |
| Carry | 1 | 0 | L | Carry |
| Carry | * | 1 | L | Overflow |
| Noncarry | 0 | 0 | L | Noncarry |
| Noncarry | 1 | 1 | L | Noncarry |
| Noncarry | * | * | R | Return |
| Overflow | 0 或 1 | * | R | Return |
| Return | 0 | 0 | R | Return |
| Return | 1 | 1 | R | Return |
| Return | * | * | S | Halt |

利用该图灵机计算 5+1 的过程如图 9.5 所示。

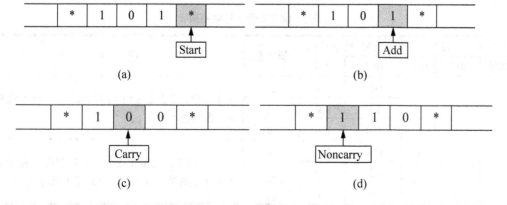

图 9.5　图灵机计算 5+1 示意

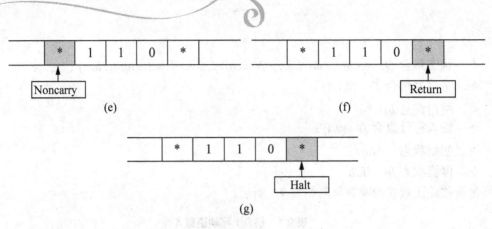

(e)                        (f)

(g)

**图 9.5　图灵机计算 5+1 示意(续)**

**例 9.2** 识别字母表 $\{0,1\}$ 上回文的 2 带图灵机。

♦　　状态集合 $Q$：$\{q_0,q_1,q_2,q_3,q_4,q_5\}$；

♦　　带符号集合 $T$：$\{0,1,*\}$；

♦　　空白符号 $b$：$*$；

♦　　输入符号集合 $I$：$\{0,1\}$；

♦　　初始状态 $s$：$q_0$；

♦　　停机状态 $h$：$q_5$。

识别回文时，先在第 2 条带的第 1 个格子中写入特殊符号 x，并从第 1 条带复制初始输入串到第 2 条带上，接下来将第 2 条带的带头移到符号 x 所在位置；重复如下动作，带 2 的带头每次向右移动 1 格的同时，带 1 的带头向左移动 1 格，并比较两个带头读取的内容，如果所有的符号都是相同的，则是回文，图灵机进入状态 $q_5$，否则图灵机将位于一个无法进行合法移动的位置而停机，则定义带头移动函数 $\delta$ 的映射规则如表 9.2 所示。

也许你觉得图灵机功能很有限，无非就是按照输入字符和所处状态进行输出和状态转换。如果你这样想，那就错了。对字符串进行处理是对一般问题的抽象化！因为所有的问题都可以转换为对字符串的处理。任何一个问题的输入都可以表述为一个字符串，任何一个算法也可用表述为一个字符串，甚至任何问题本身都可以表示为字符串。因此，图灵机的这三个简单的输出动作能够解决世界上很多的问题。

**表 9.2　例 9.2 带头移动函数 $\delta$**

| 当前状态 | 符号 | | 新符号,带头移动 | | 新状态 | 说　明 |
|---|---|---|---|---|---|---|
| | 带 1 | 带 2 | 带 1 | 带 2 | | |
| $q_0$ | 0 | b | 0.S | x.R | $q_1$ | 带 1 非空，带 2 上输出 x 并右移带头，进入状态 $q_1$，否则进入状态 $q_5$ |
| | 1 | b | 1.S | x.R | $q_1$ | |
| | b | b | b.S | b.S | $q_5$ | |
| $q_1$ | 0 | b | 0.R | 0.R | $q_6$ | 在 $q_1$ 状态下，将带 1 上的符号写到带 2 直到读到带 1 上的符号 b 为止，之后进入状态 $q_2$ |
| | 1 | b | 1.R | 1.R | $q_1$ | |
| | b | b | b.S | b.L | $q_2$ | |

续表

| 当前状态 | 符号 | | 新符号，带头移动 | | 新状态 | 说　　明 |
|---|---|---|---|---|---|---|
| | 带 1 | 带 2 | 带 1 | 带 2 | | |
| $q_2$ | b | 0 | b.S | 0.L | $q_2$ | 带 1 带头不动，向左移动带 2 带头，直到遇到 x，进入状态 $q_3$ |
| | b | 1 | b.S | 1.L | $q_2$ | |
| | b | x | b.L | x.R | $q_3$ | |
| $q_3$ | 0 | 1 | 0.S | 0.RM | $q_4$ | 图灵机的控制器在 $q_3$、$q_4$ 之间相互交替变换，在 $q_3$ 时，比较带 1 和带 2 上的符号，并将带 2 带头右移后进入状态 $q_4$。在状态 $q_4$ 时，如果带头 2 遇到 b，则进行状态 $q_5$，接受输入串，否则左移带头 1，回到状态 $q_3$。$q_3$ 和 $q_4$ 之间的交替避免了带头 1 从左端滑出 |
| | 0 | 1 | 1.S | 1.R | $q_4$ | |
| $q_4$ | 0 | 0 | 0.L | 0.S | $q_3$ | |
| | 0 | 1 | 0.L | 1.S | $q_3$ | |
| | 1 | 0 | 1.L | 0.S | $q_3$ | |
| | 1 | 1 | 1.L | 1.S | $q_3$ | |
| | 0 | b | 0.S | b.S | $q_5$ | |
| | 1 | b | 1.S | b.S | $q_5$ | |
| $q_5$ | | | | | 接受 | |

# 9.4　非确定性图灵机

### 9.4.1　非确定性图灵机定义

非确定性图灵机与确定性图灵机的区别是，在给定状态和输入时，其行为将不是唯一确定的。也就是说，对应同一个状态和输入，非确定性图灵机可以有多种行为来选择。例如，在状态 1 的时候，如果输入符号为 X，则一个非确定性图灵机可能输出符号 Y，将磁头往左移动一个位置，并进入状态 4；它也有可能输出符号 X，将磁头往右移动一位，并留在状态 1 中；它也完全有可能输出符号 z，磁头往左移动一位，进入状态 5 等。

从另一个角度来说，确定性图灵机表述的是因果关系，而非确定性图灵机表述的不是因果关系！对于大部分人来说，确定性图灵机比较容易理解，而非确定性图灵机显得很抽象。因为人们习惯了因果关系，对于没有因果关系的事情难以理解。

当然，非确定性图灵机要比你高明，它的行为虽然我们不能确定，但它总是会选择最好的反应[①]！换一个角度来说，非确定性图灵机是世界上最幸运的猜谜手，它总能在无数可能中猜中最好的选择，即选择最好的状态转换以达到其最终目的(进入接受状态)，如果这样一种选择存在的话！

在上一节的图灵机模型中，移动函数 $\delta$ 是单值的，即对于 $Q \times T^k$ 中的每一个值，当它属于 $\delta$ 的定义时，$Q \times (T \times \{L, R, S\})^k$ 中有唯一的值与之对应，称这种图灵机为确定性图灵机(Deterministic Turing Machine, DTM)。

---

[①] 我们也可用另一种方式来理解确定性图灵机和非确定性图灵机的区别：确定性图灵机只能跟踪一条计算路径，而非确定性图灵机则拥有一个计算树，即同时跟踪多个计算路径。如果其中一个路径引向终止状态，则说非确定性图灵机接受了给定的输入。

### 9.4.2 非确定性图灵机形式化描述

一个 $k$ 带的非确定性图灵机(简称 NDTM)M 也可以用一个七元组 $(Q,T,I,\delta,b,q_0,q_f)$ 表示，与 DTM 不同的是，对于 $Q \times T^k$ 中每一个属于 $\delta$ 的定义域的值 $(q,x_1,x_2,\cdots,x_k)$，$Q \times (T \times \{L,R,S\})^k$ 中有唯一的一个子集 $\delta(q,x_1,x_2,\cdots,x_k)$ 中随意选定一个值作为移动函数 $\delta$ 的函数值。每个选择包含一个新的状态、$k$ 个新的磁带符号和 $k$ 个磁头的 $k$ 个移动。注意，NDTM $M$ 可能选择这些移动中的任何一个，但是它不可能从一个移动中选择状态而从另一个移动中选择新的磁带符号，或者作任何其他的移动组合。

$$\delta(q,x_1,x_2,\cdots,x_k) = \begin{cases} (q_1,(a_{11},d_{11}),(a_{12},d_{12}),\cdots,(a_{1k},d_{1k})) \\ (q_2,(a_{21},d_{21}),(a_{22},d_{22}),\cdots,(a_{2k},d_{2k})) \\ \cdots \\ (q_r,(a_{r1},d_{r1}),(a_{r2},d_{r2}),\cdots,(a_{rk},d_{rk})) \end{cases}$$

在上式中若 $r \geq 2$，则 $\delta$ 映射表示的是 NDTM；若 $r=1$，则 $\delta$ 映射表示的是 DTM。

### 9.4.3 非确定性图灵机计算实例

**例 9.3** 设计一个 NDTM 接受形为 $10^{i_1}10^{i_2}\cdots10^{i_k}$ 的字符串，存在某个集合 $1 \subseteq \{1,2,\cdots,k\}$，有 $\sum_{j\in I} i_j = \sum_{j\notin I} i_j$。也就是说，如果 $w$ 代表的整数列表 $i_1,i_2,\cdots,i_k$ 能够分割成两个子列表，其中一个字列表上的整数和等于另一个字列表上的整数和，则 $w$ 将被接受，这个问题叫做分割问题。

下面设计一个 3 带 NDTM $M$ 来识别这个语言。它从左到右扫描输入带，每次扫描一个 0 块到达 $0^{ij}$，$i_j$ 个 0 将不确定地添加到带 2 或带 3 上。当到达输入末尾时，NDTM 将检查它是否已经在带 2 上和带 3 上放置了相等数量的 0。如果是，则接受它。形式上记作 $M = (\{q_0,q_1,\cdots q_5\},\{0,1,b,\$\},\{0,1\},\delta,b,q_0,q_5)$。其中，移动函数 $\delta$ 如表 9.3 所示。

表 9.3　例 9.3 移动函数 $\delta$

| 状态 | 当前符号 | | | 新的符号，磁头移动 | | | 新的状态 | 注　释 |
|---|---|---|---|---|---|---|---|---|
| | 带 1 | 带 2 | 带 3 | 带 1 | 带 2 | 带 3 | | |
| $q_0$ | 1 | b | b | 1, S | \$, R | \$, R | $q_1$ | 用\$标记带 2 和带 3 的左端，然后转到状态 $q_1$ |
| $q_1$ | 1 | | | $\begin{cases} 1,R \\ 1,R \end{cases}$ | b, S / b, S | b, S / b, S | $q_2$ / $q_3$ | 这里选择是否将下一块写到带 2 或带 3 |
| $q_2$ | 0 | | | 0, R | 0, S | b, S | $q_2$ | 复制 0 块到带 2。然后，若在带 1 遇到带 1，则回到状态 $q_1$；如果在带 1 遇到 b，则转向状态 $q_4$，比较带 2 和 3 的长度 |
| | 1 | | | 1, S | b, S | b, S | $q_1$ | |
| | b | | | b, S | b, L | b, L | $q_4$ | |

续表

| 状态 | 当前符号 | | | 新的符号，磁头移动 | | | 新的状态 | 注　释 |
|---|---|---|---|---|---|---|---|---|
| | 带 1 | 带 2 | 带 3 | 带 1 | 带 2 | 带 3 | | |
| $q_3$ | 0 | b | b | 0, R | b, S | 0, R | $q_3$ | 和状态 $q_2$ 基本相同，只是写到 |
| | 1 | b | b | 1, S | b, S | b, S | $q_1$ | 带 3 上 |
| | b | b | b | b, S | b, L | b, L | $q_4$ | |
| $q_4$ | b | 0 | 0 | b, S | 0, L | 0, L | $q_4$ | 比较带 2 和带 3 的长度 |
| | b | $ | $ | b, S | $, S | $, S | $q_5$ | |
| $q_5$ | | | | | | | | 接受 |

图 9.6 表明 NDTM 对输入 1010010 可能得到许多移动序列中的两个。第一个导致接受，第二个则没有。既然至少有一个移动序列导致接受状态，那么 NDTM 接受 1010010。

$(q_01010010, q_0, q_0)$　　　　　　　$(q_01010010, q_0, q_0)$

$|-(q_11010010, \$q_1, \$q_1)$　　　　　$|-(q_11010010, \$q_1, \$q_1)$

$|-(1q_2010010, \$q_2, \$q_2)$　　　　　$|-(1q_3010010, \$q_3, \$q_3)$

$|-(10q_110010, \$0q_1, \$q_1)$　　　　$|-(10q_310010, \$q_3, \$0q_3)$

$|-(10q_110010, \$0q_1, \$q_1)$　　　　$|-(10q_110010, \$q_1, \$0q_1)$

$|-(101q_3010010, \$0q_3, \$q_3)$　　　$|-(101q_30010, \$q_3, \$0q_3)$

$|-(1010q_3010, \$0q_3, \$0q_3)$　　　$|-(1010q_3010, \$q_3, \$00q_3)$

$|-(10100q_310, \$q_3, \$00q_3)$　　　$|-(10100q_310, \$q_3, \$000q_3)$

$|-(10100q_110, \$0q_1, \$00q_1)$　　$|-(10100q_110, \$q_1, \$000q_1)$

$|-(101001q_20, \$0q_2, \$00q_2)$　　$|-(101001q_30, \$q_3, \$000q_3)$

$|-(1010010q_2, \$00q_2, \$00q_2)$　$|-(1010010q_3, \$q_3, \$0000q_3)$

$|-(1010010q_4, \$0q_40, \$0q_40)$　$|-(1010010q_4, q_4\$, \$000q_4, 0)$

$|-(1010010q_4, \$q_400, \$q_400)$　　停机，没有下一个 ID

$|-(1010010q_4, q_4\$00, q_1\$00)$

$|-(1010010q_5, q_5\$00, q_5\$00)$

接受

**图 9.6　对于 NDTM 的两个合法移动序列**

确定性图灵机的每一步操作只有一种选择，而非确定性图灵机的每一步操作存在多种选择。显然，一台确定性图灵机可以看成是非确定性图灵机的特例，非确定性图灵机的计算能力要强于确定性图灵机。对于一台时间复杂度为 $T(n)$ 的非确定图灵机，需要用一台时间复杂度为 $O(C^{T(n)})$ 的确定性图灵机来模拟，其中 $C$ 为常数，即有如下定理。

**定理 9.1**　设 $M$ 为时间复杂度 $T(n)$ 的 NDTM，则存在常数 $C > 1$ 和 DTM 机 $M'$，使 $L(n) = L(M')$ 和 $M$ 具有时间复杂度 $O\left(T_M(C^{T(n)})\right)$。

### 9.4.4　非确定性算法

本书前面讲解的算法都是确定性算法，它们都运行在确定性图灵机上，因此算法的每个步骤都是确定的。而在非确定性图灵机上运行的算法则是非确定性算法，它们的步骤并不是唯一确定的。从对非确定性图灵机的描述可知非确定性算法由 3 个阶段组成。

❖ 阶段 1：非确定性"猜想"阶段。任意猜想一个答案 S，并将字符串 S 写在内存的某个地方(每次机器运行的时候，这个 S 都有可能不同)。

❖ 阶段 2：确定性"验证"阶段。一个正常的算法以该决策问题和答案 S 作为输入，对 S 进行验证。验证的结果既可能是真也可能是假。

❖ 阶段 3：输出阶段。如果验证阶段输出真，则输出"是"，否则输出"否"。

也许你觉得这个算法不能够在实际中实现，给出这个算法纯属浪费时间。但这种想法是错误的。虽然该算法在实际中没有任何意义，但它有理论上的意义：它可以帮助我们对问题进行分类。下面我们以素性测试为例对非确定性算法加以说明。

我们知道天真的素性测试算法(即对每个可能的因子进行排除测试)的时间复杂性为 $2^{\lg n}$，这里 $n$ 是欲测之数，即如果以输入的字位数来看，该算法的时间复杂性是指数级。一个不怎么样的算法。但是，测试任意给定自然数 $d$ 是否真是 $n$ 的一个因子则非常简单：

```
isFactor(n, d){
    If(n/d&&d != 1&&d != n)
        Return true;
    else
        return false;
}
```

显然，如果 $n$ 是合数，则上述函数必定在某些 $d$ 上面返回真值；如果 $n$ 为素数，则上述函数永远返回假值。我们的天真算法之所以效率低下，是因为一个时候只能测试一个潜在因子 $d$，即我们的算法是运行在确定性图灵机上。但如果我们有一个非确定性图灵机呢，结果会怎样呢？

如果我们有一个非确定性图灵机，素性测试将变得非常简单！因为该算法可以在 $O(\lg n)$ 步骤内分支到 $n$ 的所有潜在因子上，然后针对每个潜在因子调用上面的测试函数 isFactor($n$, $d$)。如果任意一个分支返回真值，则所测之数为合数；否则，为素数。

由此可见，将确定性图灵机升级为非确定性图灵机可将算法的效率从 $2^{\lg n}$ 提高到 $O(\lg n)$，这是一个巨大的改善！

### 9.4.5 NP 类问题的定义

如果一个问题的解答可以在多项式时间内被证实，则这个问题就是属于 NP 类(这里假设我们可以正确猜出一个真证人)。而对于到目前为止所讨论的所有决策问题，我们都可以提出一个候选的解决方案供检查。

使用非确定性算法，我们可以给 NP 下一个精确的定义：如果一个问题存在非确定性算法，可以在多项式时间内解决，则该问题就是一个 NP 问题，或者说，该问题属于 NP(类)。

另一个更为松散的定义是：如果一个问题的潜在解答可以在多项式时间内被证实或证伪，则该问题属于 NP。NP 类包含的问题数量巨大，可以说是无穷的。例如，完全子图问题、图的着色问题、汉密尔顿回路问题、子集和(Subset Sum)问题、可满足性问题，以及旅行售货员问题等都是 NP 问题。其中，完全子图问题的两个版本如下：

❖ 优化版。给定图 $G = (V, E)$，找出其最大完全子图。

❖ 决策版。给定图 $G = (V, E)$ 和整数 $k$，是否存在一个尺寸为 $k$ 的完全子图？

### 9.4.6　NP 难(NP-hard)

对于 NP 来说，一个常见的误解是人们认为 NP 问题不存在多项式时间解，而这是完全错误的。正如我们前面说过，NP ≠ Non Polynomial！而是 NP = Non-deterministic Polynomial。NP 不但不意味着不存在多项式时间解，而且事实上人们为很多 NP 问题找到了多项式时间解。例如，素性判断就是一个找到了多项式时间解的 NP 问题。

这是否意味着 P = NP 呢？或者说，P 类集合是否与 NP 类问题集合完全重合呢？这个问题是 21 世纪数学界(和计算机科学理论界)面临的一个重大问题。

显然，所有的 P 类问题都是 NP 问题，因为确定性图灵机能够解决的问题当然能够被非确定性图灵机解决。所以，我们的问题变成是否所有 NP 问题都是 P 问题。凭着我们的直觉，NP 应该不属于 P。原因很简单：非确定性图灵机比确定性图灵机强大得多，很难相信一个强大得多的机器所能够解决的问题都可以被一个功能更弱的机器解决。

但直觉归直觉，在算法领域或数学领域，我们不能凭直觉去说服其他的人。因此，我们必须拿出证据来说明 NP 不属于 P。要证明这一点，我们只需要证明某个 NP 问题不属于 P 即可，而这似乎是个很简单。但遗憾的是，到目前为止尚未有人证明 NP 不属于 P。当然，也没有人证明 NP 属于 P。也就说，P 与 NP 是否等价是一个既没有证实也没有证伪的问题！

除了凭直觉感觉 NP 比 P 大之外，经验数据也代表着同样的观点。因为成千上万的计算机科学家和数学家为某些 NP 里的问题设计多项式时间解的时候都遭遇了失败，所以，对于这些问题，科学家给它们起了一个与普通 NP 问题有所区别的名称：NP 难(NP-hard)！

## 9.5　NP 完全问题 P*

直观地讲，NP 完全问题就是 NP 里面最困难的问题！所谓困难，就是到目前为止人们无法在多项式时间内解决。这些问题也许以后也不能在多项式时间内解决，那么讨论这样的问题有何意义呢？当然有意义，NP 完全对于算法设计人员和工程师来说意义重大！

假定分配给你一个任务，而你的同事在这个任务上花了很多的时间，却没有找到精确解。如果你能够证明这个问题是 NP 完全问题，则就无需再花时间寻找精确解了，而只要找到一个有启发性的近似解(Heuristic Approximation)即可。这样将节省大量的时间。

研究 NP 完全问题的一个重要讨论是"如何识别困难的问题"。我们要建立这样一个观念：认识到问题的困难性和掌握解决问题的方法同样重要。

NP 完全是一个类，其中包含了上千个问题，它们看似形态各异：图论、集合论、数论、数学规划、计算几何……但它们中的任意两个问题都是可以相互规约的，即如果一个问题能在多项式时间内求解，则另一个问题也能够。

与经典的算法相比，NP 完全性理论只有 40 多年的历史，但发展却极其迅速。其奠基人斯蒂芬·库克(Stephen Cook)在 1971 年发表的具有划时代意义的论文"The Complexity of Theorem Proving Procedures"中。证明了电路可满足问题(CIRCUIT-SAT)是 NP 完全问题。次年，理查德·卡普(Richard Karp)提出并证明了 21 个 NP 完全问题。如今，人们已知的 NP 完全问题已超过了 3000 个。著名的 NP 完全问题包括可满足性问题、汉密尔顿回路问题、完全子图问题[1]、图的着色问题、子集和问题以及旅行售货员问题等。

---

[1] 记住，NP 完全问题并不说明没有多项式时间解，而是说多项式时间解尚未被发现！

### 9.5.1 定义

前面我们介绍了 P、NP 和 NP 难，那么这里所说的 NP 完全是什么呢？上节对 NP 难的定义是那些科学家费尽力气也未能找到多项式时间解的 NP 问题。这个定义十分不严谨，它只是给人们一个粗略的概念而已。而真正的 NP 难定义是这样的：如果 NP 里的每一个问题都可以多项式时间规约到 $S$，则 $S$ 被称为 NP 难。这里的规约指的是转换，即一个问题 $Q$ 可以规约到 $S$ 指的是 $Q$ 可以转换为 $S$。而多项式规约指的是这个转换可以在多项式时间内完成，因此解决了 $S$ 就解决了 $Q$，并且它们的解决方案的效率之差不会超过一个多项式。这样，如果 $S$ 能够在多项式时间内解决。则 $Q$ 也能在多项式时间内解决。因此，$S$ 是 NP 难表示：$S$ 不比 NP 里面的任何问题容易！

**注意**：NP 难并不意味着在 NP 里并且很难，因此，上节的 NP 难定义从严格意义上来说是错误的！不过，这不妨碍这种定义被很多人士所接受。

如果一个问题 $S$ 既是 NP 难，又是 NP 里的问题，则该问题就被称为 NP 完全问题。因此，NP 完全有两个条件：$S$ 属于 NP，$S$ 为 NP 难。

NP 完全的意思也是两个：

◇  非确定性算法多项式时间可解。

◇  完全：解决一个，解决一切。

第一条属性来源于 NP 完全问题属于 NP 类，因此有非确定性多项式时间解。第二条属性来源于 NP 难的定义，所有 NP 里的问题都可以规约到 $S$。因此解决了 $S$(指找出确定性多项式时间解)，就解决了 NP 里的所有问题。事实上，如果能够找到一个 NP 完全问题的确定性多项式时间解，则就证明了 NP = P。

由于决策问题与优化问题对应，因此，如果我们找到了一个 NP 难优化问题的解，则 NP = P。事实上，我们有下面的定理。

**定理 9.2** 如果 NP 难里的任何一个优化问题存在一个多项式时间解，则 P = NP。

**证明：**

令 $O$ 为某一 NP 难优化问题，不失一般性，设该问题为最小优化问题；$A$ 是解决该问题的一个多项式时间算法。设与 $O$ 对应的决策问题为 $D$，则 $D$ 的一个实例 $J$ 将具有形式 $(I,c)$，这里 $I$ 是 $O$ 的一个实例，$c$ 是一个数。那么对 $D$ 问题实例 $J$ 的回答可以通过如下办法获得：

(1) 将算法 $A$ 运行在实例 $I$ 上而获得一个解；

(2) 检查该解的成本是否超越 $c$。

因此，决策问题 $D$ 存在一个多项式时间解。根据 NP 完全的定义，P = NP。

### 9.5.2 多项式时间规约

证明一个问题为 NP 完全的办法就是多项式时间规约。那么，什么是规约呢？

假如我们要解决问题 $R$，而我们已经有一个解决问题 $S$ 的算法，并且有一个转换函数 $T$，能够将问题 $R$ 转换为问题 $S$，即如果 $R$ 在输入为 $x$ 时的正确答案为"是"，当且仅当 $S$ 在输入为 $T(x)$ 时的正确答案为"是"，则称 $R$ 可规约到 $S$(见图 9.7)。

如果转换函数 $T$ 的时间复杂性为多项式，则称 $R$ 可多项式规约到 $S$。多项式规约的实际意义是，$S$ 的难度不比 $R$ 小，即如果 $S$ 能够解决，则 $R$ 就能够解决。

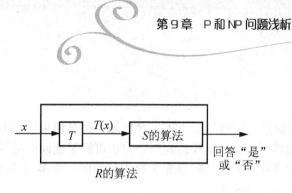

**图 9.7　多项式时间规约**

如果 $E$ 和 $D$ 为两个决策问题，并且满足如下条件，则称 $D$ 可以多项式时间规约到 $E$：

(1) 存在算法 $A$，该算法以 $D$ 的实例为输入，并总是正确输出"是"和"否"的答案；

(2) $A$ 在运行过程中调用一个用于解决问题 $E$ 的假想算法 $B$；

(3) 存在多项式 $p$，对于每个大小为 $n$ 的 $D$ 的实例，算法 $A$ 在不超过 $p(n)$ 时终结。这里每次 $B$ 子程序调用记做 $m$ 步，这里 $m$ 是 $B$ 的实际输入规模。

**定理 9.3** 汉密尔顿回路问题可多项式规约到旅行售货员决策问题。

**证明：**

给定图 $G$，结点为 $v_1$，$\cdots$，$v_n$，我们在 $G$ 上构造带权重的完全图 $H$ 如下：如果一条边 $\{v_iv_j\}$ 在原来的图 $G$ 里，则该边的权重为 1；否则，该边的权重为 2。

显然，图 $G$ 的汉密尔顿回路问题可以通过解决图 $H$ 里的旅行售货员决策问题来解决，这里的旅行销售员实例为 $(H, n+1)$。

有了上面对规约的讨论，对于证明一个问题 $S$ 是 NP 完全问题的方法可表述如下：

(1) 证明 $S$ 在 NP 里面；

(2) 选择一个已知的 NP 完全问题 $R$；

(3) 证明 $R$ 可以多项式规约到 $S$。

由于 $R$ 是已知的 NP 完全问题，所有 NP 里的问题都可以多项式时间规约到 $R$，而由于第 3 步证明了 $R$ 可以多项式规约到 $S$。因此，所有 NP 里的问题都可以多项式规约到 $S$。由于第 1 步证明了 $S$ 在 NP 里，因此 $S$ 是 NP 完全。

细心的读者也许能看出来，这个证明方法存在一个问题：第 1 步 NP 完全问题怎么办呢？在证明第 1 步 NP 完全问题的时候，尚不存在任何已知的 NP 完全问题，因此上述方法无法施行。

用什么办法来证明第 1 步的 NP 完全问题呢？自然，没有别的办法，只能根据 NP 完全的定义来证明，也就是要将所有的 NP 问题规约到所要证明的问题上。但是，NP 问题数量繁多，这样证明得过来吗？即使精力过人，也未免会漏掉某个 NP 问题，从而导致证明失败。况且，NP 类问题的数量到底有多少谁也说不清！

希望似乎在丧失，但不要气馁！显然，我们不可能逐个 NP 问题来规约，但谁说过我们必须这么做呢？还记得 NP 问题的定义吗？该定义使用了图灵机。也就是说，所有 NP 问题都可以用图灵机来表示，因此，我们可以将所有 NP 问题一般化，抽象成一个问题。这样，我们只需要证明一次即全部搞定。这就是抽象的能力。

这正是斯蒂芬·库克用的方法。库克在 1971 年证明了布尔可满足性问题(SAT 问题)是 NP 完全问题，从而启开了 NP 完全理论的风帆，并因此于 1982 年获得图灵奖。利奥尼德·莱文(Leonid Levin)在其 1972 年发表的论文"Universal Search Problems"里面也独立地证明了该问题为 NP 完全。下面我们就来重温库克的极为精彩的证明！

### 9.5.3　库克定理

库克定理布尔可满足性问题属于 NP 完全问题。即任何可以在多项式时间内被非确定性图灵机解决的问题都可以多项式规约到判断布尔可满足性问题是否可满足。该定理的一个直接推论就是，如果我们找出了解答布尔可满足性的一个多项式时间算法，则任何 NP 问题的多项式算法都将获得解决。

布尔可满足性问题的实例是所谓的布尔表达式，而布尔表达式是由布尔操作符连接的布尔变量。根据布尔理论，所有布尔表达式都可以表示为合取范式：一个合取范式 (Conjunction Normal Form，CNF)由若干个子句(clause)用逻辑"与"连接起来，每个子句由若干个文字(literal)用逻辑"或"连接起来，每个文字是一个布尔变量或其否定。

我们称一个布尔表达式是可以满足的，如果存在一个真值指派(即每个布尔变量的取值)，使所有子句都为真(从而整个 CNF 为真)。可满足性问题(SAT 问题)是说，给定一个 CNF，要么给出它的一个真值指派，要么报告它不存在真值指派。

下面我们就来证明库克定理。

**证明：**

首先，我们证明布尔可满足性问题属于 NP。

由于一个非确定性图灵机可以在多项式时间内完成下列任务：

(1) 猜测一个真值指派；

(2) 在该真值指派下，对布尔表达式求值；

(3) 如果求值为真，则接受整个布尔表达式为真，即判该布尔表达式为可满足的。

按照 NP 的定义，布尔可满足性问题属于 NP。然后，我们证明 NP 里的所有问题都可以规约到布尔可满足性问题。

这里的难度是如何表述 NP 里的所有问题的呢？从 NP 的定义知道，一个问题是 NP 的，如果确定性图灵机可以在多项式时间内验证一个潜在证人是否为真，或者一个非确定性算法可以在多项式时间内解决这个问题。因此，可以将所有 NP 问题表述为非确定性图灵机可解决的问题。

设 NP 里面的问题可以被非确定性图灵机 $M = (Q, \sum, s, F, \delta)$ 解决，即 $M$ 将在 $p(n)$ 时间内接受或拒绝 NP 问题的一个实例。其中，$n$ 是实例的大小，$p$ 是一个多项式函数。这里：

(1) $Q$ 是图灵机 $M$ 所有状态的集合：0，1，2，…，$q-1$；

(2) $\sum$ 是所有(输入输出)符号的集合：$a_1$，$a_2$，…，$a_n$；

(3) $s \in Q$ 为图灵机最初状态；$F \subseteq Q$ 是终结状态集合；$\delta : Q \times \sum \to Q \times \sum \times \{-1, +1\}$ 为状态转换函数。

不失一般性，问题的实例被写在图灵机磁带的$1, 2, 3, \cdots, n$ 格子里，如图 9.8 所示。

潜在的证人写在格子-$m$，…，-2，-1 里，这是我们的正确猜测。格子 0 是分隔符。该图灵机进入终结状态后停止运行。

我们证明的基本思路是对于每个输入 $I$ 构造一个布尔表达式，该表达式是可满足的当且仅当图灵机 $M$ 接受输入 $I$，即处理完输入 $I$ 后，机器正好到达某个接受状态。

我们构造布尔表达式所用的变量如表 9.4 所示，这里$q \in Q, -p(n) \leqslant i \leqslant p(n), j \in \sum$ 且 $0 \leqslant k \leqslant p(n)$。

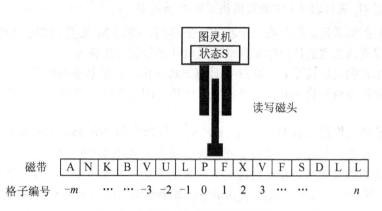

**图 9.8　证明库克定量用到的图灵机**

**表 9.4　构造布尔表达式所用的变量列表**

| 变量 | 变量含义 | 数量 |
|---|---|---|
| $T_{ij'k}$ | 如果第 $k$ 步时格子 $i$ 的内容为 $j$，该变量指派真值，否则指派假值 | $Q(p(n)^2)$ |
| $H_{ik}$ | 如果第 $k$ 步时磁头在格子 $i$ 上，该变量指派真值，否则指派假值 | $Q(p(n)^2)$ |
| $Q_{qk}$ | 如果第 $k$ 步时 $M$ 处于状态 $q$，该变量指派真值，否则指派假值 | $Q(p(n))$ |

这里需要注意的是，根据非确定性图灵机的定义，最多只能有 $p(n)$ 步骤，因此，$0 \leq k \leq p(n)$。$j$ 代表的是符号，而状态机的符号表是常数；$i$ 代表的是磁带上的格子，最多只能往左右两边各延伸 $p(n)$ 个格子。因此，$-p(n) \leq i \leq p(n)$。

我们将布尔表达式 $B$ 定义为表 9.5 中所有子句的合取（$-p(n) \leq i \leq p(n)$ 且 $0 \leq k \leq p(n)$）。

**表 9.5　构造的布尔表达式 $B$ 为表里所有子句的合取**

| 子　句 | 条　件 | 含　义 | 数　量 |
|---|---|---|---|
| $T_{ij0}$ | 格子 $i$ 的内容为 $j$ | 磁带的初始内容 | $O(p(n))$ |
| $Q_{s0}$ | — | $M$ 的初始状态 | $O(1)$ |
| $H_{00}$ | — | 读写头的初始位置 | $O(1)$ |
| $T_{ij'k} \to \neg T_{ij'k}$ | $j \neq j'$ | 一个单元只有一个符号 | $O(p(n)^2)$ |
| $T_{ijk} = T_{ij(k+1)} \vee H_{ik}$ | — | 磁带状态不变 | $O(p(n)^2)$ |
| $Q_{qk} \to \neg Q_{q'k}$ | $q \neq q'$ | 一次只能一个状态 | $O(p(n))$ |
| $H_{ik} \neg H_{i'k}$ | $i \neq i'$ | 磁头一次只有一个位置 | $O(p(n)^2)$ |
| 以下子句的析取<br>$(H_{ik} \wedge Q_{qk} \wedge T_{i\sigma k}) \to$<br>$(H_{(i+d)(k+1)} \wedge Q_{q'(k+1)} \wedge T_{i\sigma'(k+1)})$ | $(q, \sigma, q', \sigma'd) \in \delta$ | 第 $k$ 步时磁头在位置 $i$ 的所有可能状态转换 | $O(p(n)^2)$ |
| 所有终结状态 $Q_f$ 的析取 | $f \in F$ | 必须到达终结状态 | $O(1)$ |

如果按照表 9.5 的子句组成合取范式 $B$，则有

(1) 如果图灵机 $M$ 接受输入 $I$(即进入终结状态)，则 $B$ 是可满足的。此时只要给所有变

量 $T_{ijk}$、$H_{ik}$、$Q_{ik}$ 进行表 9.5 中的真值指派即可满足 $B$；

(2) 如果 $B$ 可满足，则存在一个状态转变序列，使得 M 接受 $I$（即进入终结状态）。此时只需要按照真值指派的计算结果移动图灵机和进行状态转换即可。

例如，如果图灵机接受 $I$，则 $M$ 在计算过程中所经历的状态都将获得真的真值指派，所有状态转换都将被转换为取值为真的蕴含子句，因而表 9.5 里所有子句的合取范式将取值为真。

因此，非确定性图灵机 $M = (Q, \sum, s, F, \delta)$，即所有的 NP 问题都可以规约到布尔可满足性问题上。现在我们需要知道的是此种规约是否为多项式时间。

显然，规约的时间不会超过构造出来的 $B$ 的大小。那么 $B$ 有多大呢？我们来看：

(1) 布尔变量的个数不会超过 $O(p(n)^2)$，每个变量占用的空间不会超过 $O(\log p(n))$；

(2) 布尔子句的条数不会超过 $O(p(n)^2)$，所以 $B$ 的大小不会超过 $O((\log p(n))p(n)^2)$。

因此，整个转换过程为多项式时间，这里 $n$ 是输入的规模。

库克定理证明完毕。

### 9.5.4  3-SAT 问题

确定一个逻辑命题是否可以满足称为 SAT(Satisfiability)问题[①]。如果我们以 $A$、$B$、$C$ 分别代表甲、乙、丙三人有罪的逻辑命题，则 $\neg A$、$\neg B$、$\neg C$ 就分别代表甲、乙、丙无罪的逻辑命题。而警察得出的三个结论可以表示为以下逻辑命题：

(1) $\neg A \rightarrow B \wedge C$

(2) $B \vee C$

(3) $\neg A \oplus B$

那么，这个问题的解答实际上就是为上述三个布尔表达式找出一个真值指派，使得上述三个表达式同时为真。例如，$A$ 为真、$B$ 为真、$C$ 为真就是一个满足上述三个表达式的真值指派，即甲、乙、丙三个人都有罪。但这并不是唯一的指派，例如，$A$ 为真、$B$ 为真、$C$ 为假的真值指派也满足上述三个布尔表达式。因此，这种情况下有两种可能的解答。但这两种解答里面 $A$ 和 $B$ 都为真，因此甲、乙二人必定有罪。而 $C$ 有真假两种取值，因此丙既可能有罪也可能无罪，即我们从上述条件里面不能肯定丙是否有罪。

3-SAT 是布尔可满足性的一个特例，在该特例下，所有的子句都只包括 3 个且仅包括 3 个文字。虽然 3-SAT 看上去比一般的布尔表达式更简单，但它也是 NP 完全问题！

显然，3-SAT 的 NP 完全性表明一般的布尔可满足性问题也是 NP 完全问题，但反向推理却不成立。也许是子句的长度增加使得可满足性问题变得困难？

显然，1-SAT 不是 NP 完全问题。它的解答十分容易，只要将每个子句对应的文字赋值真值即可满足。而如果这个赋值不可能(因为有矛盾)，则该表达式就是不可满足。不管什么情况，这种解答所需要的时间不会超过子句个数。而子句个数不会超过 $n$ 个(变量个数)。下面我们证明 3-SAT 属于 NP 完全问题。

**定理 9.4**  3-SAT 是 NP 完全问题。

**证明：**

首先，3-SAT 属于 NP。因为给定一个真值指派，我们可以在多项式时间内验证每个子

---

① 1-SAT、2-SAT 属于 P 问题，3-SAT 属于 NP 完全问题。

句是否为真。

其次，我们来证明 3-SAT 是 NP 难。我们通过将一般的布尔可满足性问题规约到 3-SAT 来证明这点。我们的规约按照子句的长度来进行。

将 SAT 规约到 3-SAT。

不失一般性，假定 SAT 问题的某一子句 $C_i$ 包含 $k$ 个文字。我们将 $C_i$ 改造为长度刚好为 3 的子句的合取。我们的改造根据 $k$ 的大小来进行：

(1) 如果 $k = 1$，即 $C_i = \{z_1\}$，则增加两个新变量 $v_1$ 和 $v_2$，并以下面 4 个句子来替换原来的 $C_i$：

$$\{v_1, v_2, z_1\} \wedge \{v_1, \neg v_2, z_1\} \wedge \{\neg v_1, v_2, z_1\} \wedge \{\neg v_1, \neg v_2, z_1\}$$

可以很容易验证，上述 4 个子句的合取表达式的取值与 $\{z_1\}$ 的取值完全等价！

(2) 如果 $k = 2$，即 $C_i = \{z_1, z_2\}$，则增加一个新变量 $v_1$，并将 $C_i$ 用下面 2 个子句来替换：
$$\{v_1, z_1, z_2\} \wedge \{\neg v_1, z_1, z_2\}$$

(3) 如果 $k = 3$，即 $C_i = \{z_1, z_2, z_3\}$，我们可直接使用。

(4) 如果 $k > 3$，即 $C_i = \{z_1, z_2, z_k\}$，则增加 $k-3$ 个新变量 $v_1, \cdots, v_{k-3}$，并将原来的子句用下面的 $k-2$ 个子句来代替：

$$\{z_1, z_2, v_1\} \wedge \{\neg v_1, z_3, v_2\} \wedge \{\neg v_2, z_4, v_3\} \wedge \cdots \wedge \{\neg v_{k-3}, \neg z_{k-1}, z_k\}$$

这样，所有的布尔可满足性问题的子句都被转换为长度为 3 的子句。由于任何 SAT 的解决方案也将满足如此构造的 3-SAT 问题，而任何 3-SAT 的解决方案同样也满足原来的 SAT，因此，这样转换出来的 3-SAT 问题与原来的 SAT 问题完全等价。

这个转换需要多少时间呢？如果原来的 SAT 实例有 $n$ 个子句，并使用 $m$ 个不同的文字，则我们的转换最多需要时间 $O(nm)$。因此，SAT 多项式时间规约到 3-SAT。

一个更简单的估计是注意到 4 种转换方式，第一种转换方式将 1 个子句转换为 4 个子句；第二种转换将 1 个子句转换为 2 个；第三种转换将 1 个子句转换为 1 个；第四种转换将 1 个子句转换为 $k-2$ 个子句，而 $k-2$ 不会超过 $n$。因此，在最坏的情况下，原来的 $n$ 个子句被转换为不超过 $n^2$ 个子句。因此，这个转换为多项式时间。

这样，我们就证明了 SAT 可以多项式时间规约到 3-SAT。由于 SAT 是 NP 完全问题，因此，3-SAT 也是 NP 完全问题。

如果对 3-SAT 的证明稍加修改，就可以证明 4-SAT、5-SAT 等都是 NP 完全问题。也许，至少包括 3 个文字是使得 SAT 问题成为 NP 完全问题的关键因素！

### 9.5.5　NP 完全问题的近似算法

首先，到目前为止，所有 NP 完全问题还没有多项式时间算法。然而许多 NP 完全问题在现实中具有很重要的意义，对于这些问题，通常可以采取以下 5 种解决策略：

(1) 仅对问题的特殊实例求解；

(2) 用动态规划法或分支限界法求解；

(3) 用概率算法求解；

(4) 只求近似解；

(5) 用启发式方式求解。

下面重点探讨求解 NP 完全问题的近似算法的性能。

一般来说，近似算法所适应的问题是最优化问题，即要求在满足约束条件的前提下，使某个目标函数值达到最大值或最小值。在分析近似算法性能时，通常假设对于一个确定的问题，其每一个可行解所对应的目标函数值都不会小于一个确定的正数。

对于一个规模为 $n$ 的问题，近似算法应该满足下面两个基本的完成。

(1) 算法的时间复杂性：要求算法能在 $n$ 的多项式时间内完成。

(2) 解的近似程度：算法的近似解应满足一定的精度。衡量精度的标准可以用性能比或相对误差。

性能比定义：最优化问题的最优值为 $c^*$，算法求解得到的最优值为 $c$，则该近似算法的性能比定义为

$$u = Max\left\{\frac{c}{c^*}, \frac{c^*}{c}\right\} \leqslant \rho(n)$$

其中，$\rho(n)$ 为与问题规模 $n$ 相关的一个函数。

相对误差定义：最优化问题的最优值为 $c^*$，算法求解得到的最优值为 $c$，则该近似算法的性能比定义为

$$\lambda = \left|\frac{c - c^*}{c^*}\right| \leqslant \varepsilon(n)$$

其中，$\varepsilon(n)$ 为与问题规模 $n$ 相关的一个函数，称为相对误差界。

性能比函数 $\rho(n)$ 与相对误差界函数 $\varepsilon(n)$ 具有关系 $\varepsilon(n) \leqslant \rho(n) - 1$。

下面我们就用近似算法来证明几个具体 NP 完全问题。

**1. 顶点覆盖问题**

**1) 问题的提出**

给定一个无向图 $G = (V, E)$ 和一个正整数 $k$，若存在 $V' \subseteq V$，$|V'| = k$，使得对任意的 $(u, v) \in E$，都有 $u \in V'$ 或 $v \in V'$ 为图 $G$ 的一个大小为 $k$ 的顶点覆盖。

**2) NP 完全性证明**

**(1) NP 的证明。**

对给定的无向图 $G = (V, E)$，若顶点 $V' \subseteq V$ 是图 $G$ 的一个大小为 $k$ 顶点的覆盖，则可以构造一个确定性的算法，以多项式的时间验证 $|V'| = k$，及对所有的 $(u, v) \in E$，是否有 $u \in V'$ 或 $v \in V'$。因此顶点覆盖问题是一个 NP 问题。

**(2) 完全性的证明。**

我们已知团集 (*CLIQUE*) 问题是一个 NP 完全问题，若团集问题归约于顶点覆盖问题，即 *CLIQUE* $\propto_{poly}$ VERTEX COVER，则顶点覆盖问题就是一个 NP 完全问题。

我们可以利用无向图的补图来说明这个问题。若无向图 $G = (V, E)$，则 $G$ 的补图 $\overline{G} = (V, \overline{E})$。其中，$\overline{E} = \{(U, V) | (u, v) \notin E\}$。例如，图 9.9(b) 是图 9.9(a) 的补图，在图 9.9(a) 中有一个大小为 3 的团集 $\{u, x, y\}$，在图 9.9(b) 中，有一个大小为 2 的顶点覆盖 $(v, w)$。显然可以在多项式时间里构造图 $G$ 的补图 $\overline{G}$。因此，只要证明 $G = (V, E)$ 有一个大小为 $|V| - k$ 的团集，当且仅当它的补图 $\overline{G}$ 有一个大小为 $k$ 的顶点覆盖。

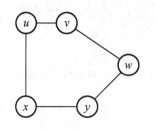
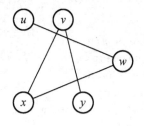

(a) 无向图原图　　　　　　　(b) 对应(a)的补图

**图 9.9　无向图及补图**

**必要性**：如果 $G$ 中有一个大小为 $|V|-k$ 的团集，则它具有一个大小为 $|V|-k$ 个顶点的完全子图，令这 $|V|-k$ 个顶点集合为 $V'$。令 $(u,v)$ 是 $\overline{E}$ 中的任意一条边，则 $(u,v) \notin E$。所以 $(u,v)$ 中必有一个顶点不属于 $V'$，即 $(u,v)$ 中必有一个顶点属于 $V-V'$，也就是边 $(u,v)$ 被 $V-V'$ 覆盖。因为 $(u,v)$ 是 $\overline{E}$ 中的任意一条边，因此，$\overline{E}$ 中的边都被覆盖，所以，$V-V'$ 是 $\overline{G}$ 的一个大小为 $|V-V'|=k$ 的顶点覆盖。

**充分性**：如果 $\overline{G}$ 中有一个大小为 $k$ 的顶点覆盖，令这个顶点覆盖为 $V'$，$(u,v)$ 是 $\overline{E}$ 中的任意一条边，则 $u$ 和 $v$ 至少有一个顶点属于 $V'$。因此，对于任意的顶点 $u$ 和 $v$，若 $u \in V-V'$ 并且 $v \in V-V'$，则必然有 $(u,v) \in E$，即 $V-V'$ 是 $G$ 中一个大小为 $|V|-k$ 的团集。

综上所述，团集 (*CLIQUE*) 问题归约于顶点覆盖 (VERTEX COVER) 问题，即 $CLIQUE \propto_{poly} VERTEX\ COVER$。所以，顶点覆盖问题是一个 NP 完全问题。

3) 优化问题的近似算法

上面已经证得，顶点覆盖问题是一个 NP 完全问题，因此，没有一个确定性的多项式时间算法来解它。顶点覆盖的优化问题是找出图中最小顶点覆盖。为了用近似算法解决这个问题，假设顶点用 $0,1,\cdots,n-1$ 编号，并用下面的邻接表来存放顶点与顶点之间的关联边：

```
struct adj_list {                        //邻接表结点的数据结构
    int v_num;                           //邻接结点的编号
    struct adj_list *next;               //下一个邻接顶点
};
typedef struct adj_list NODE;
NODE *V[n];                              //图 G 的邻接表头结点
```

则顶点覆盖问题近似算法的求解步骤可以叙述如下：

(1) 顶点的初始编号 $u=0$。

(2) 如果顶点 $u$ 存在关联边，转到步骤(3)，否则，转到步骤(5)。

(3) 令关联边 $(u,v)$，把顶点 $u$ 和顶点 $v$ 登记到顶点覆盖 $C$ 中。

(4) 删去与顶点 $u$ 和顶点 $v$ 关联边的所有边。

(5) $u=u+1$，如果 $u<n$，转到步骤(2)，否则，算法结束。

对应上述算法步骤的实现代码如下：

```
vertex_cover_app(NODE *V[ ], int n, int C[ ], int &m){
```

```
NODE *p, p1;
int u, v;
m = 0;
for(u = 0;u < n;u++){
    p = V[u].next;
    if(p != NULL){                          //如果 u 存在关联边
        C[m] = u;
        C[m+1] = v = p->v_num;
        m = +2;
    }
    while(p != NULL){                        //则选取边(u，v)的顶点
        delete_e(p->v_num, u);               //删去与 u 有关联的所有边
        p = p->next;
    }
    V[u].next = NULL;
    p1 = V[v].next;
    while(p != NULL){
        delete_e(p->v_num, v);               //删去与 v 有关联的所有边
        p = p->next;
    }
    V[v].next = NULL;
    }
}
```

其中，$V[\ ]$ 表示无向图 $G$ 的邻接表，$n$ 为顶点个数，$C[\ ]$ 为图 $G$ 的顶点覆盖，$m$ 为 $C$ 中顶点个数。

具体来说，上述算法用数组 $C$ 来存放顶点覆盖中的各个顶点，用变量 $m$ 来存放数组 $C$ 中的顶点个数。开始时，把变量 $m$ 初始化为 0，把顶点编号 $u$ 初始化为 0。然后从顶点 $u$ 开始，如果顶点 $u$ 存在着关联边，就把顶点 $u$ 及其一个邻接点 $v$ 登记到数组 $C$ 中。并删去与顶点 $u$ 和顶点 $v$ 的所有关联边。其中，第 11 行函数 $delete\_e(p \rightarrow v\_mum,u)$ 用来删去顶点 $p \rightarrow v\_num$ 与顶点 $u$ 相邻接的登记项；第 17 行函数 $delete\_e(p \rightarrow v\_num,v)$ 用来删去顶点 $p \rightarrow v\_num$ 与顶点 $v$ 相邻接的登记项；第 14 行和第 20 行分别把顶点 $u$ 和顶点 $v$ 的邻接表头结点的链指针置为空，从而分别删去这两个顶点与其他顶点相邻接的所有登记项。经过这样的处理，就把顶点 $u$ 及顶点 $v$ 的所有关联边删去。这种处理一直进行，直到图 $G$ 中的所有边都被删去为止。最后，在数组 $C$ 中存放着图 $G$ 的顶点覆盖中的各个顶点编号，变量 $m$ 表示数组 $C$ 中登记的顶点个数。

图 9.10 表示了这种处理过程。图 9.10(a) 表示图 $G$ 的初始状态；图 9.10(b) 表示选择边 $(a,b)$，把关联边的顶点 $a$ 及 $b$ 放进数组 $C$ 中，并删去顶点 $a$ 及顶点 $b$ 相关联的所有边，这里删去 $(a,b)$、$(a,g)$ 及 $(a,j)$；图 9.10(c) 表示选择边 $(c,d)$，把关联该边的顶点 $c$ 和顶点 $d$ 放进数组 $C$ 中，并删去边 $(c,d)$、$(c,g)$ 及 $(d,i)$；这个过程一直进行，图 9.10(g) 表示最后得到的结果。整个处理过程共选择了 6 条边上的 12 个顶点，作为图的一个顶点覆盖，它们是 $a$、$b$、$c$、$d$、$e$、$f$、$g$、$h$、$j$、$k$、$l$、$m$。可以看到，它不是图 $G$ 的最小顶点覆盖。图 9.10(h) 表示图 $G$ 的一个最小顶点覆盖，它有 7 个顶点，分别是 $a$、$c$、$f$、$h$、$i$、$k$、$l$。

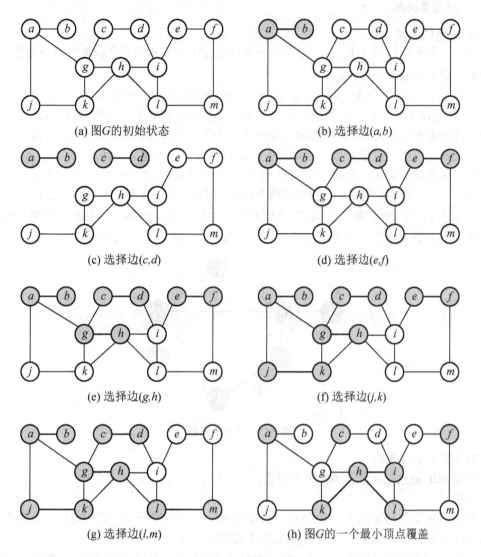

(a) 图 $G$ 的初始状态      (b) 选择边 $(a,b)$

(c) 选择边 $(c,d)$      (d) 选择边 $(e,f)$

(e) 选择边 $(g,h)$      (f) 选择边 $(j,k)$

(g) 选择边 $(l,m)$      (h) 图 $G$ 的一个最小顶点覆盖

**图 9.10 算法处理过程**

下面来估计这个算法的近似性能。假定算法所选取的边集为 $E'$，则这些边的关联边顶点被作为顶点覆盖中的顶点，放进数组 $C$ 中。因为一旦选择了某条边，如边 $(a,b)$，则与顶点 $a$ 和顶点 $b$ 相关联的所有边均被删去。再次选择第 2 条边时，第 2 条边与第 1 条边将不会具有公共顶点，则边集中的所有边都不会具有公共顶点。这样放进数组中的顶点个数为 $2|E'|$，即 $|C| = 2|E'|$。

另外，图 $G$ 的任何一个顶点覆盖，至少包含 $E'$ 中各条边中的一个顶点。若图 $G$ 的最小顶点覆盖为 $c^*$，则有 $|C^*| \geqslant |E'|$。所以有

$$\rho = \frac{|C|}{|C^*|} \leqslant \frac{2|E'|}{E'} = 2$$

由此可以得到，这个算法的性能比率小于或等于 2。

## 2. 独立集问题

### 1) 问题的提出

对于一个无向图 $G = (V, E)$，如果一个顶点集合 $I$ 中任意两点之间都没有边相连，则 $I$ 称为独立集(Independent Set)。

设 $VC \in V$ 是另一个顶点集合，如果图中的每条边所依附的两个顶点中，至少有一个在 $VC$ 中，我们称 $VC$ 覆盖了 $G$ 的所有边，即 $VC$ 是 $G$ 的顶点覆盖。另设 $C \in V$，若 $C$ 中任意两个顶点间都有边相连(即 $C$ 中的顶点构成了一个完全图)，则 $C$ 称为团集。一般来说，我们希望找到尽可能大的独立集、尽可能小的顶点覆盖和尽可能大的团集。

独立集问题的定义：给定一个图 $G = (V, E)$ 和整数 $k$，是否存在一个至少 $k$ 个结点的子集 $S$，使得 $E$ 里没有边连接 $S$ 里的任何两个结点。例如，图 9.11 里的结点集合 $\{A, C, E, G\}$ 就是一个 4 个结点的独立集；而 $\{A, B, C\}$ 就不是一个独立集，因为 $\{A, B\}$ 被 $E$ 里的一条边连接。这看上去似乎也是一个简单问题，但与整数规划问题一样，也是 NP 完全问题。

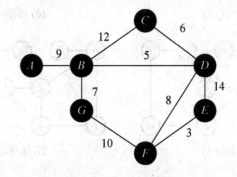

**图 9.11　独立集问题**

### 2) NP 完全性证明

**定理 9.5**　独立集问题是 NP 完全问题。

**证明：**

首先，独立集问题属于 NP 问题。给定任意一个结点的子集，我们可以检查集合里的结点之间不存在边，而这个检查可以在多项式时间内完成。

下面我们证明该问题是 NP 难。而证明的方法则是将 3-SAT 问题归约到独立集问题上。那么如何规约呢？显然，要从 3-SAT 规约到独立集，则必须将 3-SAT 里面的子句转换为图。由于 3-SAT 里的每个子句都包含 3 个文字，我们很自然地将其转换为某三个顶点的完全子图。例如，如果子句为 $\{\neg v_1, v_2, \neg v_3\}, \{v_1, \neg v_2, \neg v_4\}, \{\neg v_2, \neg v_4, v_5\}, \{v_3, v_4, v_5\}$，则可以构造出如图 9.12 的 4 个完全子图。

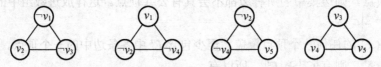

**图 9.12　根据子句构造的 4 个完全三顶点子图**

这样，由于一个 3-SAT 的解将使得任何一个子句都得到满足，即每个子句里面至少有一个文字赋值为 "真"。如果一个子句里只有一个 "真" 值，则我们就将取 "真" 值的顶点归于独立集。如果一个子句里面有多个 "真" 值，则任选一个放入独立集。如果一个 3-SAT

问题有 $k$ 个子句，则这样构造出的独立集大小为 $k$。而 3-SAT 的任意一个解都可以按照上面描述转换为一个大小为 $k$ 的独立集解。

但是这样构造的独立集解是否能推导出原 3-SAT 问题的解呢？答案是不一定。虽然我们可以在每个完全子图 $k$ 里面选取一个结点作为独立集集合的一个元素，从而形成一个大小为 $k$ 的独立集，但我们不能通过对独立集里的元素赋"真"值来取得 3-SAT 的解。原因是，这样形成的独立集有可能包括一个文字的正负两面，从而导致无法进行真值指派。

那么如何防止这个问题呢？答案也很简单，只需要在对应正负文字的顶点间增加一条边即可。例如，对于前面的例子，在增加这些边后，我们获得如图 9.13 所示的一个构造。这个图是否存在一个大小为 $k$ 的独立集与我们的有 $k$ 个子句的 3-SAT 问题可以相互转换，即原 3-SAT 是可满足的当且仅当图中存在大小为 $k$ 的独立集。下面给出具体证明。

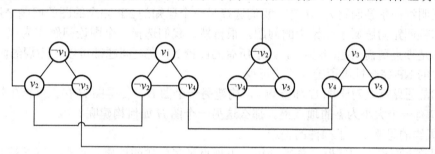

**图 9.13   添加附加边后的连通图(黑线加粗线为附加边)**

证明：

(1) 3-SAT 是可满足的，则图中存在大小为 $k$ 的独立集。

如果 3-SAT 有解，则存在真值指派，且每个子句中必存在(至少)一个文字，它在真值指派中为真。从每个子句中选出一个这样的文字(若有多个，则任意选择一个)。这 $k$ 个文字对应的顶点构成大小为 $k$ 的独立集。因为每个子句中仅选出一个文字，故不会违反第一类边的约束；又因为一个 3-SAT 的解里面不可能包括 $x$ 和 $\bar{x}$ 同时为真的可能，因此 $x$ 和 $\bar{x}$ 不可能被同时选入，故该结点集合也不会违反第二类边的约束。

(2) 如果图中存在大小为 $k$ 的独立集，则 3-SAT 是可满足的。

如果这样构造出来的独立集问题有解，则每个完全三顶点子图里面有且仅有一个顶点入选独立集。多于 1 个肯定是不可能的，但少于 1 个则无法形成一个大小为 $k$ 的顶点集。又由于图中正负都存在的文字间有边相连，则代表文字 $x$ 和 $\bar{x}$ 的顶点不可能同时入选独立集。这样一来，独立集里的文字指派为"真"将不会产生矛盾，而这个"真"值指派完全满足原 3-SAT! 因此，3-SAT 问题可以规约到独立集上。又由于这种规约是多项式时间。因此，独立集问题为 NP 完全问题。

我们知道，独立集、顶点覆盖和团集是三个密切相关的问题。它们之间可以互相转化，因此证明了独立集为 NP 完全问题。也就证明了其他两个问题也是 NP 完全问题。

3. 汉密尔顿回路问题

**汉密尔顿路问题**[①]**的定义**：给定一个图 $G$，是否存在一个包括所有结点 1 次且仅 1 次的

① 汉密尔顿又称哈密顿(Hamilton)

环路？

该问题是爱尔兰物理学家和数学家威廉·罗万·汉密尔顿(William Rowan Hamilton) 1857 年发明的一个数学游戏—汉密尔顿迷宫，其目标是在一个十二面体里寻找一个汉密尔顿回路。虽然汉密尔顿利用艾科西亚演算(Icosia 微积分)解决了一些特殊情况下的汉密尔顿回路问题，但对一般的图来说，汉密尔顿回路问题仍然是一个难解之题。事实上，我们有以下的定理。

**定理 9.6** 汉密尔顿回路问题是一个 NP 完全问题。

**证明：**

首先，汉密尔顿回路问题属于 NP。因为给定任意一个结点序列(潜在的汉密尔顿回路)，我们可以在多项式时间内验证相邻的两个结点是否有边相连，并且最后一个结点是否与第 1 个结点有边相连。因此，汉密尔顿回路为 NP。

要证明汉密尔顿回路为 NP 难。我们选择另一个已知的 NP 完全的图的问题来规约。由于汉密尔顿回路问题属于图论中的问题。很自然，我们选择一个图论问题作为规约源。我们选择的是顶点覆盖问题(事实上，几乎所有的图论 NP 完全问题都可以作为规约源)。顶点覆盖问题的 NP 完全性质留给读者去证明。

我们的思路就是对于图 $G$ 和整数 $k$，构建另一个图 $H$，使得图 $H$ 存在汉密尔顿回路当且仅当 $G$ 有一个大小为 $k$ 的顶点集。那么这另一个图 $H$ 如何构建呢？

1) 规约的思路 1：子构件的构造

要回答上面提出的问题，先得分析一下顶点覆盖问题的性质。顶点覆盖的核心是使用一组顶点来覆盖所有的边！而每条边 $(u,v)$ 被覆盖的方式只三种：被顶点 $u$ 覆盖、被顶点 $v$ 覆盖、被顶点 $u$ 和 $v$ 同时覆盖。因此，在构建图 $H$ 时，我们针对图 $G$ 的每条边，需要构造某种子构件，使得该构件被囊括在图 $H$ 的一个汉密尔顿回路里面的方式也有三种，分别对应图 $G$ 里该条边被覆盖的三种情形。这样我们便可以较容易地得出子构件的设计。

对于图 $G$ 顶点覆盖问题里面的每一条边 $(u,v)$，我们把它变为图 $H$ 的汉密尔顿回路问题里面的一个子构件 $W_{uv}$。该子构件有两排 12 个结点，每排 6 个结点，分别对应边 $(u,v)$ 的一个点。两排之间 4 条边连接，如图 9.14 所示。

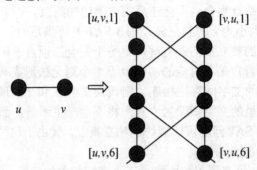

**图 9.14 针对每条边{u,v}构造一个子构件 $W_{uv}$**

不难看出，囊括此种子构件里所有结点的回路只有图 9.15 给出的三种情形。这里图 9.15(a)对应的是图 $G$ 的边 {u,v} 被顶点 $u$ 和 $v$ 同时覆盖的情形，图 9.15(b)对应的是被顶点 $v$ 覆盖的情形，而图 9.15(c)对应的是被顶点 $u$ 覆盖的情形。

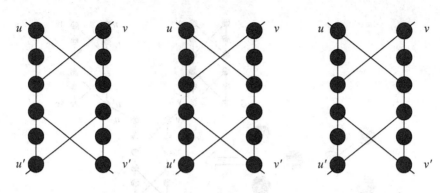

(a) 被顶点 $u$ 和 $v$ 同时覆盖情形　　(b) 被顶点 $v$ 覆盖的情形　　(c) 被顶点 $u$ 覆盖的情形

**图 9.15　每个子构件只有 3 种可能的回路**

2) 规约的思路 2：子构件的连接

在顶点覆盖问题里，一个顶点可以覆盖与其相连的所有边。因此，在构造图 $H$ 的时候，我们必须将一个顶点所对应的所有子构件连接起来，使其可以镶嵌在图 $H$ 的某个回路上。这样，我们就获得了子构件的连接设计：对于图 $G$ 的每一个顶点 $v$，我们将图 $H$ 里面由边 $\{u,v\}$ 所构建的子构件按如下方式进行连接：假定 $v$ 的邻结点为 $x_1, \cdots, x_r$，增加边 $\{[v,x_1,6],[v,x_2,1]\}$，$\{[v,x_2,6],[v,x_3,1]\}$，$\cdots$，$\{[v,x_{r-1},6],[v,x_r,1]\}$。也就是将按边构造的子构件里面对应同一个顶点的那排(6 个结点)进行首尾相连，形成子构件串，如图 9.16 所示。图 9.17 描述的是从一个完整的图 $G$ 构建对应图 $H$ 的子构件及其连接情况。

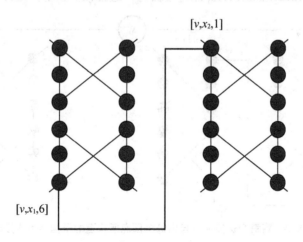

**图 9.16　将不同子构件里面对应同一个顶点的那排首尾相接形成子构件串**

至此，所有的子构件及其连接都构造完毕。下面需要将顶点覆盖问题里面的整数 $k$ 构建到图 $H$ 里来。最直接的构造方式就是在图 $H$ 里面增加 $k$ 个顶点，分别对应图 $G$ 里面被选择的 $k$ 个顶点。但我们如何将这 $k$ 个顶点与 $H$ 里面已经构造好的子构件进行连接呢？

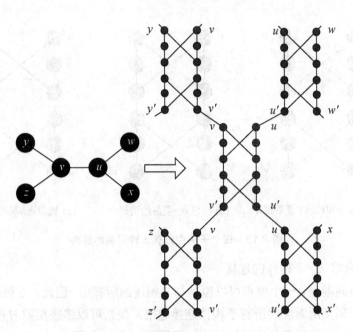

**图 9.17 从左面的图 $G$ 构造出图 $H$ 的子构件及其连接**

3) 规约的思路 3：顶点的连接

我们在图 $G$ 里面添加 $k$ 个选择器顶点 $s_1, \cdots, s_k$，它们代表顶点覆盖问题里被选择的顶点。将每个选择顶点连接在每个子构件串的首尾顶点形成一个环路。将每个子构件串的第 1 个顶点 $[v, x_1, 1]$ 和最后一个顶点 $[v, x_r, 6]$ 都连接在每个选择顶点 $s_i$ 上，如图 9.18 所示。

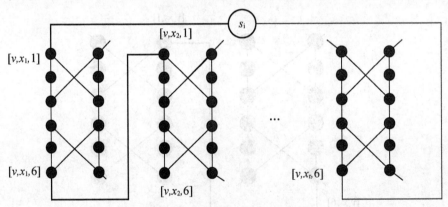

**图 9.18 将每个选择顶点与由每个顶点所构造的子构件串连接起来**

图 9.19 描述的是从一个完整的图 $G$ 构建对应图 $H$ 的子构件串及其与选择顶点的连接。至此，我们的图 $H$ 构造完成。而图 $G$ 存在一个大小为 $k$ 的顶点覆盖当且仅当图 $H$ 存在一个汉密尔顿回路。而且图 $H$ 的构造可在多项式时间内完成。

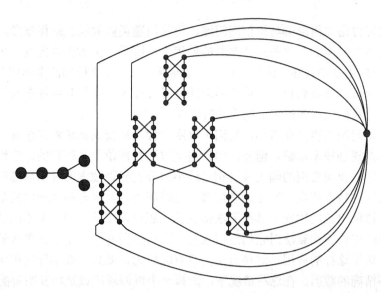

图 9.19　从左面的图 $G$ 构造出图 $H$ 的子构件串及其与任意一个选择顶点的连接

4）正确性证明

(1) 图 $G$ 存在大小为 $k$ 的顶点覆盖，则图 $H$ 存在汉密尔顿回路

如果图 $G$ 存在大小为 $k$ 的顶点覆盖，设该覆盖为 $\{v_1, v_2, \cdots, v_k\}$，则我们在图 $H$ 里如此构造一个环路：从选择顶点 $s_1$ 开始，连接由顶点 $v_1$ 所构建的子构件串，然后连通 $s_2$，之后再连接由顶点 $v_2$ 所构建的子构件串，……然后连通 $s_k$，之后再连通由顶点 $v_k$ 所构建的子构件串，最后在连通到选择结点 $s_1$。显然，如此构造的肯定是一个环路。

问题是它是否是汉密尔顿回路呢？由于 $\{v_1, v_2, \cdots, v_k\}$ 覆盖了所有的边，因此由这 $k$ 个结点开始的子构建串囊括了图 $H$ 里面的子构件，加上环路里包含的所有选择结点，我们上面构造的环路通过了图 $H$ 所有的顶点。因此，该环路确实是汉密尔顿回路。

(2) 如果图 $H$ 存在汉密尔顿回路，则图 $G$ 存在大小为 $k$ 的顶点覆盖

如果图 $H$ 存在汉密尔顿回路，由于选择顶点之间没有直接的边，则该汉密尔顿回路从一个选择顶点出来，下一个顶点必然是一个子构件的起始顶点。又由于不同的子构建串之间没有直接的边，它们必须通过选择顶点连接。由于图 $H$ 一共有 $k$ 个选择顶点，因此，任何汉密尔顿回路一共只能经过 $k$ 个且仅 $k$ 个子构建串。而对应这 $k$ 个子构建串的顶点数也是 $k$ 个！问题是这 $k$ 个顶点是否真是图 $G$ 的一个覆盖呢？由于这 $k$ 个子构件串里面的子构件就是按照图 $G$ 里面的边所构建的，因此对应这 $k$ 个子构建串的顶点覆盖了 $G$ 里面的所有边。所以，图 $G$ 存在一个大小为 $k$ 的顶点覆盖集合。

因此，顶点覆盖问题确实可以规约到汉密尔顿回路问题上。又由于这种规约是多项式时间(留给读者去验证)，因此，汉密尔顿回路问题为 NP 完全问题。

# 9.6  NP 难问题的近似算法[*]

现在我们要讨论如何求解与旅行商问题、背包问题类似的组合最优难题。这些问题的判定版本都是 NP 完全的。这些组合难题的最优版本属于一类 NP 难问题，也就是至少和 NP 完全问题一样困难的问题。因此，对于这些问题，我们没有已知的多项式时间算法，而且有严格的理论可以使我们相信，这样的算法是不存在的。由于其中许多问题具有非常重要的实际意义，我们应该如何来处理这些问题呢？

如果所讨论问题的实例非常小，我们可以用一种穷举查找算法对它求解，其中某些问题也可以用动态规划技术求解。但是，即使这些方法在理论上是可行的，它们的实用性也是很有限的，它们要求实例的输入规模相对较小。分支界限技术的发明被证明是一项重要的突破，因为这种技术使我们有可能在可接受的时间内，对组合最优难题的某些较大实例求解。然而，这种优良的性能常常是无法保证的。还可以用另一种完全不同的方法来处理组合最优难题：用快速的算法对它们近似求解。有些应用并不一定要求最优解，可能较优解就足够了。对于这样的应用，这种方法尤其有吸引力。此外，在实际应用中，我们常常不得不处理不精确的数据。在这种情况下，选择一个近似解应该是极其明智的。

虽然不同的近似算法有各种各样的复杂度，但其中许多算法都是基于特定问题的启发式算法。启发式算法是一种来自于经验而不是来自于数学证明的常识性规则。例如，在旅行商问题中，我们可以访问最近的未访问城市，这就是这个概念的很好例子。

当然，如果我们使用的算法所给出的输出仅仅是实际最优解的一个近似值，我们就会想知道这个近似值有多精确。对于一个对某些函数 $f$ 最小化的问题来说，我们可以用近似解 $s_a$ 的相对误差规模 $re(s_a) = \dfrac{f(s_a) - f(s^*)}{f(s^*)}$ 来度量它的精度。其中，$s^*$ 是问题的一个精确解。

另一种做法是因为 $re(s_a) = f(s_a)/f(s^*) - 1$，我们可以简单地使用精确率 $r(s_a) = \dfrac{f(s_a)}{f(s^*)}$ 作为 $s_a$ 的精确度度量。请注意，为了保证度量标准的一致性，最大化问题的近似解精确度 $r(s_a) = \dfrac{f(s^*)}{f(s_a)}$ 以使得这个比率总是大于等于 1，就像最小化问题的精确率一样。

显然，$r(s_a)$ 越是接近 1，算法近似解的质量就越高。但对于大多数实例来说，没法算出这个精确率，因为一般来说，我们并不知道目标函数真正的最优值 $f(s^*)$。我们只能寄希望于得到 $r(s_a)$ 的一个较好上界。这就导出了下列定义。

**定义** 如果对于所讨论问题的任何实例，一个多项式时间的近似算法的近似解的精确率最多是 $c$，我们把它称作一个 $c$ 近似算法，其中 $c \geqslant 1$。也就是说 $r(s_a) \leqslant c$。

对于问题的所有实例，使上式成立的 $c$ 最佳(也就是最低)值，称为该算法的性能比，记作 $R_A$。

性能比是一个用来指出近似算法质量的主要指标。我们需要那些 $R_A$ 尽量接近 1 的近似算法。但遗憾的是，就像我们会看到的，某些简单近似算法的性能比趋向于无穷大($R_A = \infty$)。这并不意味着我们不能使用这些算法，只是提醒我们要小心对待它们的输出。

求解组合最优难题时，我们要把两个重要的事实记在脑中。首先，虽然对大多数这类问题来说，精确求解的难度级别和把两个问题在多项式时间内相互转换是相同的，但在近似算法的领域，这个等价关系并不成立。对于其中某些问题来说，求一个具有合理精度的近似解要比其他问题简单得多。其次，某些难题具有一些特殊的实例类型，这些类型不仅在实际应用中非常重要，而且比相应的一般性问题更易解。旅行商问题就是一个最好的例子。

### 9.6.1　旅行商问题的近似算法

多年来，这个著名的问题已经出现了众多的近似解法。作为例子。我们这里来讨论其中的一部分。不过先要回答这样一个问题，我们是不是可能找到一个具有有限性能比的多项式时间的近似算法，来对旅行商问题的所有实例求解。下面的定理告诉我们，除非 $P=NP$ ，否则答案为否。

**定理 9.7**　如果 $P \neq NP$ ，则旅行商问题不存在 $c$ 近似算法。也就是说，该问题不存在多项式时间的近似算法使得所有的实例都满足

$$f(s_a) \leqslant cf(s^*) \quad c \text{ 为常数}$$

**证明：**

用反证法，假设存在这样的近似算法 $A$ 和常数 $c$(不失一般性，可以假设 $c$ 是一个正整数)，则可以证明该算法可以在多项式时间内求解汉密尔顿回路问题。我们将利用 11.3 节使用的转换的变种来把汉密尔顿回路问题变换为旅行商问题。设 $G$ 是一个具有 $n$ 个顶点的任意图。我们可以把 $G$ 映射为一个加权完全图 $G'$，方法是将 $G$ 中每条边的权重设为 1，然后把 $G$ 中不邻接的顶点间都加上一条权重为 $cn+1$ 的边。如果 $G$ 有一条汉密尔顿回路，它在 $G'$ 中的长度应该是 $n$，因此，它就是 $G'$ 的旅行商问题的精确解 $s^*$。请注意，如果 $s_a$ 是算法 $A$ 求得的 $G'$ 的近似解，那么根据假设可知 $f(s_a) \leqslant cn$。如果 $G$ 不具有汉密尔顿回路，那么 $G'$ 中的最短旅途将至少包含一条权重为 $cn+1$ 的边，因此 $f(s_a) \geqslant f(s^*) \geqslant cn$。根据上述两个推导出的不等式，我们可以在多项式的时间内求解图 $G$ 的汉密尔顿回路问题，方法是把 $G$ 映射为 $G'$，应用算法 $A$ 来得到 $G'$ 中的旅途 $s_a$，然后将它的长度和 $cn$ 比。由于汉密尔顿回路问题是 NP 完全问题，除非 P = NP，否则就会得出一个矛盾。

◇　最近邻居算法

下面这个简单的贪婪算法基于一种最近邻居的启发式算法：下一次总是访问最近的未访问城市。

第一步：任意选择一个城市作为开始。

第二步：重复下面的操作直到访问完所有的城市。访问和最近一次访问的城市 $k$ 最接近的未访问城市(顺序是无关紧要的)。

第三步：回到开始的城市。

**例 9.4**　对于图 9.20 中的图所代表的实例，把 $a$ 作为开始顶点，最近邻居算法生成的旅程(哈密尔顿回路) $s_a$ 等于 $a-b-c-d-a$ ，长度等于 10。

最优解可以简单地用穷举查找法求出，是旅程 $s^*:a-b-d-c-a$ 。因此，这个解的精确率为 $r(s_a) = \dfrac{f(s_a)}{f(s^*)} = \dfrac{10}{8} = 1.25$ 。也就是说，旅程 $s_a$ 比最优旅程 $s^*$ 要长 25%。

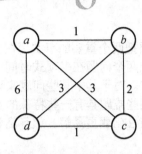

**图 9.20　用来阐明最近邻居算法的旅行商问题的实例**

遗憾的是，除了简单之外，最近邻居算法乏善可陈。具体来说，我们无法说出在一般情况下，该算法求解的精确度是多少，因为这个算法会在旅程别无选择的情况下，迫使我们穿过一条非常长的边。的确，如果我们把例 9.4 中边 $(a,b)$ 的权重改成任意一个 $w \geq 6$ 的大数，该算法会输出一条长度为 $4+w$ 的旅程 $a-b-c-d-a$，而最优解还是 $a-b-d-c-a$ 长度为 8。因此，有

$$r(s_a) = \frac{f(s_a)}{f(s^*)} = \frac{4+w}{8}$$

只要对 $w$ 选择一个足够大的值，$r(s_a)$ 可以任意大。因此，对于这个算法，$R_A = \infty$（和定理 9.7 的结论相同）。

旅行商问题还有另一个比较自然的贪婪算法，它把该问题抽象成：求一个给定加权完全图的最小权重边集合，使得所有顶点的连通度都为 2。（该算法强调的是顶点而不是边，是不是让我们想起另一个贪婪算法？）对该问题应用上述贪婪技术可以得出下列算法：

**1. 多片段启发算法**

第一步：将边按照权重的升序排列。将要构造的旅途边集合一开始是空集合。

第二步：重复下面的操作直到获得一条结点数为 $n$ 的旅途，$n$ 是待解问题中的城市数量：将排序列表中的下一条边加入旅途边集合，保证本次加入不会使得某个顶点的连通度为 3，也不会产生一条长度小于 $n$ 的回路；否则，忽略这条边。

第三步：返回旅途边集合。

作为例子，我们对上图应用该算法，这会得到 $\{(a,b),(c,d),(b,c),(a,d)\}$。这个边集合组成的旅途和最近邻居算法生成的旅途是相同的。一般来说，多片段启发算法生成的旅途比最近邻居算法有显著改善。但多片段启发算法的性能比也是没有上界的。

然而，对于一类非常重要的，被称为欧几里得类型的实例所构成的子集，我们可以给出最近邻居算法和多片段启发算法精确度的一个有效断言。有些实例中，城市间的距离满足以下正常条件：

**1) 三角不等式**

对于任意城市 $i,j,k$ 构成的三角形，$d[i,j] \leq d[i,k] + d[k,j]$。即城市 $i$ 和 $j$ 之间的距离不会超过从 $i$ 经过某些中间城市 $k$ 再到 $j$ 的折线路径长度。

**2) 对称性**

对于任意两个城市 $i$ 和 $j$，$d[i,j] = d[j,i]$。即从 $j$ 到 $i$ 的距离和从 $i$ 到 $j$ 的距离是相同的。旅行商问题的相当部分实际应用属于欧几里得实例。具体来说，其中包括地理方面的应用，其中城市和平面中的点相对应，而距离是由标准欧几里得公式计算出来的。虽然求解欧几

里得类型的实例时，最近邻居算法和多片段启发算法的性能比还是无法界定，但对于该算法的任何 $n \geqslant 2$ 个城市的实例来说，其精确率都满足下面的不等式：

$$\frac{f(s_a)}{f(s^*)} \leqslant \frac{1}{2}(\lceil \log_2 n \rceil + 1)$$

其中，$f(s_a)$ 和 $f(s^*)$ 分别是最近邻居算法的长度和最短旅程的长度。

　　旅行商问题的有些近似算法利用了同一个图的哈密顿回路和最小生成树的关系。由于从哈密顿回路中去掉一条边就能得到二棵生成树，我们希望可以先构造一棵最小生成树，然后在这一良好的基础上来构造一条近似最短路径。下面这个算法用一种非常直接的方式实现了这一思想。

　　2. 绕树两周算法

　　第一步：对一个旅行商问题的给定实例，构造它相应图的最小生成树；

　　第二步：从一个任意顶点开始，绕着这棵最小生成树散步一周，并记录下经过的顶点[1]；

　　第三步：扫描第二步中得到的顶点列表，从中消去所有重复出现的顶点，但留下出现在列表尾部的起始顶点不要消去[2]。列表中余下的顶点就构成了一条汉密尔顿回路，这就是该算法的输出。

　　**例 9.5**　对图 9.21(a)中的图应用这个算法。该图的最小生成树是由边 $(a,b),(b,c),(b,d),(d,e)$ 所组成的(图 9.21(b))。如果起止点都是 $a$，绕树散步两周是这样走的：$a$，$b$，$c$，$b$，$d$，$e$，$d$，$b$，$a$。

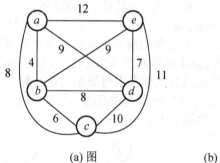 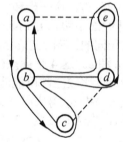

(a) 图　　　　　　　(b) 绕着最小生成树散步时走捷径

**图 9.21　绕树两周算法演示**

消去第二个 $b$(从 $c$ 到 $d$ 的捷径)，然后是第二个 $d$ 和第三个 $b$(从 $e$ 到 $a$ 的捷径)，就生成了长度为 39 的汉密尔顿回路：$a$，$b$，$c$，$d$，$e$，$a$。

　　上例中求得的旅程不是最优的。虽然这个实例很小，以至于我们可以用穷举查找法或者分支界限法来求出一个最优解，但为了不失一般性，我们将会避免这样做。一般来说，我们并不知道最优解的实际长度是多少，因此，无法计算精确率 $f(s_a)/f(s^*)$。但对于绕树两周算法来说，如果给定的图是欧几里得类型的，我们至少可以对上面的精确率做一个

---

① 这可以用深度优先遍历来完成。

② 这相当于在散步中走捷径。

估计。

**定理 9.8** 对于具有欧几里得距离的旅行商问题来说,绕树两周算法是一个 2 近似算法。

**证明** 显然,如果我们在第一步中使用一个合理的算法,比如 Prim 算法或者 Kruskal 算法,绕树两周就是一个多项式时间的算法。我们需要证明的是,对于旅行商问题的欧几里得实例来说,绕树两周算法得到的旅程 $s_a$ 的长度最多为最优旅程占 $s^*$ 长度的两倍。也就是说 $f(s_a) \leqslant 2f(s^*)$。

因为从占 $s^*$ 中移走任何一条边都会产生一棵生成树 $T$,其权重可以设为 $w(T)$,这一定大于等于图的最小生成树的权重 $w(T^*)$,我们得到不等式 $f(s^*) > w(T) \geqslant w(T^*)$。这个不等式意味着 $2f(s^*) > 2w(T^*) =$ 算法第二步中得到的路程长度。

由于算法第三步中,求 $s_a$ 时可能走的捷径不可能增加欧几里得图中的路程长度,也就是说第二步获得的路径长度 $\geqslant s_a$ 的长度。结合前两个不等式,我们得到 $2f(s^*) > f(s_a)$。实际上,这个断言比我们需要证明的断言更强一些。

**3. Christofides 算法**

对于欧几里得旅行商问题,还有一种性能比更好的近似算法,就是著名的 Christofides 算法。它也利用了这个问题和最小生成树的关系,但该方法要比绕树两周算法更复杂些。请注意,绕树两周算法生成的绕树两周轨迹是多重图中的一条欧拉回路,我们可以把给定的图中每条边重复一遍来得到这个多重图。回忆一下,当且仅当连通多重图的每个顶点的连通度都是偶数时,它才具有欧拉回路。Christofides 算法找出图的最小生成树中所有连通度为奇数的顶点,然后把这些顶点的最小权重匹配边(这种顶点的数量总为偶数,因此总有最小权重匹配边)加入图中。然后该算法求出该多重图中的欧拉回路,再通过走捷径的办法将其转换为汉密尔顿回路,这一步和绕树两周算法的最后一步是相同的。

**例 9.6** 我们在图 9.22 中跟踪 Christofides 算法,所使用的实例与图 9.21 中跟踪绕树两周算法用到的实例是相同的。图 9.22(a)给出了该图的最小生成树。这个图有 4 个连通度为奇数的顶点:$a$, $b$, $c$ 和 $e$。这 4 个顶点的最小权重匹配是由边$(a, b)$和$(c, e)$组成的。(由于这个实例很小,我们可以比较三种可能匹配的总权重来求得最小权重匹配,它们是$(a, b)$和$(c, e)$,$(a, c)$和$(b, e)$,$(a, e)$和$(b, c)$)从顶点 $a$ 开始对该多重图遍历,得到欧拉回路 $a$-$b$-$c$-$e$-$d$-$b$-$a$,对它走捷径之后,生成长度为 37 的旅途 $a$-$b$-$c$-$e$-$d$-$b$-$a$。

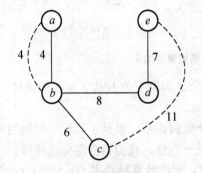
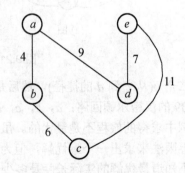

(a) 最小生成树加上所有连通度为奇数的顶点的
最小权重匹配边(用虚线表示)

(c) 得到的哈密尔顿回路

**图 9.22 Christofides 算法的应用**

对于欧几里得实例,Christofides 算法的性能比是 1.5。一般来说,在经验测试中,

Christofides 算法生成的近似最优旅途明显好于绕树两周算法。通过对算法最后一步的走捷径法进行优化，这种启发式算法求得的旅途还能更短：按照任意次序检查被多次访问的城市，并对每个城市找出可能的最佳捷径。但在例 9.6 中，从 *a-b-c-e-d-b-a* 得到的 *a-b-c-e-d-b-a* 不能通过这种增强法得到改善，因为对 *b* 的第二次出现走捷径正好比对第一次走捷径来得好。但一般来说，至少对于随机生成的欧几里得实例，这种做法可以把近似解和最优旅途长度之间的差距减少 10%~15%。

4. 本地查找启发法

对于欧几里得实例来说，用迭代改进算法求得的近似最优旅途的质量好得惊人，这类算法也被称为本地查找启发法。其中最著名的要算 2 选、3 选和 Lin-Kernighan 算法。这类算法从某个初始旅途开始，初始旅途可以随机构造或者用某些简单的近似算法求得，比如最近邻居算法。每次迭代的时候，该算法把当前旅途中的一些边用其他边来代替，试图得到一个和当前旅途稍有差别的旅途。如果这个改变能生成一个更短的旅途，该算法就把新旅途作为当前旅途，然后用同样方法试图找到另一个相近的旅途；否则，就把当前旅途作为算法的输出返回，算法也就停止了。

2 选算法的工作方式是删除一个旅途中的一对非邻接边，然后把这两条边的端点用另一对边重新连起来，以得到另一个旅途(参见图 9.23)。这种操作称为 2 改变。请注意，将两对端点重新连接起来的方法只有一种，因为另一种连接法会把图分成两种不相交的分量。

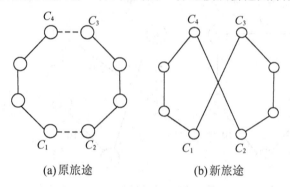

(a) 原旅途　　　　　　　(b) 新旅途

图 9.23　2 改变

例 9.7　对于图 9.21 的图，我们从最近邻居旅途 *a-b-c-d-e-a* 开始改进，它当前的长度 $l_{nn} = 39$ 接下来，2 选算法会按照图 9.24 所示生成下一个旅途。

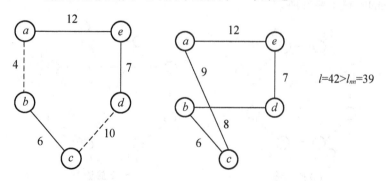

$l = 42 > l_{nn} = 39$

图 9.24　对图 9.21 中的最近邻居旅途的 2 改变

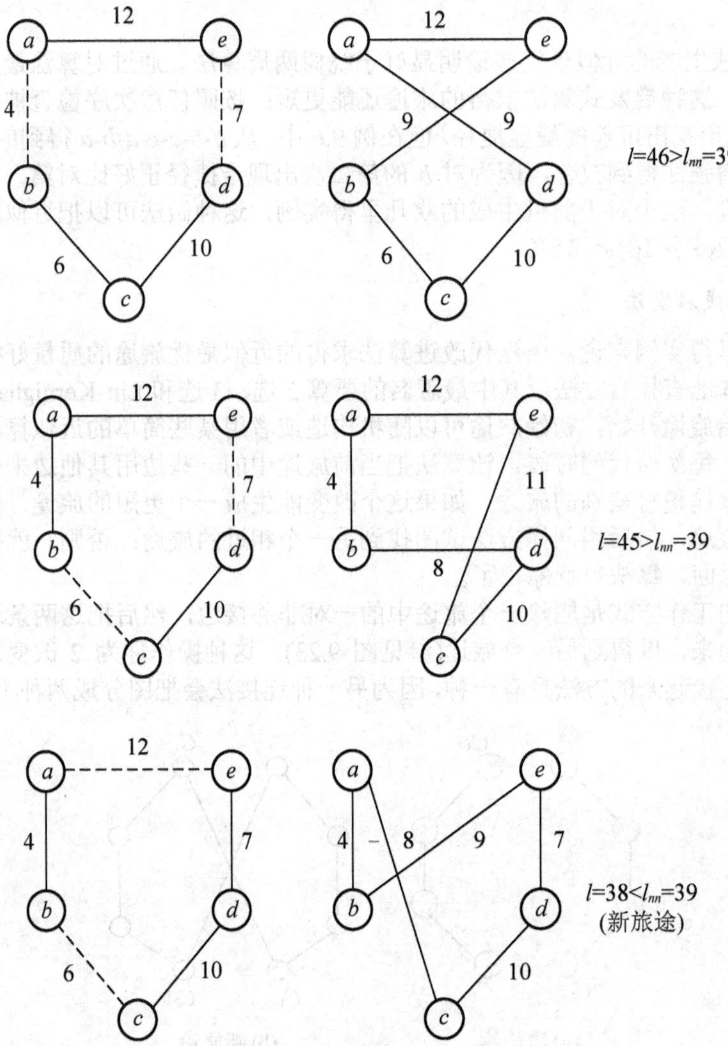

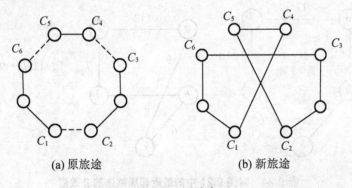

图 9.24　对图 9.21 中的最近邻居旅途的 2 改变(续)

将 2 改变的概念推而广之，对于任何 $k \geqslant 2$，都可以得到 $k$ 改变。这种操作最多替换当前旅途中的 $k$ 条边。但除了 2 改变，只有 3 改变被证明具有实际意义。图 9.25 给出了 3 改变中可能发生的两种主要替换。

(a) 原旅途　　　　　　　　(b) 新旅途

图 9.25　3 改变

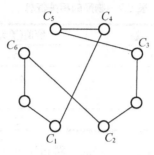

(c) 改变结果

**图 9.25　3 改变(续)**

### 9.6.2　背包问题的近似算法

背包问题是另一个著名的 NP 困难问题，我们知道：给定 $n$ 个重量为 $w_1$，$\cdots$，$w_n$、价值为 $v_1$，$\cdots$，$v_n$ 的物品，以及一个承重量为 $W$ 的背包，找出其中最有价值的物品子集，并且能够全部装入背包中。我们看到过如何用穷举查找法、动态规划法和分支界限法对这个问题求解。现在我们要用近似算法求解该问题。

**1. 背包问题的贪婪算法**

我们可以想到若干种贪婪方法来求解该问题。一种是按照物品重量的降序来选择。然而，越重的物品并不一定是集合中最有价值的。或者，我们可以按照物品价值的降序挑选物品，但无法保证背包的承重量能够有效利用。我们是不是能够找到一种既考虑重量又考虑价值的贪婪策略呢？这种策略是存在的，方法是计算价值重量比 $v_i / w_i$，$i = 1, 2, \cdots, n$，并且按照这些比率的降序选择物品。以下算法基于这种启发式的贪婪算法。

(1) 离散背包问题的贪婪算法。

第一步：对于给定的物品，计算其价值重量比 $r_i = v_i / w_i$，$i = 1, 2, \cdots, n$。

第二步：按照第一步计算出的比率的降序，对物品进行排序(原先的顺序可以忽略)。

第三步：重复下面的操作，直到有序列表中不留下物品。如果列表中的当前物品能够装入背包，将它放入背包中；否则，处理下一个物品。

下面让我们来考虑背包问题的一个实例，其中背包的承重量是 10，物品的信息参见表 9.6。

**表 9.6　物品的相关信息**

| 物　　品 | 重　　量 | 价值(美元) |
|:---:|:---:|:---:|
| 1 | 7 | 42 |
| 2 | 3 | 12 |
| 3 | 4 | 40 |
| 4 | 5 | 25 |

计算它们的价值重量比，并对这些效率比率按照非升序排列，我们得出表 9.7。

表 9.7　物品的相关信息

| 物　　品 | 重　　量 | 价值(美元) | 价值/重量 |
|---|---|---|---|
| 1 | 4 | 40 | 10 |
| 2 | 7 | 42 | 6 |
| 3 | 5 | 25 | 5 |
| 4 | 3 | 12 | 4 |

该贪婪算法会选择重量为 4 的第一个物品，跳过下一个重量为 7 的物品，选择下一个重量为 5 的物品，然后跳过最后一个重量为 3 的物品。这样得到的解恰好是这个实例的最优解。

这个贪婪算法是不是总能产生一个最优解呢？回答当然是否定的；如果它可以，我们就有了一个求解 NP 困难问题的多项式时间的算法。实际上，下面的例子说明，我们无法对这个算法的近似解的精确度，给出一个有限的上界。

我们再举另一个例子，背包的承重量 $W > 2$，物品的信息参见表 9.8。

表 9.8　物品的相关信息

| 物　　品 | 重　　量 | 价　　值 | 价值/重量 |
|---|---|---|---|
| 背包 1 | 1 | 2 | 3 |
| 背包 2 | $W$ | $W$ | 1 |

因为物品已经按照要求排序了，该算法选择了第一个物品并跳过了第二个物品。这个子集的总价值是 2，而最优选择是物品 2，它的价值是 $W$。因此，这个近似解的精确率 $r(s_a)$ 是 $W/2$，它是没有上界的。

令人惊奇的是，对这个贪婪算法略作调整就能够得到一个具有有限性能比的近似算法。它所做的只不过是从两个解中选取较好的一个：一个是贪婪算法求得的解，另一个解只包含具有最大价值、并且能够装进背包的单个物品。不难证明，这个增强贪婪算法的性能比等于 2。也就是说，一个最优子集 $s^*$ 的价值，永远不会比增强贪婪算法所得到的子集 $s_a$ 的价值大两倍以上，而这个断言所能给出的最小乘数也是 2。

考虑一下背包问题的连续版本也是有益的。在这个版本中，我们可以按照任意比例取走给定的物品。对于该问题的这个版本，我们可以很自然地把贪婪算法修改如下：

(2) 连续背包问题的贪婪算法。

第一步：对于给定的物品，计算其价值质量比 $v_i/w_i$，$i = 1, 2, \cdots, n$。

第二步：按照第一步计算出的比率的降序，对物品排序(原先的顺序可以忽略)。

第三步：重复下面的操作，直到背包已经装满，或者有序列表中不留下任何物品。如果列表中的当前物品能够完全装入背包，将它放在背包中并处理下一个物品；否则，取出它能够装满背包的最大部分，然后停止。

对于上面离散版本贪婪算法使用的四物品实例，现在假设它是个连续实例，我们的算法会取走重量为 4 的第一个物品。然后取走下一个物品的 6/7，来装满整个背包。

毫不奇怪，这个算法总是能够产生连续背包问题的最优解。的确。这些物品是按照它们利用背包承重量的效率排序的。如果有序列表的第一个物品重量为 $w_1$，价值为 $v_1$，没有一个解使用了 $w_1$ 单位的承重量以后，能够产生高于 $v_1$ 的回报。如果第一个物品或者其余部分不能装满背包，我们应该继续尽量多地取走效率第二高的物品，以此类推。这基本已经给出了一个正式证明的轮廓，我们把它留给大家做练习。也请注意，对已一个连续背包问题实例的最优解来说，它的值可以提供给同样实例的离散版本，作为其最优解的取值上界。

**2. 近似方案**

我们现在回到背包问题的离散版本。这个问题和旅行商问题不同，它存在着一些多项式时间的近似方案，这些方案都是用参数来调节的系列算法，使我们可以得到满足任意预定义精度的近似 $s_a^{(k)}$ 解。即，对于任何规模为 $n$ 的实例来说，有 $\dfrac{f(s^*)}{f(s_a^{(k)})} \leq 1+1/k$。其中，$k$ 是一个范围为 $0 \leq k < n$ 的整数参数。第一个近似方案是 S.Salmi 在 1975 年给出的。该算法生成所有小于等于 $k$ 个物品的子集，并像贪婪算法那样，向每一个能够装入背包的子集添加剩余的物品(也就是按照它们价值重量比的非升序排列)。以这种方式得到的最有价值的子集就作为算法的输出返回。

表 9.10 给出了一个小例子，在 $k=2$ 时应用近似方案。该算法输出 {1, 3, 4}，这就是该实例的最优解。

表 9.9　背包的承重量 $W=10$ 的实例

| 物　品 | 重　量 | 价值(美元) | 价值/重量 |
|:---:|:---:|:---:|:---:|
| 1 | 4 | 40 | 10 |
| 2 | 7 | 42 | 6 |
| 3 | 5 | 25 | 5 |
| 4 | 1 | 4 | 4 |

表 9.10　在 $k=2$ 时由近似方案生成的子集

| 子　集 | 添加的物品 | 价值(美元) |
|:---:|:---:|:---:|
| ∅ | 1, 3, 4 | 69 |
| {1} | 3, 4 | 69 |
| {2} | 4 | 46 |
| {3} | 1, 4 | 69 |
| {4} | 1, 3 | 69 |
| {1,2} | 不可行 | |
| {1,3} | 4 | 69 |
| {1,4} | 3 | 69 |
| {2,3} | 不可行 | |
| {2,4} | | 46 |
| {3,4} | 1 | 69 |

如果人家对这个例子印象不是很深也是可以谅解的，因为这个方案的理论意义远大于实用价值。它是基于这样一个事实：尽管可以用预定义的精度逼近最优解，但该算法的时间效率却是 $n$ 的多项式函数。的确，在添加额外的元素之前，该算法生成的子集总数是

$$\sum_{j=0}^{k}\binom{n}{j} = \sum_{j=0}^{k}\frac{n(n-1)\cdots(n-j+1)}{j!} \leq \sum_{j=0}^{k}n^j \leq \sum_{j=0}^{k}n^k = (k+1)n^k$$

对于每一个这样的子集，我们需要 $O(n)$ 的时间来确定它可能的扩展。因此，该算法的效率属于 $O(kn^{k+1})$。请注意，这个效率虽然是 $n$ 的多项式函数，但 Sahni 方案的时间效率却是 $k$ 的指数函数。一个更加复杂的近似方案，被称为完全多项式方案，就没有这样的缺陷。

## 9.7　小　　结

问题求解过程的复杂性可以通过所需的计算时间量来进行度量。一般地，将存在多项式时间算法的问题称为易解问题(P 问题)，而将不能在多项式时间内解决的问题称"难解"问题(NP 问题)。

此外，我们可以清楚地看出确定性算法和非确定性算法的区别：确定性算法基于给定的信息做出判断，而非确定性算法则通过一系列"正确的猜测"获得答案！而由于现代的计算机无法做到"一系列正确的猜测"，它们只能运行确定性算法！

对于 NP 难的证明来说，没有什么一成不变的公式可以采用。用一句算法领域的行话说，就是 NP 难的证明不存在一个确定性算法！唯一的办法是不断练习。但是一旦熟练了，你就会发现 NP 难的证明非常简单。

对于 NP 难的证明，还有一些技巧如下：

(1) 尽量简化原问题。例如，不要直接证明旅行销售员问题为 NP 难，而是证明汉密尔顿回路问题为 NP 难。因为汉密尔顿回路问题比旅行销售员问题要容易证明得多，而汉密尔顿回路问题又可以很容易地规约到旅行销售员问题上！而对于更精明的人来说，甚至汉密尔顿回路问题都不需要证明，直接证明汉密尔顿回路问题即可。

(2) 选择合适的 NP 完全问题作为规约的对象。比较常使用的 NP 完全问题包括：

① 3-SAT。当其他问题都难以规约到所要证明的问题时可考虑使用。

② 整数分割(integer partition)。如果要证明的问题涉及很大的数时使用。

③ 顶点覆盖(vertex cover)。证明任何需要进行选择与图相关的问题时使用。

④ 汉密尔顿回路(Hamiltonian path)。证明任何依赖排序的问题时考虑使用。

(3) 从战略高度着想，然后构造各种 gadget 来实现战术。构造 gadget 前多问问自己如下几个问题：如何才能迫使选择 $A$ 或 $B$，但不是同时被选择？如何迫使 $A$ 在 $B$ 之前被选择？如何清除那些没有被选择的东西呢？当有了这些解答后，你就可以更容易地构造所需的东西。

(4) 使用限制。证明问题的一个特例或一部分是 NP 完全问题。

(5) 局部替换。将局部的东西进行替换从而达到规约。如我们的 SAT 到 3-SAT 规约。

(6) 当遇到困难时，也许应该看看这个问题是否可以用算法解决？

在计算复杂性理论中，把运行时间是输入数值(而非长度)的多项式函数的算法称为伪多项式时间的(Pseudo-polynomial Time)。当输入数值在"合理"的范围内时，这类算法能很好地工作；只有当输入值呈指数级增长时，算法的运行时间才表现出指数增长的性质。这样的 NP 完全问题称为弱 NP 完全。而其他一些 NP 完全问题，如旅行销售员问题，当输入数值以多项式级增长时，算法的运行时间就呈指数级增长，它们称为强 NP 完全。

换句话说，"强 NP 完全"问题是指那些在数字表示为单元(unary)时即是 NP 完全的问题，"弱 NP 完全"问题是指那些仅在数字表示为二进制时才是 NP 完全的问题。"弱 NP 完全"问题在输入数据以单元方式表示的时候可以在多项式时间内获得解。例如，测试 $n$ 是否为合数就是一个"弱 NP 完全问题"：如果 $n$ 以单元表示，该问题是多项式可解，而如果 $n$ 以二进制表示，则该问题为 NP 完全问题。

另外，在 NP 类中，还存在人们既无法证明其属于 $P$，又无法证明其属于 NP 完全的"尴尬"问题，例如，因式分解问题。虽然这个问题被公认为"难解"问题，但到现在也没有人证明该问题是 NP 完全。这类问题就被称为中 NP 完全(即难度介于 P 和 G 完全之间)。另一个"中 NP 完全"例子是图同构问题(Graph Isomorphism)。

# 9.8 习　　题

1. 对于你来说，"难解"意味着什么？

2. 证明：九字迷宫问题无解。

3. 随机化算法是确定性还是非确定性算法？

4. 非确定性图灵机能否实现？说明你的理由。

5. 有人说，任何一台计算机，不管多旧，也不管多新颖，都与一台确定性图灵机等价。你同意这个说法吗？说出理由。

6. 本章在讨论搜索问题和最优化问题之间的等价关系时，提到了如果搜索问题有多项式时间解，则最优化问题也有多项式时间解。但这个结论的前提是，独立于图的结点数。你觉得这个前提站得住脚吗？如果站不住脚，你能得出何种结论？

7. 如果给你一个非确定性图灵机，你是否能够解决世界上的所有问题呢？给出理由。

8. 在一座人迹罕至的山中有一座寺庙。凡是到这个寺庙的和尚都会得到一个钵子。钵子里面有 27 个佛珠。其中 15 个为红色佛珠，12 个为绿色佛珠。每次寺庙的钟声响起时，每个和尚可进行如下两个操作中的任意 1 个：

(a) 如果钵子里面有至少 3 颗红色的佛珠，则和尚可以从钵子里拿走 3 颗红色的佛珠，并放入 2 颗绿色的佛珠(即用 2 颗绿色佛珠替换 3 颗红色的佛珠)。

(b) 和尚也可以在任何一次钟声响起时，将钵子里的所有佛珠置换为另外一种颜色的佛珠(即将原来的红色佛珠替换为绿色佛珠，将原来的绿色佛珠替换为红色佛珠)。

例如：在第 1 次钟声响起时，和尚可将钵子里的 3 个红色佛珠拿走，并加入 2 颗绿色的佛珠，这样，和尚的钵子里将有 12 颗红色佛珠和 14 颗绿色佛珠；在第 2 次钟声响起时，和尚可将钵子里的每个佛珠置换为相反的颜色。这样，和尚的钵子里将有 14 颗红色佛珠和 12 颗绿色佛珠……当和尚的钵子里面剩下的佛珠为 5 颗红色和 5 颗绿色时，和尚就可以离开寺庙去享受外面的精彩世界了。请问：在不违反上述规则的情况下，和尚应该如何操作才能离开寺庙？

9．你觉得人生中的问题是"难解"得多，还是易解得多？给出你的理由。

10．众所周知，不同的人写出的程序代码具有不同的质量。如何判定一个人的代码是否优于另一个人写的代码呢？这个问题是"难解"，还是"易解"？给出理由。

# 求 和

当一个算法包含循环控制结构时，例如 while 或者 for 循环，我们可以将算法的运行时间表示为每一次执行循环体所花时间之和。例如，插入排序的第 $j$ 次迭代在最坏情况下所花时间与 j 成正比。通过累加每次迭代所用时间，可以得到其和(或称级数) $\sum_{j=2}^{n} j$。在此式求和后，我们得到了这个算法在最坏情况下的运行时间界是 $\Theta(n^2)$。这个例子阐释了读者为什么应知晓如何求和及其界。

A.1 节列出了求和的几个基本公式，但没有提供证明。A.2 节提供了几个用于求和公式的实用技巧。同时为便于阐释算法，A.2 节给出了 A.1 节中部分公式的证明。

## A.1 求和公式及其性质

给一个数列 $a_1, a_2, \cdots, a_n$，其中 $n$ 是非负整数，可以将有限和 $a_1 + a_2 + \cdots + a_n$ 写作 $\sum_{k=1}^{n} a_k$。若 $n=0$，则定义该和式的值为 0，有限级数的值总是良定的，并且可以按任意顺序对级数中的项求和。

给定一个无限数列 $a_1, a_2, \cdots$，可以将其无限和 $a_1 + a_2 + \cdots$ 写作 $\sum_{k=1}^{\infty} a_k$，即 $\lim_{x \to \infty} \sum_{k=1}^{n} a_k$。当其极限不存在时，该级数发散；反之，该级数收敛。对于收敛级数，不能随意对其项改变求和顺序。而对于绝对收敛级数(若对于级数 $\sum_{k=1}^{\infty} a_k$，有级数 $\sum_{k=1}^{\infty} |a_k|$ 也收敛，则称其为绝对收敛级数)，则可以改变其项的求和顺序。

### 线性性质

对任意实数 $c$ 和任意有限序列 $a_1, a_2, \cdots, a_n$ 和 $b_1, b_2, \cdots, b_n$，有 $\sum_{k=1}^{n} (ca_k + b_k) = c \sum_{k=1}^{n} a_k +$

$\sum\limits_{k=1}^{n} b_k$。线性性质对于无限收敛级数同样适用。

线性性质可以用来对项中包含渐近记号的和式求和，例如 $\sum\limits_{k=1}^{n} \Theta(f(k)) = \Theta(\sum\limits_{k=1}^{n} f(k))$。在这个等式中，左边的 $\Theta$ 符号应用于变量 $k$，而右边的 $\Theta$ 则作用于 $n$。这种处理方法同样适用于无限收敛级数。

**等差级数**

和式 $\sum\limits_{k=1}^{n} k = 1 + 2 + \cdots + n$ 是一个等差级数，其值为

$$\sum_{k=1}^{n} k = \frac{1}{2} n(n+1) \tag{A.1}$$

$$\sum_{k=1}^{n} k = \Theta(n^2) \tag{A.2}$$

**平方和与立方和**

平方和与立方和的求和公式如下：

$$\sum_{k=0}^{n} k^2 = \frac{n(n+1)(2n+1)}{6} \tag{A.3}$$

$$\sum_{k=0}^{n} k^3 = \frac{n^2(n+1)^2}{4} \tag{A.4}$$

**几何级数**

对于实数 $x \neq 1$，和式 $\sum\limits_{k=0}^{n} x^k = 1 + x + x^2 + \cdots + x^n$ 是一个几何级数(或称指数级数)，其值为

$$\sum_{k=0}^{n} x^k = \frac{x^{n+1} - 1}{x - 1} \tag{A.5}$$

当和是无限的且 $|x| < 1$ 时，有无限递减几何级数

$$\sum_{k=0}^{\infty} x^k = \frac{1}{1-x} \tag{A.6}$$

**调和级数**

对于正整数 $n$，每 $n$ 个调和数是

$$H_n = 1 + \frac{1}{2} + \frac{1}{3} + \frac{1}{4} + \cdots + \frac{1}{n} = \sum_{k=1}^{n} \frac{1}{k} = \ln n + O(1) \tag{A.7}$$

**级数积分和微分**

通过对上面的公式进行积分或微分，可以得到其他新的公式，例如，通过对无限递减几何级数(A.6)两边微分并乘以 $x$，可以得到

$$\sum_{k=0}^{\infty} kx^k = \frac{x}{(1-x)^2} \tag{A.8}$$

其中，$|x| < 1$。

**裂项级数**

对于任何序列 $a_0, a_1, \cdots, a_n$，有

$$\sum_{k=1}^{n} (a_k - a_{k-1}) = a_n - a_0 \tag{A.9}$$

因为 $a_1, a_2, \cdots, a_{n-1}$ 中的每一项被加和被减均刚一次。称其和裂项相消(telescopes)。类似地，$\sum_{k=0}^{n-1} (a_k - a_{k+1}) = a_0 - a_n$。

考虑级数 $\sum_{k=1}^{n-1} \frac{1}{k(k+1)}$，因为可以将每一项改写成 $\frac{1}{k(k+1)} = \frac{1}{k} - \frac{1}{k+1}$。所以，可得

$$\sum_{k=1}^{n-1} \frac{1}{k(k+1)} = \sum_{k=1}^{n-1} \left( \frac{1}{k} - \frac{1}{k+1} \right) = 1 - \frac{1}{n}$$

**乘积**

有限乘积 $a_1 a_2 \cdots a_n$ 可以写成 $\prod_{k=1}^{n} a_k$。当 $n = 0$ 时，定义乘积的值定义为 1。我们可以用如下恒等式将一个含有求积项的公式转化成一个含求和项的公式 $\lg \left( \prod_{k=1}^{n} a_k \right) = \sum_{k=1}^{n} \lg a_k$。

## A.2 确定求和时间的界

对于描述算法运行时间的求和公式，可以利用多种技术来算其界。这里给出一些常用的方法。

**数学归纳法**

计算级数最常用的方法是数学归纳法。例如，我们来证明等差级数 $\sum_{k=1}^{n} k$ 的值等于 $\frac{1}{2} n(n+1)$。容易看出，当 $n = 1$ 时，这一结论是成立的，因此可以归纳假设对 $A$ 成立，并证明对 $n+1$ 成立。我们有 $\sum_{k=1}^{n+1} k = \sum_{k=1}^{n} k + (n+1) = \frac{1}{2} n(n+1) + (n+1) = \frac{1}{2} (n+1)(n+2)$。

在使用数学归纳法，并不一定要推算出和的准确值。另外，归纳法也可以用来计算和式的界。例如，下面来证明几何级数 $\sum_{k=0}^{n} 3^k$ 的界是 $O(3^k)$。更具体一点，对某个常量 $c$，证明 $\sum_{k=0}^{n} 3^k \leqslant c3^n$。对初始条件 $n = 0$，当 $c \geqslant 1$ 时有 $\sum_{k=0}^{n} 3^k = 1 \leqslant c \cdot 1$。假设这个界限对 $n$ 成立，

证明它对 $n+1$ 同样成立。有 $\sum_{k=0}^{n+1} 3^k = \sum_{k=0}^{n} 3^k + 3^{n+1} \leqslant c3^n + 3^{n+1} = \left(\frac{1}{3} + \frac{1}{c}\right)c \cdot 3^{n+1} \leqslant c \cdot 3^{n+1}$。当 $(1/3 + 1/c) \leqslant 1$ 或 $c \geqslant 3/2$ 时成立。因此，$\sum_{k=0}^{n} 3^k = O(3^n)$ 成立。

当在用渐近记号通过归纳法证明界的时候就多加小心。考虑下面这个错误证明 $\sum_{k=1}^{n} k = O(n)$ 的例子。当然 $\sum_{k=1}^{n} k = O(1)$。假设该界对于 $n$ 成立，现在来证明它对 $n+1$ 也成立：

$$\sum_{k=1}^{n+1} k = \sum_{k=1}^{n} k + (n+1)$$
$$= O(n) + (n+1) \qquad \Leftarrow \text{错了}$$
$$= O(n+1)$$

证明错在被"大 O"记号隐藏的"常数"是随着 $n$ 的增长而增长的，不是恒定不变的。此处，没有证明存在一个常数对于所有 $n$ 均适用。

### 确定级数各项的界

有时，一个级数的理想上界可以通过对级数中的每个项求界来获得。通常，使用最大的项作为其他项的界就足够了。例如，等差级数(A.1)的一个可快速获得上界是 $\sum_{k=1}^{n} k \leqslant \sum_{k=1}^{n} n = n^2$。

一般来说，对级数 $\sum_{k=1}^{n} a_k$，如果令 $a_{\max} = \max_{1 \leqslant k \leqslant n} a_k$，则 $\sum_{k=1}^{n} a_k \leqslant n a_{\max}$。当一个级数实际上以一个几何级数为界时，选择级数的最大项作为项的界是很弱的方法。给定一个级数 $\sum_{k=0}^{n} a_k$，假设对所有的 $k \geqslant 0$ 有 $a_{k+1}/a_k \leqslant r$，这时 $0 < r < 1$ 是一个常数。可以把一个无穷递减级数作为和的界限，因为 $a_k \leqslant a_0 r^k$，所以有 $\sum_{k=0}^{n} a_k \leqslant \sum_{k=0}^{\infty} a_0 r^k = a_0 \sum_{k=0}^{\infty} r^k = a_0 \frac{1}{1-r}$。

可以利用这个方法来计算 $\sum_{k=1}^{\infty} (k/3^k)$ 的界。为了从 $k=0$ 开始求和，将级数改写为 $\sum_{k=1}^{\infty} ((k+1)/3^k)$。第一项 $(a_0)$ 是 $1/3$，并且相邻之间的比值 $(r)$ 是 $\frac{(k+2)/3^{k+2}}{(k+1)/3^{k+1}} = \frac{1}{3} \cdot \frac{k+2}{k+1} \leqslant \frac{2}{3}$。对所有的 $k \geqslant 0$ 成立。因此，有 $\sum_{k=1}^{\infty} \frac{k}{3^k} = \sum_{k=1}^{\infty} \frac{k+1}{3^{k+1}} \leqslant \frac{1}{3} \cdot \frac{1}{1-2/3} = 1$。

使用这个方法的一个常见问题是当证明了连续两项的比率小于 1 后，就假设这个和以一个几何级数为界。以无限调和级数为例，该级数发散，这是因为

$$\sum_{k=1}^{\infty} \frac{1}{k} = \lim_{x \to \infty} \sum_{k=1}^{n} \frac{1}{k} = \lim_{x \to \infty} \Theta(\lg n) = \infty$$

虽然级数中第 $k+1$ 项与第 $k$ 项的比率是 $k/(k+1) < 1$，但这个级数并不是以一个递减几何级数为界。要将一个几何级数作为级数的界，必须证明有一个 $r < 1$，$r$ 是常量，并且所有连续两项的比率都不能超过 $r$。在调和级数中，不存在这样的一个 $r$，因为比率是任意逼

近 1 的。

### 分割求和

在求复杂的求和公式的界时，可以将级数表示为两个或多个级数，按下标的范围进行划分，然后再对每个级数分别求界。例如，要求等差级数 $\sum_{k=1}^{n} k$ 的下界，这个级数已经被证明有上界 $n^2$。我们可能会尝试使用最小项作为级数中每个项的界，但因为最小项是 1，得到下界为 $n$，这与上界 $n^2$ 相去甚远。

可以首先分割和式来获得一个更理想的下界。为方便起见，不妨设 $n$ 为偶数。有

$$\sum_{k=1}^{n} k = \sum_{k=1}^{n/2} k + \sum_{k=n/2+1}^{n} k \geq \sum_{k=1}^{n/2} 0 + \sum_{k=n/2+1}^{n} n/2 = (n/2)^2 = \Omega(n^2)$$

因为 $\sum_{k=1}^{n} k = O(n^2)$，这是一个渐近确界。

对于源自算法分析中的和式，通常可以将和式分割，并忽略其常数个起始项。一般情况下，该技巧适用于和式 $\sum_{k=0}^{n} a_k$ 中的每一项 $a_k$ 都独立于 $n$ 的情况。那么，对于任意常数 $k_0 > 0$，有

$$\sum_{k=0}^{n} a_k = \sum_{k=0}^{k_0-1} a_k + \sum_{k=k_0}^{n} a_k = \Theta(1) + \sum_{k=k_0}^{n} a_k$$

这是因为和式有若干个常数起始项，且其数目也是常数。接着我们可以利用其他的方法来示 $\sum_{k=k_0}^{n} a_k$ 的界。这一技巧同样适用于无限和。例如，求解 $\sum_{k=0}^{\infty} \dfrac{k^2}{2^k}$ 的一个渐近上界，在 $k \geq 3$ 时，观察其相邻项比值为

$$\frac{(k+1)^2/2^{k+1}}{k^2/2^k} = \frac{(k+1)^2}{2k^2} \leq \frac{8}{9}$$

又因为第一个和式的项数目是常数，且第二个和式是一个递减几何级数。所以可以将和式分割为

$$\sum_{k=0}^{\infty} \frac{k^2}{2^k} = \sum_{k=0}^{2} \frac{k^2}{2^k} + \sum_{k=3}^{\infty} \frac{k^2}{2^k} \leq \sum_{k=0}^{2} \frac{k^2}{2^k} + \frac{9}{8} \sum_{k=0}^{\infty} \left(\frac{8}{9}\right)^k = O(1)$$

分割求和的方法可以在更复杂的情况下求渐近界。例如，可以确定调和级数 (A.7) $H_n = \sum_{k=1}^{\infty} \dfrac{1}{k}$ 的界 $O(\lg n)$。

我们将下标范围从 1 到 $n$ 分割成 $\lfloor \lg n \rfloor + 1$ 段，并令每一段上界为 1。对于 $i = 0, 1, \cdots, \lfloor \lg n \rfloor$，第 $i$ 段包含自 $1/2^i$ 起到 $1/2^{i+1}$（不包含 $1/2^{i+1}$）的项。最后一段可能包含原调和级数中没有的项，因此有

$$\sum_{k=1}^{n} \frac{1}{k} \leq \sum_{i=0}^{\lfloor \lg n \rfloor} \sum_{j=0}^{2^i-1} \frac{1}{2^i+j} \leq \sum_{i=0}^{\lfloor \lg n \rfloor} \sum_{j=0}^{2^i-1} \frac{1}{2^i} = \sum_{i=0}^{\lfloor \lg n \rfloor} 1 \leq \lg n + 1 \tag{A.10}$$

### 通过积分求近似值

当一个和式的形式为 $\displaystyle\sum_{k=m}^{n} f(k)$ 时，可以通过积分来求其近似值：

$$\int_{m-1}^{n} f(x)\mathrm{d}x \leqslant \sum_{k=m}^{n} f(x) \leqslant \int_{m}^{n+1} f(x)\mathrm{d}x \tag{A.11}$$

其中，$f(k)$ 是单调递增函数。

图 A.1 直观地表示出这一近似方法的理由及含义。图中将和式表示为若干长方形区域的面积，曲线下的阴影区域表示积分。

图中的每个矩形内标明了该矩形的面积，且矩形总面积代表和的值。曲线下方的阴影区域代表积分近似值。通过比较图 A.1(a)中的这两个面积，可得 $\displaystyle\int_{m-1}^{n} f(x)\mathrm{d}x \leqslant \sum_{k=m}^{n} f(k)$，并且在将这些长方形向右移动一个单位后，由图 A.1(b)得 $\displaystyle\sum_{k=m}^{n} f(k) \leqslant \int_{m}^{n+1} f(x)\mathrm{d}x$。

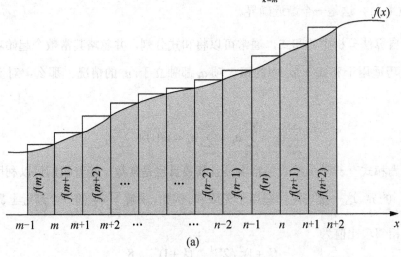

(a)

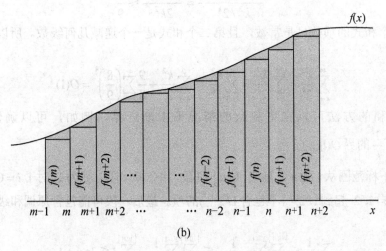

(b)

图 A.1 通过积分示 $\displaystyle\sum_{k=m}^{n+1} f(k)$ 的近似值

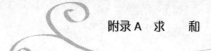

当 $f(k)$ 单调递减时，我们可以使用相似的方法来求渐近界

$$\int_m^{n+1} f(x)\mathrm{d}x \leqslant \sum_{k=m}^{n} f(k) \leqslant \int_{m-1}^{n} f(x)\mathrm{d}x \tag{A.12}$$

积分近似(A.12)给出了第 $n$ 个调和数的一个紧估计。对于其下界，可得

$$\sum_{k=1}^{n} \frac{1}{k} \geqslant \int_1^{n+1} \frac{\mathrm{d}x}{x} = \ln(n+1) \tag{A.13}$$

对于上界，可以推导出不等式 $\sum_{k=2}^{n} \dfrac{1}{k} \leqslant \int_1^n \dfrac{\mathrm{d}x}{x} = \ln(n)$。从它可以导出上界

$$\sum_{k=1}^{n} \frac{1}{k} \leqslant \ln n + 1 \tag{A.14}$$

# 数 论 入 门

## B.1　素数与合数

如果一个整数 $n>1$，除了 1 和本身之外没有其他正整数因数(约数)，称 $n$ 为素数，前 20 个素数按序排列如下：

$$1\,2,3,5,7,11,13,17,19,23,29,31,37,41,43,47,53,59,61,67,71$$

如果一个整数不是素数，那么叫合数[①]。按照算术基本定理，任意整数 $n>1$ 均可唯一因子分解为 $n = p_1^{e_1} \times p_2^{e_2} \times \cdots p_t^{e_t}$。其中，$n = p_1 \times p_2 \times \cdots p_t$ 均是素数，$p_1 < p_2 < \cdots < p_t$，且 $e_i$ 都是正整数。

例如，$91 = 7 \times 13$，$3600 = 2^4 \times 3^2 \times 5^2$，$11011 = 7 \times 11^2 \times 13$。

## B.2　大公约数

如果 $d$ 是 $a$ 的约数并且也是 $b$ 的约数，称 $d$ 是 $a,b$ 的公约数。

例如，24 的约数为 $1,2,3,4,6,8,12,24$。因此，24 和 16 的公约数为 $1,2,4,8$。两个整数公约数的最大值称为最大公约数，记为 $\gcd(a,b)$；例如，$\gcd(24,16) = 8$。如果两个整数 $a$ 和 $b$ 最大公约数为 1，则称 $a$ 和 $b$ 互素，记为 $\gcd(a,b) = 1$。

## B.3　模运算

如果 $a$ 是整数，$n$ 是正整数，则模运算定义为取余运算，即 $a$ 模 $n$ 是 $a$ 除以 $n$ 所得的余数。例如：$11 \bmod 7 = 4$，而 $-11 \bmod 7 = -4$。

若 $a$ 和 $b$ 被 $n$ 除后值相同，称 $a$ 和 $b$ 模 $n$ 同余，记为 $a \equiv b \pmod{n}$。此式被称为同余式。若 $n$ 能整除 $a$，则同余式表示为 $a \equiv 0 \pmod{n}$，记为 $n/a$。例如，$22 \equiv 1 \pmod{7}$，$21 \equiv 1 \pmod{10}$。

我们记小于 $n$ 的整数集合为 $Z_n$，例如，$Z_{15} = \{0,1,\cdots,14\}$。可以证明 $Z_n$ 是模 $n$ 加法运算构成一个群。另外，我们记比 $n$ 小且与 $n$ 互素的非负整数的集合为 $Z_n^*$，例如，$Z_{15}^* = \{1,2,4,7,8,11,13,14\}$。可以证明 $Z_n^*$ 是模 $n$ 乘法运算下构成一个群。特别地，如果 $p$ 是

---

[①] 整数 1 既不是素数也不是合数。同样，整数 0 和负数既不是素数也不是合数。

素数，则 $Z_p^* = \{0,1,\cdots,p-1\}$ 。

## B.4 元素的幂

定义 $Z_n^*$ 中的求幂运算为重复运用群中的模乘运算，如现在考虑元素 $g$ 模 $n$ 的幂组成的序列 $g^1, g^2, g^3, \cdots$ 。其中， $g \in Z_n^*$ 。

我们可以看到，在序列中至少存在一个元素 $m$ 满足 $g^m = 1 (\bmod n)$ ，我们称最小的 $m$ 为元素 $g$ 的阶。

例如，对模 7 来说，3 的幂序列为 $3^1 = 3, 3^2 = 2, 3^3 = 6, 3^4 = 4, 3^5 = 5, 3^6 = 1, \cdots$ ；而 2 的幂序列为 $2^1 = 2, 2^2 = 4, 2^3 = 1, 2^4 = 2, 2^5 = 4, 2^6 = 1, \cdots$ 。因此，3 对模 7 的阶为 6，记为 $ord_7(3)$ ，而 2 对模 7 的阶为 3，记为 $ord_7(2)$ 。

如果 $ord_n(g) = |Z_n^*|$ ，则 $Z_n^*$ 中每个元素都是 $g$ 的一个幂，那么称 $g$ 为 $Z_n^*$ 的原根或生成元。例如，对模 7 来说，3 是一个原根，但 2 不是。如果 $Z_n^*$ 包含一个原根，那么称为循环群，通常记为 $<g>$。然而，并不是每个合数 $n$ 都是循环群，但对于素数 $p$ ， $Z_p^*$ 是一个乘法循环群。

如果 $g$ 是 $Z_p^*$ 的一个原根且 $Y$ 是 $Z_p^*$ 中的任意元素，则存在唯一的元素 $x$ ，使得 $g^x = Y (\bmod p)$ 。我们称 $x$ 为以 $g$ 为底模 $p$ 的离散对数，记为 $x = \log_{g,p} Y$ 。

离散对数问题看上去和实数范围内求对数类似，然而却并不相同。在实数范围内，我们要求近似解，这里我们要求解是精确的。对于给定的 $(Y,g,p)$ ，计算离散对数问题非常困难，其难度与因子分解问题相当。

## B.5 欧拉函数

我们介绍一个重要的概念：欧拉函数 $\phi(n)$ ，它指的是小于 $n$ 且与 $n$ 互素的正整数的个数，即 $|Z_n^*|$ 。这里我们不要求列出计算一般 $n$ 的欧拉函数 $\phi(n)$ 的公式。我们只考虑当素数 $p$ 和合数 $n = p \times q$ 的欧拉函数计算公式。

显然对素数 $p$ ，因为与小于 $p$ 且与 $p$ 互素的元素为 $\{1,2,\cdots,p-1\}$ 。因此，欧拉函数 $\phi(p) = p-1$ 。

对合数 $n = p \times q$ ，考虑所有小于 $n$ 的元素的集合 $\{1,2,\cdots,pq-1\}$ ，其中不与 $n$ 互素元素的集合是 $\{p,2p,\cdots,(q-1)p\}$ 和 $\{q,2q,\cdots,(p-1)q\}$ ，因此，

$$\begin{aligned} \phi(n) &= (pq-1) - ((q-1)+(p-1)) \\ &= pq - q - p + 1 \\ &= (p-1)(q-1) \\ &= \phi(p)\phi(q) \end{aligned}$$

例如，计算 $\phi(37)$ 和 $\phi(35)$ 的值，因为 37 是素数，所以 1～36 所有正整数均与 37 互素数，即 $\phi(37) = 36$ ；计算 $\phi(35)$ 的值，又由于 $35 = 5 \times 7$ ，所以 $\phi(35) = (5-1) \times (7-1) = 24$ 。我们列出所有小于 35 并与 35 互素元素如下：

$$1,2,3,4,6,8,9,11,12,13,16,17,18,19,22,23,24,26,27,29,31,32,33,34$$

以上共 24 个元素，因此 $\phi(35) = 24$ 。

## B.6 欧拉定理

对于任意与 $n$ 互素的元素 $a$，均有 $a^{\phi(n)} = 1(\bmod n)$。

证明：由于 $\phi(n)$ 指的是小于 $n$ 并且与互素的元素的个数，假设这些元素组成的集合如下：

$$R = \{x_1, x_2, \cdots, x_{\phi(n)}\}$$

用 $a$ 与集合中每个元素模 $n$ 相乘，得 $S = \{ax_1, ax_2, \cdots, ax_{\phi(n)}\}$。集合 $S$ 是集合 $R$ 的一个重新排列，主要有如下几点原因：

◇ 由于 $a, x_i$ 均与 $n$ 互素，故 $ax_i$ 与 $n$ 互素。这样集合 $S$ 所有元素均与 $n$ 互素；

◇ $S$ 中元素均不相同，因为如果 $ax_i = ax_j(\bmod n)$，那么 $x_i = x_j(\bmod n)$。

所以，有 $\displaystyle\prod_{i=1}^{\phi(n)} ax_i = \prod_{i=1}^{\phi(n)} x_i(\bmod n) \Rightarrow a^{\phi(n)} \prod_{i=1}^{\phi(n)} x_i = \prod_{i=1}^{\phi(n)} x_i(\bmod n) \Rightarrow a^{\phi(n)} = 1(\bmod n)$。

例如，设 $a = 3, n = 10, \phi(10) = 4$，则 $a^{\phi(n)} = 3^4 = 81 = 1(\bmod 10)$。

## B.7 费马小定理

对于任意与素数 $p$ 互素的元素 $a$，均有 $a^{p-1} = 1(\bmod p)$。

证明：费马定理是欧拉定理的一个特例，因为 $\phi(p) = p-1$，由欧拉定理直接可得

$$a^{p-1} = 1(\bmod p)$$

## B.8 中国剩余定理

该定理又叫做孙子定理，它给出了求解下列同余方程的方法。

$$x \equiv a_1(\bmod n_1)$$
$$x \equiv a_2(\bmod n_2)$$
$$\vdots$$
$$x \equiv a_k(\bmod n_k)$$

定理：设 $n = n_1, n_2, \cdots, n_k$，其中 $n_i$ 两两互质，即对 $1 \leqslant i, j \leqslant k, i \neq j$ 有 $\gcd(n_i, n_j) = 1$。又设 $n = n_i N_i, i = 1, 2, \cdots, k$，那么同余式的解是 $x \equiv N_1 N_1 a_1 + N_2 N_2 a_2 + \cdots + N_k N_k a_k(\bmod n)$。其中，$N_i N_i \equiv 1(\bmod n_i), i = 1, 2, \cdots, k$。

证明：由 $\gcd(n_i, n_j) = 1, i \neq j$ 得 $\gcd(N_i, n_i) = 1$，所以每一个 $N_i$ 均存在 $N_i'$，使得

$$N_i N_i' \equiv 1(\bmod n_j)$$

另外，由于 $n = n_i N_i$，因此，$n_j \mid N_i, i \neq j$。

令 $c_i \equiv N_i N_i'$，$1 \leqslant i \leqslant k$，于是，可以得到

$$x = \sum_{j=1}^{k} N_i N_i' a_i(\bmod n)$$

需要证明上式是正确的，必须证明 $1 \leqslant i \leqslant k$，有 $a_i = x(\bmod n_i)$。

由于 $c_j \equiv N_j \equiv 0(\bmod n_i)$，$j \neq i$，而且 $c_i \equiv 1(\bmod n_i)$，故 $a_i = x(\bmod n_i)$。利用中国剩余定理，我们可以将 $Z_n$ 中任一整数 $A$ 与一个 $k$ 元组一一对应，该 $k$ 元组每个分量在 $Z_{n_i}$ 中

$A \leftrightarrow (a_1, a_2, \cdots, a_k)$。其中，$A \in Z_n$，$a_i \in Z_n$，$1 \leqslant i \leqslant k$ 且 $a_i = A(\mathrm{mod}\, n_i)$。

中国剩余定理的一个典型的应用是求解同余方程。例如，韩信点兵：有兵一队，若列成五行纵队，则末行一人；列成六行纵队，则末行五人；成七行纵队，则末行四人；列成十一行纵队，则末行十人，求兵数。

解：可以列出下面同余方程组：

$$x \equiv 1 (\mathrm{mod}\, 5)$$
$$x \equiv 5 (\mathrm{mod}\, 6)$$
$$x \equiv 4 (\mathrm{mod}\, 7)$$
$$x \equiv 10 (\mathrm{mod}\, 11)$$

此时，$n = 5 \times 6 \times 7 \times 11 = 2310$，$N_1 = 6 \times 7 \times 11 = 462$，$N_2 = 5 \times 7 \times 11 = 385$，$N_3 = 5 \times 6 \times 11 = 330$，$N_4 = 5 \times 6 \times 7 = 210$。

然后，求解 $N_i N_i' \equiv 1 (\mathrm{mod}\, n_i)(i = 1, 2, 3, 4)$，有 $N_1' = 3$，$N_2' = 1$，$N_3' = 1$，$N_4' = 1$，于是

$$x \equiv 3 \times 462 \times 1 + 1 \times 385 \times 1 + 1 \times 330 \times 1 + 1 \times 210 \times 1 (\mathrm{mod}\, 2310)$$
$$\equiv 6731 (\mathrm{mod}\, 2310)$$
$$\equiv 2111 (\mathrm{mod}\, 2310)$$

因此，总兵数是 2111。

# 参 考 文 献

[1] [美]S. Skiena and M. Revilla. Programming Challenges: The Programming Contest Training Manual [M]. 刘汝佳，译. 北京：清华大学出版社，2009.

[2] [美]Sanjoy Dasgupta, Christos Papadimitriou and Umesh Vazirani. Algorithms [M]. 钱枫，等译. 北京：机械工业出版社，2009.

[3] [美]Robert Sedgewick. Algorithms in C, Parts 1-4: Fundamentals, Data Structure, Sorting, Searching [M]. 霍红卫，译. 北京：机械工业出版社，2009.

[4] [美]Robert Sedgewick. Algorithms in C, Parts 5: Graph Algorithms [M]. 霍红卫，译. 北京：机械工业出版社，2010.

[5] [美]Mark Allen Weiss, Addison Wesley. Data Structures and Algorithm Analysis in C++[M]. 张怀勇，译. 北京：人民邮电出版社，2007.

[6] D.E. Knuth. The Art of Computer Programming [M]. Addison-Wesley, 2005.

[7] 郭嵩山，崔昊，吴汉荣，陈明睿. 国际大学生程序设计竞赛辅导教程[M]. 北京：北京大学出版社，2000.12

[8] 郭嵩山，李志业，金涛，梁锋. 国际大学生程序设计竞赛例题解(一)数论、计算几何、搜索算法专集[M]. 北京：电子工业出版社，2006.

[9] [美]Thomas H. Cormen, Charles E. Leiserson, Ronald L. Rivest. Clifford Stein. Introduction to Algorithms[M]. 潘金贵，等译. 北京：机械工业出版社，2006.

[10] [美]S. Skiena. The Algorithm Design Manual. 影印版：算法设计手册[M]. 2 版. 北京：清华大学出版社，2009.

[11] 郭嵩山，关沛勇，蔡文志，梁锋. 国际大学生程序设计竞赛例题解(三)图论、动态规划算法、综合题专集[M]. 北京：电子工业出版社，2007.

[12] 郭嵩山，张惠东，林祺颖，莫瑜. 国际大学生程序设计竞赛例题解(四)广东省信息学奥林匹克竞赛试题[M]. 北京：电子工业出版社，2008.

[13] 郭嵩山，张子臻，王磊，汤振东. 国际大学生程序设计竞赛例题解(五)广东省大学生程序设计竞赛试题[M]. 北京：电子工业出版社，2008.

[14] [美]Thomas H. Cormen, Charles E.Leiserson, Ronald L.Rivest, Clifford Stein. Introduction to Algorithms[M]. 殷建平，等译. 北京：机械工业出版社，2013.

[15] 李文书，赵玥. 数字图像处理算法及应用[M]. 北京：北京大学出版社，2012.

[16] 李文书，王松，贾宇波. 数据结构与算法应用实践教程[M]. 北京：北京大学出版社，2012.

# 北京大学出版社本科计算机系列实用规划教材

| 序号 | 标准书号 | 书名 | 主编 | 定价 | 序号 | 标准书号 | 书名 | 主编 | 定价 |
|---|---|---|---|---|---|---|---|---|---|
| 1 | 7-301-10511-5 | 离散数学 | 段禅伦 | 28 | 38 | 7-301-13684-3 | 单片机原理及应用 | 王新颖 | 25 |
| 2 | 7-301-10457-X | 线性代数 | 陈付贵 | 20 | 39 | 7-301-14505-0 | Visual C++程序设计案例教程 | 张荣梅 | 30 |
| 3 | 7-301-10510-X | 概率论与数理统计 | 陈荣江 | 26 | 40 | 7-301-14259-2 | 多媒体技术应用案例教程 | 李建 | 30 |
| 4 | 7-301-10503-0 | Visual Basic 程序设计 | 闵联营 | 22 | 41 | 7-301-14503-6 | ASP .NET 动态网页设计案例教程(Visual Basic .NET 版) | 江红 | 35 |
| 5 | 7-301-21752-8 | 多媒体技术及其应用(第2版) | 张明 | 39 | 42 | 7-301-14504-3 | C++面向对象与 Visual C++程序设计案例教程 | 黄贤英 | 35 |
| 6 | 7-301-10466-8 | C++程序设计 | 刘天印 | 33 | 43 | 7-301-14506-7 | Photoshop CS3 案例教程 | 李建芳 | 34 |
| 7 | 7-301-10467-5 | C++程序设计实验指导与习题解答 | 李兰 | 20 | 44 | 7-301-14510-3 | C++程序设计基础案例教程 | 于永彦 | 33 |
| 8 | 7-301-10505-4 | Visual C++程序设计教程与上机指导 | 高志伟 | 25 | 45 | 7-301-14942-5 | ASP .NET 网络应用案例教程(C# .NET 版) | 张登辉 | 33 |
| 9 | 7-301-10462-0 | XML 实用教程 | 丁跃潮 | 26 | 46 | 7-301-12377-5 | 计算机硬件技术基础 | 石磊 | 26 |
| 10 | 7-301-10463-7 | 计算机网络系统集成 | 斯桃枝 | 22 | 47 | 7-301-15208-9 | 计算机组成原理 | 娄国焕 | 24 |
| 11 | 7-301-22437-3 | 单片机原理及应用教程(第2版) | 范立南 | 43 | 48 | 7-301-15463-2 | 网页设计与制作案例教程 | 房爱莲 | 36 |
| 12 | 7-5038-4421-3 | ASP .NET 网络编程实用教程(C#版) | 崔良海 | 31 | 49 | 7-301-04852-8 | 线性代数 | 姚喜妍 | 22 |
| 13 | 7-5038-4427-2 | C 语言程序设计 | 赵建锋 | 25 | 50 | 7-301-15461-8 | 计算机网络技术 | 陈代武 | 33 |
| 14 | 7-5038-4420-5 | Delphi 程序设计基础教程 | 张世明 | 37 | 51 | 7-301-15697-1 | 计算机辅助设计二次开发案例教程 | 谢安俊 | 26 |
| 15 | 7-5038-4417-5 | SQL Server 数据库设计与管理 | 姜力 | 31 | 52 | 7-301-15740-4 | Visual C# 程序开发案例教程 | 韩朝阳 | 30 |
| 16 | 7-5038-4424-9 | 大学计算机基础 | 贾丽娟 | 34 | 53 | 7-301-16597-3 | Visual C++程序设计实用案例教程 | 于永彦 | 32 |
| 17 | 7-5038-4430-0 | 计算机科学与技术导论 | 王昆仑 | 30 | 54 | 7-301-16850-9 | Java 程序设计案例教程 | 胡巧多 | 32 |
| 18 | 7-5038-4418-3 | 计算机网络应用实例教程 | 魏峥 | 25 | 55 | 7-301-16842-4 | 数据库原理与应用(SQL Server 版) | 毛一梅 | 36 |
| 19 | 7-5038-4415-9 | 面向对象程序设计 | 冷英男 | 28 | 56 | 7-301-16910-0 | 计算机网络技术基础与应用 | 马秀峰 | 33 |
| 20 | 7-5038-4429-4 | 软件工程 | 赵春刚 | 22 | 57 | 7-301-15063-4 | 计算机网络基础与应用 | 刘远生 | 32 |
| 21 | 7-5038-4431-1 | 数据结构(C++版) | 秦锋 | 28 | 58 | 7-301-15250-8 | 汇编语言程序设计 | 张光长 | 28 |
| 22 | 7-5038-4423-2 | 微机应用基础 | 吕晓燕 | 33 | 59 | 7-301-15064-1 | 网络安全技术 | 骆耀祖 | 30 |
| 23 | 7-5038-4426-4 | 微型计算机原理与接口技术 | 刘彦文 | 26 | 60 | 7-301-15584-4 | 数据结构与算法 | 佟伟光 | 32 |
| 24 | 7-5038-4425-6 | 办公自动化教程 | 钱俊 | 30 | 61 | 7-301-17087-8 | 操作系统实用教程 | 范立南 | 36 |
| 25 | 7-5038-4419-1 | Java 语言程序设计实用教程 | 董迎红 | 33 | 62 | 7-301-16631-4 | Visual Basic 2008 程序设计教程 | 隋晓红 | 34 |
| 26 | 7-5038-4428-0 | 计算机图形技术 | 龚声蓉 | 28 | 63 | 7-301-17537-8 | C 语言基础案例教程 | 汪新民 | 31 |
| 27 | 7-301-11501-5 | 计算机软件技术基础 | 高巍 | 25 | 64 | 7-301-17397-8 | C++程序设计基础教程 | 郗亚辉 | 30 |
| 28 | 7-301-11500-8 | 计算机组装与维护实用教程 | 崔明远 | 33 | 65 | 7-301-17578-1 | 图论算法理论、实现及应用 | 王桂平 | 54 |
| 29 | 7-301-12174-0 | Visual FoxPro 实用教程 | 马秀峰 | 29 | 66 | 7-301-17964-2 | PHP 动态网页设计与制作案例教程 | 房爱莲 | 42 |
| 30 | 7-301-11500-8 | 管理信息系统实用教程 | 杨月江 | 27 | 67 | 7-301-18514-8 | 多媒体开发与编程 | 于永彦 | 35 |
| 31 | 7-301-11445-2 | Photoshop CS 实用教程 | 张瑾 | 28 | 68 | 7-301-18538-4 | 实用计算方法 | 徐亚平 | 24 |
| 32 | 7-301-12378-2 | ASP .NET 课程设计指导 | 潘志红 | 35 | 69 | 7-301-18539-1 | Visual FoxPro 数据库设计案例教程 | 谭红杨 | 35 |
| 33 | 7-301-12394-2 | C# .NET 课程设计指导 | 龚自霞 | 32 | 70 | 7-301-19313-6 | Java 程序设计案例教程与实训 | 董迎红 | 45 |
| 34 | 7-301-13259-3 | VisualBasic .NET 课程设计指导 | 潘志红 | 30 | 71 | 7-301-19389-1 | Visual FoxPro 实用教程与上机指导（第2版） | 马秀峰 | 40 |
| 35 | 7-301-12371-3 | 网络工程实用教程 | 汪新民 | 34 | 72 | 7-301-19435-5 | 计算方法 | 尹景本 | 28 |
| 36 | 7-301-14132-8 | J2EE 课程设计指导 | 王立丰 | 32 | 73 | 7-301-19388-4 | Java 程序设计教程 | 张剑飞 | 35 |
| 37 | 7-301-21088-8 | 计算机专业英语(第2版) | 张勇 | 42 | 74 | 7-301-19386-0 | 计算机图形技术(第2版) | 许承东 | 44 |

| 序号 | 标准书号 | 书　名 | 主编 | 定价 | 序号 | 标准书号 | 书　名 | 主编 | 定价 |
|---|---|---|---|---|---|---|---|---|---|
| 75 | 7-301-15689-6 | Photoshop CS5 案例教程(第2版) | 李建芳 | 39 | 87 | 7-301-21271-4 | C#面向对象程序设计及实践教程 | 唐燕 | 45 |
| 76 | 7-301-18395-3 | 概率论与数理统计 | 姚喜妍 | 29 | 88 | 7-301-21295-0 | 计算机专业英语 | 吴丽君 | 34 |
| 77 | 7-301-19980-0 | 3ds Max 2011 案例教程 | 李建芳 | 44 | 89 | 7-301-21341-4 | 计算机组成与结构教程 | 姚玉霞 | 42 |
| 78 | 7-301-20052-0 | 数据结构与算法应用实践教程 | 李文书 | 36 | 90 | 7-301-21367-4 | 计算机组成与结构实验实训教程 | 姚玉霞 | 22 |
| 79 | 7-301-12375-1 | 汇编语言程序设计 | 张宝剑 | 36 | 91 | 7-301-22119-8 | UML 实用基础教程 | 赵春刚 | 36 |
| 80 | 7-301-20523-5 | Visual C++程序设计教程与上机指导(第2版) | 牛江川 | 40 | 92 | 7-301-22965-1 | 数据结构(C 语言版) | 陈超祥 | 32 |
| 81 | 7-301-20630-0 | C#程序开发案例教程 | 李挥剑 | 39 | 93 | 7-301-23122-7 | 算法分析与设计教程 | 秦明 | 29 |
| 82 | 7-301-20898-4 | SQL Server 2008 数据库应用案例教程 | 钱哨 | 38 | 94 | 7-301-23566-9 | ASP.NET 程序设计实用教程(C#版) | 张荣梅 | 44 |
| 83 | 7-301-21052-9 | ASP.NET 程序设计与开发 | 张绍兵 | 39 | 95 | 7-301-23734-2 | JSP 设计与开发案例教程 | 杨田宏 | 32 |
| 84 | 7-301-16824-0 | 软件测试案例教程 | 丁宋涛 | 28 | 96 | 7-301-24245-2 | 计算机图形用户界面设计与应用 | 王赛兰 | 38 |
| 85 | 7-301-20328-6 | ASP. NET 动态网页案例教程(C#.NET 版) | 江红 | 45 | 97 | 7-301-24352-7 | 算法设计、分析与应用教程 | 李文书 | 49 |
| 86 | 7-301-16528-7 | C#程序设计 | 胡艳菊 | 40 | | | | | |

# 北京大学出版社电气信息类教材书目(已出版)
## 欢迎选订

| 序号 | 标准书号 | 书 名 | 主编 | 定价 | 序号 | 标准书号 | 书 名 | 主编 | 定价 |
|---|---|---|---|---|---|---|---|---|---|
| 1 | 7-301-10759-1 | DSP 技术及应用 | 吴冬梅 | 26 | 47 | 7-301-10512-2 | 现代控制理论基础(国家级十一五规划教材) | 侯媛彬 | 20 |
| 2 | 7-301-10760-7 | 单片机原理与应用技术 | 魏立峰 | 25 | 48 | 7-301-11151-2 | 电路基础学习指导与典型题解 | 公茂法 | 32 |
| 3 | 7-301-10765-2 | 电工学 | 蒋 中 | 29 | 49 | 7-301-12326-3 | 过程控制与自动化仪表 | 张井岗 | 36 |
| 4 | 7-301-19183-5 | 电工与电子技术(上册)(第2版) | 吴舒辞 | 30 | 50 | 7-301-23271-2 | 计算机控制系统(第 2 版) | 徐文尚 | 48 |
| 5 | 7-301-19229-0 | 电工与电子技术(下册)(第2版) | 徐卓农 | 32 | 51 | 7-5038-4414-0 | 微机原理及接口技术 | 赵志诚 | 38 |
| 6 | 7-301-10699-0 | 电子工艺实习 | 周春阳 | 19 | 52 | 7-301-10465-1 | 单片机原理及应用教程 | 范立南 | 30 |
| 7 | 7-301-10744-7 | 电子工艺学教程 | 张立毅 | 32 | 53 | 7-5038-4426-4 | 微型计算机原理与接口技术 | 刘彦文 | 26 |
| 8 | 7-301-10915-6 | 电子线路 CAD | 吕建平 | 34 | 54 | 7-301-12562-5 | 嵌入式基础实践教程 | 杨 刚 | 30 |
| 9 | 7-301-10764-1 | 数据通信技术教程 | 吴延海 | 29 | 55 | 7-301-12530-4 | 嵌入式 ARM 系统原理与实例开发 | 杨宗德 | 25 |
| 10 | 7-301-18784-5 | 数字信号处理(第2版) | 阎 毅 | 32 | 56 | 7-301-13676-8 | 单片机原理与应用及 C51 程序设计 | 唐 颖 | 30 |
| 11 | 7-301-18889-7 | 现代交换技术(第2版) | 姚 军 | 36 | 57 | 7-301-13577-8 | 电力电子技术及应用 | 张润和 | 38 |
| 12 | 7-301-10761-4 | 信号与系统 | 华 容 | 33 | 58 | 7-301-20508-2 | 电磁场与电磁波(第 2 版) | 邬春明 | 30 |
| 13 | 7-301-19318-1 | 信息与通信工程专业英语(第2版) | 韩定定 | 32 | 59 | 7-301-12179-5 | 电路分析 | 王艳红 | 38 |
| 14 | 7-301-10757-7 | 自动控制原理 | 袁德成 | 29 | 60 | 7-301-12380-5 | 电子测量与传感技术 | 杨 雷 | 35 |
| 15 | 7-301-16520-1 | 高频电子线路(第2版) | 宋树祥 | 35 | 61 | 7-301-14461-9 | 高电压技术 | 马永翔 | 28 |
| 16 | 7-301-11507-7 | 微机原理与接口技术 | 陈光军 | 34 | 62 | 7-301-14472-5 | 生物医学数据分析及其MATLAB 实现 | 尚志刚 | 25 |
| 17 | 7-301-11442-1 | MATLAB 基础及其应用教程 | 周开利 | 24 | 63 | 7-301-14460-2 | 电力系统分析 | 曹 娜 | 35 |
| 18 | 7-301-11508-4 | 计算机网络 | 郭银景 | 31 | 64 | 7-301-14459-6 | DSP 技术与应用基础 | 俞一彪 | 34 |
| 19 | 7-301-12178-8 | 通信原理 | 隋晓红 | 32 | 65 | 7-301-14994-2 | 综合布线系统基础教程 | 吴达金 | 24 |
| 20 | 7-301-12175-7 | 电子系统综合设计 | 郭 勇 | 25 | 66 | 7-301-15168-6 | 信号处理 MATLAB 实验教程 | 李 杰 | 20 |
| 21 | 7-301-11503-9 | EDA 技术基础 | 赵明富 | 26 | 67 | 7-301-15440-3 | 电工电子实验教程 | 魏 伟 | 26 |
| 22 | 7-301-12176-4 | 数字图像处理 | 曹茂永 | 23 | 68 | 7-301-15445-8 | 检测与控制实验教程 | 魏 伟 | 24 |
| 23 | 7-301-12177-1 | 现代通信系统 | 李白萍 | 27 | 69 | 7-301-04595-4 | 电路与模拟电子技术 | 张绪光 | 35 |
| 24 | 7-301-12340-9 | 模拟电子技术 | 陆秀令 | 28 | 70 | 7-301-15458-8 | 信号、系统与控制理论(上、下册) | 邱德润 | 70 |
| 25 | 7-301-13121-3 | 模拟电子技术实验教程 | 谭海曙 | 24 | 71 | 7-301-15786-2 | 通信网的信令系统 | 张云麟 | 24 |
| 26 | 7-301-11502-2 | 移动通信 | 郭俊强 | 22 | 72 | 7-301-23674-1 | 发电厂变电所电气部分(第2版) | 马永翔 | 48 |
| 27 | 7-301-11504-6 | 数字电子技术 | 梅开乡 | 30 | 73 | 7-301-16076-3 | 数字信号处理 | 王震宇 | 32 |
| 28 | 7-301-18860-6 | 运筹学(第 2 版) | 吴亚丽 | 28 | 74 | 7-301-16931-5 | 微机原理及接口技术 | 肖洪兵 | 32 |
| 29 | 7-5038-4407-2 | 传感器与检测技术 | 祝诗平 | 30 | 75 | 7-301-16932-2 | 数字电子技术 | 刘金华 | 30 |
| 30 | 7-5038-4413-3 | 单片机原理及应用 | 刘 刚 | 24 | 76 | 7-301-16933-9 | 自动控制原理 | 丁 红 | 32 |
| 31 | 7-5038-4409-6 | 电机与拖动 | 杨天明 | 27 | 77 | 7-301-17540-8 | 单片机原理及应用教程 | 周广兴 | 40 |
| 32 | 7-5038-4411-9 | 电力电子技术 | 樊立萍 | 25 | 78 | 7-301-17614-6 | 微机原理及接口技术实验指导书 | 李干林 | 22 |
| 33 | 7-5038-4399-0 | 电力市场原理与实践 | 邹 斌 | 24 | 79 | 7-301-12379-9 | 光纤通信 | 卢志茂 | 28 |
| 34 | 7-5038-4405-8 | 电力系统继电保护 | 马永翔 | 27 | 80 | 7-301-17382-4 | 离散信息论基础 | 范九伦 | 25 |
| 35 | 7-5038-4397-6 | 电力系统自动化 | 孟祥忠 | 25 | 81 | 7-301-17677-1 | 新能源与分布式发电技术 | 朱永强 | 32 |
| 36 | 7-5038-4404-1 | 电气控制技术 | 韩顺杰 | 22 | 82 | 7-301-17683-2 | 光纤通信 | 李丽君 | 26 |
| 37 | 7-5038-4403-4 | 电器与 PLC 控制技术 | 陈志新 | 38 | 83 | 7-301-17700-6 | 模拟电子技术 | 张绪光 | 36 |
| 38 | 7-5038-4400-3 | 工厂供配电 | 王玉华 | 34 | 84 | 7-301-17318-3 | ARM 嵌入式系统基础与开发教程 | 丁文龙 | 36 |
| 39 | 7-5038-4410-2 | 控制系统仿真 | 郑恩让 | 26 | 85 | 7-301-17797-6 | PLC 原理及应用 | 缪志农 | 26 |
| 40 | 7-5038-4398-3 | 数字电子技术 | 李 元 | 27 | 86 | 7-301-17986-4 | 数字信号处理 | 王玉德 | 32 |
| 41 | 7-5038-4412-6 | 现代控制理论 | 刘永信 | 22 | 87 | 7-301-18131-7 | 集散控制系统 | 周荣富 | 36 |
| 42 | 7-5038-4401-0 | 自动化仪表 | 齐志才 | 27 | 88 | 7-301-18285-2 | 电子线路 CAD | 周荣富 | 41 |
| 43 | 7-5038-4408-9 | 自动化专业英语 | 李国厚 | 32 | 89 | 7-301-16739-7 | MATLAB 基础及应用 | 李国朝 | 39 |
| 44 | 7-301-23081-7 | 集散控制系统(第 2 版) | 刘翠玲 | 36 | 90 | 7-301-18352-6 | 信息论与编码 | 隋晓红 | 24 |
| 45 | 7-301-19174-3 | 传感器基础(第 2 版) | 赵玉刚 | 32 | 91 | 7-301-18260-0 | 控制电机与特种电机及其控制系统 | 孙冠群 | 42 |
| 46 | 7-5038-4396-9 | 自动控制原理 | 潘 丰 | 32 | 92 | 7-301-18493-6 | 电工技术 | 张 莉 | 26 |

| 序号 | 标准书号 | 书 名 | 主编 | 定价 | 序号 | 标准书号 | 书 名 | 主编 | 定价 |
|---|---|---|---|---|---|---|---|---|---|
| 93 | 7-301-18496-7 | 现代电子系统设计教程 | 宋晓梅 | 36 | 127 | 7-301-22112-9 | 自动控制原理 | 许丽佳 | 30 |
| 94 | 7-301-18672-5 | 太阳能电池原理与应用 | 靳瑞敏 | 25 | 128 | 7-301-22109-9 | DSP 技术及应用 | 董 胜 | 39 |
| 95 | 7-301-18314-4 | 通信电子线路及仿真设计 | 王鲜芳 | 29 | 129 | 7-301-21607-1 | 数字图像处理算法及应用 | 李文书 | 48 |
| 96 | 7-301-19175-0 | 单片机原理与接口技术 | 李 升 | 46 | 130 | 7-301-22111-2 | 平板显示技术基础 | 王丽娟 | 52 |
| 97 | 7-301-19320-4 | 移动通信 | 刘维超 | 39 | 131 | 7-301-22448-9 | 自动控制原理 | 谭功全 | 44 |
| 98 | 7-301-19447-8 | 电气信息类专业英语 | 缪志农 | 40 | 132 | 7-301-22474-8 | 电子电路基础实验与课程设计 | 武 林 | 36 |
| 99 | 7-301-19451-5 | 嵌入式系统设计及应用 | 邢吉生 | 44 | 133 | 7-301-22484-7 | 电文化——电气信息学科概论 | 高 心 | 30 |
| 100 | 7-301-19452-2 | 电子信息类专业 MATLAB 实验教程 | 李明明 | 42 | 134 | 7-301-22436-6 | 物联网技术案例教程 | 崔逊学 | 40 |
| 101 | 7-301-16914-8 | 物理光学理论与应用 | 宋贵才 | 32 | 135 | 7-301-22598-1 | 实用数字电子技术 | 钱裕禄 | 30 |
| 102 | 7-301-16598-0 | 综合布线系统管理教程 | 吴达金 | 39 | 136 | 7-301-22529-5 | PLC 技术与应用(西门子版) | 丁金婷 | 32 |
| 103 | 7-301-20394-1 | 物联网基础与应用 | 李蔚田 | 44 | 137 | 7-301-22386-4 | 自动控制原理 | 佟 威 | 30 |
| 104 | 7-301-20339-2 | 数字图像处理 | 李云红 | 36 | 138 | 7-301-22528-8 | 通信原理实验与课程设计 | 邬春明 | 34 |
| 105 | 7-301-20340-8 | 信号与系统 | 李云红 | 29 | 139 | 7-301-22582-0 | 信号与系统 | 许丽佳 | 38 |
| 106 | 7-301-20505-1 | 电路分析基础 | 吴舒辞 | 38 | 140 | 7-301-22447-2 | 嵌入式系统基础实践教程 | 韩 磊 | 35 |
| 107 | 7-301-22447-2 | 嵌入式系统基础实践教程 | 韩 磊 | 35 | 141 | 7-301-22776-3 | 信号与线性系统 | 朱明早 | 33 |
| 108 | 7-301-20506-8 | 编码调制技术 | 黄 平 | 26 | 142 | 7-301-22872-2 | 电机、拖动与控制 | 万芳瑛 | 34 |
| 109 | 7-301-20763-5 | 网络工程与管理 | 谢 慧 | 39 | 143 | 7-301-22882-1 | MCS-51 单片机原理及应用 | 黄翠翠 | 34 |
| 110 | 7-301-20845-8 | 单片机原理与接口技术实验与课程设计 | 徐懂理 | 26 | 144 | 7-301-22936-1 | 自动控制原理 | 邢春芳 | 39 |
| 111 | 301-20725-3 | 模拟电子线路 | 宋树祥 | 38 | 145 | 7-301-22920-0 | 电气信息工程专业英语 | 余兴波 | 26 |
| 112 | 7-301-21058-1 | 单片机原理与应用及其实验指导书 | 邵发森 | 44 | 146 | 7-301-22919-4 | 信号分析与处理 | 李会容 | 39 |
| 113 | 7-301-20918-9 | Mathcad 在信号与系统中的应用 | 郭仁春 | 30 | 147 | 7-301-22385-7 | 家居物联网技术开发与实践 | 付 蔚 | 39 |
| 114 | 7-301-20327-9 | 电工学实验教程 | 王士军 | 34 | 148 | 7-301-23124-1 | 模拟电子技术学习指导及习题精选 | 姚娅川 | 30 |
| 115 | 7-301-16367-2 | 供配电技术 | 王玉华 | 49 | 149 | 7-301-23022-0 | MATLAB 基础及实验教程 | 杨成慧 | 36 |
| 116 | 7-301-20351-4 | 电路与模拟电子技术实验指导书 | 唐 颖 | 26 | 150 | 7-301-23221-7 | 电工电子基础实验及综合设计指导 | 盛桂珍 | 32 |
| 117 | 7-301-21247-9 | MATLAB 基础与应用教程 | 王月明 | 32 | 151 | 7-301-23473-0 | 物联网概论 | 王 平 | 38 |
| 118 | 7-301-21235-6 | 集成电路版图设计 | 陆学斌 | 36 | 152 | 7-301-23639-0 | 现代光学 | 宋贵才 | 36 |
| 119 | 7-301-21304-9 | 数字电子技术 | 秦长海 | 49 | 153 | 7-301-23705-2 | 无线通信原理 | 许晓丽 | 42 |
| 120 | 7-301-21366-7 | 电力系统继电保护(第 2 版) | 马永翔 | 42 | 154 | 7-301-23736-6 | 电子技术实验教程 | 司朝良 | 33 |
| 121 | 7-301-21450-3 | 模拟电子与数字逻辑 | 邬春明 | 39 | 155 | 7-301-23754-0 | 工控组态软件及应用 | 何坚强 | 49 |
| 122 | 7-301-21439-8 | 物联网概论 | 王金甫 | 42 | 156 | 7-301-23877-6 | EDA 技术及数字系统的应用 | 包 明 | 55 |
| 123 | 7-301-21849-5 | 微波技术基础及其应用 | 李泽民 | 49 | 157 | 7-301-23983-4 | 通信网络基础 | 王 昊 | 32 |
| 124 | 7-301-21688-0 | 电子信息与通信工程专业英语 | 孙桂芝 | 36 | 158 | 7-301-24153-0 | 物联网安全 | 王金甫 | 43 |
| 125 | 7-301-22110-5 | 传感器技术及应用电路项目化教程 | 钱裕禄 | 30 | 159 | 7-301-24181-3 | 电工技术 | 赵 莹 | 46 |
| 126 | 7-301-21672-9 | 单片机系统设计与实例开发(MSP430) | 顾 涛 | 44 | | | | | |

相关教学资源如电子课件、电子教材、习题答案等可以登录 www.pup6.com 下载或在线阅读。

扑六知识网(www.pup6.com)有海量的相关教学资源和电子教材供阅读及下载(包括北京大学出版社第六事业部的相关资源),同时欢迎您将教学课件、视频、教案、素材、习题、试卷、辅导材料、课改成果、设计作品、论文等教学资源上传到 pup6.com,与全国高校师生分享您的教学成就与经验,并可自由设定价格,知识也能创造财富。具体情况请登录网站查询。

如您需要免费纸质样书用于教学,欢迎登陆第六事业部门户网(www.pup6.com)填表申请,并欢迎在线登记选题以到北京大学出版社来出版您的大作,也可下载相关表格填写后发到我们的邮箱,我们将及时与您取得联系并做好全方位的服务。

扑六知识网将打造成全国最大的教育资源共享平台,欢迎您的加入——让知识有价值,让教学无界限,让学习更轻松。

联系方式:010-62750667,pup6_czq@163.com,szheng_pup6@163.com,linzhangbo@126.com,欢迎来电来信咨询。